普通高等教育经管类系列教材

系统工程与运筹学

主　编　焦爱英
副主编　李芬芳
参　编　唐智娟　马　辉　李美岩　张　爽

机械工业出版社

本书是在天津市精品课"系统工程与运筹学"（2007年）配套教材的基础上，重新编写的一本教材，是天津市一流课程"系统工程与运筹学"（2020年）的完善版课程内容。本书内容包括：系统与系统科学方法论、系统工程与系统工程方法论、系统工程的主要方法、静态线性系统最优化模型及求解方法、静态非线性系统最优化模型及求解方法、图与网络最优化方法、动态规划、对策分析、系统决策、网络计划技术、随机服务系统（排队论）。本书力求读者通过对系统工程与运筹学理论的学习，建立系统思维方式，学会建立最优化模型的方法，并会应用 LINGO 软件进行求解。为便于读者掌握书中的内容，章后都配有适量的讨论题、思考题或练习题。

本书可作为高等院校经济管理类专业本科生、研究生的教材，也可作为工程技术人员、管理人员和相关学者的参考书。

图书在版编目（CIP）数据

系统工程与运筹学/焦爱英主编. —北京：机械工业出版社，2023.8

普通高等教育经管类系列教材

ISBN 978-7-111-73162-7

Ⅰ.①系… Ⅱ.①焦… Ⅲ.①系统工程 – 高等学校 – 教材②运筹学 – 高等学校 – 教材 Ⅳ.①N945②O22

中国国家版本馆 CIP 数据核字（2023）第 084428 号

机械工业出版社（北京市百万庄大街22号 邮政编码100037）

策划编辑：曹俊玲 责任编辑：曹俊玲 李 乐
责任校对：张亚楠 梁 静 封面设计：张 静
责任印制：常天培

北京铭成印刷有限公司印刷

2023 年 9 月第 1 版第 1 次印刷

184mm×260mm・23.75 印张・585 千字

标准书号：ISBN 978-7-111-73162-7

定价：73.80 元

电话服务 网络服务

客服电话：010-88361066 机 工 官 网：www.cmpbook.com
010-88379833 机 工 官 博：weibo.com/cmp1952
010-68326294 金 书 网：www.golden-book.com

封底无防伪标均为盗版 机工教育服务网：www.cmpedu.com

前　言

　　运筹学和系统工程是很多高等院校经济管理类专业开设的专业基础必修课。近年来，随着大数据、人工智能学科的兴起，运筹学的应用面临新的挑战，运筹学教育与教学方法也在不断优化改进：更加注重培养学生运用运筹学方法解决实际问题的能力，而非讲解复杂的数学推导；突出问题导向，强调系统思维方法的建立，强调系统运行最优解的寻找方法的学习，同时关注以人为主体的人机结合的计算机软件的学习和应用。因此，将系统工程与运筹学结合在一起，系统工程提供系统思想，运筹学贡献数学理论与方法，二者合力有助于问题的解决。

　　本书以系统工程为牵引，强调建立系统思维方法和采用"问题导向"，突出面向应用和实践的思想，引导读者运用系统工程方法论思考有实践意义的论题，将抽象的运筹学模型建立与求解方法结合到实践应用中。同时编写算例，强化计算机软件的学习和应用，提高解决实际问题的能力。

　　天津城建大学的"系统工程与运筹学"课程荣获天津市精品课（2007年），获批天津市一流课程（2020年），本书是在以往教材（董肇君主编、国防工业出版社出版的《系统工程与运筹学》）的基础上，总结授课经验，调动全体授课教师积极参与，重新编写完成的，变化主要体现在以下几个方面：

　　（1）在系统工程方法论部分，增加了案例导读，旨在通过系统工程经典案例以及代表性人物的事迹，带领读者感受系统工程的伟大实践意义，培养为国家繁荣昌盛而读书的热情。

　　（2）将霍尔三维结构的神羊角模型补充进来，更加完整地阐述了霍尔三维结构模型的演进与迭代。将"物理–事理–人理系统方法论"增补进方法论部分，其作为中国人的创造，富有东方思维的特点，同时删去了授课过程中较少涉及的三阶段法，进一步提升了本书的适用性。

　　（3）由于篇幅与课程学时的限制，删减了投入产出综合平衡模型、系统预测、系统模拟、数据包络分析等内容。

　　（4）在运筹学各章节中，按照实践应用案例导读、问题驱动、建立模型、求解模型、解释分析结果、软件应用的逻辑，将抽象的数学模型学习与实践相结合，引导读者在系统思想建立的基础上，定量化、科学化地分析和决策问题，利用LINGO软件求解并分析模型。在网络计划技术部分引入综合进度控制管理软件助力项目管理，切实提高利用计算机工具解决实际问题的能力。

　　本书编写分工如下：

第1章　系统与系统科学方法论　　　　　　　　　焦爱英

第2章　系统工程与系统工程方法论　　　　　　　李芬芳

第3章　系统工程的主要方法　　　　　　　　　焦爱英、李美岩

第4章　静态线性系统最优化模型及求解方法　　焦爱英、唐智娟、李美岩

第5章　静态非线性系统最优化模型及求解方法　张爽

第6章　图与网络最优化方法　　　　　　　　　李美岩

第7章　动态规划　　　　　　　　　　　　　　李芬芳

第8章　对策分析　　　　　　　　　　　　　　马辉

第9章　系统决策　　　　　　　　　　　　　　李芬芳

第10章　网络计划技术　　　　　　　　　　　马辉

第11章　随机服务系统（排队论）　　　　　　唐智娟

　　在本书编写过程中，编者参阅了大量的文献资料，在此对相关文献的作者表示衷心感谢！

　　尽管我们为提高本书质量做了不少的努力，但由于学识水平有限，书中难免存在疏漏，欢迎同行专家、其他读者在使用的过程中不吝赐教，以便日后进一步修改和完善。

编者

于天津城建大学

目　录

第1章

系统与系统科学方法论

学习要点

1. 掌握系统的概念及属性；
2. 掌握现代系统科学体系；
3. 掌握系统科学方法论；
4. 熟悉系统思想及养成方法。

儒家经典《大学》中说："古之欲明明德于天下者，先治其国；欲治其国者，先齐其家；欲齐其家者，先修其身；欲修其身者，先正其心；欲正其心者，先诚其意；欲诚其意者，先致其知；致知在格物；物格而后知至，知至而后意诚，意诚而后心正，心正而后身修；身修而后家齐，家齐而后国治，国治而后天下平。"这段话，首先很看重个人的学习和修养（格物——致知——诚意——正心——修身），然后从主观到客观，说到小系统（家）——大系统（国）——巨系统（天下）的组织管理工作，系统性和层次性很强。

1.1 系统的概念和分类

系统是系统工程学科的研究对象，也是贯穿本学科整个学习过程的核心和重要概念。在汉语中，系统经常作为名词使用，有时也作为形容词和副词使用。从中文字面上看，"系"指关系、联系，"统"指有机统一，"系统"则指有机联系和统一。作为系统工程的科学术语，真正得到广泛使用是20世纪40年代以后的事情，其内涵也在不断地完善和发展。

1.1.1 系统的概念

1. 系统的定义

在人类社会和自然界中，充满着各种类型的系统。关于系统的定义，国内外有不同的说法。

（1）一般系统理论创始人冯·贝塔朗菲于1937年第一次将系统作为一个重要的科学概念予以研究，认为系统是相互作用的诸要素的复合体。他指出：如果一个对象集合中存在两个或两个以上的不同要素，所有要素按照其特定方式相互联系在一起，就称该集合为一个系统。其中的要素是指组成系统的不同的最小的，即不需要再细分的组成部分。

（2）《韦氏大辞典》（Weberster大辞典）中系统（System）被解释为"有组织或被组织

的整体，被组合的整体所形成的各种概念和原理的综合，以有规则地相互作用、相互依赖的形式组成的诸要素的集合。"

（3）钱学森教授在回顾我国研制"两弹一星"的工作历程时指出：我们把极其复杂的研制对象称为系统，即由相互作用和相互依赖的若干组成部分结合成的具有特定功能的有机整体，而且这个系统本身又是它所从属的一个更大系统的组成部分。

（4）汪应洛教授认为：系统是由两个及以上有机联系、相互作用的要素组成，具有特定功能、结构和环境的整体。

（5）董肇君教授认为：系统是由相互联系、相互依赖、相互制约、相互作用的若干部分，是按照一定的方式、为了一定的目的组合而成的存在于特定环境之中并具有一定功能的有机整体。这个整体本身又是它所从属的更大整体的组成部分。

综合以上定义，系统必须具备四个条件：

一是系统和要素。系统包含两个或两个以上的元素，这些元素可以称为要素、部分或者子系统。如一个家庭自然包含所有家庭成员，一个社区包含所有的社区家庭等。

二是系统和环境。任一系统又是它所从属的一个更大系统的组成部分，并与其相互作用，保持较为密切的输入、输出关系。无论系统大小，均有边界。

三是系统的结构。在构成系统的诸要素之间存在一定的有机联系，在系统内部形成一定的结构和秩序。结构即诸要素相互关联的方式，只讲要素的全体，只是数学中"集合"的概念。如企业的成品仓库，若只关心其存储的成品数量，则讨论的不是一个系统问题，而是一个集合问题。只有将成品仓库的管理，包括管理人员、管理设备、管理制度、仓库的库存数量综合在一起考虑分析，才是在讨论一个系统问题。

四是系统的功能。任何系统都应有其存在的作用与价值，有其运作的具体目的，即有特定的功能。任何功能的实现受到其环境和结构的影响。

2. 系统的属性

从系统的定义看，系统应具备以下基本属性：

（1）整体性。整体性是系统最基本、最核心的特性，是系统最集中的体现。系统的整体性源于系统是有"生命"的、活的、有机的整体，并在与环境的相互作用中生存与发展。系统的整体性表现在系统目标、功能、行为和演化规律等的整体性。系统的整体性是识别不同系统和区分系统整体与部分的重要标志。

第一，确定系统目标时，从系统的整体出发，把诸要素组成一个有机的系统，追求系统整体目标的最优化，而不是子目标的最优化。随着时间的推移、领域的变化，各子目标的权重也是变化的，系统近期、中期和远期的目标不仅是权重的变化，有时目标体系也会发生变化。

第二，系统的整体功能不是各要素功能的简单叠加和拼凑，而是呈现出各组成要素所不具有的新功能，可以表述为"整体大于部分之和"。把不断提高要素的功能作为改善系统整体功能的基础，从提高组成要素的基本素质入手，按照系统整体目标的要求，不断提高各个部门特别是关键部门或薄弱部门的功能素质，并强调局部服从整体，从而实现管理系统的最佳整体功能。

第三，系统行为是指一个系统的输入作用于系统所引起的输出，反映系统对输入的响应程度，是诸要素表现出来的行为，是系统的整体行为，强调个体行为服从系统整体的行为准则和规范。

第四，系统发展所展示的演化规律，是整体的规律，是一个汇总体现。要素的规律性不能单独显示，是作为整体行为的加分项，而不能成为减分项。

"全局一盘棋""三个臭皮匠，顶个诸葛亮"是整体性的生动写照。

（2）层次性。将系统的各组成部分按一定规则组织（划分）成若干子系统，再将子系统化分成若干子子系统，由于子系统、子子系统在系统中的结构不同、所处的地位不同等，便形成了不同的层次，从而形成层次结构。该层次结构决定了系统内物质、能量和信息的流动，从而使系统能够作为一个整体发挥更大的功效。

系统的层次性通常可划分为四种类型：数量关系层次、空间关系层次、时间关系层次、逻辑关系层次。系统的层次性，帮助人们在分析和解决系统问题时，尤其是分析复杂的社会经济问题时，借助科学的方法和技术，将复杂问题进行剖析，划分出不同层次，从而找到影响系统发展的主要问题，或者主要问题的主要方面。如地区社会经济发展问题，需要从纵横交错、因素众多、关系复杂、目标多样的社会经济系统中准确划分出影响系统发展问题的层次性，找出主要问题，解决了主要问题就会收到事半功倍的效果。

（3）集合性。系统都是由两个或两个以上可识别的部分（或子系统）所构成的多层次集合体。作为子系统或要素是系统不可缺少的组成部分，集合中不可再分的部分为要素，要素本身是"活"的，它具有多样性和差异性的特点，这些特点是系统"生命力"的源泉。

集合性又说明系统是有边界的，集合之外的与集合中各要素相关联的一切事物构成了系统的环境，二者的界面就是系统的边界。在处理问题时，划清系统边界，可避免将研究范围扩大化。

（4）涌现性。系统的涌现性包括系统整体的涌现性和系统层次间的涌现性。在子子系统形成子系统、子系统形成系统时，由于所处层次不同，其基本属性是不同的，高层次具有低层次所不具备的特性与行为，这些特性与行为是子子系统、子系统在相互作用、相互制约、相互影响过程中激发出来的，系统的这种性质称为整体涌现性。不同层次因其组成不同、结构不同，所涌现出的特性与行为也不同，这是站在不同层次解决问题的思路、方法和采取的决策不同的主要原因，也是识别系统与其组成部分的关键。

在后工业时代和知识经济时代，知识管理、智能管理是企业系统实现超越的根本手段，如果创造出适应知识管理、智能管理的机制，就有可能涌现出单个个人、小组不可能有的特性。创新能力成为企业之间乃至国家之间竞争的核心力量，而许多优秀的创新都是把各种功能现成而又成熟的要素以一种新颖的方式组合起来，使其产生新的、不同于各个局部的功能，即"综合即创造"。

（5）关联性。系统各组成部分（子系统）之间按照一定的方式相互联系、相互依赖、相互制约、相互作用的性质称为系统的关联性。如果某一要素发生了变化，则对应的与之相关联的要素也要相应地改变和调整，以保持系统整体的最佳状态。

第一，当改变系统中某些不合要求的要素时，必须注意考察与之相关的要素的影响程度。

第二，组织系统内部诸要素的关联性不是静态的，而是动态的，必须在动态中认识和把握系统的整体性，在动态中协调要素之间、要素与整体之间的关系，有效地进行组织调节和控制，以实现最佳效益。

第三，组织系统的要素包括层次间的纵向关联和要素间的横向关联，必须协调好纵向和横向两个维度的关联作用。

（6）目的性。"目的"是指人们在行动中所要达到或实现的结果和意愿。系统按照统一的目的将各组成部分组织起来的性质称为系统的目的性。除自然系统外，人工系统、复合系统都具有特定的功能，具有一定的目的并且有达成目的的机制。例如，企业的经营管理系统，在限定的资源和现有的职能机构的配合下，它的目的就是完成或者超额完成生产经营计划，实现产品的质量、品种、成本、利润等指标，是多方目的的综合实现。

复杂系统常具有多目标和多方案，当组织规划这个大系统时，为了使目标明确、条理清晰，因此研究确定系统目的和子系统目的之间的关系，保证各子系统在系统总目的的指导下，协同配合，分工合作，在完成各子系统目的的同时达成系统的目的，是系统目的性的主要研究内容。

（7）环境适应性。任何一个系统总处于特定的环境之中并与环境不断地进行物质、能量、信息的交换，系统的环境适应性可分为主动适应和被动适应。主动适应是指系统随环境的变化调整自身的结构，以适应环境的变化，并在此基础上作用于环境，使环境得到持续改善。管理系统的环境适应性要求更高，通常应区分不同的环境类（政治环境、社会环境、经济环境、技术环境等）和不同的环境域（外部环境和内部环境）。任何复杂均来源于简单，系统之所以复杂，均是在适应环境并反作用于环境中产生和演化的，体现出演化的规律性。

根据系统的定义和属性，可得出以下结论：①系统中每一个部分的性质或行为将对系统整体的特性和行为产生影响；②系统中每一部分的特性或行为以及影响整体的途径依赖于系统中其他一个或几个部分的特性或行为；③系统中每一部分对整体都不具备独立的影响，所以系统不能分出独立的子系统；④系统不能独立于环境而存在，它在适应环境与改造环境的过程中演化发展；⑤系统中不同层次的性能和功能是不同的，系统层次结构的调整将改变系统的整体特性。

3. 系统的运行模式

从系统的结构特点和与环境的关系方面研究，系统都按以下模式运行：

（1）任何系统都从环境获取物质、能量和信息，经系统处理后向环境输出物质、能量和信息，因此系统均具有将输入转化为输出的功能。系统由输入、处理、输出三部分组成，如图1-1所示。

图1-1　系统运行模式图

（2）系统内部都有物质流、能量流、信息流三种流的流动。系统本身的运动过程就是对这三种流的处理过程，从对系统的组织管理角度研究，信息流是至关重要的，只重视物质流、能量流，而忽视对信息流的管理通常是造成工作被动的原因之一。

（3）系统都有反馈和自适应能力。系统都靠信息的反馈控制调整自身的运行，以适应环境并实现目标。自适应性是指系统由自身矛盾运动能够使自身走向有序结构，它是系统通过信息的反馈作用在与环境交换物质和能量的过程中，不断地调整自身行为和活动的结果。

1.1.2　系统的分类

系统广泛地存在于自然界，为了便于研究，需对系统进行分类。如何对系统进行分类取决于研究目的，依据研究目的，选择不同的分类标志对系统分类可界定研究对象的属性。

1. 按单一标志的分类

（1）按组成部分的属性可将系统分为自然系统、人造系统和复合系统三类。

自然系统：单纯由自然物组成、自然形成的系统称为自然系统，如太阳系、地质结构、原始森林等，它们不具有人为的目的性与组织性。

人造系统：由人或社会集团按某种目的建立的系统称为人造系统，具有人为的目的性和组织性，如电力系统、交通系统等。

复合系统：人造系统和自然系统复合而成的系统称为复合系统，如太阳能利用系统、北斗导航系统等。其中人造系统和复合系统是系统工程的主要研究对象。

需要注意的是，人造系统会对自然系统产生各种积极与消极的影响，正确处理二者之间的关系（如生态修复、保护环境）是系统工程的重要课题，实现可持续发展，已经成为全人类的共识。

（2）按与环境的关系可将系统分为封闭系统和开放系统两类。

封闭系统：与环境很少发生物质、能量、信息交换的系统称为封闭系统。实际上，严格的封闭系统是不存在的，为研究方便忽略一些较少的流动与交换现象，人为地将其当作封闭系统处理，如企业的内部生产管理系统。

开放系统：与环境经常发生物质、能量、信息交换的系统称为开放系统。系统与环境所进行的物质、能量、信息的交换，可影响系统的结构、功能及其发展。开放系统通过系统内部各子系统的不断调整来适应环境变化，一般具有自适应和自调节功能，以保持系统的相对稳定状态，并谋求发展。

开放系统是动态的、活的系统，封闭系统是僵化的、死的系统，系统由封闭走向开放，可以增强系统活力，促进系统发展。如企业为适应市场竞争，调整自身的产品线、价格策略、渠道建设等管理系统。

（3）按所处的状态可将系统分为静态系统和动态系统两类。

静态系统：系统的要素不随时间显著变化或处于相对静止、平衡状态的系统称为静态系统。事实上完全静态系统是不存在的，只是为了研究方便，人为地假设系统处于相对平衡或静止的状态，如寒暑假期的学校、停工待料的工地等。

动态系统：系统的要素随时间变化的系统称为动态系统，具有输入、输出及转化过程。世界上所有系统均是动态系统，系统的要素随时间变化必将引起时空结构、层次结构、系统特性与行为等的变化，是造成系统复杂性的原因之一，如运行的城市轨道交通系统、企业生产系统等。

（4）按形态可将系统分为实体系统和概念系统两类。

实体系统：由物质实体组成的系统称为实体系统，物质实体包括矿物、生物、能量、机械、建筑物等各种自然物和人造物，如机械系统等，又叫"硬系统"。人是有主观能动性的物质实体。

概念系统：由概念、原理、方法、制度、规定、习俗、传统等非物质组成的系统称为概念系统，是人脑和习惯的产物，是实体系统在人类头脑中的反映，如软件系统等，又叫"软系统"。

机械系统是实体系统，但是它的运行需要利用技术（方法、程序等），后者是概念系统。实体系统与概念系统是紧密结合在一起的，实体系统是概念系统的基础，概念系统为实体系统提供指导和服务。

（5）按系统处理方法可将系统分为简单系统和复杂系统两类。

简单系统：结构简单，即组成要素间关联少、关联属性单一、层次少，可用还原法解决的系统。

复杂系统：结构复杂，即组成要素数量多、关联多且关联属性众多、层次多，用还原法无法解决的系统，如社会系统、生态系统等。

自然界和人类社会的许多系统是十分复杂的，还有很多其他分类方法，如按具体研究对象可把系统分为不同的对象系统，如工业系统、医疗卫生系统、军事系统等；按照系统的变化是否连续，分为连续系统和离散系统；按照变量间的关系，分为线性系统和非线性系统。

2. 综合分类

一个复杂的系统往往是多种系统形态的组合与交叉，综合分类是按研究目的将某些分类标志加以组合形成组合分类标志，并以该组合分类标志对系统进行分类或按系统的某些特征值，以某种数学方法（如聚类分析、判别分析等）对系统进行分类的方法。

钱学森教授提出如下分类：按照系统规模，可以分为小系统、大系统和巨系统；按照系统结构的复杂程度，可以分为简单系统和复杂系统。二者结合起来，形成一种新的系统分类，如图 1-2 所示。

钱学森教授还很重视系统的开放性，倡导研究开放复杂巨系统，形成研究系统分类的一个三维坐标系，如图 1-3 所示。系统工程研究的重点是大系统、巨系统，尤其是开放的复杂巨系统，如因特网等。

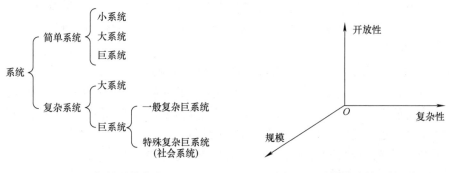

图 1-2　新的系统分类　　　　图 1-3　系统分类的三维坐标系

1.2　系统科学体系

1.2.1　现代科学技术体系

钱学森教授绘制了现代科学技术体系。该体系纵向分为哲学、基础科学、技术科学和工程技术四个层次，每一学科的科学技术中，直接与改造客观世界的实践活动相联系的是工程技术，工程技术的理论基础是技术科学，再远一些的是这一学科的基础理论，基础理论再经过一座过渡的桥梁与马克思主义哲学相联系。前科学是指实践经验知识、不成文的实践感受，它的特点是只知道是什么，还不能回答为什么。尽管如此，这部分知识对于我们是很宝贵的，也要珍惜，经过研究、提炼也将成为科学知识。

横向按照认识和改造客观世界的角度不同，划分为自然科学、社会科学、数学科学、系统科学、人体科学和思维科学等 11 个科学。每个科学技术形成一个具有内部结构的体系，各个体系之间具有相互的联系和关系，构成现代科学技术的总体系。11 个部类是根据科学技术的发展水平所做的划分，今后随着科技技术的不断发展，还会产生出新的科学技术门类，所以这个体系是一个动态发展和开放的系统。唯一例外的是文艺，文艺只有理论层次，实践层次的文艺创作就不是科学问题，而是属于艺术范畴了。这个结构还引入了"性智"和"量智"，即客观整体认识与微观定量分析，两者是互补的，相辅相成的。现代科学技术体系如图 1-4 所示。

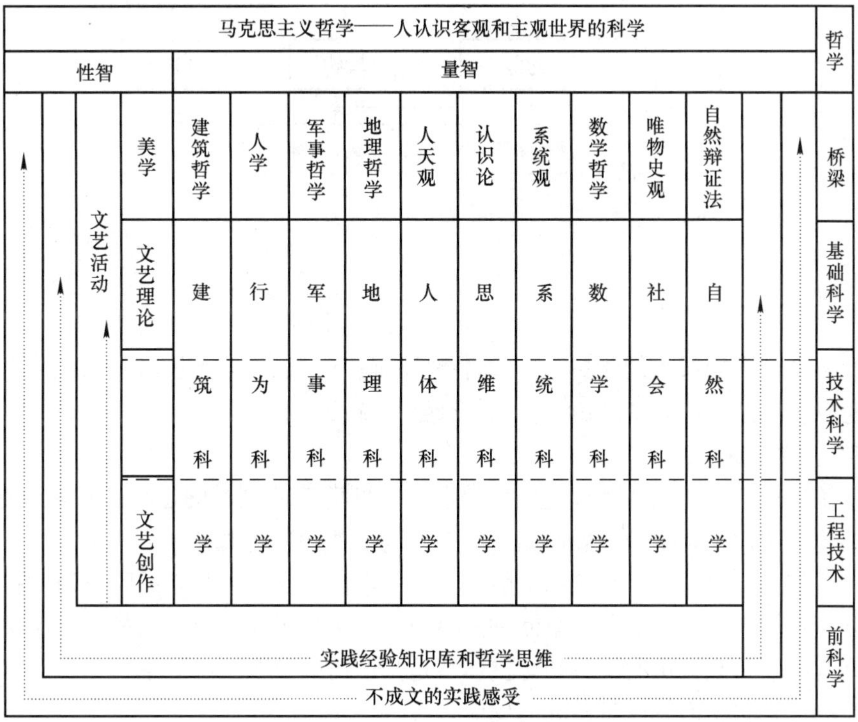

马克思主义哲学——人认识客观和主观世界的科学															哲学
性智			量智												桥梁
	文艺活动	美学	建筑哲学	人学	军事哲学	地理哲学	人天观	认识论	系统观	数学哲学	唯物史观	自然辩证法			桥梁
		文艺理论	建	行	军	地	人	思	系	数	社	自			基础科学
			筑	为	事	理	体	维	统	学	会	然			技术科学
			科	科	科	科	科	科	科	科	科	科			工程技术
		文艺创作	学	学	学	学	学	学	学	学	学	学			前科学
实践经验知识库和哲学思维															
不成文的实践感受															

图 1-4　现代科学技术体系

1.2.2　现代系统科学体系

钱学森教授认为，系统科学是与自然科学、社会科学和数学科学等并列的一个新的学科。在系统科学中，直接与改造客观世界的社会实践相联系的是一类新的工程学，即系统工程、自动化技术和通信技术，它们属于工程技术层次的科学；这类工程技术的共同基础理论是运筹学、控制论和信息论，它们属于技术科学层次的科学；来自自然科学和数学科学中的系统理论，如冯·贝塔朗菲的一般系统理论和理论生物学、普利高津的耗散结构学说、哈肯的协同学、托姆的突变论、艾根的生命自组织超循环理论、霍兰的复杂适应系统理论和钱学森的开放复杂巨系统理论等，融会贯通、综合发展就可能建立起系统科学的基础科学、适应于一切系统的基础科学——系统学；从马克思主义哲学到系统学的桥梁可以称为"系统观"，它将成为辩证唯物主义的一个组成部分。这样四个层次就构成了系统科学体系，如图1-5所示。系统科学的建立极大地增强了人类直接改造客观世界的能力，作为横断学科，涵盖的范围更宽。在一定的条件下，系统科学把作为其研究对象的各种事物都看作系统，从系统的结构、功能和演化规律入手，研究各种系统的共性规律，它是各种学科研究的基本方法和基础知识。

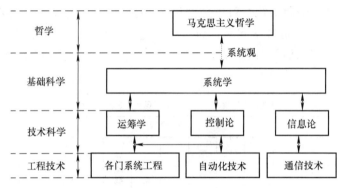

图1-5　系统科学体系

1.2.3　系统理论

在系统科学中，构成系统学的几个基本理论有：一般系统理论、耗散结构学说、协同学、突变论以及复杂适应系统理论、开放复杂巨系统理论等。

1. 一般系统理论

一般系统理论是美籍奥地利理论生物学家冯·贝塔朗菲创立的逻辑和数学领域的科学，其目的是要建立适用于系统的一般原则，并对系统的共性进行概括。

冯·贝塔朗菲提出适用于系统的一般原则为：整体性原则、相互关联原则、有序性原则和动态原则。一切有机体都是一个整体——系统，系统各组成部分之间都是相互联系、相互依赖、相互制约、相互作用的，一切有机体都是按严格的等级组织起来的，一切有机体本身都处于积极的运动状态而不仅是被动的反应。

冯·贝塔朗菲从理论生物学的角度运用类比、同构的方法建立起开放系统的一般系统理论，提出生命现象的系统共性是有组织性、有目的性和有序性。

2. 耗散结构学说

耗散结构学说是比利时物理学家普利高津于1969年创立的一种非平衡系统理论。普利高津认为，非平衡可为有序之源，不可逆过程可导致一种新型物态。他把这种远离平衡态的、稳定的、有序的结构称为耗散结构，回答了开放系统如何由无序走向有序的问题，是一种动态的稳定有序结构，他因此而荣获了诺贝尔奖。

耗散结构是系统的客观表现，其产生条件：①系统必须是与环境进行物质、能量和信息交换的开放系统，并不断地引入足够大的负熵流，来维持系统形成稳定的有序结构；②系统必须进入远离平衡态的非线性区域，系统内各要素之间存在非线性的相互作用；③耗散结构的出现是由于系统内总涨落被放大而触发的。涨落是微小的波动或干扰，具有偶然性和随机性。在线性区，涨落被消耗掉，几乎没有什么作用。在远离平衡的非线性区域临界点附近，微小的随机小扰动会得到"放大"，成为一个"巨涨落"，触发系统从原来的无序状态跃迁到一个新的稳定的有序状态，从而形成耗散结构，实现系统由无序向有序、由较低的有序向较高的有序转化。耗散结构学说不仅发展了经典热力学与统计物理学，还推进了理论生物学的发展，为系统有序结构稳定性提供了严密的理论根据。

耗散结构学说应用于经济系统，可以这样理解：当经济系统是开放的且处于非平衡态时，意味着各经济部门发展不平衡且向平衡发展，此时熵产生大于熵流。如果与外界交流较少，系统将因熵增大而逐渐走向平衡。但当某些发展快的部门从外界获得足够的资金和技术，便会迅速发展壮大，系统中的其他部门一部分可能消亡，另一部分则会在它们的带动和影响下也逐渐发展，从而使整个系统生机勃勃。

3. 协同学

协同学是德国物理学家哈肯在 20 世纪 70 年代后期建立起来的一种非平衡系统论，是一门研究协同系统从无序状态到有序状态的演化规律的新兴综合性学科。它以信息论、控制论、耗散结构理论、突变论等现代科学理论的成果为基础，同时采用了统计学与动力学考察相结合的方法，通过类比，对各学科中的从无序状态到有序状态演化的现象，建立了一整套数学处理方法，成功地解释了系统的局部与整体，系统由简单到复杂、从低级到高级、由无序到有序稳定发展过程中最本质的东西，即协同作用。

协同学所阐述的基本原理主要为协同效用原理、支配原理和自组织原理。它研究系统的各个部分如何通过非线性的相互作用产生协同现象和相干效应，形成系统在空间上、时间上或功能上的有序结构。例如，在外界能量达到一定的阈值时，激光器就会发出相位和方向都整齐一致的单色光（激光），激光的产生就是一种典型的协同行为。

一个开放的系统既可处于平衡态，也可处于非平衡态。处于平衡态的开放系统在一定条件下可呈现出有序结构，称为静的有序；处于非平衡态的开放系统在一定条件下也能出现宏观有序结构，称为动的有序。开放性是产生有序结构的必要条件，而非线性是产生有序的基础，协同性是产生有序性的直接原因。系统论的很多特性与原则，都是从协同性的研究中获得解释的，因此，系统论的协同性、规范性、自组织性等都是从近代科学研究新成果中引出的。这不但丰富了系统论的研究内容，而且为人们发展和创新系统论打开了思路，提供了新的方法。

4. 突变论

突变论是系统学的一个分支，也是数学的一个分支，它以不连续现象为研究对象。1972年，法国数学家托姆在《结构稳定性和形态发生学》一书中，明确地阐明了突变论，突变论开拓了人们认识系统突变现象的眼界，使人们科学地预测和恰当地处理突变现象的可能性大大增加。它认为突变现象的本质是系统从一种稳定状态到另一种稳定状态的跃迁，因此系统的结构稳定性是突变论的研究重点，托姆荣获当前国际数学界的最高奖——菲尔兹奖。

突变论以稳定性理论为基础，通过对系统稳定性的研究，以及稳定态和非稳定态、渐变和突变的特征及其相互关系，提示了突变现象的规律和特点。主要观点有：①稳定机制是事物的普遍特性之一，事物的变化发展是其稳定态和非稳定态交互运行的过程；②质变可以通过渐变和突变两种途径来实现，如水在常压下的沸腾是通过突变来实现的，而语言的演变则是一个渐变的过程，关键是要看质变经历的中间过渡态是不是稳定的，如果是稳定的，就是通过渐变方式达到质变的，如果是不稳定的，就是通过突变方式达到的；③在一种稳定态中的变化属于量变，在两种结构稳定态中的变化或在结构稳定态与非稳定态之间的变化则是质变。量变必然体现为渐变，突变必然导致质变。

5. 复杂适应系统理论

复杂适应系统理论是计算机学家霍兰于 1994 年在圣菲研究所成立十周年时提出的认识和处理复杂系统的理论。该理论从系统复杂性的产生机制上彻底打破还原论的思维框架，为人类解决复杂系统问题提供了新的思路、方法和工具。

复杂适应系统理论将组成系统的元素、部分或子系统均称为主体。主体是有自身目标和自身内部结构的、具有主动性、适应能力和生存动力的"活"的个体。每个主体均有其复杂的内部结构；均有互相识别与选择的标识；以主体为构件，系统整体的复杂性不取决于构件的多少和构件本身的大小，而取决于构件的重新组合方式。霍兰建立了刺激－反应模型，描述了主体的适应和学习过程。面对刺激，主体有足够多的、可存在矛盾或不一致的规则供选择；每一次选择，都是一次学习；通过学习，修正或强化某些规则，就是积累；学习或积累将产生新的规则，即产生新的合理的假设去进一步适应环境。为了研究系统整体的复杂性，霍兰建立了以进攻标识、防御标识和资源库为基本特征的主体的功能模型——回声模型，并利用圣菲研究所建立的软件平台——SWARM，通过模拟主体行为来确定整体行为特征，解决从微观到宏观的过渡问题。

该理论采用人机结合以机为主的方法解决复杂系统问题，是 20 世纪末系统科学研究的重大成果，对系统科学的发展具有划时代的作用。

6. 开放复杂巨系统理论

钱学森教授多年来对系统科学进行研究，在总结其研究成果的基础上，于 20 世纪 80 年代末提出了解决开放的复杂巨系统问题，必须采用新的科学方法论——从定性到定量综合集成方法。从定性到定量综合集成方法是从整体上研究问题的方法，采用人机结合以人为主的思维方法和研究方式，对不同层次、不同领域的信息和知识进行综合集成，达到对整体的定量认识。该方法的实质是把专家系统、数据和信息系统以及计算机系统结合起来，构成一个高度智能化的人机结合系统。

面对复杂问题，首先将科学理论、经验知识和专家判断力相结合，形成和提出经验性假设或方案；然后根据整个系统观测的数据资料，在对系统的实际理解和经验的基础上建立系统模型，通过计算机仿真、实验和计算获得定量结果，同时充分利用知识系统和专家系统等人工智能、信息技术，以专家系统为主，实现人机结合与融合，进行科学和经验知识、理性和感性知识、定性和定量知识的综合与集成，实现从经验到理论、从定性到定量的优化；最后对经验性假设或方案的正确性进行判断或修正，从而得出对系统整体的客观结论。

该方法的精髓在于人机结合、以人为主和知识的综合集成。

（1）人机结合、以人为主。人有逻辑思维和形象思维两种思维方式。逻辑思维采用微观的定量的信息处理方式，形象思维采用宏观的定性的信息处理方式，将二者结合将形成人的创造性思维，即采用将定性与定量、微观与宏观相结合的信息处理方式。计算机在逻辑思维方面具有优势，而在形象思维方面则无能为力，只有靠人脑去完成，人机结合则将人脑和计算机的优势相结合。从总体上认识复杂系统是从微观到宏观的过程，因此以人的形象思维为主，以计算机的逻辑思维为辅，将二者相结合，则具有较强的处理复杂系统的能力。

（2）知识的综合集成。有了信息未必就有了知识，有了知识未必就有了智慧，把不同层次、不同领域的人的思维，思维的成果，人的经验、知识、智慧以及各种信息资料进行综合集成可以产生新的知识，发现新的规律，获得新的认识。对信息进行综合集成可获得知识，对信息和知识的综合集成可获得智慧。

综合集成方法处理开放复杂系统的模型如图 1-6 所示。

在解决开放复杂系统时，钱学森教授提出的综合集成方法论比复杂适应系统理论更加科学、更加"精确"，具有从定性判断到精密论证、从以形象思维为主的经验判断到以逻辑思维为主的精密定量论证的特点。其哲学基础是认识论和实践论，其理论基础是思维科学，其方法基础是系统科学与数学，其技术基础是以计算机为主的信息技术。

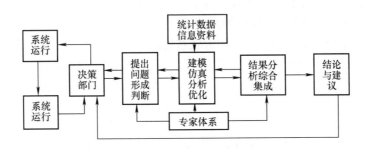

图 1-6　综合集成方法处理开放复杂系统的模型

1.3　系统科学方法论

人类在与自然界做斗争的过程中，靠自己的聪明才智逐步地认识、掌握自然界发展和变化的规律，并不断地向大自然索取衣、食、住、行等所需要的物品。在向科学技术进军的旅途中，经过长期的积累，逐步从中提炼出一套认识和研究自然界的一般性方法。这种方法在实践中不断深化、充实、丰富和提高，就形成了系统科学方法论。

1.3.1　系统科学方法论的产生

科学技术进步的过程反映了人类认识世界、改造世界的过程，也体现了科学方法论的发展过程。从方法论角度研究，科学方法论的发展大体上经历了古代方法论、近代科学方法论、现代系统科学方法论三个相互联系的时期。

1. 古代方法论

自从人类有了生产活动以后，由于不断地同自然界打交道，客观世界的系统性便逐渐反映到人的认识中来，总结出一套把世界当作一个统一的整体，并从组成因素之间的辩证关系来研究问题的方法，从而自发地产生了相互的系统思想。

这种研究方法体现在文明古国的哲学思想中，如古希腊的唯物主义哲学家德谟克利特曾提出"宇宙大系统"的概念，并最早应用"系统"一词；辩证法奠基人之一的赫拉克利特在《论自然界》一书中说过："世界是包括一切的整体"；亚里士多德在《工具篇》一书中曾指出，事物的生灭变化是由物料因、形式因、动力因、目的因引起的，并得出"整体大于它的各部分的总和"的论断，成为古代方法论的代表著作。我国春秋末期思想家老子强调自然界的统一性，"道生一，一生二，二生三，三生万物"；西周时代，出现了世界构成的"五行说"（金、木、水、火、土）；东汉时期张衡提出了"浑天说"；南宋陈亮的"理一分殊"思想称"理一"为天地万物的整体，"分殊"是这一整体的每一事物的功能并试图从整体角度说明部分与整体的关系。

虽然古代还没有提出一个明确的系统概念，但古代人类是采用"从统一的物质本原出发，把世界当作统一体"的方法来研究世界的，这一阶段的系统思想具有"只见森林，不见树木"和比较抽象的特点。对于客观世界的系统性及整体性已经有了一定程度的认识，并能应用到改造客观世界的实践中，中国在这方面尤为突出。

在古代的工程建设上，都江堰水利工程最具代表性和系统性。都江堰水利工程大约于公元前256年由蜀郡太守李冰和儿子组织建造，至今仍发挥着重要作用。该水利工程由"鱼嘴"（岷江分水工程）、"飞沙堰"（分洪排沙工程）、"宝瓶口"（引水工程）三大主体工程和120个附属渠堰工程组成，整个工程间的联系处理得恰到好处，具有整体目标、选址、自动分级排沙、调节水量、就地取材、经济方便等特点，形成了一个协调运转的工程整体。另外，宋真宗年间的皇宫修复工程、明永乐年间的铜冶炼方法、万里长城的修建等，无不体现了系统思想的应用。

2. 近代科学方法论

随着人类社会的发展和科学技术的进步，人们开始探讨用新的方法和思路去研究事物。为了认识整体必须认识"部分"，只有把部分认识清楚才可能真正把握整体，认识了部分的特性，就可以据之把握整体的特性。

15世纪下半叶以后，近代科学开始兴起，力学、天文学、物理学、化学、生物学等科目从混为一体的哲学中分离出来，形成了自然科学。自然科学的诞生、发展和进一步分化，开辟了实验科学的新阶段。该时期科学研究的主要任务是通过实验、解剖和观察，收集资料，积累经验，进行资料的整理和加工，通过对自然界细节的深入了解来认识整体。从此，古代朴素的唯物主义哲学思想就逐步让位于形而上学的思想。这一阶段的系统思想具有"只见树木，不见森林"和具体化的特点。

19世纪自然科学取得了巨大成就，尤其是能量守恒与转化、细胞学和进化论的发现，使人类对自然界的相互联系的认识有了质的飞跃。马克思和恩格斯在上述三大发现的基础上总结出一套认识世界的新理论——辩证唯物论，采用了一套认识世界的新方法——唯物辩证法，即物质世界是由相互联系、相互依赖、相互制约、相互作用的事物和过程形成的统一整体的认识世界的一般方法。辩证唯物论就成为20世纪以来人们认识世界和改造世界的最先进的方法论，这一阶段的系统思想具有"先见森林，后见树木"的特点。

3. 现代系统科学方法论

20世纪初，人们在唯物辩证法的指引下，进一步明确了系统的概念，尤其是系统论、控制论和信息论出现以后，系统的概念与现代科学技术有机地结合起来，使系统的概念由定性转化为定量、由经验上升为理论、由哲学思维发展为专门理论，从而形成了一套以唯物辩证法为基础的、既有理论指导又有科学方法并拥有先进计算手段的系统科学方法论。它是从整体上最优地解决各类问题的锐利武器，是沟通马克思主义哲学和系统科学的桥梁，是对 20 世纪 30 年代以来的科学方法进行的系统、科学的概括和总结，是当前处理问题的基本方法论。

现代系统科学方法论以辩证唯物论为基础，以系统论、控制论、信息论、运筹学的出现为标志，其主要研究方法是将整体论与还原论有机地结合，采用定量化方法和先进的计算机技术与手段，从整体与环境的关系和整体各组成部分及它们之间的有机联系两方面去认识整体，从中探讨涌现出的整体特性，坚持从整体到局部、再到整体，从分析到综合、到再分析、再综合的方法，从而真正认清事物。

从方法论的发展可以看到，人类认识和改造世界的过程，是一个不断深化和发展的过程，是在真理的长河中逐步前进的，认识是不断深化的，在对部分有了更多规律性的了解之后，再从关联入手探索出一套认识事物整体的方法，从而使人类认识世界、改造世界的能力达到较高的水平，这是科学发展的必然结果。

辩证唯物论的出现为现代系统科学方法论的产生提供了思想理论基础；系统论、控制论、信息论、运筹学的出现为现代系统科学方法论的产生与发展提供了技术理论基础；计算机的出现为现代系统科学方法论的发展提供了工具。系统科学方法论所创立的认识世界、改造世界的新方法，必将使人类社会开始一个新的时代——系统时代。

1.3.2　现代系统科学方法论的特征和基本原则

现代系统科学方法论是以系统方法为核心，将系统方法与控制方法、信息方法相融合而成的方法论。系统方法是将被研究对象作为系统，始终从整体与部分、整体与环境、部分与部分之间的相互联系、相互依赖、相互制约、相互作用的关系上综合地考察和研究，追求系统处于最优运行状态；控制方法是指控制者采取各种手段与方法对受控体进行调整，使系统的行为或状态符合系统发展目标；信息方法是指撇开系统的物质形态，运用信息的概念，将系统抽象成信息的获取、传递、加工和处理过程，通过对该过程的研究来确定系统状态和行为。

1. 现代系统科学方法论的特征

（1）整体性。整体性是系统科学方法论的基本出发点，要求人们始终把研究对象作为一个整体来看待，认为世界上的事物和过程是存在于环境之中的、由各要素组成的有机体。这一整体的性质与规律只存在于既定环境下各组成要素间的相互联系、相互依赖、相互制约和相互作用之中。

对一个系统而言，既要对"整体"进行描述，又要对其组成部分及关联进行"局部"描述，将整体放在更大的整体中作为部分研究其地位与作用、与其他部分的相互作用与影响，再综合本整体各组成部分及其关联的描述，才能建立该系统的整体描述。

（2）综合性。综合是相对分析而言的，是把系统的各组成部分、各部分的结构、功能、联系、演化规律等因素联系起来加以考察，从中找出共同性和规律性的方法。分析－重构法中的重构就是综合，它的任务是把握整体涌现性，解决部分整合成整体所涌现出的特征。因此，系统科学方法论的关键特征是综合。

综合性需将系统分析与系统综合相结合，采用在系统的整体观指导下进行还原、分解与分析，建立局部描述，综合局部描述，整合对局部的认识，建立系统的整体描述，进而获得对整体的认识，即可实现综合性。

（3）定量化。定量化是系统科学方法论与传统方法论的主要区别之一。系统的定性特征决定定量特征，定性描述是定量描述的基础，定性认识不正确，定量描述没有意义，甚至会把认识引向歧途。定量描述是为定性描述服务的，在充分定性分析指导下的定量化，采用数学语言和数学工具，反映定性特征，使得定性描述更加深入和精确，以反映其发展变化的规律。克服单纯定性分析和片面追求定量化的缺点，为深刻认识事物和过程提供捷径。

（4）信息化。信息论为系统科学方法论的基础理论之一，特别强调信息的重要作用。在处理系统问题时，将系统抽象为一个信息的传输和加工的系统，认为信息流可以维持系统的正常和有目的的运动。注重合法获取和使用信息，在大量的信息中筛选关键信息，重视信息流对系统的支配、调节和控制作用。

（5）人机方式。系统越来越复杂，需要处理的信息量越来越大，系统科学方法论强调人始终处于主导地位，计算机作为辅助手段，硬件配置和软件开发是服务于人的，人机方式是处理系统问题的基本方式。

2. 现代系统科学方法论的基本原则

（1）整体论与还原论相结合。现代系统科学方法论本质上是涌现论，把世界看作是生成的，整体涌现性可表述为"多源于少""复杂生于简单"，整体特性是由组成部分之间的联系决定的，整体的复杂性也是由较简单的部分相互联系而涌现出来的，因此必须将还原论和整体论有机地结合起来，整体地把握研究对象，把对整体的把握建立在对部分的精细的了解之上，建立在对部分间的相互联系的深刻了解之上，研究整体的演化规律，这就是现代系统科学方法论的最主要原则。

（2）定性描述与定量描述相结合。面对研究对象，首先要对其定性特征有一个基本的认识，然后再运用定量技术与方法进行定量研究，最后再以定量结果对定性特征进行补充与说明。定性描述与定量描述相结合的处理方法是现代系统科学方法论的重要原则。

（3）局部描述与整体描述相结合。整体由局部构成，二者的关系是整体统摄局部，局部支撑整体。整体描述是对整体的宏观描述，说明宏观特性与行为；局部描述是对组成部分的微观描述，是对细节的深刻认识，二者结合能够全面认识研究对象。对于简单系统，可采用直接综合的方法由微观描述过渡到宏观描述；对于简单巨系统，可采用统计方法由微观描述过渡到宏观描述；对于开放复杂系统，可应用微观描述与宏观描述相结合的原则，由微观描述过渡到宏观描述、再由宏观描述过渡到微观描述的反复研讨中探讨整体的特性与行为。

（4）分析与综合相结合。面对要解决的问题，首先明确其所处的环境、在环境中的地位与作用、与环境的相互作用与影响、环境的特点与变化趋势等；其次弄清其构成及相互关系，这就是分析方法。分析方法是从整体上认识问题的基础，也是认识局部的基础，从认识局部过渡到认识整体的过程中分析是重要的，但其实质是"还原"方法；要从认识局部过渡到认识整体，综合更加重要，综合就是从整体出发，由部分重构整体。

（5）确定性描述与非确定性描述相结合。确定性与非确定性并不是截然分开的，也不是截然对立的，而是相互联系的，确定中包含着不确定，不确定中蕴含着确定，现代科学的发展需要建立两种描述框架的联系，系统科学的发展也需要把两种描述框架联系起来，混沌理论的出现为人们沟通确定性与非确定性开创了思路。

1.3.3　系统科学方法论的指导思想——系统思想

系统科学方法论的指导思想是系统思想。系统思想就是系统思维方法，它是指唯物辩证法所体现的物质世界普遍联系及整体性的思想，是"以近乎系统的形式描绘出自然界相互联系的清晰图画"的思维方法，是关于事物整体性的观念、相互联系的观念和演化发展的观念。

"整体大于部分之和"的非加和原理是系统思想的基本点。为了最大限度地认识整体特性，系统思想要求从整体出发，分析研究部分，同时注重各部分之间的关系，探讨涌现出的整体特性。从不同角度把系统的概念贯通、综合，使局部目标服从整体目标，这就是系统思维方法的重要原则。在此原则下，利用分析 - 重构方法，且以重构为中心是系统思想处理问题的基本方法。

系统思维方法与传统思维方法相比较，主要区别见表 1-1。

表 1-1　系统思维方法与传统思维方法的区别

项目	系统思维方法	传统思维方法
出发点	整体	部分
研究基点	各组成部分之间的关系	部分
研究顺序	从整体到局部分解，再由局部向整体综合	将局部叠加成整体
局部目标和整体目标的关系	局部目标必须服从整体目标，整体目标是局部目标的综合	以局部利益为基础形成局部目标，将局部目标叠加，形成整体目标
与环境的关系	受环境制约又反作用于环境，是更大系统的组成部分	孤立的系统
研究方法	以重构为重点的分析 - 重构法	以分析为重点的分析 - 重构法
考虑系统状态	动态地研究事物演化过程	静态地研究事物的单一过程

随着科学技术的发展，现实中出现了许多庞大而复杂的系统，如国民经济发展系统、生态保护系统等。这些系统的共同特点：规模越来越大，结构越来越复杂；需要从时间、性能、价值、可靠性、安全性等方面进行综合评价；不确定因素越来越多和要求准确性越来越高的矛盾日益加深；需要处理的信息量巨大，处理时间要求迅速，信息的作用日渐加大；解决问题需要各学科协同作战等。实践中，要求系统思想不仅定性而且定量，从整体出发，协调部分的活动且将其综合成技术先进、经济合理，并能协调运转的系统。

20 世纪中叶，现代科学技术的发展为系统思想的定量化提供了一套具有数学理论、能够定量处理系统各组成部分相互联系的科学方法和强有力的计算工具——计算机，这就使系统思想由思维方法上升为理论——系统科学方法论。系统科学方法论是以系统思想为指导，把系统思维方法和现代科学技术结合起来的产物，它既提供了思维方法，又提供了具体的理论和工具，因而是处理问题的基本方法论。

1.3.4　系统思想的建立与养成

人类的思维是大脑的活动，研究大脑的活动过程可揭示出人类思维方式的形成，据此可找出改变思维定式的途径，为建立与养成系统思维方法奠定基础。

1. 人类思维过程的一般模式

人类有意识的行动是受大脑支配的。大脑是一个信息处理系统，通过眼、耳、鼻等感官接收信息，传输给大脑，经大脑的处理产生输出响应——行动，其模式如图1-7所示。

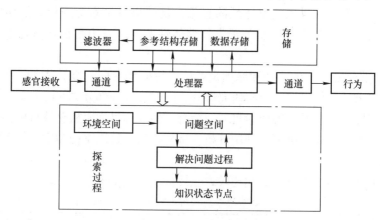

图1-7　人类思维过程的一般模式

在该模式中，参考结构是非常重要的。参考结构是人们头脑中认识世界及采取行动的固有印象，是一种存储于头脑中的模式，是在处理问题时可自然调用的知识结构，是一种经验的积累。其作用在于：

（1）形成滤波器，滤掉一部分与参考结构不相关和次要的信息，使信息量不超过大脑的信息处理能力，并集中力量处理关键的信息。

（2）在决策中自然调用它，以便快速地处理问题。一般情况下，人们是靠参考结构决策的，即强调经验的重要性。

在该模式中，探索过程是同样重要的。面对新生事物，或者没有经验积累的事物，即头脑中没有现成的参考结构，大脑处理器会建立环境空间、问题空间，并在问题空间中从知识状态节点开始探索过程，直到采取决策、付诸行动，进而解决问题。如果行动成功，则强化与完善参考结构；如果行动失败，则需要重新探索，直至成功。

由人类思维过程一般模式可见：

（1）参考结构是人在特定环境中长期学习所积累的知识，它具有一定的"刚性"，很难在短期内发生明显的改变，经验的总结和习惯性做法是参考结构知识的体现。

（2）两个人观察同一事物，会有不同的描述、产生不同的行为，其原因是两个人的参考结构不同，是观察具有选择性、经验积累不同造成的。

（3）参考结构的改变滞后于现实的变化，因而强调学习的重要性。

（4）学习与实践，终身学习与实践进步是改变参考结构的唯一途径。

树立系统思想需要通过学习和实践改变原有的参考结构，建立与养成以系统思想为基础的新参考结构。

2. 系统思维的建立与养成

彼得·圣吉在《第五项修炼》一书中提出的改变心智模式的修炼方法是建立与养成以系统思想为基础的参考结构的好方法。

彼得·圣吉提出，建立学习型组织要进行自我超越、改善心智模式、建立共同愿景、团体学习和系统思考五项修炼。系统思考是五项修炼的基石，是"看见整体"的一项修炼，被称为第五项修炼。该项修炼指出了建立与养成系统思维的方法与工具。系统思考的实质是心灵的转变：看清各种相关联结构，而不是线性的因果链；看清各种变化的过程模式，而不是静态的"快照图像"。系统思考的实践演练，要从理解简单的"反馈"概念入手：一些行动可以引起相互增强的效果，或相互抵消（平衡）的效果。

彼得·圣吉指出，面对问题，每个人所看见的只是一个个片段和一幕幕的个别事件，将这些简单的片段和事件连在一起，便形成了由不断增强的反馈环、反复调整的反馈环和原因与结果在时空上不是同时发生而存在的延迟等组成的环状因果互动关系。观察该环状因果互动关系，会发现一连串的变化过程，就能让人们"看见整体"，而非片段的、一幕一幕的个别事件。

这种系统思考方法告诉人们，不能就个别事件、个别过程进行"就事论事"的研究与决策，任何事物的发展变化均是由个别事件、个别过程相互作用引起的，是由动态复杂性造成的，只有将"个别事件或过程"的产生原因、对其他事件或过程的影响等按因果关系相互联系起来，描述出因果互动关系才能看到整体。这是彼得·圣吉对他的导师福雷斯特教授开发的系统动力学的清晰描述。

系统动力学（System Dynamics，SD）是建立在系统论、自动控制理论和信息论基础上的，它依靠系统理论来分析系统的结构和层次、依靠自动控制理论中的反馈原理对系统进行调节、依靠信息论中信息传递原理来描述系统，并采用计算机对系统动态行为进行模拟，被誉为"战略与策略试验室"。它最适合于分析和研究复杂的社会经济系统。

【例 1-1】 在同一市场中的两个竞争企业，均站在各自的角度将对方当作"你死我活"的对手，甲企业面对乙企业的威胁，采用增加投资、扩大规模、降低成本进而降低价格的策略，力图给乙企业造成威胁；乙企业面对甲企业的威胁，也采用相同的策略。从企业角度看，两个企业的决策都是正确的，但结果却拉开了投资大战、价格大战的序幕，开始了一场恶性循环的竞争。其原因是每个企业只根据"片断"进行决策，而未看到整体。如果将两个企业的联系结合起来，应用系统关系图就可以看清整体，就可以清楚地分析造成这种"恶性竞争"的原因。该问题的因果关系图如图 1-8 所示。

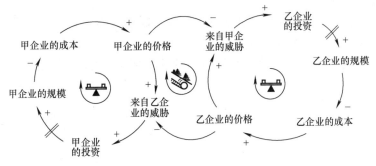

图 1-8 企业竞争因果关系图

由图 1-8 可见，面对乙企业的威胁，甲企业增加投资，靠规模的扩大降低成本，进而降低价格；甲企业价格的降低对乙企业造成威胁，乙企业势必通过进一步扩大规模降低成本，降低价格，这对甲企业造成更大的威胁。如此反复，则造成了规模大战、价格大战。如果企业认清了这种规律，可尝试改变思路，避免或减轻规模大战、价格大战的负面影响，如采用突出产品特色的差异化策略；变企业竞争为合作，共同分享市场；组建企业联盟等。总之，只要不将对方当作"你死我活"的对手，不将对方的行动看作威胁，思路将会更加宽阔。

因果关系图的绘制及整体行为的模拟可采用 Vensim、I See、I think 等软件进行。

彼得·圣吉提出的改变"心智模式"，就是我们所说的"参考模式"，这种系统思考方法告诉人们：①面对研究对象，要站在更高的层次上进行研究，所谓跳出企业看企业、跳出行业看行业、旁观者清等说法就是这个道理；②不要在复杂的细节中纠缠，应该集中精力研究各因素的相互影响，分析规律性的东西；③在研究中要努力挖掘参考结构中的"隐含假设"，并努力改变它。这样经过长期的训练，就可逐步地形成系统思维。

【讨论题】

1. 结合系统的概念和属性，理解"绿水青山就是金山银山"，并结合你的家乡发展进行分析讨论。

2. 利用系统思维概念，理解城市更新的概念和发展模式，并结合你的家乡发展进行分析讨论。

【思考题】

1. 系统的定义是什么？请在其他文献上再找出两种系统的定义，进行比较。

2. 系统的属性有哪些？它们之间的关系如何？

3. 什么是系统的涌现性？

4. 在实际问题中如何区分系统与环境？为什么要重视系统的环境分析？

5. 为什么说因特网是一个开放的复杂巨系统？

6. 如何理解"整体大于部分之和"？

7. "1 + 1 > 2"是什么意思？如何实现？

8. 说明现代系统科学方法论的特征。

9. 说明现代系统科学方法论的原则及应用。

10. 什么是分析 - 重构法？

11. 举例说明系统思想与传统思维方法的区别与联系。

12. 请写一篇《第五项修炼》的读后感。

13. 找出自己处理问题时不符合系统思想的几个事例，并说明是怎样重新认识这些问题的。

第2章

系统工程与系统工程方法论

学习要点

1. 掌握系统工程的概念及特点；
2. 熟悉系统工程的基础理论；
3. 掌握系统工程方法论；
4. 掌握系统工程的主要方法——模型化。

从古到今中国历史实践中系统工程思想的伟大体现
世界灌溉工程遗产都江堰

都江堰位于四川省成都市都江堰市城西，坐落在成都平原西部的岷江上，始建于秦昭王末年（前256—前251），是蜀郡太守李冰父子在前人鳖灵开凿的基础上组织修建的大型水利工程，两千多年来一直发挥着防洪灌溉的作用，使成都平原成为水旱从人、沃野千里的"天府之国"，至今灌区已达30余县市，面积近千万亩，是全世界迄今为止年代最久、唯一留存、仍在一直使用、以无坝引水为特征的宏大水利工程，凝聚着中国古代劳动人民勤劳、勇敢和智慧。

都江堰水利工程由"鱼嘴"岷江分水工程、"飞沙堰"分洪排沙功能、"宝瓶口"引水工程三大主体部分组成，加上一系列灌溉渠道网，巧妙结合，形成了一个完整的系统，成为伟大的防洪、灌溉、航运综合水利工程。

中国成功研制"两弹一星"

20世纪五六十年代，面对严峻的国际形势，为了抵御帝国主义的武力威胁和核讹诈，增强国防实力，保卫国家安全，维护世界和平，党中央和毛泽东同志毅然做出研制"两弹一星"，重点突破国防尖端技术的战略决策，并确定"两弹一星"的研制要坚持"自力更生为主，争取外援为辅"的方针。

在党中央坚强领导下，全国"一盘棋"，来自全国各地的大批著名科学家、中青年科研和工程技术人员、管理保障工作者、工人和解放军指战员，共同努力，密切配合，协同攻关，保证了我国"两弹一星"事业取得历史性的突破。

在"两弹一星"的研制中，我国广大科研工作者发扬热爱祖国、无私奉献、自力更生、艰苦奋斗、大力协同、勇于登攀的精神。"两弹一星"是在我国物质、技术基础十分薄弱的条件下，通过自力更生、自主创新取得的伟大成就。这极大地鼓舞了中国人民的志气，振奋了中华民族的精神，增强了社会主义中国的凝聚力，为增强我国的科技实力特别是国防实力，奠定我国在国际舞台上的重要地位，做出了不可磨灭的巨大贡献。

（资料来源：中华人民共和国科学技术部网站 http：//www. most. gov. cn/kjfz/kjzg60dsj/200909/t20090915_ 72903. htm）

2. 1 系统工程的概念及特点

"系统工程"是美国贝尔电话公司在 20 世纪 40 年代发展微波通信网时首先提出，并将工程按系统思想分成了五个阶段——规划、研究、开发、工程应用研究、通用工程。当时，美国、丹麦等国家的电信部门为了完成规模庞大的复杂工程、科研和生产任务，开始运用系统观点和方法来处理问题。到了 60 年代初期，各国出现了一些从事系统工程研究的机构，组织了有关的学会或分会，召开了专门的学术会议，学校里建立了相应的系统工程学科，开设相应课程，可以说，系统工程作为一种专业、一门学科正式形成。1972 年，国际应用系统分析研究所（IIASA）的成立，标志着系统工程的发展进入了一个新的阶段。系统工程已远超出传统"工程"概念，逐渐应用于社会、经济、环境、人口等多个方面。

我国从 20 世纪 60 年代开始，在系统工程中国学派的倡导者和领军者钱学森教授等老一辈科学家的倡导下，开始运用系统工程思想方法进行国防建设，在"两弹一星""载人飞船"等国防尖端技术方面进行了成功应用。70 年代后期，随着中国系统工程学会的成立，一批高等院校成立了系统工程研究机构并培养系统工程专业研究生。系统工程学科的新颖思路和普遍适用性，吸引了从事不同学科的许多学者来研究它，创造性地开展了大量工作，在各行各业、各个领域都得到了广泛的应用，收到了良好的效果。随着社会经济、科学技术的发展，以及人类对客观事物和本身的认识和思维能力的提高，系统工程的应用范围和深度进一步扩大，系统工程学科也在与时俱进地发展。

2. 1. 1 系统工程的定义

系统工程应用领域十分广阔，它与其他学科的相互渗透、相互影响，使得不同专业领域的人对它的理解不尽相同。

中国著名科学家钱学森教授指出，"系统工程是组织系统的规划、研究、设计、制造、试验和使用的科学方法"，"系统工程是一门组织管理的技术"。

《中国大百科全书·自动控制与系统工程卷》指出，系统工程是从整体出发合理开发、设计、实施和运用系统的工程技术。它是系统科学中直接改造世界的工程技术。

美国学者切斯纳（Chestnut）指出，系统工程认为虽然每个系统都由许多不同的特殊功能部分组成，而这些功能部分之间又存在着相互关系，但是每一个系统都是完整的整体，每一个系统都要求有一个或若干个目标。系统工程则是按照各个目标进行权衡，全面求得最优解（或满意解）的方法，并使各组成部分能够最大限度地互相适应。

国际系统工程协会（The International Council on Systems Engineering，INCOSE）的定义为：系统工程是实现成功系统的一种跨学科的方法和手段。在开发过程早期，它关注定义用户需求和必要功能，形成需求分析文档，在考虑性能、成本与进度、制造、试验、培训与保障、运行、处置等所有问题后，进行总体设计和系统确认。系统工程把所有相关学科和专业小组集成为一个团队，努力构建一个结构化的从概念到生产再到操作的开发过程，同时，它将考虑所有用户的商业需求和技术要求，最终提供一个满足用户需求的新产品或新服务。

学者谭跃进、陈英武、罗鹏程等指出，系统工程的研究对象是大型、复杂的人工系统和复合系统；系统工程的研究内容是组织协调系统内部各要素的活动，使各要素为实现整体目标发挥适当作用；系统工程的研究目的是实现系统整体目标最优化。

学者汪应洛指出，系统工程是从总体出发，合理开发、运行和革新一个大规模复杂系统所需思想、理论、方法论、方法与技术的总称，属于一门综合性的工程技术。系统工程按照问题导向的原则，根据总体协调的需要，把自然科学、社会科学、数学、管理学、工程技术等领域的相关思想、理论、方法等有机地综合起来，应用定量分析和定性分析相结合的基本方法，采用现代信息技术等技术手段，对系统的功能配置、构成要素、组织结构、环境影响、信息交换、反馈控制、行为特点等进行系统分析，最终达到使系统合理开发、科学管理、持续改进、协调发展的目的。

综上所述，我们认为系统工程是一门新兴的工程技术学科，是应用科学，是不仅定性而且定量地为系统规划与设计、试验与研究、制造与使用、管理与决策提供科学方法的方法论科学，它的最终目的是使系统运行在最优状态。

2.1.2 系统工程方法的主要特点

系统工程方法的主要特点有以下五个方面。

（1）以软为主、软硬结合。一般工程技术学科，如水利工程、机械工程等都与形成实物实体的对象有关，国外将这类工程称为"硬"工程，而系统工程的研究对象除了这类"硬"工程之外，还包括这种工程的组织与经营管理一类被国外称为"软"科学的各种内容。软科学的基本特征是：人（决策者、分析人员等）和信息的重要作用；多次反馈和反复协商；科学性与艺术性的二重性及其有机结合等。

（2）跨学科多，综合性强。所谓跨学科多，可从两个方面理解：一是用到的知识是多个学科的，系统工程的研究要用到系统科学、自然科学、数学科学、社会科学等领域的知识；二是开展系统工程项目要有多个学科的专家参加。所谓综合性强，是说不同的学科、各个部门的专家要互相配合、协调作战，而不是各自为战、各行其是。系统工程通过横向的综合，提出解决问题的方法和步骤，因此它是跨越不同学科的综合性科学。

（3）以宏观研究为主，兼顾微观研究。系统工程认为，系统不论大小，皆有其宏观和微观：凡属系统的全局、总体和长远的发展问题，均为宏观；凡属系统内部低层次上的问题，则是微观。系统工程以宏观研究为主，兼顾微观研究。

（4）做事情要运用"升降机原理"。系统工程"升降机原理"是指：研究一个对象系统，必须至少上升一个层次，看清系统的全貌；必须至少下降一个层次，研究系统内部的关键问题。把至少三个层次的研究结合起来，再经过一番研究，可以使得系统工程应用项目的研究成果视野开阔，减少片面性，能够解决实际问题。

（5）系统工程同时具有实践性与咨询性。采用问题导向，面向实际问题，探寻解决问题的方法，克服方法导向，避免以方法"套"问题、"找"问题。系统工程的应用研究是针对实际问题，要解决问题并且接受实践检验的，不是"纸上谈兵"或者"闭门造车"，其研究成果是为领导（或者用户）提供多种备选方案，以备决策。其实践性和咨询性强。

我国"五位一体"总体布局的提出、航天事业的成果涌现、塞罕坝林场的修复、共享经济模式的产生等无不说明系统工程是以整体为出发点，综合各学科知识，探索系统中的关联因素，不是束之高阁的理论，也不是玄妙的数学游戏，它是来源于实践并指导实践的理论和方法，只有在实践中，系统工程才会大有作为并得到迅速发展。

2.2 系统工程的基础理论和工具

系统工程是在运筹学、控制论和计算科学广泛实践的基础上，应用系统方法解决实践内容的工程技术。按钱学森教授所建立的系统科学体系，系统工程的基础理论是由运筹学、控制论和信息论等技术科学组成的，其基本工具是计算机以及为其提供计算方法的计算科学。

2.2.1 系统工程的基础理论

1. 运筹学

运筹学（Operations Research，OR）是 20 世纪 40 年代发展起来的一门科学。其用定量的模型和方法来分析和预测需要决策的系统的性态，从而为管理和决策提供科学的、合理的、量化的依据。

运筹学是在第二次世界大战中发展起来的，当时最有名的是英国曼彻斯特大学物理学家布莱克特领导的运筹学小组和美国麻省理工学院爱德华·鲍尔斯领导的作战分析小组。1950年，美国科学家莫尔斯和金博尔出版了《运筹学方法》一书，提出运筹学是为决策机构在对其控制下的业务活动进行决策时，提供以数量化为基础的科学方法。20 世纪 50 年代中期，钱学森、许国志等教授将运筹学引入我国，并结合我国的特点开始推广应用。运筹学属技术科学，它使用各种数学工具（如代数、分析、概率论、数理统计、图论等）和逻辑判断方法，也使用带有实验性质的模拟仿真方法，来处理组织、管理、规划、调度等问题，包括规划论、决策论、对策论、随机服务理论等多个分支。

2. 控制论

控制是控制者选择适当的控制手段作用于受控者以期引起受控者行为状态发生符合目的的变化的活动，它是建立、维持、提高系统有序性的手段。

控制论是研究各种系统的控制和调节的一般规律的科学，是自动控制、电子技术、无线电通信、生物学、数理逻辑、统计力学等多种科学和技术相互渗透的一门综合性学科。主要研究控制系统的特点和规律。

1943 年，美国数学家、通信工程师、生理学家诺伯特·维纳与阿图罗·罗森勃吕特·斯特恩斯、朱利安·毕格罗合作发表的《行为、目的和目的论》一文，把生物的有目的行为赋予机器，阐述了控制论的基本思想。1948 年，维纳又发表了《控制论》一书，奠定了控制论的理论基础，这标志着控制论科学的正式诞生，维纳被誉为控制论的创始人。维纳为控制论下的定义为："控制论是关于动物和机器中控制和通信的科学。"控制论的基本概念是信息概念和反馈概念。维纳认为，客观世界有一种普遍的联系，即信息联系；任何组织之所以能够保持自身的稳定性，是由于它具有取得、使用、保持和传递信息的方法。这个信息的交换过程，可以简化为信息→输入→存储→处理→输出→信息；在这个过程中，存在着反馈信息。所谓反馈，就是一个系统的输出信息反作用于输入信息，并对信息再输出产生影响，起到控制和调节作用。

钱学森教授在 1986 年指出了控制论和自动化在社会生产、科技进步和人类文明建设等各方面的重要作用，并提出了把控制论纳入复杂系统和复杂巨系统研究框架的思路。从而，国内外控制学界也掀起了一股面临自动控制复杂性问题的重大挑战，寻求新的思想、方法和工具的热潮。

控制论的发展大致经历了三代：

（1）第一代控制论（20 世纪 40 年代—20 世纪 50 年代末），又称经典控制论，其研究单变量输入、单变量输出的单变量控制问题。

（2）第二代控制论（20 世纪 50 年代末—20 世纪 70 年代初），又称现代控制论，其研究多变量输入、多变量输出的多变量控制问题。

（3）第三代控制论（20 世纪 70 年代初至今），又称大系统理论。大系统是规模庞大的系统，它的要素数以亿计，它的结构极其复杂，涉及人与人、人与机器、机器与机器等多方面的信息联系，具有强大的综合功能。

3. 信息科学

进行系统分析离不开信息，信息科学也是系统工程的基础之一。

狭义的信息科学涉及信息的采集、传输和处理。香农于 20 世纪 40 年代基于通信技术提出了信息论，信息论是一门从信息的概念出发研究信息的度量和通信的理论与方法的科学。信息可用信息量、熵、最大熵、相对熵和剩余度等来度量。信息的交换是由通信实现的，通过建立通信模型研究如何最经济地获取最大信息量，怎样对信息编码和译码，如何利用信道并减少噪声影响，用什么介质、怎样存储和利用信息等。

广义的信息科学则包括计算机科学在内，研究信息的复杂处理和检索、分类、存储以及复杂信息（如语音、图像或其他模式）的识别等。人们以计算机技术为基础，通过建立与优化信息网络，使信息的获取、传输、加工、存储和利用能力大幅提高，信息的交流更加快捷与方便，获取信息的途径更加广阔，信息处理速度加快，存储介质多样且容量巨大，传输方式多样化、信道种类繁多等已彻底地改变了人类的生产与生活方式，人们对信息的依赖性进一步加强，在向信息化前进的道路上，计算机技术起到的作用是巨大的，但与此同时也带来了信息的可靠性和安全性等问题。

综上所述，系统工程的这些基础理论在实践中是各有侧重的。以信息科学为基础，运筹学主要处理静态问题，控制论主要解决动态问题，成为系统工程的不可缺少的理论基础，向系统工程提供了方法和工具，指导着系统工程的实践。

人类与自然界做斗争的过程中已取得了丰硕的成果并积累了丰富的经验，自然科学作为人类与大自然做斗争的经验总结已取得了相当程度的胜利，把自然科学的成果应用到社会科学中去同样也会取得了胜利，系统工程就是这样一门科学。它除了把运筹学、控制论和信息科学作为自己的基础理论之外，每个专业的系统工程还有自己特殊的专业基础理论，如工程系统工程的专业基础是工程设计与施工，企业系统工程的基础理论是管理经济学、管理学等。

2.2.2　系统工程的得力工具——计算机

仅有理论和方法，没有得力的工具，系统工程的实践是不可能完成的。计算机科学的发展为系统工程的实践提供了得力的工具，使复杂的计算成为可能。

在进行系统的规划与设计、实验与研究、制造与使用、管理与决策中，计算、数据处理、逻辑判断和模拟的工作量相当大，没有计算机是不可能进行的。系统工程发展到目前水平与计算机的发展密不可分，同时系统工程的发展也推动了计算机科学与技术的发展。

当前，计算机正向两个方向发展，即微型化和超大型化。计算机微型化，以其执行结果精确、处理速度快捷、性价比高、轻便小巧等特点迅速进入社会各个领域，且技术不断更新、产品快速换代，从单纯的计算工具发展成为能够处理数字、符号、文字、语言、图形、图像、音频、视频等多种信息的强大多媒体工具，使其成为日常工作中的必备工具，进一步推动了系统工程的实践。超级计算机（Super Computer）是指能够执行一般个人计算机无法处理的大量资料与高速运算的计算机。其拥有极大的数据存储容量和极快速的数据处理速度，因此它可以在多个领域进行一些人们或者普通计算机无法进行的工作，截至2022年6月，我国已建立十所国家超级计算中心，服务于军事、医药、气象、金融、能源、环境和制造业等众多领域，支撑科技创新，为经济建设和产业发展服务。

计算机科学的发展离不开计算科学，计算科学是伴随着计算机的产生与发展而出现的一门新兴科学。它是研究为各种模型提供精确或近似解法的理论，其应用称计算技术，为系统思想的定量化开拓了广阔的前景，成为系统工程不可缺少的基础。

在现代数学中，任何一个一般性的计算方法和计算程序均可称为算法。一切可设想的数学问题，其算法均分两大类，即无算法和有算法。在有算法的问题中又分为有效算法和无效算法两类。无效算法是指计算时间与问题规模的增大呈指数曲线增长；有效算法是指计算时间只随问题规模的增大呈多项式函数曲线增长。计算科学为系统工程提供各类数学模型的算法和有效算法，系统工程在实践的过程中也提出一些算法课题来充实和丰富计算科学的内容。

2022年2月，全国一体化大数据中心体系完成总体布局设计，"东数西算"工程正式全面启动，把东部密集的算力需求有序引导到西部，使数据要素跨域流动，让西部的算力资源更充分地支撑东部数据的运算，更好地为数字化发展赋能。

2.3 系统工程方法论

方法是用于完成一个既定目标的具体技术、工具或程序；方法论是研究问题的一般途径、一般规律，它高于方法，指导方法的使用。系统工程方法论（Methodology）是分析和解决系统开发、运作及管理实践中的问题所应遵循的工作程序、逻辑步骤和基本方法。它是系统工程思考问题和处理问题的一般方法与总体框架。系统工程方法论可以是哲学层次上的思维方式、思维规律，也可以是操作层次上开展系统工程项目的一般过程或程序，它反映系统工程研究和解决问题的基本思路或模式。本节内容主要针对霍尔三维结构、物理－事理－人理系统方法论以及"调查学习"模式进行阐述。

2.3.1 霍尔三维结构

霍尔三维结构是由美国学者 A. D. 霍尔等人在大量工程实践的基础上，于1969年提出的。其内容反映在可以直观展示系统工程各项工作内容的三维结构图中，霍尔三维结构集中体现了系统工程方法的系统化、综合化、最优化、程序化和标准化等特点，是系统工程方法论的重要内容。

霍尔把系统工程的研究方法和步骤用三维的笛卡儿坐标系来表示，称为霍尔三维结构。其中，工作进程或工作阶段叫作时间维；把在系统各阶段中的思维过程叫作逻辑维；把每个思维过程中所涉及的专业知识叫作专业维。这就组成了包括时间、逻辑、专业三维结构的空间，如图 2-1 所示。

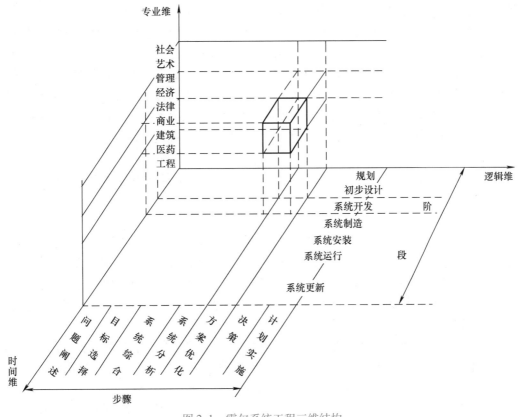

图 2-1　霍尔系统工程三维结构

1. 时间维

时间维表示系统工程的工作阶段或进程。系统工程工作从规划到更新的整个过程或生命周期可分为七个阶段：规划、初步设计、系统开发（研制）、系统制造（生产）、系统安装、系统运行和系统更新。

2. 逻辑维

逻辑维是指系统工程每阶段工作所应遵从的逻辑顺序和工作步骤。划分为七个步骤：问题阐述、目标选择、系统综合、系统分析、方案优化、决策和计划实施。

（1）问题阐述。该步骤是阐述系统的相关情况，属于定性地对系统进行研究的阶段，主要包括：对系统性质的认识，了解系统的环境、目的，系统的各组成部分及其联系等，是为进一步分析和研究系统奠定基础的关键阶段。

（2）目标选择。在问题提出之后，面临的问题就是选择目标。目标选择的正确与否是至关重要的，霍尔曾指出：选择一个正确的目标比选择一个正确的系统重要得多，选择一个错误的目标，等于解决一个错误的问题，选择一个错误的系统，只不过是选择一个非最优化的系统。霍尔的这段话指出了选择目标的重要性。

（3）系统综合。在目标选定之后即可拟订方案。该阶段需根据问题的性质和所确定的目标提出几套方案并确定每套方案的参数，以便为方案比选奠定基础。在提出方案的时候要打破传统观念、集思广益、群策群力，尽量挖掘实现系统的所有可能方案。

（4）系统分析。系统分析是应用系统工程方法对系统综合中提出的备选方案进行分析、比较的过程，其中包括建立数学模型、计算和模拟试验。

（5）方案优化。方案优化是对模型求解结果进行评价、筛选出满足目标要求的最佳方案，为决策者提供决策依据的过程。该过程经常使用各种最优化方法。

（6）决策。一般来说，方案优化结果即可作为决策的依据。但在实践中，分析工作是由分析人员进行的，决策是决策者的工作，决策涉及大量人的因素、社会因素和各种不确定因素以及决策者的心理因素，因此，要求决策者发挥自己的决策能力，在充分考虑定性因素的情况下，参考最佳方案，做出最后决定。决策过程正是体现定性因素在处理系统问题时的重要作用的过程。

（7）计划实施。决策后，需要把决策方案的详细实施步骤和内容变成切实可行的行动计划，然后下达执行。

3. 专业维

霍尔把系统工程处于某阶段、某一思维步骤中所涉及的专业知识，按照定量化的难易程度由下至上排列，其顺序是工程、医药、建筑、商业、法律、经济、管理、艺术和社会等专业知识。

霍尔三维结构主要适用于机理清楚的偏"硬"系统，侧重于工程系统，强调明确目标，核心内容是最优化，并认为现实问题基本上都可以归纳成工程系统问题，应用定量分析手段求得最优解答。

霍尔三维结构比较清楚地说明了系统工程研究的方法和步骤。在所有工作阶段都包含着不同的思维步骤和专业知识，因此以一向量（工作阶段、思维过程、专业知识）表示系统工程所处的位置是霍尔三维结构作为系统工程方法论的本质。

系统方案的产生过程具有迭代性与收敛性两大特点。图 2-2 所示的神羊角模型能够形象地展示各种信息、物质、能量从左边输入，通过神羊角螺旋式地加工收缩，循环汇聚，最后产出一个理想的系统。

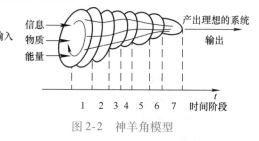

图 2-2　神羊角模型

实际上，开展任何一项系统工程项目，大体上都是按照"时间阶段与逻辑步骤"来运作的，如图 2-2 所示，第三维则表明这个项目所属的专业领域。霍尔三维结构中，逻辑维具有相当广泛的普遍适应性，神羊角模型展示的路线，就是在一定专业维的信息输入之下，按照每个阶段逻辑维的七个步骤向前推进，如图中箭头所示，再按照时间维七个阶段一一向前发展，最后产出理想的系统，完成任务。

2.3.2　物理–事理–人理系统方法论

1. 概念的产生

物理–事理–人理系统方法论作为具有代表性的东方系统方法论在 20 世纪 90 年代中

期提出。

"物理"这个名词大家都很熟悉。自然科学是关于物理的科学，即广义的物理学。事理是做事的道理。运筹学是关于事理的科学，还包括管理科学、系统科学等。人理是做人的道理。处理好人的关系是人理学，包括人文科学、行为科学。1995 年，中国科学院系统科学研究所顾基发研究员和英国赫尔大学的华裔学者朱志昌博士将这三者结合起来，提出了物理 – 事理 – 人理系统方法论（以下简称 WSR 方法论）。

顾基发、王如松、肖纪美等中国学者在各自专注的领域内，通过对不同类型系统（顾基发的社会系统、开放复杂巨系统，王如松的城市生态、城市巨系统，肖纪美的材料科学、现实的物理系统）的深入研究，都对特定层面的物理、事理、人理进行了贯通及整体性思考。从这个意义上讲，WSR 方法论的出现有其必然性，是一种"殊途同归"。WSR 方法论的产生，从客观上讲有不同的源头和脉络，但都体现出中国（东方）学者独特的文化关怀。其中，顾基发研究员所提出的物理 – 事理 – 人理系统方法论，因为历经更多领域的研究实践并经过东、西方系统方法论的交流和碰撞，从而成为具有较高层次和普适性的典型东方系统方法论。

2. 基本内容

"物理"主要涉及物质运动的规律，通常要用到自然科学知识，回答有关的"物"是什么，能够做什么，它需要的是真实性。"事理"是做事的道理，主要解决如何安排运用这些物，通常要用到管理科学方面的知识，回答可以怎样去做。"人理"是做人的道理，主要回答应当如何做。处理任何事和物都离不开人去做，以及由人来判断这些事和物是否得当，并且协调各种各样的人际关系，通常要用到人文和社会科学方面的知识。处理各种社会问题，人理常常是主要内容。

WSR 系统方法论认为，在处理复杂问题时，既要考虑对象系统的物的方面（物理），又要考虑如何更好地使用这些物的方面，即事的方面（事理），还要考虑由于认识问题、处理问题、实施管理与决策都离不开人的方面（人理）。把这三个方面结合起来，利用人的理性思维的逻辑性和形象思维的综合性和创造性，去组织实践活动，以产生最大的效益和最高的效率。

一个好的领导者或管理者应该懂物理、明事理、通人理，或者说，应该善于协调使用硬件、软件、斡件，才能把领导工作和管理工作做好。也只有这样，系统工程工作者才能把系统工程项目做好。

表 2-1 说明了 WSR 系统方法论的内容。

表 2-1 WSR 系统方法论的内容

要素	物理	事理	人理
道理	物质世界，法则、规则的理论	管理和做事的理论	人、纪律、规范的理论
对象	客观物质世界	组织、系统	人、群体、人际关系、智慧
着重点	是什么？ 功能分析	怎样做？ 逻辑分析	应当怎么做？ 人文分析
原则	诚实、真理 尽可能正确	协调，有效率 尽可能平滑	人性，有效果 尽可能灵活
需要的知识	自然科学	管理科学 系统科学	人文知识 行为科学

3. 主要步骤

WSR 系统方法论有一套工作步骤，用以指导一个项目的开展。这套步骤大致分为以下六步，这些步骤有时需要反复进行，也可以将有些步骤提前进行。

（1）理解领导意图（Understanding Desires）。这一步骤体现了东方管理的特色，强调与领导的沟通，而不是一开始就强调个性和民主等。这里的领导是广义的，可以是管理人员，也可以是技术决策人员，还可以是一般的用户，在大多数情况下，总是由领导提出一项任务，他（他们）的愿望可能是清晰的，也可能是相当模糊的。愿望一般是一个项目的起始点，由此推动项目。因此，传递、理解愿望非常重要。在这一阶段，可能开展的工作是愿望的接受、明确、深化、修改、完善等。

（2）调查分析（Investigating Conditions）。这是一个物理分析过程，任何结论只有在仔细地进行了情况调查之后做出，而不是在此之前。这一阶段开展的工作是分析可能的资源、约束和相关的愿望等。一般是深入实际，在专家和广大人民群众的配合下开展调查分析，有可能出具"情况调查报告"一类的书面工作文件。

（3）形成目标（Formulating Objectives）。作为一个复杂的问题，往往一开始问题拟解决到什么程度，领导和系统工程工作者都不是很清楚。在理解、获取领导的意图以及调查分析，取得相关信息之后，这一阶段可能开展的工作是形成目标。这些目标会有与当初领导意图不完全一致的地方，在经过大量分析和进一步考虑后，可能还会有所改变。

（4）建立模型（Creating Models）。这里的模型是广义的，除数学模型外，还可以是物理模型，概念模型，运作步骤、规则等。一般在通过与相关领域的主体讨论、协商、思考的基础上形成。在形成目标之后，这一阶段可能开展的工作是设计，选择相应的方法、模型、步骤和规则对目标进行分析处理，称之为建立模型。这个过程属于事理的范围。

（5）协调关系（Coordinating Relations）。在处理问题时，由于不同的人拥有的知识不同、立场不同、利益不同、价值观不同、认知不同，对同一个问题、同一个目标、同一个方案往往会有不同的看法和感受，因此往往需要协调。当然，协调相关主体（Inter Subjective）的关系在整个项目过程中都是十分重要的，但是在这一阶段，更显得重要。相关主体在协调关系层面都应有平等的权利，在表达各自的态度方面也有平等的发言权，包括"做什么、怎么做、谁去做、什么标准、什么秩序、为何目的"等此类议题。一般在这一阶段，会出现一些新的关注点和议题，尽管在前面一些阶段可能出现过这些内容。在这一阶段，可能开展的工作就是相关主体的认知、利益协调。这一步骤体现了东方方法论的特色，属于人理的范围。

（6）提出建议（Implementing Proposals）。在综合了物理、事理、人理之后，应该提出解决问题的建议，提出的建议一要可行，二要尽可能使相关主体满意，最后还要让领导从更高一层去综合和权衡，以决定是否采用。这里，建议一词是模糊的，有时还包含实施的内容，这主要看项目的性质、目标设定的程度。

2.3.3 "调查学习"模式

随着应用领域的不断扩大和系统工程的不断发展，系统工程方法论也需要发展和创新。20 世纪 40—60 年代，系统工程主要用来寻求各种"战术"问题的最优策略、组织管理大型工程项目等。进入 70 年代以来，系统工程越来越多地用于研究社会经济的发展战略和组织管理问题，涉及的人、信息和社会等因素相当复杂，使得系统工程的对象系统软化，并导致其中的许多因素又难以量化。为适应这种发展，从 70 年代中期开始，许多学者在霍尔三维结构的基础上，进一步提出各种软系统工程方法论。其中，在 80 年代中前期由英国兰卡斯特大学的 P. 切克兰德（P. Checkland）教授提出的方法比较系统且具有代表性。

"调查学习"模式是一种半定性、半定量的偏"软"的系统方法论。该方法是通过"调查比较"、在比较中"学习"来达到逐步改善系统的目的。其方法流程如图 2-3 所示。

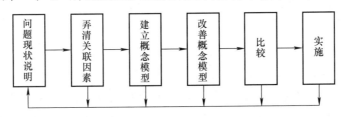

图 2-3　"调查学习"方法流程

（1）问题现状说明：通过调查对系统状况进行说明。
（2）弄清关联因素：初步弄清改善系统的相关因素及相互关系。
（3）建立概念模型：用语言模型或结构模型描述系统。
（4）改善概念模型：通过比较、学习，进一步修正、改进模型。
（5）比较：将改进后的模型与现状比较，找出符合决策者意图的可行方案。
（6）实施：提出可行方案，制订计划，落实执行。

以"首钢搬迁""首钢园"建成为例，运用"调查学习"模式加以分析。

2001 年 7 月 13 日，北京申奥成功之时，给北京提出了一个很难的考题，那就是环境污染问题，究其原因，首钢位于石景山区、北京市的西北方向，由于北京的气候和地理环境特点，首钢对首都环境影响很大，其搬迁势在必行。但搬迁目的地选择又是一个问题，最终通过比较选择，考虑到首钢搬迁后新厂原料进厂提供低成本运输条件、围海造地成本、地质条件的优越性、与原场址的距离等因素，最终选择河北省唐山市曹妃甸区。2005 年，十几万首钢人勇担搬迁大任。

经历了这场史无前例的大搬迁，首钢园人去厂空，只留下了高炉、冷却塔和车间厂房，成为一座工业遗存的"城市垃圾"。全面停产后，面对土地资源利用、环境污染治理、工业遗存保护、转型发展动力等多重问题，首钢开启了一条艰难探索的转型发展路径。2005 年，首钢与清华大学合作开展了厂区工业资源调查评估，从历史文化价值、工艺流程代表性、污染治理、经济和技术等多方面对现存工业设施进行调研，研究为后续改造指明了方向。2022 年冬奥会上的首钢滑雪大跳台向世界展示了一个完美的工业更新产品。

首钢滑雪大跳台场地坐落于首钢园北区，从远处望去，大跳台宛如敦煌壁画中的飞天飘带，因此大跳台还有一个诗意的名字——"雪飞天"。首钢滑雪大跳台总设计师、清华大学建筑学院院长张利带领的设计团队通过对选点、方位等多方案进行比较分析，选择了大跳台与四座高达 70m 的冷却塔最佳组合的方案，让大跳台与邻近的冷却塔自然衔接，一道完美的天际线就此诞生。并且，设计团队在设计之初，还邀请了多名老首钢职工观摩设计草图，以此选出最佳的审美角度，这也让大跳台充满了人文关怀，看起来更美、更有意义。经过数年的设计改造，拥有百年历史积淀的首钢园重新焕发光彩，惊艳世界。作为曾经的工业遗产，首钢园也成了国内城市中心的老工业区更新改造的范例。

2.4 系统模型化

为了掌握系统的结构和演化发展规律，需要根据系统的目的，抓住系统各组成部分之间的联系，进行系统的考察与研究，其中最方便的方法就是模型化，系统模型化是系统工程方法论的核心之一。

2.4.1 模型与模型化

1. 模型的概念及特点

模型是采用抽象、归纳、演绎、类比等方法，以适当形式描述系统结构或行为的仿制品。其中，抽象方法是从众多事物中舍弃个别的、非本质的东西，抽出共同的、本质的属性的方法；归纳是由特殊概括一般的推理方法；演绎则是由一般推断特殊的推理方法；类比是按两个事物特征相似，得出其他方面也可能相似结论的一种推理方法。

用实物形式表现的建筑模型、汽车模型、教学中使用的原子模型，以及经济分析中所使用的用文字、符号、图表、曲线等描述经济活动运行状况及特征的模型等均是经常使用的模型，它们虽然描述形式各异，但都具有以下共同的特点：

（1）都是被研究对象（原型）的模仿和抽象。

（2）都是原型的简化，是由与研究目的有关的、反映被研究对象某些特征的主要因素构成的，模型的结构与原型的结构不同但二者是相联系的。

（3）都是反映被研究对象各部分之间的关联，体现系统的主要特征和行为。

由模型定义及特点可见，模型首先必须与所研究系统"相似"，这种相似不是指形状上的"相似"，而是指本质上的"相似"；其次，模型必须有一定的描述形式，描述形式可以是实物的放大或缩小，但更普遍的是文字、符号、图表等；最后，必须采用一套有科学依据的方法来描述。

系统模型是对系统某一方面本质属性的描述，它以某种确定的形式（如文字、符号、图表、实物、数学公式等）提供关于该系统的知识。如产品原理图、工作流程图、地球仪、物理和化学公式等均可称为系统模型。系统模型本质属性的选取完全取决于系统工程研究的目的。系统模型反映实际系统的主要特征，但它又高于实际系统而具有同类问题的共性。

2. 模型化

系统的模型化就是建立系统模型。它是把系统各组成部分之间相互关联的信息，用数学、物理及其他方法进行抽象或推理，使其与系统有相似的结构或行为并体现系统这一完整统一整体的科学方法和过程。建立系统模型是一种创造性劳动，不仅是一门技术，而且是一门艺术。要建立巧而优的模型，必须一切从实践出发，实事求是，具体问题具体分析，从理论与实践的结合上分析、研究与解决问题。

模型化之所以成为系统工程的重要方法，其原因在于：

（1）系统工程的研究对象是工程技术、社会、经济和生命等诸因素交织在一起的人、设备和过程的统一体，其中很多因素是难以定量的，因此需要建立概念模型和应用计算机进行模拟分析。

（2）经济性是评价系统的重要指标之一，应用模型化的方法可达到少花钱、多办事的目的，从而实现经济上的节约。模型化的方法还可在各种不同的系统参数中选择最优的参数，在各种不同的方案中选择最优方案而不必对实际系统进行各种实验和调整，从而达到以较少的费用可靠地实现系统最优化的目的。

（3）安全可靠。某些系统的实验和运行蕴藏着危险性，这使系统的实际实验和研究难度加大。用模型化的方法可避免各种危险而提出各种可靠的数据，为决策提供依据。

（4）可对不能进行实际实验的系统进行研究。某些系统，如生态系统、国民经济系统、社会系统是不允许实验的，为了探索这类系统的运行规律，只能采用模型化的方法。

模型化是建立模型的过程，该过程如图2-4所示。

由图2-1可见，模型化的过程是对现实系统进行分析和观察，通过概念化获取信息，这是实现对系统认识的过程。对获取的信息经加工、处理，进一步深化认识后抽象出模型并用一定的形式进行描述，这是提高

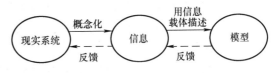

图2-4 模型化过程示意图

认识的过程。由于对系统的认识是逐步提高的，因此模型化的过程是"认识—提高—再认识—再提高"的过程。图2-4中的反馈体现了这种"再认识—再提高"的过程。通过上述模型化的过程就可建立一个既反映现实系统的结构或行为又能指导系统运行的模型，所以模型是源于现实系统又高于现实系统的人类思维的外在表现形式。

3. 系统模型的分类

系统是多种多样的，对相同的系统可用不同的方法从不同的侧面按不同的研究目的建立不同形式的模型，因此必须对系统模型进行分类。

（1）按形态不同，模型可分为实体模型和抽象模型。

1）实体模型：把实体系统的功能和结构，以原型作为要素进行描述使其与系统原型基本相似的模型。它是系统原型几何尺寸的放大或缩小，从而体现系统的某些特性的模型。如教学用的原子模型、汽车模型、建筑模型等。但不是所有系统都可得到实体模型的，只是一些具有实物实体的系统才能建立实物模型。这类模型具有直观、形象的特点，故又称形象模型。

2）抽象模型：用概念、原理、方法等非物质形态对系统进行描述得到的模型。如用数学方法描述的模型、用逻辑关系描述的框图等。这类模型的特点是从模型表面上已看不出系统原型的形象，模型只反映系统的本质特征，只是与系统在本质上相似。它是经人类的思维活动在对系统原形的"认识—提高—再认识—再提高"的基础上高度抽象的产物，它是系统工程中经常使用的模型。这种模型又可分成以下几类：

① 数学模型。数学模型是用数学方法描述的系统模型。它是以字母、数字和各种数学符号对系统结构、特性以及内在联系进行数学抽象的模型。它的主要特点是可通过对模型的求解得出系统运行的规律、特点及结构等，是系统工程中最常用的定量分析工具。如国民经济综合平衡模型、随机服务系统模型、可靠性模型、最优化模型等。

② 逻辑模型。逻辑模型是用图描述的体现系统运行逻辑关系或系统状态的模型。它是系统组成部分的逻辑关系的抽象。其主要特点是可以明显地显示系统各部分之间的联系，既

可用于定性分析，又可进行定量计算或指示系统运行程序。如网络计划法中的 CPM 网络图、某种算法的计算框图、结构原理图、结构模型图等。

③ 模拟模型。模拟模型是用一个容易实现控制或求解的系统代替、模仿另一个不能或不容易控制的系统的行为和状态的模型。这类模型既可用实体形式抽象，又可用数学方法抽象。用数学方法抽象的体现系统状态变化的模型又称为数学模拟模型或基于计算机的模型。前者如力－电压相似系统，后者如系统动力学模型等。

④ 分析模型。分析模型是用曲线、图、表描述系统结构和特点的模型。它用线、图、表等形式鲜明地表示系统的结构、变化趋势等，一般用于系统状况分析之中，如直方图、变动曲线、雷达图等。

（2）按对象不同，模型可分为经济模型、社会模型、生态模型、人口模型等。

1）经济模型：是对经济现实的一种简单化再现。它可以是一张图表，一张流程图、统计表，或者方程组。用方程组来表示模型，是现代经济学的趋势，数学方法已成为最广泛地用来描述经济模型的方法。

2）社会模型：也叫社会模式，是社会和社会现象的主要梗概的一般形象，包括有关单位的性质和它们关系的模式。

3）生态模型：是研究生态系统功能的一种方法，是对生态系统全部或部分功能的近似描述。

4）人口模型：为描述一国或地区人口总量和结构变动规律的系统动力学模型。

（3）按研究问题的出发点不同，模型可分为宏观模型、微观模型等。以宏观经济模型、微观经济模型为例阐述二者的含义。

1）宏观经济模型：是描述整个国民经济系统客观经济过程的总体状态和变化规律的经济数学模型。它的变量是经济系统的总量或平均数，如社会总产值、国民收入、总投资、总消费支出、货币发行量、物价水平、人口发展、就业水平、进出口贸易及其相互之间的关系等。

2）微观经济模型：是描述单个经济单位（单个生产者、单个消费者）、单个市场的经济活动和运动规律的一种经济数学模型。目前，宏观经济模型同微观经济模型之间尚无明确的界限。一般来讲，微观经济模型主要研究像企业和联合公司这样的经济活动范围和有关社会经济过程的个别环节（例如，需求和消费模型）。企业管理中常用的模型，如规划模型、决策论模型等都是微观经济模型。微观经济模型与宏观经济模型一样，它可以是静态的或动态的，确定性或随机的，离散的或连续的。

（4）按用途不同，系统模型可分为预测模型、结构模型、过程模型、行为模型、最优化模型、决策模型等。

1）预测模型：是在采用定量预测法进行预测时，所建立的数学模型。用数学语言或公式所描述的事物间的数量关系，在一定程度上揭示了事物间的内在规律性，预测时把它作为计算预测值的直接依据。

2）结构模型：是哲学和文化人类学用语，指在经验的基础上提出的一种抽象结构形式。其目的在于使知识和组织系统化。它有各种分类，如因果结构模型、功能结构模型、机械结构模型、统计结构模型等。

3）过程模型：是政策的过程模型，也被称为政策生命周期模型，它试图通过阶段性的描述，对政策进行程式化的分析。

4）行为模型：常用状态转换图（简称状态图）来描述。行为模型通过描述系统的状态以及引起系统状态转换的事件来表示系统的行为。状态图中的基本元素有事件、状态和行为等。

最优化模型、决策模型将在以后章节中介绍，此处不做赘述。

总之，系统模型可按不同标准进行分类，但无论怎样分类，在模型的实际应用中都必须符合系统的目的，都必须依据研究目的选择一种或几种模型。

4. 数学模型的特点及分类

数学模型是系统工程中应用最多的定量模型，其特点如下：

（1）具有高度的抽象性，是较高层次的模型，它是建立其他模型的基础。

（2）具有明确性，它可明确地描述各因素、各变量之间的关系。

（3）可通过求解得出直观认识无法解决的问题。

（4）可处理多变量、关系复杂的问题。

（5）具有较高的精度。

（6）适应性强，调整性能好，可根据需要随时修改参数和变量之间的关系。

（7）分析速度快，可用计算机实现自动化计算。

（8）便于交流、便于信息的存储和加工。

数学模型的缺点则是缺乏直观性、对一些无法定量或难以准确定量的问题描述困难、缺乏形象性和实时感，以及一些模型的建立和求解需要较深的理论知识等问题。虽然如此，但是数学模型已成为人们解决问题的不可缺少的重要工具。

数学模型按状态可分为静态和动态两类，每类又可按变量间的关系再分为线性和非线性两种，也可按变量的性质再分为确定型和不确定型两种，组合各种分类可得确定型静态线性模型、确定型动态线性模型、确定型静态非线性模型、确定型动态非线性模型、不确定型静态线性模型、不确定型动态线性模型、不确定型静态非线性模型和不确定型动态非线性模型八种不同类型的数学模型，如图 2-5 所示。

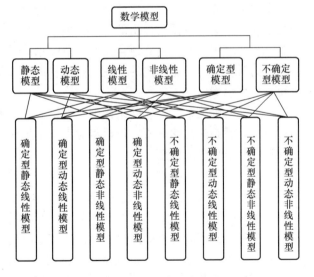

图 2-5　数学模型分类图

2.4.2　系统模型化的基本理论、方法与程序

1. 系统模型化的基本理论与方法

系统模型化的基本理论有"黑箱"理论、"白箱"理论、"灰箱"理论和统计分析理论四种，相对应的建立模型的方法有辨识法、推理法、模拟法和统计法四种。

（1）"黑箱"理论和辨识法。对内部结构和行为不清楚的系统，依据可控因素的输入所引起的可观测因素的变化，通过观察和实验来确定系统状态、行为和运行规律，从而建立系统模型的理论称为"黑箱"理论。将系统当作未知的"黑箱"，通过观察和实验建立模型的方法又称辨识法，它通常用输出输入方程（传递函数）来描述系统。

（2）"白箱"理论和推理法。对系统内部结构和行为清楚的系统，应用各种已知的科学知识进行描述从而建立系统模型的理论称为"白箱"理论。将系统当作一个已知的"白箱"，根据已知知识，通过推理、描述系统状态的变化，进而确定系统状态及演化规律的方法又称推理法，它通常用状态方程描述系统。

（3）"灰箱"理论和模拟法。对系统内部结构和行为的主要部分清楚，其他部分不清楚的系统，采用已知的科学知识建立模型，然后通过模拟对所建模型进行补充和修正，从而建立系统模型的理论称为"灰箱"理论。

"灰箱"理论是将"白箱"理论和"黑箱"理论相结合而建立模型的一种理论。这种理论常用于不可实验的系统，通常采用模拟法建立基于计算机的模型。

由"黑箱"到"灰箱"再到"白箱"，是人们认识系统的客观规律。一切系统都是由未知到了解一部分再到完全了解。至目前为止，一无所知的"黑箱"是很少的，尤其是系统工程所研究的系统。然而完全清楚的系统也是极少的，绝大部分系统都是介于"黑箱"和"白箱"之间的"灰箱"，因此近些年来科学家们都致力于研究"灰箱"建模理论，其中以邓聚龙教授所开发的灰色系统理论最为突出。他提出的五步建模思想与方法是灰色系统建立模型的重要方法论。该方法体现出建立系统模型时，由定性到定量、由粗到细、由灰到白的全过程。邓聚龙教授所提出的五步建模思想与方法如下：

第一步，思想开发，建立语言模型。研究系统首先要明确目的、目标、要求和条件。而这些问题的明确首先要有思想的开发，然后将思想开发后的结果用准确、精练的语言进行描述，建立语言模型。

第二步，明确关系，建立网络模型。在语言模型的基础上，进行因素分析，做原因与结果的辨识，做关系的归纳分析。然后将原因与结果作为一个整体用方框图表示，就得到一个单元网络或一个环节的框图。

第三步，建立初步的定量关系，得出量化模型。得到网络模型后，搜集前因与后果间的数量关系。如 x_1 与 x_2 之间呈正比例关系，即 $x_1 = kx_2$，这就是量化模型。

第四步，研究原因与结果间的动态关系，建立动态模型。上述量化模型只能说明因果间的简单量化关系，不能说明原因作用于该环节上以后结果如何发展变化。前因如果随时间变化，后果又如何变？是增长还是衰减？变得快还是变得慢？显然这些问题的回答需依赖 x_1 与 x_2 的时间序列数据，通过输出、输入的时间序列数据可以建立它们之间的发展变化关系，这称为动态模型。

第五步，模型的改进，建立优化模型。上述动态模型如果动态品质不能令人满意，则应采取适当的措施，改变系统参数、结构或加入新的环节，做这种优化处理后的模型称为优化模型。

关于灰色系统的建模理论和方法请参阅有关专著。

（4）统计分析理论和统计法。对属于"黑箱"但又不能进行实验的系统，采用统计分析的方法，应用统计规律建立系统模型的理论称为统计分析理论。应用统计分析理论，通过收集数据、数据处理建立模型的方法称统计法，它是系统工程中最常用的方法之一，常用于建立预测模型。

2. 模型化的基本原则

无论采用哪种理论建立系统模型，都必须符合以下原则：

（1）系统模型是现实系统的代表而不是系统的本身。建立模型时，要抓住系统的本质行为、各部分之间的普遍联系，建立一个比系统简洁得多又能反映系统基本特征而不是全部特征的模型。

（2）系统模型要符合一定的假设条件。任何模型都要有假设条件，关键在于假设条件要尽量符合实际。假设条件依系统的研究目的而定，一般情况下，满足一定环境、为了特定目的的模型与系统全部特征并不吻合。因此，合理的假设是处理系统的重要前提，也是模型适用范围的界限。

（3）模型的规模、难度要适当。模型规模是指模型的大小，一般以阶次来反映，"大"的系统可建较大规模的模型，"小"的系统可建小些的模型。建立模型的目的是研究系统的特性，因此模型的规模应根据研究目的而定，只要能达到研究目的，应尽可能建立小规模的模型，这样可减少处理模型的工作量。

所谓模型的难度，是指求解模型所应用的理论的深浅程度。所需理论较深，处理难度大；反之则小。因此所建模型的难度也应依据系统的研究目的，尽可能建立难度小的模型。建立模型要注意"防止掉入过于简单的陷阱，又要防止陷入过于复杂的泥潭"。

（4）模型要有代表性，要有指导意义。为建模型而建模型是模型化的最大禁忌之一，模型化的目的是处理系统，因此所建模型必须代表系统的普遍特性，要应用由特殊到一般的原理建立一个适用面广、有指导意义的模型。

（5）模型要保证足够的精度。因模型是系统的代表，故在建模型时要把反映系统本质的因素包含在模型之中，而把非本质因素排除在模型之外且使其不影响系统的特征或影响很小。这就要求模型所反映的本质与系统的本质特征误差很小，即保证足够的精度。

（6）尽量采用标准化的模型和借鉴已有成功经验的模型。建立模型是一种复杂的创造性劳动，标准化的模型和有成功经验的模型中凝集了前人和同行的心血与劳动，采用标准化模型和借鉴并发展有成功经验的模型既可节约劳动，又可丰富模型化的理论和方法。

3. 模型化的程序

由模型化的定义可知，系统的模型化就是建立系统模型的过程，该过程也是一个系统。实现该系统的程序如图 2-6 所示。

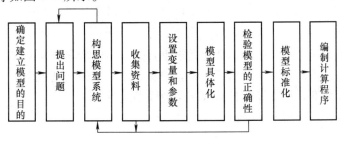

图 2-6　系统模型化程序

第一步，根据系统的目标，确定建立模型的目的。建立模型必项目的明确，它应明确回答"为什么建立模型"等问题。如建立智慧社区管理模型，其目的就是构筑共建共治共享的数字社会治理体系，推动社区治理现代化，提升居民生活的幸福感。

第二步，根据建立模型的目的，提出要解决的具体问题。该步骤应明确回答"解决哪些问题"之类的提问，也就是将建模目的具体化。提出问题实质上是对系统中影响建模目的的各种要素进行详细分析的过程。如要实现智慧社区管理数字化、智能化，需详细分析社区层面物业、安全、教育、文化、商务活动等方面的情况，从而提出需要解决的问题。

第三步，根据所提出的问题，构思要建立的模型类型、各类模型之间的关系等，即构思所要建立的模型系统。

为了达到建模目的，解决所提出的问题，一般要建立几个模型（个别情况可建一个模型），因此该阶段需要回答"建一些什么样的模型""它们之间的关系是什么"等问题。如智慧社区管理系统中，物业管理系统、电子商务系统、文化生活系统分别聚焦居民的日常生活、物质产品与精神产品的消费，从而构成一个模型体系。

该步骤与问题提出阶段是一个反复修正的过程，问题的提出是构思模型系统的基础，而构思的模型系统又可补充问题的提出，比如考虑居民健身需求，增加智慧健康设备，以及面对老旧社区居民进行智慧化改造时，适老化改造模块的增加，经过多次反馈，则可使问题提出更全面、模型结构更合理。

第四步，根据所构思的模型体系，收集有关资料。为了实现所构思的模型，必须根据模型的要求收集有关资料。该步骤主要应回答"模型需要哪些资料"等问题。如智慧社区管理面对的民生需求信息、居民意见的征求。

该步骤与构思的模型体系也有反馈关系。有时，构思的模型所需的资料很难收集，这就需要重新修改模型，进而可能影响到问题的提出等。这样，经过几次反馈即可收集到建模所需的资料。

第五步，设置变量和参数。变量和参数是构思模型时提出的，参数是在资料的收集、加工、整理后得出的。该步骤只是给以定义，一般要用一组符号表示，并整理成数据表和参数表的形式。该步骤需回答"需要哪些变量和参数"等问题。

第六步，模型具体化。模型具体化就是将变量和参数按变量之间的关系和模型之间的关系连接起来，用规定的形式进行描述。它应回答"模型的形式是什么"等问题。

第七步，检验模型的正确性。模型正确与否将直接影响建模目的。该步骤应回答"模型正确吗"等问题。检验模型的正确性应先从各模型之间的关系开始，研究所构成的模型体系是否能达到建模目的；而后研究每个模型是否正确地反映了所提出的问题。一般检验方法是试算。如试算不正确，则应重新审查所构思的模型系统，从中找出原因。因此它与构思模型又构成反馈。

第八步，将模型标准化。模型标准化是很重要的，一般情况下模型要对同类问题有指导意义，因此要具有通用性。该步骤需回答"该模型通用性如何"等问题。

第九步，根据标准化模型编制计算程序，使模型运行。

完成上述步骤，系统模型化才结束。

【讨论题】

1. 采用系统工程方法论研究智慧城市建设相关问题，并写出研究报告。

2. 应用切克兰德的"调查学习"模式编制自己的"人生规划"。

【思考题】

1. 在"两弹一星"研制过程中，钱学森教授作为领军科学家，产生了"综合集成"的思想，产生了"总体设计部"的工作方式，1963 年我国制定第二个科学规划时，他就提出要进行系统工程研究实践，而"两弹一星"成功研制，可称为系统工程的光辉篇章。如何理解系统工程在航天事业、实现中华民族伟大复兴的"中国梦"、实施"一带一路"倡议、推动构建人类命运共同体中的重要作用。

2. 简述系统工程的定义。

3. 举例说明现实问题解决过程中，是如何体现系统工程中的"问题导向"的。

4. 说明系统工程的基本观点，并举例说明还有哪些系统工程实践体现了系统工程的基本观点。

5. 举例说明霍尔三维结构方法及其实质。

6. 简述 WSR 系统方法论的工作步骤。

7. 举例说明切克兰德的"调查学习"模式及其应用。

8. 请比较分析霍尔三维结构与切克兰德"调查学习"模式二者的异同。

9. 在系统工程问题研究中，为什么需要模型化方法？模型有哪些分类？

10. 说明数学模型的分类。

11. 简述模型化的程序，并说明为什么要先构思模型后再收集数据。

第 3 章

系统工程的主要方法

学习要点

1. 掌握解析结构模型法；
2. 掌握系统综合评价方法；
3. 掌握 AHP 法；
4. 熟悉模糊综合评审法。

解析结构模型法案例

随着建筑业的飞速发展，建筑业的危险程度仅次于采矿业。据资料统计，近年来建筑工地生产安全事故，90% 以上是由人的不安全行为造成的，除不可控的因素外，主要由人的心理及生理的疲劳导致。因此，深度剖析建筑工人作业疲劳影响因素必不可少，这对减少建筑施工事故具有重要意义。

在早期，对疲劳的研究着重于驾驶疲劳和医学疲劳，随着时代的发展，研究范围和领域愈加广泛。针对建筑工人疲劳影响因素方面，确定从工作、环境与建筑工人三个层面建立建筑工人疲劳影响因素体系，三个层面中选取九个代表性强、影响较大的因素进行分析。工作方面包括：工作满意度、工作分配合理性、工作能力、持续作业时间。环境方面包括：工作环境、设施设计合理性。建筑工人方面包括：睡眠时间、抗压能力、年龄。在这个建筑工人疲劳影响因素的系统中，关系错综复杂、混乱繁杂。解析结构模型法建立于 1973 年，适用于复杂社会经济活动，可以深入剖析各因素对建筑工人作业疲劳的影响机理，解析结构模型法在分析类似于建筑工人疲劳影响因素这种复杂系统时发挥着越来越重要的作用。

综合评价案例

随着中央推进国家治理体系和治理能力现代化建设，治理评估指标体系越来越受到政界和学界重视。作为一项系统工程，城市治理能力现代化指标体系构建需要一整套研究方法和操作体系来指导，综合评价法的综合性、开放性等特点适应城市治理能力现代化指标体系的要求，是一种较为适宜的评估方法体系。

20 世纪七八十年代，科学评价方法蓬勃兴起，产生了层次分析法、模糊综合评价等多种应用广泛的运筹学和数学评价方法，评价的领域除了综合经济效益评价、资源环境评价和科学技术评价外，还对财务状况、可持续发展和科技进步等水平进行综合评价。

综合评价（Comprehensive Evaluation）是指为了进行全局性和整体性的评价，对评价对象构建指标体系，并根据所给的条件对每个评价对象的各指标赋予相应的值，通过相应的评价模型得到综合评价结果，据此进行择优或者排序。如天则研究所"中国省市公共治理指数"从公民权利、公共服务、治理方式 3 个二级指标和 20 个三级指标出发，利用问卷调查的方式收集数据，并进行了实际测评。

3.1 解析结构模型法

系统结构是指系统各组成部分按有序性原则构成的关系实体，它是由系统的目的决定的。结构模型是定性表示系统构成要素以及它们之间存在着的本质上相互依赖、相互制约和关联情况的模型，是用有向图来描述系统各要素之间的关系，在要素间用箭线连接起来形成有向连接图，建立与之相应的结构矩阵，通过对矩阵的简单演算和变换，把层次不清楚、交错复杂的要素，变成简单、易理解和直观的递阶结构模型。

结构模型化即建立系统结构过程。该过程注重表现系统要素之间相互作用的性质，是系统认识、准确把握复杂问题并对问题建立数学模型、进行定量分析的基础。

常用的系统结构模型化技术有：关联树法、解析结构模型法（ISM）、系统动力学等，其中解析结构模型法是最基本和最具特色的系统结构模型化技术。

3.1.1 数学准备——布尔运算

1. 布尔代数运算规则

（1）逻辑加：逻辑加运算又称"或"运算，以"$\cup$"作为运算符。其运算规则是：参与运算的数字只有"0"和"1"；运算结果取参与运算数字中的最大值，即 $1 \cup 1 = 1$，$1 \cup 0 = 1$，$0 \cup 1 = 1$，$0 \cup 0 = 0$。

（2）逻辑乘：逻辑乘运算又称"与"运算，以"$\cap$"作为运算符。其运算规则是：参与运算的数字只有"0"和"1"；运算结果取参与运算数字中的最小值，即 $1 \cap 1 = 1$，$1 \cap 0 = 0$，$0 \cap 1 = 0$，$0 \cap 0 = 0$。

2. 布尔矩阵运算

如果一个矩阵的元素只由"0"和"1"组成，且按布尔代数运算法则和矩阵的一般运算规则运算，则该矩阵称为布尔矩阵。

（1）逻辑加（$A \cup B$）：两个同阶布尔矩阵 A 和 B 进行逻辑加运算，所得矩阵 C 也为布尔矩阵，C 的元素 c_{ij} 与 A、B 的元素 a_{ij}、b_{ij} 之间的关系为

$$c_{ij} = a_{ij} \cup b_{ij} = \max\{a_{ij}, b_{ij}\} \tag{3-1}$$

（2）逻辑乘（$A \cap B$）：两个同阶布尔矩阵 A 和 B 进行逻辑乘运算，所得矩阵 C 也为布尔矩阵，C 的元素 c_{ij} 与 A、B 的元素 a_{ij}、b_{ij} 之间的关系为

$$c_{ij} = a_{ij} \cap b_{ij} = \min\{a_{ij}, b_{ij}\} \tag{3-2}$$

（3）布尔矩阵乘法（$A \cdot B$）：如果 A 和 B 均为布尔矩阵，则 $A \cdot B = C$，C 也是布尔矩阵，C 的元素 c_{ij} 与 A、B 的元素 a_{ij}、b_{ij} 之间的关系为

$$c_{ij} = \bigcup_{k=1}^{n} (a_{ik} \cap b_{kj}) \tag{3-3}$$

3.1.2 系统结构的构成

任意系统都含有若干要素，要素之间存在着一定的逻辑关系。在通常情况下，可采用集合、有向图和矩阵三种相互对应的方式来表达系统结构。

将图书馆作为一个完整的系统对其进行系统分析，主要包括以下方面：

（1）系统要素方面：构成图书馆的各个组成部分和相关条件。

（2）系统结构方面：图书馆各部分的组成方式及其相互关系。

（3）系统功能方面：图书馆系统整体和局部功能的综合。

（4）系统集合方面：揭示维持、完善与发展图书馆系统的源泉与因素。

（5）系统联系方面：图书馆按系统与其他系统间以及其内部子系统之间相互纵横的联系。

（6）系统历史方面：整个图书馆系统的产生和发展的历史过程，揭示其一般的历史规律。

1. 系统结构的集合表示

设系统由 n（$n \geq 2$）个要素（S_1, S_2, …, S_n）所组成，记系统 S 的要素集合为 X，则有 $X = \{S_1, S_2, …, S_n\}$，n 为要素数目。记系统 S 的二元关系集合为 R，即 $R = \{r_{ij}\}$，$i = 1, 2, …, n$，$r_{ij} = (S_i, S_j)$，系统 S 表达为 $S = (X, R)$。

【例3-1】 某系统由四个要素组成，经过两两判断认为：要素1影响要素2和要素4，要素2影响要素3，要素4影响要素2和要素3，则 $S = (X, R)$ 中，$X = \{S_1, S_2, …, S_4\}$，$R = \{(S_1, S_2), (S_1, S_4), (S_2, S_3), (S_4, S_2), (S_4, S_3)\}$。在系统中，由于要素间的关系都是有一定方向的，如因果关系、从属关系、支配关系等。为不失一般性，本书将 R 看成有方向性的关系集。

2. 系统结构的图形表示

系统结构的图形表示为有向图 D，是由节点和连接各节点的有向弧（箭线）组成的，可用来表达系统的结构。

具体方法是：一条箭线连接两个要素，箭尾要素 S_i 为原因，箭头要素 S_j 为结果。

从节点 S_i 到节点 S_j 的最小（少）的有向弧数量称为 D 中节点间的路长，即要素间二元关系的传递次数。在有向图 D 中，若二要素之间有一条箭线连接，则表示二者有直接关系。从某节点出发，沿着同一方向通过其他节点可回到该节点，则形成回路。若二要素之间具有双向回路，则呈强连接关系。

例3-1的系统结构，可用图形表达，如图3-1所示。

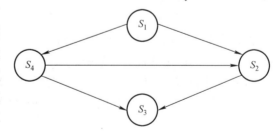

图3-1 系统结构的图形表示

3. 系统结构的矩阵表示

在系统中，把 X 的要素取作行和列，并且构成矩阵 A，就建立了系统结构与矩阵之间的一一对应关系。

邻接矩阵是系统各组成要素间直接联系的矩阵描述。

邻接矩阵 A 是表示系统要素间基本二元关系或直接联系情况的方阵。用布尔矩阵表示，若 $A = \{a_{ij}\}$，i，$j = 1$，2，$\cdots$，n，则其定义为

$$a_{ij} = \begin{cases} 0, & \text{当要素 } i \text{ 对要素 } j \text{ 无影响时} \\ 1, & \text{当要素 } i \text{ 对要素 } j \text{ 有影响时} \end{cases}$$

有了表达系统结构的集合 S 或有向图 D，就可以轻易将 A 写出；反之亦然。与例 3-1 和图 3-1 相对应的邻接矩阵 A 表达为

$$A = \begin{array}{c} \\ S_1 \\ S_2 \\ S_3 \\ S_4 \end{array} \begin{array}{c} \begin{array}{cccc} S_1 & S_2 & S_3 & S_4 \end{array} \\ \left(\begin{array}{cccc} 0 & 1 & 0 & 1 \\ 0 & 0 & 1 & 0 \\ 0 & 0 & 0 & 0 \\ 0 & 1 & 1 & 0 \end{array} \right) \end{array}$$

可以看出，A 中 1 的个数与集合 R 中所包含的要素数目、图 3-1 中的有向弧的条数相等，均为 5。

3.1.3　解析结构模型法的具体应用

解析结构模型法（ISM）是美国华费尔特教授于 1973 年分析复杂的社会经济系统结构问题的一种方法。其特点是把复杂的系统分解为若干子系统（要素），对要素及其相互关系等信息进行处理，利用人们的实践经验和知识以及计算机的帮助，最终为系统描述出一个多级递阶的结构模型，提高对问题的认识和理解程度。

实施 ISM 法，首先是提出问题，组建 ISM 实施小组，收集和初步整理问题的构成要素，考虑二元关系，形成对问题初步认识的构思模型。在此基础上，实现构思模型的具体化、规范化、系统化，即进一步明确定义各要素。通过对邻接矩阵的计算得到可达矩阵，将可达矩阵进行分解、归约和简化处理，得到反映系统递阶结构的骨架矩阵，进而绘制要素间的多级递阶有向图，形成系统的递阶非结构模型。最后，将解析结构模型与人们已有的构思模型进行比较，如不符合，可对最初的关系矩阵进行修正，更重要的是，人们通过对解析结构模型的研究和学习，可对原有的构思模型有所启发并进行修正。经过反馈、比较、修正、学习，最终得到一个令人满意、具有启发性和指导意义的系统结构分析结果。

1. 系统结构模型的建立

系统结构模型是针对各元素，确定其对其他因素的影响和其他因素对该因素的影响所得到的一个反映系统各因素间关系的关系图。

【例 3-2】　在对某市房地产市场分析中，房地产价格会影响需求量、供应量、房地产投资，同时房地产价格也受房地产供应量和需求量的影响，房地产需求量受城市人口数、收入水平和信贷政策等的影响，各要素之间的影响关系用箭线描述即得到一个反映系统各要素间相互关系的关系图，如图 3-2 所示。

图 3-2 所示系统包含的要素数量众多（八个）、关系复杂（纠结在一起），关系图很难清晰地反映系统各因素之间的层次关系。通过数学方法，可将其划分为子系统和层次，就可较清晰地了解系统的层次结构，为系统的管理控制提供方便。

2. 邻接矩阵及性质

邻接矩阵是系统各组成要素间直接联系的矩阵描述。图3-2是某市房地产市场各要素之间直接联系的结构模型图。用图论的理论与方法将其转换成与之等效的用布尔矩阵表示的结构模型就是邻接矩阵 A，邻接矩阵 A 的元素 a_{ij} 为

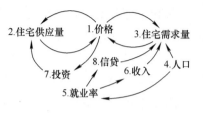

图3-2 房地产市场各因素关系图

$$a_{ij} = \begin{cases} 0, & \text{当要素 } i \text{ 对要素 } j \text{ 无影响时} \\ 1, & \text{当要素 } i \text{ 对要素 } j \text{ 有影响时} \end{cases}$$

邻接矩阵 A 为 8×8 的方阵，即

$$A = \begin{pmatrix} 0 & 1 & 1 & 0 & 0 & 0 & 1 & 0 \\ 1 & 0 & 0 & 0 & 0 & 0 & 0 & 0 \\ 1 & 0 & 0 & 0 & 0 & 0 & 0 & 0 \\ 0 & 0 & 1 & 0 & 1 & 0 & 0 & 0 \\ 0 & 0 & 0 & 0 & 0 & 1 & 0 & 1 \\ 0 & 0 & 1 & 0 & 0 & 0 & 0 & 0 \\ 0 & 1 & 0 & 0 & 0 & 0 & 0 & 0 \\ 0 & 0 & 1 & 0 & 0 & 0 & 0 & 0 \end{pmatrix}$$

其性质为：

（1）邻接矩阵与结构模型图一一对应。

（2）邻接矩阵的转置 A^{T} 所对应的结构模型图与 A 所对应的结构模型图箭线方向相反。

（3）邻接矩阵中全为零的行构成输出要素，全为零的列构成输入要素。

（4）A^k 可反映各要素（单元）之间的 k 步可达关系，如矩阵 A^2 反映系统各要素间两步可达关系，A^3 反映系统各要素间三步可达关系等。

（5）通过计算，可反映系统各要素（单元）间的可达关系（无论是直接联系还是间接联系）。当 A 已知时，各单元之间的可达关系可按式（3-4）确定：

$$R = A \cup A^2 \cup A^3 \cdots \cup A^{n-1} \tag{3-4}$$

如果 S_i 对 S_i 均有影响，则式（3-4）可写成

$$R^* = I \cup A \cup A^2 \cup A^3 \cdots \cup A^{n-1} = (I \cup A)^{n-1} \tag{3-5}$$

R 和 R^* 均称为可达矩阵。例3-2的可达矩阵为

$$I \cup A = \begin{pmatrix} 1 & 1 & 1 & 0 & 0 & 0 & 1 & 0 \\ 1 & 1 & 0 & 0 & 0 & 0 & 0 & 0 \\ 1 & 0 & 1 & 0 & 0 & 0 & 0 & 0 \\ 0 & 0 & 1 & 1 & 1 & 0 & 0 & 0 \\ 0 & 0 & 0 & 0 & 1 & 1 & 0 & 1 \\ 0 & 0 & 1 & 0 & 0 & 1 & 0 & 0 \\ 0 & 1 & 0 & 0 & 0 & 0 & 1 & 0 \\ 0 & 0 & 1 & 0 & 0 & 0 & 0 & 1 \end{pmatrix}, \quad R^* = (I \cup A)^{n-1} = \begin{pmatrix} 1 & 1 & 1 & 0 & 0 & 0 & 1 & 0 \\ 1 & 1 & 1 & 0 & 0 & 0 & 1 & 0 \\ 1 & 1 & 1 & 0 & 0 & 0 & 1 & 0 \\ 1 & 1 & 1 & 1 & 1 & 1 & 1 & 1 \\ 1 & 1 & 1 & 0 & 1 & 1 & 1 & 1 \\ 1 & 1 & 1 & 0 & 0 & 1 & 1 & 0 \\ 1 & 1 & 1 & 0 & 0 & 0 & 1 & 0 \\ 1 & 1 & 1 & 0 & 0 & 0 & 1 & 1 \end{pmatrix}$$

其中，"1"元素对应的要素（单元）即体现了系统各要素间的可达关系。

（6）通过计算，可显示系统的回路。回路是指模型中的单元 S_i 可达 S_j，单元 S_j 也可达 S_i，则 S_i、S_j 两个单元之间具有回路关系。为了明显地显示系统中哪些单元之间具有回路关系，可按下式计算回路矩阵 $\boldsymbol{M}$：

$$\boldsymbol{M} = \boldsymbol{R}^* \cap (\boldsymbol{R}^*)^{\mathrm{T}} \text{ 或 } \boldsymbol{M} = \boldsymbol{R} \cap \boldsymbol{R}^{\mathrm{T}} \tag{3-6}$$

如果系统各单元间无回路关系，则 $\boldsymbol{M}$ 矩阵为单位阵或零阵，否则元素"1"所对应的要素（单元）是构成回路的单元。

$$\boldsymbol{M} = \begin{pmatrix} 1 & 1 & 1 & 0 & 0 & 0 & 1 & 0 \\ 1 & 1 & 1 & 0 & 0 & 0 & 1 & 0 \\ 1 & 1 & 1 & 0 & 0 & 0 & 1 & 0 \\ 1 & 1 & 1 & 1 & 1 & 1 & 1 & 1 \\ 1 & 1 & 1 & 0 & 1 & 1 & 1 & 1 \\ 1 & 1 & 1 & 0 & 0 & 1 & 1 & 0 \\ 1 & 1 & 1 & 0 & 0 & 0 & 1 & 0 \\ 1 & 1 & 1 & 0 & 0 & 0 & 1 & 1 \end{pmatrix} \cap \begin{pmatrix} 1 & 1 & 1 & 0 & 0 & 0 & 1 & 0 \\ 1 & 1 & 1 & 0 & 0 & 0 & 1 & 0 \\ 1 & 1 & 1 & 0 & 0 & 0 & 1 & 0 \\ 1 & 1 & 1 & 1 & 1 & 1 & 1 & 1 \\ 1 & 1 & 1 & 0 & 1 & 1 & 1 & 1 \\ 1 & 1 & 1 & 0 & 0 & 1 & 1 & 0 \\ 1 & 1 & 1 & 0 & 0 & 0 & 1 & 0 \\ 1 & 1 & 1 & 0 & 0 & 0 & 1 & 1 \end{pmatrix}^{\mathrm{T}}$$

$$= \begin{pmatrix} 1 & 1 & 1 & 0 & 0 & 0 & 1 & 0 \\ 1 & 1 & 1 & 0 & 0 & 0 & 1 & 0 \\ 1 & 1 & 1 & 0 & 0 & 0 & 1 & 0 \\ 0 & 0 & 0 & 1 & 0 & 0 & 0 & 0 \\ 0 & 0 & 0 & 0 & 1 & 0 & 0 & 0 \\ 0 & 0 & 0 & 0 & 0 & 1 & 0 & 0 \\ 1 & 1 & 1 & 0 & 0 & 0 & 1 & 0 \\ 0 & 0 & 0 & 0 & 0 & 0 & 0 & 1 \end{pmatrix}$$

3. 解析结构模型法

解析结构模型法是用数学解析的方法将系统各要素间相互关联的有向图转化成分层递阶结构，使其成为有层次的子系统的一种方法。该方法是从有向图得到邻接矩阵，在不改变系统各单元之间关系的前提下，通过重新排列邻接矩阵中各要素的顺序，使其成为分块对角矩阵或分块下三角矩阵形式，从而将系统分解为子系统和划分层次的方法。

由矩阵理论可知，如果矩阵 $\boldsymbol{A}$ 与 $\widetilde{\boldsymbol{A}}$ 等价，则如下关系必成立：

$$\widetilde{\boldsymbol{A}} = \boldsymbol{P}\boldsymbol{A}\boldsymbol{P}^{\mathrm{T}}$$

式中，$\boldsymbol{P} = (i_1, i_2, \cdots, i_k, \cdots, i_n)^{\mathrm{T}}$，$i_k = (0, 0, \cdots, 1, \cdots, 0)$，"1"的位置在 i_k 列。

【例 3-3】

一个矩阵 $\boldsymbol{A} = \begin{pmatrix} 1 & 2 & 3 \\ 4 & 5 & 6 \\ 7 & 8 & 9 \end{pmatrix}$，其元素的排列顺序为 1、2、3，现将矩阵 $\boldsymbol{A}$ 的

顺序变为 2、1、3，即第一行与第二行互换，或第一列与第二列互换，则 $i_1 = 2$，$i_2 = 1$，$i_3 = 3$，矩阵 $\boldsymbol{P}$ 为

$$\boldsymbol{P} = \begin{pmatrix} 0 & 1 & 0 \\ 1 & 0 & 0 \\ 0 & 0 & 1 \end{pmatrix}, \widetilde{\boldsymbol{A}} = \boldsymbol{P}\boldsymbol{A}\boldsymbol{P}^{\mathrm{T}} = \begin{pmatrix} 0 & 1 & 0 \\ 1 & 0 & 0 \\ 0 & 0 & 1 \end{pmatrix}\begin{pmatrix} 1 & 2 & 3 \\ 4 & 5 & 6 \\ 7 & 8 & 9 \end{pmatrix}\begin{pmatrix} 0 & 1 & 0 \\ 1 & 0 & 0 \\ 0 & 0 & 1 \end{pmatrix}^{\mathrm{T}} = \begin{pmatrix} 5 & 4 & 6 \\ 2 & 1 & 3 \\ 8 & 7 & 9 \end{pmatrix}$$

由此可见，矩阵 P 是在保持各因素关系不变的条件下，将矩阵 A 的行进行调换，P^T 则是对列进行调换。

（1）在矩阵的定义中，有：

1）如果存在使邻接矩阵 A 变为分块对角矩阵的 P，则系统是可分离系统。

2）如果存在使邻接矩阵 A 变为分块下三角矩阵的 P，则系统是可归约系统。

3）如果不存在使邻接矩阵 A 变为分块下三角矩阵的 P，则系统是不可归约系统。

（2）系统分离方法如下：

1）绘制结构模型图，写出邻接矩阵 A。

2）计算 $I \cup A$。

3）选择"1"元素最多的列，保留 0 元素所对应的行，将"1"元素对应的行进行逻辑加。

4）继续以上步骤，直至每列只有一个"1"元素为止，行所对应的元素集合为一个子系统。

【例3-4】 存在一个由七个要素组成的系统，其邻接矩阵 A 及 $I \cup A$ 如下：

$$A = \begin{matrix} & 1 & 2 & 3 & 4 & 5 & 6 & 7 \\ 1 & 0 & 0 & 0 & 0 & 0 & 0 & 1 \\ 2 & 0 & 0 & 0 & 0 & 0 & 0 & 0 \\ 3 & 0 & 0 & 0 & 0 & 1 & 1 & 0 \\ 4 & 0 & 1 & 0 & 0 & 0 & 0 & 0 \\ 5 & 0 & 0 & 0 & 0 & 0 & 0 & 0 \\ 6 & 0 & 0 & 1 & 0 & 0 & 0 & 0 \\ 7 & 0 & 0 & 0 & 1 & 0 & 0 & 0 \end{matrix}, \quad I \cup A = \begin{matrix} & 1 & 2 & 3 & 4 & 5 & 6 & 7 \\ 1 & 1 & 0 & 0 & 0 & 0 & 0 & 1 \\ 2 & 0 & 1 & 0 & 0 & 0 & 0 & 0 \\ 3 & 0 & 0 & 1 & 0 & 1 & 1 & 0 \\ 4 & 0 & 0 & 0 & 1 & 0 & 0 & 0 \\ 5 & 0 & 0 & 0 & 0 & 1 & 0 & 0 \\ 6 & 0 & 0 & 1 & 0 & 0 & 1 & 0 \\ 7 & 0 & 0 & 0 & 0 & 1 & 0 & 1 \end{matrix}$$

对系统分离：选"1"元素最多的第五列，得

$$\begin{matrix} 1 \\ 2 \\ 4 \\ 6 \\ 3 \cup 5 \cup 7 \end{matrix} \begin{pmatrix} 1 & 0 & 0 & 0 & 0 & 0 & 1 \\ 0 & 1 & 0 & 0 & 0 & 0 & 0 \\ 0 & 1 & 0 & 1 & 0 & 0 & 0 \\ 0 & 0 & 1 & 0 & 0 & 1 & 0 \\ 0 & 0 & 1 & 0 & 1 & 1 & 1 \end{pmatrix}$$

再选择第二列，得

$$\begin{matrix} 2 \cup 4 \\ 1 \\ 6 \\ 3 \cup 5 \cup 7 \end{matrix} \begin{pmatrix} 0 & 1 & 0 & 1 & 0 & 0 & 0 \\ 1 & 0 & 0 & 0 & 0 & 0 & 1 \\ 0 & 0 & 1 & 0 & 0 & 1 & 0 \\ 0 & 0 & 1 & 0 & 1 & 1 & 1 \end{pmatrix}$$

再选择第三列，得

$$\begin{matrix} 2 \cup 4 \\ 1 \\ 6 \cup 3 \cup 5 \cup 7 \end{matrix} \begin{pmatrix} 0 & 1 & 0 & 1 & 0 & 0 & 0 \\ 1 & 0 & 0 & 0 & 0 & 0 & 1 \\ 0 & 0 & 1 & 0 & 1 & 1 & 1 \end{pmatrix}$$

再选择第七列，得

$$
\begin{array}{l}
2\cup4 \\
1\cup6\cup3\cup5\cup7
\end{array}
\begin{pmatrix}
0 & 1 & 0 & 1 & 0 & 0 & 0 \\
1 & 0 & 1 & 0 & 1 & 1 & 1
\end{pmatrix}
$$

将该系统分离成两部分，即 2、4 单元组成一个子系统，1、3、5、6、7 五个单元组成一个子系统，且两个子系统间无关系，画出其层次（见图 3-3）。按 2、4、1、3、5、6、7 的顺序重新排列邻接矩阵可得分块对角矩阵。

$$
\widetilde{A} = PAP^{\mathrm{T}} =
\begin{pmatrix}
0 & 1 & 0 & 0 & 0 & 0 & 0 \\
0 & 0 & 0 & 1 & 0 & 0 & 0 \\
1 & 0 & 0 & 0 & 0 & 0 & 0 \\
0 & 0 & 1 & 0 & 0 & 0 & 0 \\
0 & 0 & 0 & 0 & 1 & 0 & 0 \\
0 & 0 & 0 & 0 & 1 & 0 & 0 \\
0 & 0 & 0 & 0 & 0 & 0 & 1
\end{pmatrix}
\begin{pmatrix}
0 & 0 & 0 & 0 & 0 & 0 & 1 \\
0 & 0 & 0 & 0 & 0 & 0 & 0 \\
0 & 0 & 0 & 0 & 1 & 1 & 0 \\
0 & 1 & 0 & 0 & 0 & 0 & 0 \\
0 & 0 & 0 & 0 & 0 & 0 & 0 \\
0 & 0 & 1 & 0 & 0 & 0 & 0 \\
0 & 0 & 0 & 1 & 0 & 0 & 0
\end{pmatrix}
\begin{pmatrix}
0 & 1 & 0 & 0 & 0 & 0 & 0 \\
0 & 0 & 0 & 1 & 0 & 0 & 0 \\
1 & 0 & 0 & 0 & 0 & 0 & 0 \\
0 & 0 & 1 & 0 & 0 & 0 & 0 \\
0 & 0 & 0 & 0 & 1 & 0 & 0 \\
0 & 0 & 0 & 0 & 0 & 1 & 0 \\
0 & 0 & 0 & 0 & 0 & 0 & 1
\end{pmatrix}
$$

$$
\begin{array}{c}
\begin{array}{ccccccc}
2 & 4 & 1 & 3 & 5 & 6 & 7
\end{array} \\
\begin{array}{c}
2 \\ 4 \\ 1 \\ =3 \\ 5 \\ 6 \\ 7
\end{array}
\begin{pmatrix}
0 & 0 & 0 & 0 & 0 & 0 & 0 \\
1 & 0 & 0 & 0 & 0 & 0 & 0 \\
0 & 0 & 0 & 0 & 0 & 0 & 1 \\
0 & 0 & 0 & 0 & 0 & 1 & 1 \\
0 & 0 & 0 & 0 & 0 & 0 & 0 \\
0 & 0 & 0 & 1 & 0 & 0 & 0 \\
0 & 0 & 0 & 0 & 1 & 0 & 0
\end{pmatrix}
\end{array}
$$

（3）系统归约方法。对无回路系统，归约可采用去掉输出单元法；对有回路的系统，归约可采用归纳回路法。

1）去掉输出单元法：

① 计算回路矩阵 M，以确定是否含有回路。

② 在邻接矩阵中找出输出单元（全为 0 的行），形成 S_1 集合，$S_1 = \{i_k\}$，$k = 1$，$\cdots$，n_1。

③ 在邻接矩阵中去掉 S_1 集合中各单元，依次继续找出集合 S_2、$S_3\cdots$直至 $S_1 \cup S_2 \cup S_3 \cup \cdots \cup S_p = n$ 为止。

④ 按 S_1、S_2、$S_3\cdots$的顺序重新排列邻接矩阵，可得到分块下三角矩阵。

【例 3-5】　某系统的邻接矩阵 A 为

$$
\begin{array}{c}
\begin{array}{ccccc}
1 & 2 & 3 & 4 & 5
\end{array} \\
A =
\begin{array}{c}
1 \\ 2 \\ 3 \\ 4 \\ 5
\end{array}
\begin{pmatrix}
0 & 0 & 0 & 0 & 0 \\
1 & 0 & 1 & 0 & 0 \\
1 & 0 & 0 & 0 & 0 \\
0 & 1 & 1 & 0 & 1 \\
0 & 0 & 1 & 0 & 0
\end{pmatrix}
\end{array}
$$

找出输出单元"1"，得 $S_1 = \{1\}$，去掉该单元，得

$$A = \begin{array}{c} \\ 2 \\ 3 \\ 4 \\ 5 \end{array} \begin{array}{cccc} 2 & 3 & 4 & 5 \\ \left(\begin{array}{cccc} 0 & 1 & 0 & 0 \\ 0 & 0 & 0 & 0 \\ 1 & 1 & 0 & 1 \\ 0 & 1 & 0 & 0 \end{array} \right) \end{array}$$

找出输出单元"3"，得 $S_2 = \{3\}$，去掉该单元，得

$$A = \begin{array}{c} \\ 2 \\ 4 \\ 5 \end{array} \begin{array}{ccc} 2 & 4 & 5 \\ \left(\begin{array}{ccc} 0 & 0 & 0 \\ 1 & 0 & 1 \\ 0 & 0 & 0 \end{array} \right) \end{array}$$

找出输出单元"2""5"，得 $S_3 = \{2, 5\}$，去掉该单元，得 $S_4 = \{4\}$。画出其层次，如图 3-3 所示。

按 S_1、S_2、S_3、S_4 的顺序重新排序，可得到分块下三角矩阵：

$$\widetilde{A} = PAP^{\mathrm{T}} = \begin{pmatrix} 1 & 0 & 0 & 0 & 0 \\ 0 & 0 & 1 & 0 & 0 \\ 0 & 1 & 0 & 0 & 0 \\ 0 & 0 & 0 & 0 & 1 \\ 0 & 0 & 0 & 1 & 0 \end{pmatrix} \begin{pmatrix} 0 & 0 & 0 & 0 & 0 \\ 1 & 0 & 1 & 0 & 0 \\ 1 & 0 & 0 & 0 & 0 \\ 0 & 1 & 1 & 0 & 1 \\ 0 & 0 & 1 & 0 & 0 \end{pmatrix} \begin{pmatrix} 1 & 0 & 0 & 0 & 0 \\ 0 & 0 & 1 & 0 & 0 \\ 0 & 1 & 0 & 0 & 0 \\ 0 & 0 & 0 & 0 & 1 \\ 0 & 0 & 0 & 1 & 0 \end{pmatrix}^{\mathrm{T}} = \begin{array}{c} \\ 1 \\ 3 \\ 2 \\ 5 \\ 4 \end{array} \begin{array}{ccccc} 1 & 3 & 2 & 5 & 4 \\ \left(\begin{array}{ccccc} 0 & 0 & 0 & 0 & 0 \\ 1 & 0 & 0 & 0 & 0 \\ 1 & 1 & 0 & 0 & 0 \\ 0 & 1 & 1 & 0 & 0 \\ 0 & 1 & 1 & 1 & 0 \end{array} \right) \end{array}$$

2）归纳回路法：归纳回路法的基本思想是将构成回路的单元作为子系统，再建立各子系统之间的邻接矩阵 B，应用去掉输出单元法形成的下三角矩阵 B，从而得到分层递阶系统。

其步骤为：

① 从矩阵 M 出发，将矩阵 M 列中"1"元素对应的单元归为一个子系统，从而将系统划分为若干子系统。

② 再按各子系统之间的关系建立矩阵 B（子系统邻接矩阵），为

$$B_{ij} = \begin{cases} 1, & \widetilde{A}_{ij} \neq 0 \text{ 且 } i \neq j \\ 0, & \widetilde{A}_{ij} = 0 \text{ 或 } i = j \end{cases}$$

③ 应用去掉输出单元法确定各子系统的排列顺序。

④ 按子系统的排列顺序确定 P 和 P^{T}。

⑤ 按 $\widetilde{A} = PAP^{\mathrm{T}}$ 计算出分块下三角矩阵。

现以例 3-2 的某市房地产市场研究中的邻接矩阵为基准，学习归纳回路法。

由矩阵 M 知，$S_1 = \{1, 2, 3, 7\}$，$S_2 = \{4\}$，$S_3 = \{5\}$，$S_4 = \{6\}$，$S_5 = \{8\}$，矩阵 B 为

$$B = \begin{array}{c} \\ 1,2,3,7 \\ 4 \\ 5 \\ 6 \\ 8 \end{array} \begin{array}{ccccc} 1,2,3,7 & 4 & 5 & 6 & 8 \\ \left(\begin{array}{ccccc} 0 & 0 & 0 & 0 & 0 \\ 1 & 0 & 1 & 1 & 1 \\ 1 & 0 & 0 & 1 & 1 \\ 1 & 0 & 0 & 0 & 0 \\ 1 & 0 & 0 & 0 & 0 \end{array} \right) \end{array}$$

去掉输出单元 $S_1 = \{1,2,3,7\}$，得第二层次输出单元 $S_2 = \{6,8\}$，依次得 $S_3 = \{5\}$，$S_4 = \{4\}$。按该顺序排列则得分块下三角矩阵：

$$\widetilde{A} = PAP^{\mathrm{T}} = \begin{pmatrix} 1&0&0&0&0&0&0&0 \\ 0&1&0&0&0&0&0&0 \\ 0&0&1&0&0&0&0&0 \\ 0&0&0&0&0&0&1&0 \\ 0&0&0&0&1&0&0&0 \\ 0&0&0&0&0&0&0&1 \\ 0&0&0&0&1&0&0&0 \\ 0&0&0&1&0&0&0&0 \end{pmatrix} \begin{pmatrix} 0&1&1&0&0&0&1&0 \\ 1&0&0&0&0&0&0&0 \\ 1&0&0&0&0&0&0&0 \\ 0&0&1&0&1&0&0&0 \\ 0&0&0&0&0&1&0&1 \\ 0&0&0&0&0&0&0&0 \\ 0&1&0&0&0&0&0&0 \\ 0&0&1&0&0&0&0&0 \end{pmatrix} \begin{pmatrix} 1&0&0&0&0&0&0&0 \\ 0&1&0&0&0&0&0&0 \\ 0&0&1&0&0&0&0&0 \\ 0&0&0&0&0&0&1&0 \\ 0&0&0&0&0&1&0&0 \\ 0&0&0&0&0&0&0&1 \\ 0&0&0&1&0&0&0&0 \\ 0&0&0&0&1&0&0&0 \end{pmatrix}^{\mathrm{T}}$$

$$= \begin{array}{c} \\ 1 \\ 2 \\ 3 \\ 7 \\ 6 \\ 8 \\ 5 \\ 4 \end{array} \begin{array}{cccccccc} 1 & 2 & 3 & 7 & 6 & 8 & 5 & 4 \\ \end{array}$$

$$\begin{array}{c} 1 \\ 2 \\ 3 \\ 7 \\ 6 \\ 8 \\ 5 \\ 4 \end{array} \left(\begin{array}{cccc|ccc|c} 0&1&1&1&0&0&0&0 \\ 1&0&0&0&0&0&0&0 \\ 1&0&0&0&0&0&0&0 \\ 0&1&0&0&0&0&0&0 \\ \hline 0&0&1&0&0&0&0&0 \\ 0&0&1&0&0&0&0&0 \\ \hline 0&0&0&0&1&1&0&0 \\ 0&0&1&0&0&0&1&0 \end{array} \right)$$

按该分解结果，重新绘制的分层次的关系图如图 3-3 所示，要素 1 与要素 2 之间存在强连接。

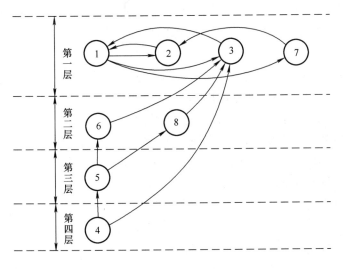

图 3-3　分层结构模型图

3.1.4　由可达矩阵建立系统结构模型

结构模型解析法是从结构模型图开始，由邻接矩阵出发，对系统进行层次和子系统的划分，从而可进一步了解系统的结构。然而，邻接矩阵是反映系统各单元间直接联系的矩阵，源于关系图。在实践中，有时很难准确地确定某两单元间到底是直接联系还是间接联系，如某市房地产市场研究中房地产价格与供应量间是否存在直接联系？不同人有不同的理解。但无论是直接或间接，二者有联系是不争的事实。因此从可达矩阵出发，建立分层递阶的结构模型，确定邻接矩阵有重要的意义。

从可达矩阵出发建立结构模型一般需经关系、层次、部分、回路单元和回路单元子集等五种划分，即可对系统结构有较深刻的了解，进而可建立系统的结构模型。

现以例3-2中某市房地产市场研究中的可达矩阵为计算依据，说明系统结构层次的划分。

$$R^* = \begin{pmatrix} 1 & 1 & 1 & 0 & 0 & 0 & 1 & 0 \\ 1 & 1 & 1 & 0 & 0 & 0 & 1 & 0 \\ 1 & 1 & 1 & 0 & 0 & 0 & 1 & 0 \\ 1 & 1 & 1 & 1 & 1 & 1 & 1 & 1 \\ 1 & 1 & 1 & 0 & 1 & 1 & 1 & 1 \\ 1 & 1 & 1 & 0 & 0 & 1 & 1 & 0 \\ 1 & 1 & 1 & 0 & 0 & 0 & 1 & 0 \\ 1 & 1 & 1 & 0 & 0 & 0 & 1 & 1 \end{pmatrix}$$

（1）关系划分是确定单元间有无关系的一种划分。该划分将系统分为单元间可达集合 Z 和不可达集合 $\overline{Z}$，按可达矩阵中"1"元素的位置可确定 Z 集合，按"0"元素的位置可确定 $\overline{Z}$ 集合。

（2）层次划分是确定系统层次构成的一种划分。为确定系统中的层次结构，需引入可达集和可溯集的概念。可达集 $R(S_i)$ 是指单元 S_i 可到达单元的集合，对应于可达矩阵 S_i 行中"1"的位置；可溯集 $Q(S_i)$ 是指可到达 S_i 的单元集合，对应于可达矩阵 S_i 列中"1"的位置。

如果系统是多层次结构，S_i 为上层单元，其可达集和可溯集分别为

$R(S_i) = \{S_i, 与 S_i 处于同一回路的单元\}$

$Q(S_i) = \{S_i, 与 S_i 处于同一回路的单元，下层单元\}$

若 S_i 为中间层单元，其可达集和可溯集分别为

$R(S_i) = \{S_i, 与 S_i 处于同一回路的单元，上层单元\}$

$Q(S_i) = \{S_i, 与 S_i 处于同一回路的单元，下层单元\}$

若 S_i 为最底层单元，其可达集和可溯集分别为

$R(S_i) = \{S_i, 与 S_i 处于同一回路的单元，上层单元\}$

$Q(S_i) = \{S_i, 与 S_i 处于同一回路的单元\}$

由此可得出结论：当单元 S_i 为上层单元时，$R(S_i) = R(S_i) \cap Q(S_i)$。

若去掉系统中的上层单元，次上层单元则成为上层单元，这样依次去掉上层单元，则可将系统划分成不同层次。上式就是确定上层单元的基本条件。层次划分过程见表3-1 ~ 表3-3。

表 3-1　层次划分过程（一）

单元	$R(S_i)$	$Q(S_i)$	$R(S_i) \cap Q(S_i)$	层
1	1, 2, 3, 7	1, 2, 3, 4, 5, 6, 7, 8	1, 2, 3, 7	1
2	1, 2, 3, 7	1, 2, 3, 4, 5, 6, 7, 8	1, 2, 3, 7	1
3	1, 2, 3, 7	1, 2, 3, 4, 5, 6, 7, 8	1, 2, 3, 7	1
4	1, 2, 3, 4, 5, 6, 7, 8	4	4	
5	1, 2, 3, 5, 6, 7, 8	4, 5	5	
6	1, 2, 3, 6, 7	4, 5, 6	6	
7	1, 2, 3, 7	1, 2, 3, 4, 5, 6, 7, 8	1, 2, 3, 7	1
8	1, 2, 3, 7, 8	4, 5, 8	8	

第一层单元为 1、2、3 和 7，去掉该层单元，得表 3-2。

表 3-2　层次划分过程（二）

单元	$R(S_i)$	$Q(S_i)$	$R(S_i) \cap Q(S_i)$	层
4	4, 5, 6, 8	4	4	
5	5, 6, 8	4, 5	5	
6	6	4, 5, 6	6	2
8	8	4, 5, 8	8	2

第二层单元为 6 和 8，去掉该层单元，得表 3-3。

表 3-3　层次划分过程（三）

单元	$R(S_i)$	$Q(S_i)$	$R(S_i) \cap Q(S_i)$	层
4	4, 5	4	4	4
5	5	4, 5	5	3

第三层单元为 5，去掉该层单元，得第四层单元，为 4。

该系统共划分为四层，第一层单元为 1、2、3 和 7，要素之间存在两两强连接；第二层单元为 6 和 8；第三层单元为 5；第四层单元为 4。

（3）部分的划分是从可达矩阵出发，按系统分离的方法，确定系统中独立子系统数量的划分。

（4）回路单元划分是确定每层次中处于回路中的单元的划分。如果同一层次中的各单元之间不具有回路关系，则其可达集只是该单元，否则必处于回路之中。本例中第一层中各单元的可达集除包括自身外，还包含其他单元，故它们均属回路单元；第二层中单元 6 和 8 的可达集均只包含自身，故不属回路单元。

（5）回路单元子集划分是从系统整体角度，将处于各层次中的回路单元归纳在一起，确定系统回路数量的划分。本例的系统只有一个回路。

由此可绘制出该系统的结构模型图，如图 3-4 所示。

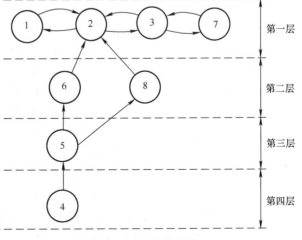

图 3-4　结构模型图

可见，图 3-4 与图 3-3 存在不同，在绘制系统结构模型图时需注意：①下层单元只向其上层单元引箭线，不跨层；②回路单元不必按可达关系一一引入箭线，只要符合可达关系即可。这样做既可符合可达关系，又能使结构模型图简单、清晰。因此，由可达矩阵绘制的结构模型图与邻接矩阵对应的图可能不同。

3.1.5 ISM 案例分析

采用 ISM 分析方法，针对建筑工人作业疲劳影响因素，构建层级结构模型，深入剖析各因素对建筑工人作业疲劳的影响机理。

1. 建筑工人疲劳影响因素分析

根据七位安全学科专家教授的修改补充意见，最终确定从工作、环境与建筑工人三个层面建立建筑工人疲劳影响因素体系，并选取九个代表性强、影响较大的因素进行模型分析。疲劳影响因素可归纳为表 3-4 所示的九个影响因素。

表 3-4　建筑工人疲劳影响因素

层面	符号	影响因素
工作	S_1	工作满意度
	S_2	工作分配合理性
	S_3	工作能力
	S_4	持续作业时间
环境	S_5	工作环境
	S_6	设施设计合理性
建筑工人	S_7	睡眠时间
	S_8	抗压能力
	S_9	年龄

2. 建筑工人疲劳影响因素 ISM 分析

（1）建立邻接矩阵。根据 ISM 方法确定因素后建立邻接矩阵，矩阵中"1"表示两因素间直接或间接相关；"0"表示两因素间相关程度较低或基本不相关。

$$A = \begin{array}{c} \\ S_1 \\ S_2 \\ S_3 \\ S_4 \\ S_5 \\ S_6 \\ S_7 \\ S_8 \\ S_9 \end{array} \begin{array}{c} \begin{array}{ccccccccc} S_1 & S_2 & S_3 & S_4 & S_5 & S_6 & S_7 & S_8 & S_9 \end{array} \\ \left(\begin{array}{ccccccccc} 0 & 0 & 1 & 0 & 0 & 0 & 0 & 1 & 0 \\ 1 & 0 & 1 & 1 & 0 & 0 & 1 & 1 & 0 \\ 0 & 0 & 0 & 0 & 0 & 0 & 0 & 1 & 0 \\ 1 & 1 & 0 & 0 & 0 & 0 & 1 & 1 & 0 \\ 1 & 0 & 1 & 0 & 0 & 0 & 0 & 1 & 0 \\ 1 & 0 & 1 & 1 & 1 & 0 & 0 & 0 & 0 \\ 1 & 0 & 1 & 0 & 0 & 0 & 0 & 1 & 0 \\ 1 & 0 & 1 & 0 & 0 & 0 & 1 & 0 & 0 \\ 0 & 0 & 1 & 1 & 0 & 0 & 1 & 1 & 0 \end{array}\right) \end{array}$$

（2）计算可达矩阵。案例利用 SPSSAU 软件进行 ISM 模型的运算。根据上述邻接矩阵 A，在 SPSSAU 软件中输入矩阵 A 的各个元素，如图 3-5 所示，并单击"开始分析"进行 ISM 模型的计算。

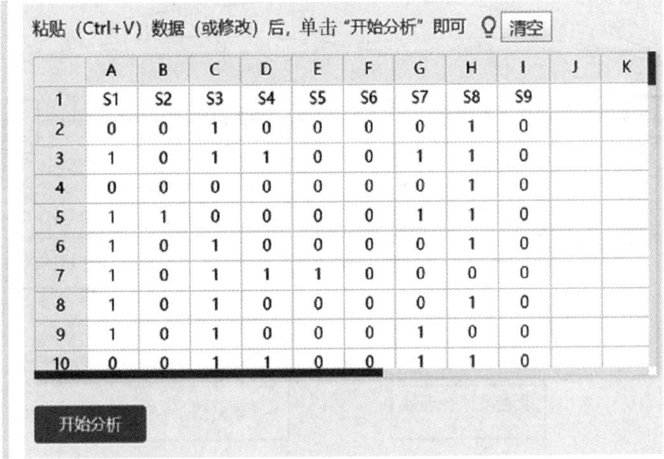

	A	B	C	D	E	F	G	H	I	J	K
1	S1	S2	S3	S4	S5	S6	S7	S8	S9		
2	0	0	1	0	0	0	0	1	0		
3	1	0	1	1	0	0	1	1	0		
4	0	0	0	0	0	0	0	1	0		
5	1	1	0	0	0	0	1	1	0		
6	1	0	1	0	0	0	0	1	0		
7	1	0	1	1	1	0	0	0	0		
8	1	0	1	0	0	0	0	1	0		
9	1	0	1	0	0	0	1	0	0		
10	0	0	1	1	0	0	1	1	0		

图 3-5　SPSSAU 邻接矩阵元素图

然后利用 SPSSAU 软件，通过计算将邻接矩阵与单位矩阵相加，并输出可达矩阵。

最后导出可达矩阵 $\boldsymbol{M}$。

$$
\begin{array}{c} \\ S_1 \\ S_2 \\ S_3 \\ S_4 \\ \boldsymbol{M}=S_5 \\ S_6 \\ S_7 \\ S_8 \\ S_9 \end{array}
\begin{array}{c} \begin{array}{ccccccccc} S_1 & S_2 & S_3 & S_4 & S_5 & S_6 & S_7 & S_8 & S_9 \end{array} \\
\begin{pmatrix}
1 & 0 & 1 & 0 & 0 & 0 & 1 & 1 & 0 \\
1 & 1 & 1 & 1 & 0 & 0 & 1 & 1 & 0 \\
1 & 0 & 1 & 0 & 0 & 0 & 1 & 1 & 0 \\
1 & 1 & 1 & 1 & 0 & 0 & 1 & 1 & 0 \\
1 & 0 & 1 & 0 & 1 & 0 & 1 & 1 & 0 \\
1 & 1 & 1 & 1 & 1 & 1 & 1 & 1 & 0 \\
1 & 0 & 1 & 0 & 0 & 0 & 1 & 1 & 0 \\
1 & 0 & 1 & 0 & 0 & 0 & 1 & 1 & 0 \\
1 & 1 & 1 & 1 & 0 & 0 & 1 & 1 & 1
\end{pmatrix} \end{array}
$$

经计算，可达矩阵 $\boldsymbol{M}=(\boldsymbol{A}+\boldsymbol{I})^3$。

（3）划分各因素的层级关系。在可达矩阵中，找出可达集 $R(S_i)$ 和先行集 $Q(S_i)$，并求其交集 $R(S_i)\cap Q(S_i)$，为使因素间的层次关系更加清晰，对这九个因素进行层级分解，根据公式

$$
\text{Level}_j=\{S_i \mid R(S_i)\cap Q(S_i)=R(S_i),i,j=1,2,\cdots,9\} \tag{3-7}
$$

进行迭代，进行层级的抽取，利用 SPSSAU 软件进行计算并导出，整理可得到影响因素的层级矩阵，见表 3-5。

表 3-5　影响因素的层级矩阵

层级	影响因素
Level1	S_1，S_3、S_7，S_8
Level2	S_2，S_4，S_5
Level3	S_6，S_9

（4）结构模型建立。根据上述分析，绘制出分级递阶结构模型图，如图 3-6 所示。

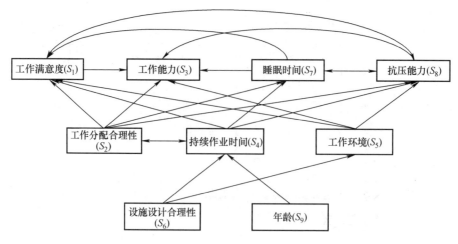

图 3-6　疲劳影响因素分级递阶结构模型图

（5）结构模型分析（简要）。

1）处于最底层的因素有设施设计合理性和年龄两个因素。说明年龄的大小和设施设计的合理性是影响建筑工人疲劳状况的最根本因素，底层因素对上层因素都有或多或少的影响，重点从这两个因素着手进行优化。

2）处于最顶层的因素有工作满意度、工作能力、睡眠时间以及抗压能力四个因素。这四个因素处于模型的最顶层，表明是该系统的最表层因素，应先将下面的因素解决，才能改善这四个因素。其属于该系统的终极目标。

3）处于中间的有工作分配合理性、持续作业时间和工作环境三个因素。这些因素是中间级影响因素，不能急于一时，盲目解决。这些因素既容易受到底层因素的影响，又容易影响顶层因素，可根据底层因素逐一加以改善。

3.2　系统综合评价

3.2.1　系统综合评价概述

系统工程广泛采用系统方法，其中系统综合评价是重要方法。评价是人类社会中一项经常性的、极为重要的认识活动。在人们的日常工作、生活中经常遇到这样的评价问题：哪个城市宜居？哪个城市有发展潜能？哪个企业的贡献大？哪个高校声望高？等等。现实社会生活中，对一个事物的评价常常涉及多个因素或多个指标，评价是在多因素相互作用下的一种综合判断。比如要判断哪个高校的声望高，就要从若干个高校的在校学生规模、教学质量、科研成果等方面进行综合比较；要判断哪个企业对地区经济发展贡献大，就要从企业提供的就业岗位数量、上交给国家的税金、在产业链中的地位与作用等多方面进行综合比较。可以这样说，几乎任何综合性活动都可以进行综合评价。

随着人类活动领域的不断扩大，人们所面临的评价对象日趋复杂，不能只考虑被评价对象的某一方面，必须全面地从整体的角度考虑问题。我们知道，评价的依据就是指标。由于影响评价事物的因素往往是众多而复杂的，如果仅从单一指标上对被评价事物进行评价不尽合理，因此往往需要将反映评价事物的多项指标的信息加以汇集，得到一个综合指标，以此来从整体上反映被评价事物的整体情况。这就是系统综合评价方法。

系统综合评价方法是对多指标进行综合评价的一系列有效方法的总称。它具备以下特点：它的评价包含了多个指标，这些评价指标分别从不同的角度进行评价；评价目的是要对被评价事物做出一个整体性的评判，用一个总指标来说明被评价事物的一般水平。

综合评价问题是多因素决策过程中所遇到的一个带有普遍意义的问题。评价是为了决策，而决策需要评价。从某种意义上讲，没有评价就没有决策。综合评价是科学决策的前提，是科学决策中的一项基础性工作。其中，排序是综合评价最主要的功能。所以，所谓综合评价，即对评价对象的全体，根据所给的条件，采用一定的方法，给每个评价对象赋予一个评价值，再据此择优或排序。综合评价的目的，通常是希望能对若干对象，按一定意义进行排序，从中挑出最优或最劣的对象。综合评价这种定量分析技术已经得到了广泛的认同，它为人们正确认识事物、科学决策提供了有效的手段。

本书所指的系统综合评价是采用逻辑推理的方法，在系统思想的指导下，通过界定系统和对系统各组成部分间的相互关系、系统与环境的关系及影响因素进行研究，探索实现目标的可行方案排序和评价的一种方法，包括问题提出，确定目标，制订可行方案，建立评价指标体系，可行方案比较、评价与选择等过程。综合评价问题通常都包含多个同类的被评价对象，每个被评价对象往往都涉及多个属性（指标），这类问题被称为多属性（指标）的综合评价问题。系统综合评价技术路线如图 3-7 所示。

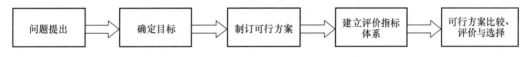

图 3-7　系统综合评价技术路线

1. 问题提出

问题提出是阐述系统的相关情况，属于定性地对系统进行分析研究的阶段。这一阶段的任务是了解系统的环境、系统的各组成部分及其联系，系统研究的目的、任务等，明确为什么要综合评价，评价事物的哪一方面（评价目标），评价的精确度要求如何等。

2. 确定目标

目标是系统所要达到的结果或要完成的任务。确定目标，首先全面考虑需要与可能，界定系统，以明确问题的实质和范围。

3. 制订可行方案

可行方案是指能够实现系统目标的各种可能途径、措施和方法。对于复杂问题很难一下子设计出详细的可行方案，一般需经轮廓设计或概念设计、框架设计，经研讨后再进一步细化得到考虑细节的详细设计。为实现目标，通常应制定多个可行方案，可行方案要具有一定的可比性，否则也就没有判断和评价的必要。这一步的实质是明确被评价对象系统。被评价对象系统的特点直接决定了评价的内容、方式以及方法。

4. 建立评价指标体系

评价指标是指根据研究的对象和目的，能够确定地反映研究对象某一方面情况的特征依据，是从不同的评价角度对方案进行的评价。一般来说，指标的筛选需要定性分析与定量分析相结合。定性分析法主要考虑指标的可获取性、指标的计算方法、内容的科学性，以及指标之间的协调性、必要性和完备性等；定量分析筛选指标则主要通过统计方法，将具有统计显著性的多个指标进行缩减，保留核心指标或统计上易获取、科学性更强的指标。

通常评价指标不是一个，每个评价指标都是从不同侧面刻画对象所具有的某种特征，而评价指标间又有支配关系，因此，进行系统综合评价时，一般要建立评价指标体系。

所谓评价指标体系，是指由一系列相互联系的指标所构成的整体。它能够根据研究的对象和目的，综合反映出评价对象各个方面的情况，指标体系不仅受评价客体与评价目标的极度制约，而且也受评价主体价值观念的影响。

例如，在评价城市治理结果的指标体系中，对生态环境影响的评价指标就可以专门做一个多元指标库，其中主要包含城市生态服务用地指数、公共绿地覆盖率指数、污水处理率、城市空气质量、生活垃圾无害化处理等。

指标体系的优化是对指标建构的整体检视，检查评价目标的分解是否完备，避免目标交叉而导致指标体系结构混乱，分析指标体系内部各层元素的重叠性与独立性。实际上，它是对指标初选和筛选的再次确认。

指标体系的优化与否与准则层之间的独立性相关。根据经验，许多指标可能存在较为显著的相关性，就可以通过主观判断筛选一些关键性、公众反应敏感的指标，如城市绿地覆盖率、空气质量等来作为城市治理指标。在指标体系的试测量阶段之后，通过统计、相关检验，筛选更具代表性的精简指标。

因此，指标体系要兼顾指标的全面性和代表性，使指标体系精简，抓住核心指标，剔除冗余指标，是指标体系建构最后环节的重要内容。

5. 可行方案比较、评价与选择

可行方案比较、评价与选择是用所建立的评价指标体系对各种可行方案从社会、政治、经济、技术等方面综合考察，对方案的价值进行评判的过程。为保证系统综合评价的科学性，在评价中应遵循以下基本原则：保证评价方法的科学性；保证各方案之间的可比性；尽量使评价指标定量化；保证评价标度的合理性；保证获取评价值的客观性等。

系统决策是决策者在系统综合评价的基础上，依据自己的知识结构、偏好和能力，从备选的可行方案中选择最佳方案的过程。为保证系统决策的科学性，决策者应遵循以下基本原则：保证决策程序与方法的科学性；使定量决策指标与定性决策指标有机结合；充分考虑政策性因素和环境因素的影响；在集思广益的基础上，充分发挥主观能动作用等。

3.2.2 可行方案的比较、评价与选择

系统综合评价是在可行方案可比的条件下按评价指标体系对其价值进行评判的过程，其结果是对可行方案进行的排序。

为对可行方案进行排序，必须将各方案实现目标的程度量化为无量纲的综合指标，实现这一目标的技术路线如图 3-8 所示。

1. 确定评价指标的重要性（权重或权数）

评价指标体系是一个分层次的多指标系统，各评价指标所处层次不同，地位与作用也不同。为体现评价指标的地位与作用，在进行系统综合评价时必须首先确定评价指标的重要

性，即权重或权数。

评价指标权重是某评价指标在指标体系中重要性的一种定量描述方式。目标树中 i 层次 j 类指标所属各指标的权重 w_k 必须满足 $\sum w_k = 1$。

（1）评价指标权重的确定方法。i 层次 j 类各指标的权重，总体上采用对比评分法确定，其中德尔菲法、专家评分法等是依靠专家的经验为主的定性方法，而两两对比法、连环比率法是定性与定量相结合的方法。评价指标权重的确定程序如图 3-9 所示。

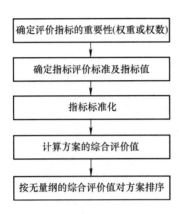

图 3-8　技术路线　　　　图 3-9　评价指标权重的确定程序

对比法包括一级、四级、九级等评分方法。

在确定评价指标权重的方法中，还有一种常用的方法——层次分析法，这种方法我们在下一节重点讲述。

1）一级评分方法，只设重要一档，在两指标进行对比时，重要的指标得一分，不重要的指标不得分，自身比较得一分，该方法称为 01 评分法。其缺点是未体现指标重要的程度。

2）四级评分方法，按指标的重要程度设四级，四级评分标准见表 3-6。该方法称为 04 评分法。

表 3-6　四级评分标准

指标重要程度	评分
很重要	4
重要	3
比较重要	2
同等重要	1

3）九级评分方法，按指标的重要程度分为九级且增加了反比较的评分，九级评分标准见表 3-7。

表 3-7　九级评分标准

标度	定义
1	同样重要
3	稍微重要

（续）

标度	定义
5	明显重要
7	重要得多
9	极其重要
2，4，6，8	介于相邻二者之间
上数的倒数	反比较

4）连环比率法，按指标排列顺序，通过连环比较的方法确定比率，然后再将各指标的比率转换为相对于基准指标的比率，从而确定权重。

（2）各评价指标在总目标下的权重（w）。设综合评价指标的权重为1，则最底层指标 c_3 在总目标下的权重为

$$w(c_3) = a(A_2) \cdot a(B_2) \cdot a(C_3) \tag{3-8}$$

式中，$a(A_2)$、$a(B_2)$、$a(C_3)$ 分别为 A_2、B_2、C_3 指标在本层次中的权重，如图 3-10 所示。

2. 确定指标评价标准及指标值

综合评价是建立在单项指标评价基础之上的，按单项指标对方案进行评价是系统综合评价的基础。

指标类型不同，指标的评价标准也不同。指标的评价标准有越大越好、越小越好和适中为好。

指标值是某指标的具体数值，如选拔篮球运动员时，身高这一指标的评价标准是越大越好。若甲、乙、丙三个运动员身高分别为 1.91m、

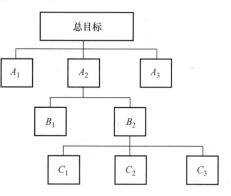

图 3-10　评价指标体系图

1.98m、1.97m，则在仅考虑身高时，乙运动员优于甲和丙。又如，汽车的油耗用百公里耗费的汽油数量来表示，油耗的评价标准是越小越好。采用油耗这一指标来衡量三个汽车品牌，若甲品牌汽车油耗的指标值是 6L/100km，乙品牌汽车油耗的指标值是 8L/100km，丙品牌汽车油耗的指标值是 10L/100km，则在油耗这一指标上，甲品牌汽车优于乙和丙。再如，房屋设计中的储藏室面积指标是适中为好，指标值过大过小对于房屋布局和使用来说都不太好。假设某房屋设计方案，专家认为储藏室面积为 3.2m² 时使用效果和房屋布局最佳。若甲、乙、丙三个设计方案的储藏室面积分别为 2.9m²、3.2m²、4m²，则三个方案中，仅考虑储藏室面积的前提下，乙方案优于甲方案和丙方案。

3. 指标标准化

由于各指标的量纲不同、数量级不同、评价标准不同，不便于分析和评价，甚至会影响评价的结果，因此，为实现综合评价，要对所有的评价指标进行标准化处理。通过将各指标转化成无量纲、无数量级差别的、大为好的标准分，然后再进行分析评价。将不同量纲、不同数量级和不同评价标准的指标，通过适当的变换，化为无量纲的标准化指标的过程，称为指标的标准化。

指标标准化是采用模糊数学的基本原理，将指标值转换为同一评价标准、同一值域的无量纲指标，以保证指标的可加性。

标准化的基本原理如图 3-11 所示，其中图 a 是在指标要求越大越好时，将最大评价值作为 1 或 100；图 b 是在指标要求越小越好时，将最小评价值作为 1 或 100；图 c 是在指标要求适中为好时，将适中标准值作为 1 或 100。这样可将不同量纲、不同值域和不同评价标准的指标值转换为同一值域和评价标准的无量纲的标准化评价值，从而保证了可加性。

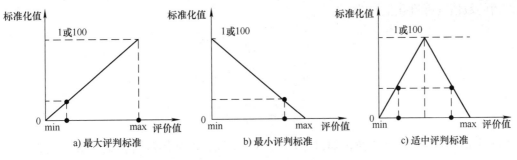

图 3-11　标准化的基本原理

标准化的方法很多。若想得到某方案的标准化评价值，根据评价标准的不同，最常用的方法如下：

（1）对最大评价标准的指标，用该方案的指标值除以所有方案中该指标的最大值，得到不大于 1 的值，再按值域要求乘以其上限值，则可以得到该方案的标准化评价值。

$$\tilde{p}（标准化评价值）= \frac{该方案的指标值}{所有方案中该指标的最大值或最佳标准值} \times 值域上限值$$

$$= \frac{V_i}{V_{max}} \times 值域上限值$$

如前面提到的甲、乙、丙三名运动员身高分别为 1.91m、1.98m、1.97m，则对这三名运动员而言，身高这一指标值标准化之后的数值（标准化值，值域上限值为 1）为

$$\tilde{p}_{甲} = \frac{1.91}{1.98} = 0.965$$

$$\tilde{p}_{乙} = \frac{1.98}{1.98} = 1$$

$$\tilde{p}_{丙} = \frac{1.97}{1.98} = 0.995$$

（2）对最小评价标准的指标，一种方法是按图 3-11b 的原理建立转换函数（一般采用线性函数），再将指标值代入函数，得到无量纲评价值；另一种方法是采用求补法或倒数法将指标值由追求最小转化为追求最大，采用最大评判标准的标准化方法求出无量纲评价值。

求补法是将最大转换为最小或将最小转换为最大的一种换算方法。求补方法有很多种，综合评价中常采用大小值求补法。该方法是将各方案的指标值中最大值与最小值相加，再减去该方案的指标值，得到转换后的指标值。再用转换后的指标值除以最大值（或最佳值）并乘以值域上限得到标准化值，即

$$\tilde{p} = \frac{最大值 + 最小值 - 该方案的指标值}{最大值或最佳值} \times 值域上限值 = \frac{V_{max} + V_{min} - V_i}{V_{max}} \times 值域上限值$$

如各方案的单位产品成本指标评价值分别为：20 元/kg、18.5 元/kg、17 元/kg、16 元/kg，单位产品成本指标以小为优，采用大小值求补法，得 16（20 + 16 − 20）元/kg、17.5（20 +

$16 - 18.5$）元$/kg$、$17(20 + 16 - 17)$元$/kg$ 和 $20(20 + 16 - 16)$元$/kg$，则转换为最大为优的指标。

在前面所提到的汽车油耗中，甲品牌汽车油耗的指标值是 $6L/100km$，乙品牌汽车油耗的指标值是 $8L/100km$，丙品牌汽车油耗的指标值是 $10L/100km$，则汽车油耗这个指标标准化之后的数值（标准化值）为

$$\widetilde{p}_甲 = \frac{6 + 10 - 6}{10} = 1$$

$$\widetilde{p}_乙 = \frac{6 + 10 - 8}{10} = 0.8$$

$$\widetilde{p}_丙 = \frac{6 + 10 - 10}{10} = 0.6$$

也可采用倒数法进行转换，如汽车油耗这个指标，求其倒数时，就变成以大为优的指标——单位油耗行驶里程。

（3）对适中为优的指标，一种方法是可按图 3-11c 的原理建立以标准值为分界的分段函数，再将评价值代入函数，得到无量纲评价值；另一种方法是以标准值为界，计算大于标准值的指标值与标准值之差，再由标准值中扣除该差值，所得数值作为该方案的新指标值，这样所有方案中该指标值均小于标准值，以新指标值除以标准值，并乘以值域上限值，则得到标准化的评价值（标准化值），即

$$\widetilde{p} = \frac{标准值 - |指标值 - 标准值|}{标准值} \times 值域上限值 = \frac{v_标 - |v_i - v_标|}{v_标} \times 值域上限值$$

假设某产品的体积以 $18cm^3$ 为最优标准，产品体积大于 $18cm^3$ 或小于 $18cm^3$ 均不好。有四个设计方案，产品体积分别为 $20cm^3$、$18.5cm^3$、$17cm^3$、$16cm^3$，则可将这四个设计方案的产品体积指标值转换为 16（$18 - |20 - 18|$）cm^3，17.5（$18 - |18.5 - 18|$）cm^3，17（$18 - |17 - 18|$）cm^3、16（$18 - |16 - 18|$）cm^3。用转换后的指标值除以标准值，并乘以值域上限值（设为 1），就得到标准化的评价值（标准化值）。四个方案标准化后的评价值分别为 0.89（16/18）、0.97（17.5/18）、0.94（17/18）、0.89（16/18），可见越接近标准值，标准化后的评价值越大，反之越小；20 和 16 两个指标值与 18 的差距相同，其标准化后的评价值也相同。

在某房屋设计方案综合评价中，当甲、乙、丙三个设计方案的储藏室面积分别为 $2.9m^2$、$3.2m^2$、$4m^2$，储藏室面积 $3.2m^2$ 为最佳，当值域上限值为 1 时，则储藏室面积这个指标标准化之后的数值（标准化值）为

$$\widetilde{p}_甲 = \frac{v_标 - |v_i - v_标|}{v_标} = \frac{3.2 - |2.9 - 3.2|}{3.2} = 0.906$$

$$\widetilde{p}_乙 = \frac{v_标 - |v_i - v_标|}{v_标} = \frac{3.2 - |3.2 - 3.2|}{3.2} = 1$$

$$\widetilde{p}_丙 = \frac{v_标 - |v_i - v_标|}{v_标} = \frac{3.2 - |4 - 3.2|}{3.2} = 0.75$$

可以看到，指标标准化后，在仅考虑储藏室面积的前提下，仍然是乙方案优于甲方案和丙方案。

4. 计算方案的综合评价值

将标准化后的指标值按重要性综合成无量纲的综合评价值。

假设方案 k 第 i 指标标准化值为 p_{ik}，则方案 k 综合评价值的计算为

$$W_k = \sum_i w_{ik} p_{ik} \tag{3-9}$$

5. 按无量纲的综合评价值对方案排序

根据无量纲的综合评价值对方案进行排序，综合评价值越大方案越好，并做出综合评价建议。

3.2.3　综合评价应用实例

下面以某科研机构进行既有建筑综合改造最佳方案选择为例，说明系统综合评价的过程。

【例 3-6】 某科研机构既有建筑综合改造方案综合评价。

1. 问题的提出

随着我国建筑行业的不断发展和积累，既有建筑保有量基本满足国民生产需求。国家统计局资料显示，1985 年以来，我国累计完成房屋建筑面积 386.5 亿 m^2，目前总建筑面积保守估计有 550 亿 m^2。对我国既有建筑的使用现状进行调查发现，既有建筑在使用期间缺乏定期的维护与管理，消耗和老化速度较快，建造年代久远的既有建筑普遍存在抗震能力弱、消防性能差、运行能耗高、使用功能落后等问题。

既有建筑在我国的改造历程从旧城改造开始，同时促进旧城区中的危房改造，如上海新天地广场改造工程、北京 798 工厂功能转型工程、北京纺织部大楼加固工程、天津红桥区西于庄棚户区改造工程等，这些旧建筑均通过使用性能完善或建筑功能转型等途径获得了新生。

既有建筑综合改造项目评价，是对既有建筑综合改造过程中的关键技术、建造实施、运营管理及经济效益等方面进行系统总结与回顾，其任务是全面、系统地评价项目各主要环节的实施过程和方案效果，总结评价项目综合改造方案的决策内容和指标，并分析其关键因素，为今后加强既有建筑综合改造项目前期工作和进一步改进项目管理工作积累经验。同时，通过对现有既有建筑改造方案进行分析和评价，提出进一步的优化实施对策与措施。既有建筑综合改造方案综合评价体系的构建步骤如图 3-12 所示。

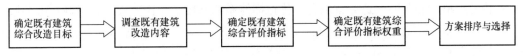

图 3-12　既有建筑综合改造方案综合评价体系的构建步骤

某地区科研楼是五层钢筋混凝土框架结构，建筑面积 5123 m^2，建筑总高度 23m，占地面积 1017 m^2，建于 20 世纪 90 年代初，现已使用 20 余年，期间经历过几次装修和局部改造。前期阶段性的改造基本能够满足当前一段时间的功能需求，但也造成建筑能耗大、室内环境不理想等问题。因此提出对该科研楼进行节能改造，拆除原建筑分离式空调系统，安装集中空调通风系统，更换现有给排水系统，将铸铁管道更换为 PVC 管道，并采用节水型卫

生器具，加强围护结构屋顶、外墙等保温处理措施，更换热工性能和气密性更好的门窗。

2. 目标的确定

该科研楼节能改造的目标是，通过改造增强科研楼抗震能力，提高消防性能，降低运行能耗，提升使用功能等，使综合改造效果最佳。为实现上述目标，共有甲、乙、丙、丁四套方案供选择。

3. 评价指标体系建立

通过对科研楼节能改造目标的分析，调查确定科研楼改造内容，构建科研楼节能改造评价指标体系。该科研楼节能改造工程综合评价指标体系如图 3-13 所示，这是一个四层的结构模型。评价体系第一层为总目标——科研楼节能改造综合效果最佳，第二层有经济（A_1）、技术（A_2）和功能（A_3）三个评价准则。各评价准则下又分别有不同的评价指标。

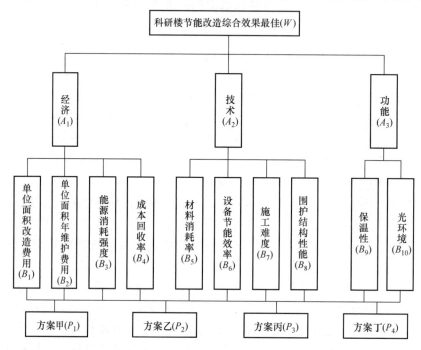

图 3-13　科研楼节能改造工程综合评价指标体系

4. 评价指标权重的确定

在构建出科研楼节能改造方案综合评价指标体系的基础上，需要确定各指标在上一层评价准则下的权重。在效果最佳的总目标下，经济指标（A_1）、技术指标（A_2）和功能指标（A_3）分别用 01 评分法、04 评分法、连环比率法确定的权重见表 3-8 ~ 表 3-10。

表 3-8　01 评分法确定目标层 W – 准则层 A_1 权重

指标	经济指标	技术指标	功能指标	评分小计	权重
经济指标	1	1	1	3.00	0.50
技术指标		1	1	2.00	0.33
功能指标			1	1.00	0.17
				6.00	1.00

表 3-9　04 评分法确定目标层 W – 准则层 A_1 权重

指标	经济指标	技术指标	功能指标	评分小计	权重
经济指标	1	2	3	6.00	0.60
技术指标		1	2	3.00	0.30
功能指标			1	1.00	0.10
				10.00	1.00

表 3-10　连环比率法确定准则层 A_1 – 指标层 B 权重

指标	比率	转换比率	权重	说明
经济指标	1.8	4.5	0.56	经济指标与技术指标比较
技术指标	2.5	2.5	0.31	技术指标与功能指标比较
功能指标	1.0	1.0	0.13	基准指标
		8.0	1.00	

　　本实例中，全部采用九级评分法确定目标层 – 准则层，准则层 – 指标层的权重。权重确定过程及结果见表 3-11 ~ 表 3-13。

表 3-11　九级评分法确定目标层 W – 准则层 A_1 权重

指标	经济指标	技术指标	功能指标	评分小计	权重
经济指标	1	4	3	8.00	0.61
技术指标	1/4	1	2	3.25	0.25
功能指标	1/3	1/2	1	1.83	0.14
				13.08	1.00

表 3-12　九级评分法确定准则层 A_1 – 指标层 B 权重

指标	单位面积改造费用	单位面积年维护费用	能源消耗强度	成本回收率	评分小计	权重
单位面积改造费用	1	1	5	3	10.00	0.44
单位面积年维护费用	1	1	3	2	7.00	0.31
能源消耗强度	1/5	1/3	1	1/5	2.03	0.09
成本回收率	1/3	1/5	2	1	3.53	0.16
					22.57	1.00

表 3-13　九级评分法确定准则层 A_2 – 指标层 B 权重

指标	材料消耗率	设备节能效率	施工难度	围护结构性能	评分小计	权重
材料消耗率	1	2	2	3	8.00	0.42
设备节能效率	1/2	1	1	2	4.50	0.24
施工难度	1/2	1	1	1	3.50	0.19
围护结构性能	1/3	1/2	1	1	2.83	0.15
					18.83	1.00

　　由于功能指标下只有光环境和保温性两个子指标，故准则层 A_3 – 指标层 B 的权重可由

专家进行主观评判直接赋予。本实例中，光环境和保温性的重要性分别赋予0.5、0.5，即光环境和保温性相对于功能指标来说一样重要。

5. 确定指标值及评价标准

本实例中，指标 B_1 单位面积改造费用的评价标准是越小越好，其是定量指标。定量指标可按规定的计算程序与方法直接计算出指标值。该方法主要针对可用统一评价准则评价方案优劣或有规定的计算方法的指标，如工程造价、成本、工期、利润等。对于单位面积改造费用 B_1 这一指标，甲、乙、丙、丁四个方案对应的指标值分别是 1100 元/m²、1450 元/m²、1400 元/m²、1300 元/m²。

对定量指标可直接计算出计量值作为指标值，也可将计量值按一定的标准分段来确定指标值，如工程造价除可用造价额外，也可分为 500 万元以下、500 万元~600 万元、600 万元~700 万元、700 万元~800 万元、800 万元以上几段，用组中值作为评价值或对各段分别赋予相应的评分值。

本实例中，指标 B_1 单位面积改造费用、B_2 单位面积年维护费用、B_3 能源消耗强度、B_4 成本回收率、B_5 材料消耗率等均可根据公式和过去的经验计算得出具体数值。除 B_4 成本回收率指标是大为好的指标外，其余指标 B_1、B_2、B_3、B_5 均属于小为好的指标。

除定量指标外，还有一类指标是定性指标，如舒适性、美观性等。对于定性指标，可以采用绝对法或相对法得出指标值。绝对法是由专家根据评价准则和自己的经验主观判断得出指标值的评价方法。如在跳水比赛中，裁判员根据运动员的助跑（即走板、跑台）、起跳、空中动作和入水动作来评定分数（指标值）。满分为 10 分，可用 0.5 分给分。评判时，裁判员按以下标准评分：失败 0 分、不好 0.5~2 分、普通 2.5~4.5 分、较好 5~6 分、很好 6.5~8 分、最好 8~10 分[⊖]。

相对法是以一个方案为基础，通过方案相互比较来确定指标实现程度的评价方法。该方法适用于无统一明确的评价标准，只能在各方案的相互比较中做出好、中、差判断的场景。该方法通过方案比较得出好、中、差等定性描述，并把定性描述实现定量化，如好得 5 分，较好得 4 分，中得 3 分，较差得 2 分，很差得 1 分；或者好得 10 分，较好得 8 分，中得 6 分，较差得 4 分，很差得 1 分。

指标 B_6 设备节能效率，从空调、给排水系统、水、照明灯方面进行评价，属于定性指标。甲方案和丁方案是分体式空调、PVC 管给排水系统、节水器具、节能照明器具；乙方案和丙方案是中央空调、PVC 管给排水系统、节水器具、节能照明器具。采用绝对法，分别给予甲、乙、丙、丁方案指标值为 5 分、7 分、7 分、5 分。

指标 B_7 施工难度，按照新材料新技术比例、对原建筑损坏程度、工程量等方面予以综合评估并给出分数。用绝对法，分别给予甲、乙、丙、丁方案指标值为 8 分、7 分、6 分、6 分。

指标 B_8 围护结构性能，甲方案是聚苯乙烯隔热层外墙、8mm 厚双层中空 – 低辐射/透明玻璃、胶粉聚苯颗粒保温处理、大理石地砖、现浇混凝土楼板；乙方案是聚苯乙烯隔热层外墙、8mm 厚双层中空 – 低辐射/透明玻璃、胶粉聚苯颗粒保温处理、大理石地砖、现浇混凝土楼板；丙方案和丁方案都是聚苯颗粒保温涂料外墙、8mm 厚双层中空 – 低辐射/透明玻

⊖ 北京市体育竞赛管理和国际交流中心. 跳水裁判员评分标准. https：//www.bjcac.org.cn/a/detail/547.html.

璃、胶粉聚苯颗粒保温处理、大理石地砖、现浇混凝土楼板。用绝对法，分别给予甲、乙、丙、丁方案指标值为 7 分、6 分、8 分、8 分。

指标 B_9 保温性，依据《民用建筑供暖通风与空气调节设计规范》，参考房间数量比例、面积比例给出各方案的评价分数。用绝对法，分别给予甲、乙、丙、丁方案指标值为 5 分、8 分、8 分、5 分。

指标 B_{10} 光环境，依据《建筑照明设计标准》《建筑采光设计标准》，参考房间数量比例、面积比例给出各方案的评价分数。用绝对法，分别给予甲、乙、丙、丁方案指标值为 10 分、10 分、10 分、10 分。

指标 B_9 保温性的评价标准是越大越好。这一指标下甲、乙、丙、丁四个方案的指标值分别是 5 分、8 分、8 分、5 分（保温性最好得 10 分，最差得 1 分）。

指标 B_6、B_7、B_8、B_9、B_{10} 均是大为好的指标。

6. 指标标准化

在确定指标评价标准及指标值的基础上，对各方案对应的指标值进行标准化处理。指标标准化是综合评价的基础。

本实例中，甲、乙、丙、丁四个方案在指标 B_1 单位面积改造费用下的指标值分别是 1100 元/m^2、1450 元/m^2、1400 元/m^2、1300 元/m^2。则按照大小值求补法，甲、乙、丙、丁四个方案单位面积改造费用指标的标准化值（值域上限值为 1）分别是

$$\widetilde{p}_甲 = \frac{(1100 + 1450) - 1100}{1450} = 1.00, \quad \widetilde{p}_乙 = \frac{(1100 + 1450) - 1450}{1450} = 0.76$$

$$\widetilde{p}_丙 = \frac{(1100 + 1450) - 1400}{1450} = 0.79, \quad \widetilde{p}_丁 = \frac{(1100 + 1450) - 1300}{1450} = 0.86$$

本实例中，甲、乙、丙、丁四个方案在 B_9 保温性指标下的指标值分别是 5 分、8 分、8 分、5 分，则甲、乙、丙、丁四个方案在保温性指标下的标准化值分别是 0.63、1.00、1.00、0.63。

甲、乙、丙、丁四个方案在其余指标下的指标标准化值见表 3-14。

表 3-14 既有建筑节能改造最佳方案综合评价表

一级指标	一级指标权重	二级指标	二级指标权重	评判标准	各方案指标值				各方案指标标准化值				备注
					甲	乙	丙	丁	甲	乙	丙	丁	
经济指标	0.61	单位面积改造费用（元/m^2）	0.44	小为优	1100	1450	1400	1300	1.00	0.76	0.79	0.86	计算求得
		单位面积年维护费用（元/m^2）	0.31	小为优	730	600	780	650	0.83	1.00	0.77	0.94	计算求得
		能源消耗强度/[MJ/(m^2·年)]	0.09	小为优	2868	2600	2340	2300	0.80	0.90	0.99	1.00	计算求得
		成本回收率	0.16	大为优	0.15	0.10	0.10	0.12	1.00	0.67	0.67	0.80	计算求得
技术指标	0.25	材料消耗率	0.42	小为优	0.23	0.25	0.20	0.24	0.88	0.80	1.00	0.84	计算求得
		设备节能效率	0.24	大为优	5	7	7	5	0.71	1.00	1.00	0.71	效率最高为 10 分，最低为 1 分
		施工难度	0.19	小为优	8	7	6	6	0.75	0.88	1.00	1.00	最难为 10 分，最容易为 1 分

（续）

一级指标	一级指标权重	二级指标	二级指标权重	评判标准	各方案指标值				各方案指标标准化值				备注
					甲	乙	丙	丁	甲	乙	丙	丁	
技术指标	0.25	围护结构性能	0.15	大为优	7	6	8	8	0.88	0.75	1.00	1.00	性能最高为10分，最低为1分
功能指标	0.14	保温性	0.5	大为优	5	8	8	5	0.63	1.00	1.00	0.63	保温效果最好为10分，最差为1分
		光环境	0.5	大为优	10	10	10	10	1.00	1.00	1.00	1.00	效果最好为10分，最差为1分
综合评价值									0.85	0.862	0.867	0.871	

7. 按综合评价值进行方案的排序与选择

按指标权重及各方案在各指标下的标准化值，可以对各方案进行综合评价与排序。

既有建筑节能改造最佳方案综合评价结果见表 3-14。

甲方案综合评价值 $= (1 \times 0.44 + 0.83 \times 0.31 + 0.80 \times 0.09 + 1 \times 0.16) \times 0.61 +$
$(0.88 \times 0.42 + 0.71 \times 0.24 + 0.75 \times 0.19 + 0.88 \times 0.15) \times 0.25 +$
$(0.63 \times 0.5 + 1.00 \times 0.5) \times 0.14 = 0.885$

同理可求得乙、丙、丁方案的综合评价值分别为 0.862、0.867、0.871。若折合成百分制，则甲、乙、丙、丁四个方案的评价值分别为 88.5 分、86.2 分、86.7 分、87.1 分。

由各方案综合评价值可知，甲方案最优，丁方案次之，丙方案第三，乙方案最差，因此应选择甲方案。从得分可知，四个方案的得分差别不大，均在 85 分以上，故四个方案都比较优秀。

3.3 层次分析法

3.3.1 层次分析法概述

20 世纪七八十年代，科学评价方法蓬勃兴起，层次分析法是一种应用广泛的综合评价方法。人们在进行社会、经济以及科学管理领域问题的系统分析时，面临的常常是一个由相互关联、相互制约的众多因素构成的复杂且常常缺少定量数据的系统。层次分析法为这类问题的决策和排序提供了一种新的、简洁而实用的建模方法。

层次分析法又称 AHP 法，它是美国数学家萨蒂于 20 世纪 70 年代初开发的一种将定性与定量相结合的用于解决无结构决策问题的建模方法。萨蒂在 1977 年第一届国际数学建模会议上发表了《无结构决策问题的建模——层次分析法》一文，从此引起关注。

层次分析法将一个复杂的多目标决策问题作为一个系统，将目标分解为多个准则，进而分解为多个指标（或准则、约束），通过将定性指标模糊量化计算得出层次单排序（权重）和总排序，再进行目标（多指标）、多方案优化决策的系统方法。主要是通过两两比较的方式确定层次中诸因素的相对重要性，并进行系统综合评价。

层次分析法把研究对象作为一个系统，按照分解、比较判断、综合的思维方式进行决策，是继机理分析、统计分析之后发展起来的系统分析的重要工具，是一种定性和定量相结合的、系统化的、层次化的分析方法。层次分析法是在对复杂决策问题的本质、影响因素及其内在关系等进行深入分析的基础上，利用较少的定量信息使决策的思维过程数学化，从而为多目标、多准则或无结构特性的复杂决策问题提供决策的方法。

该方法的程序是：通过对复杂系统进行分析，建立分层递阶结构模型；在模型的每个层次，按某一上层准则对该层各要素逐一进行比较，形成判断矩阵；计算判断矩阵的最大特征值和相对应的特征向量，将特征向量标准化后作为该层次对该准则的权重；最后将各层次权重综合，计算出各层次要素对总目标的组合权重，从而确定可行方案权值，将其作为决策依据。

AHP 法的特点是：为系统分析人员提供一种系统分析与系统综合过程系统化、模型化的思维方法；以方案对总目标的权重为标准，作为方案选择的依据；可对判断矩阵进行一致性检验，以体现主观判断的准确性，实现定性与定量的结合；可解决多层次、多目标、半结构化和无结构问题。由于它在处理复杂的决策问题上的实用性和有效性，很快在世界范围内得到重视。层次分析法的应用已遍及经济、管理、军事、交通运输等诸多领域。

3.3.2　层次分析法应用步骤

1. 建立分层递阶结构模型

在对系统分析的基础上，建立分层递阶结构模型是 AHP 法的核心和关键。分层递阶结构模型由目标层、准则层和方案层组成。目标层有总目标和分目标，总目标是最高目标，一个系统一般只有一个；准则层可以是方案的多层的评价标准；方案层是被评价的方案或措施。分层递阶结构模型的一般形式如图 3-14 所示。

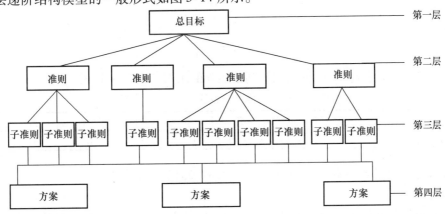

图 3-14　分层递阶结构模型的一般形式

2. 构建判断矩阵

分层递阶结构模型体现了上下层各元素之间的支配和隶属关系。按该关系，以上层次中某元素为准则进行下层次元素之间的两两对比，按九级评分方法评分并用矩阵形式描述。该矩阵称为判断矩阵，它是确定下层次元素对上层次元素相对重要性的基础。

判断矩阵的基本形式为

$$b_{ij} = \begin{pmatrix} b_{11} & b_{12} & b_{13} & \cdots & b_{1n} \\ b_{21} & b_{22} & b_{23} & \cdots & b_{2n} \\ \vdots & \vdots & \vdots & & \vdots \\ b_{n1} & b_{n2} & b_{n3} & \cdots & b_{nn} \end{pmatrix} = \begin{pmatrix} w_1/w_1 & w_1/w_2 & w_1/w_3 & \cdots & w_1/w_n \\ w_2/w_1 & w_2/w_2 & w_2/w_3 & \cdots & w_2/w_n \\ \vdots & \vdots & \vdots & & \vdots \\ w_n/w_1 & w_n/w_2 & w_n/w_3 & \cdots & w_n/w_n \end{pmatrix}$$

判断矩阵是一个特殊矩阵，其元素满足以下条件：

$$b_{ii} = 1, \quad b_{ij} = \frac{1}{b_{ji}}, \quad b_{ij} = \frac{b_{ik}}{b_{jk}}$$

该条件称为一致性条件，当满足该条件时，有

$$\begin{pmatrix} w_1/w_1 & w_1/w_2 & w_1/w_3 & \cdots & w_1/w_n \\ w_2/w_1 & w_2/w_2 & w_2/w_3 & \cdots & w_2/w_n \\ \vdots & \vdots & \vdots & & \vdots \\ w_n/w_1 & w_n/w_2 & w_n/w_3 & \cdots & w_n/w_n \end{pmatrix} \begin{pmatrix} w_1 \\ w_2 \\ \vdots \\ w_n \end{pmatrix} = n \begin{pmatrix} w_1 \\ w_2 \\ \vdots \\ w_n \end{pmatrix}$$

可见，满足一致性条件的 n 阶判断矩阵具有唯一非零最大特征值 $\lambda_{max} = n$，其他特征值均为零。

判断矩阵是依据专家和分析人员的经验，经研究后确定的。判断矩阵的维数 $n \le 3$ 时，均可保证一致性。一般情况下，一致性条件中的第三个条件很难准确估计，所得的判断矩阵均不能满足一致性条件，故需检验判断矩阵的一致性，如不满足一致性条件，且超过一定准确度要求，需重新进行比较和确定判断矩阵。

通常以一致性、平均随机一致性和随机一致性比率等指标来衡量判断矩阵的准确度，来检查人们判断思维的一致性。

一致性指标 C. I. 和随机一致性比率指标 C. R. 的计算方法为

$$\text{C. I.} = \frac{\lambda_{max} - n}{n - 1} \tag{3-10}$$

$$\text{C. R.} = \frac{\text{C. I.}}{\text{R. I.}} \tag{3-11}$$

平均随机一致性指标 R. I. 的值依据判断矩阵的阶次，在表 3-15 中选取。

表 3-15　平均随机一致性指标 R. I. 的值

阶数	1	2	3	4	5	6	7	8	9
R. I.	0	0	0.58	0.90	1.12	1.24	1.32	1.41	1.45

一般认为，当 C. R. ≤ 0.10 时，判断矩阵具有较满意的一致性。

3. 单排序

当判断矩阵具有较满意的一致性时，就可计算本层次元素对上层次准则的权重，即排序。计算排序的方法实质上是求判断矩阵的最大非零特征值及其对应的特征向量。为避免复杂的计算，通常采用简化算法——和法和方根法。

（1）和法。设判断矩阵为 B，和法的步骤如下：

1）将判断矩阵的每列均做标准化处理。

2）再按行相加，得向量 w。

3）将向量 w 标准化，即为所求权重（特征向量）。

4）按下式计算最大特征值 λ_{max}：

$$\lambda_{max} = \frac{1}{n} \sum_i \frac{(Bw)_i}{w_i} \tag{3-12}$$

（2）方根法。设判断矩阵为 B，方根法的步骤如下：

1）将判断矩阵的每行各元素相乘，得 M，$M_i = \prod b_{ij}$。

2）将 M 开 n 次方，得向量 w。

3）将 w 标准化，即为所求权重（特征向量）。

4）按下式计算最大特征值 λ_{max}：

$$\lambda_{max} = \frac{1}{n} \sum_i \frac{(\boldsymbol{Bw})_i}{w_i}$$

对可定量的准则，如造价、利润等，因其可直接用定量数值描述，故不需建立判断矩阵和用上述方法求权重，按判断矩阵的形成原理，可直接将定量数值标准化，将其作为权重。

4. 总排序

单排序解决了每个层次诸要素对上层次某准则的权重（排序）问题，为了得到各元素对总目标的相对权重，必须进行排序的"综合"——总排序。总排序与 3.2 节评价指标在指标体系中权重的确定方法完全相同，先从最上层开始，自上而下进行计算。总目标（第一层）的权重 $W^{(1)} = 1$，第二层对总目标的排序向量 $W^{(2)}$ 就是该层的单排序向量。

设 $P^{(k)} = (P_1^{(k)}, P_2^{(k)}, \cdots, P_n^{(k)})^T$ 为第 k 层次元素对 $(k-1)$ 层次（上一层）各准则的单排序权重向量，$W^{(k-1)}$ 为准则层总排序权重向量，则第 k 层总排序为

$$W^{(k)} = P^{(k)} \cdot W^{(k-1)} = \begin{pmatrix} w_{11}^{(k)} & w_{12}^{(k)} & \cdots & w_{1m}^{(k)} \\ w_{21}^{(k)} & w_{22}^{(k)} & \cdots & w_{2m}^{(k)} \\ \vdots & \vdots & & \vdots \\ w_{n1}^{(k)} & w_{n2}^{(k)} & \cdots & w_{nm}^{(k)} \end{pmatrix} \cdot \begin{pmatrix} W_1^{(k-1)} \\ W_2^{(k-1)} \\ \vdots \\ W_m^{(k-1)} \end{pmatrix} \tag{3-13}$$

或

$$W^{(k)} = P^{(k)} P^{(k-1)} P^{(k-2)} \cdots W^{(2)}$$

设 C. I. $_n^{(k)}$、R. I. $_n^{(k)}$ 中的 n 为 $k-1$ 层的准则数，总排序的一致性检验按下式计算：

$$\text{C. I.}^{(k)} = (\text{C. I.}_1^{(k)}, \text{C. I.}_2^{(k)}, \cdots, \text{C. I.}_n^{(k)}) \tag{3-14}$$

$$\text{R. I.}^{(k)} = (\text{R. I.}_1^{(k)}, \text{R. I.}_2^{(k)}, \cdots, \text{R. I.}_n^{(k)}) \tag{3-15}$$

$$\text{C. R.}^{(k)} = \frac{\text{C. I.}^{(k)}}{\text{R. I.}^{(k)}} \tag{3-16}$$

在实际应用时，总排序的一致性检验通常可省略。

3.3.3　应用实例

下面以例 3-6 为例，对层次分析法在实际中的应用进行阐述。

采用层次分析法对系统进行综合评价，首先仍然是建立评价指标体系，即递阶层次结构。评价指标体系如图 3-13 所示。

1. 单排序

在建立评价指标体系的基础上，计算各指标在上一层次评价准则下的权重，即各指标重要性的单排序。

用目标层 – 准则层的判断矩阵、方根法求出的权重及一致性检验指标见表 3-16 ~ 表 3-18。

表 3-16 目标层 - 准则层的判断矩阵、权重及一致性检验指标

目标层 W	A_1	A_2	A_3	行之积	开 3 次方	权重 w_i	
A_1	1	2	3	6	1.82	0.53	$\lambda_{max} = 3.053$
A_2	1/2	1	3	1.5	1.14	0.33	C. I. = 0.0265
A_3	1/3	1/3	1	1/9	0.48	0.14	R. I. = 0.58
合　计					3.44	1.00	C. R. = 0.045

表 3-17 $A_1 - B$ 的判断矩阵、权重及一致性检验指标

A_1	B_1	B_2	B_3	B_4	行之积	开 4 次方	权重 w_i	
B_1	1	3	5	9	135	3.409	0.58	$\lambda_{max} = 4.053$
B_2	1/3	1	3	6	6	1.565	0.27	C. I. = 0.018
B_3	1/5	1/3	1	2	2/15	0.604	0.10	R. I. = 0.9
B_4	1/9	1/6	1/2	1	1/108	0.310	0.05	C. R. = 0.019
合　计						5.888	1.00	

表 3-18 $A_2 - B$ 的判断矩阵、权重及一致性检验指标

A_2	B_5	B_6	B_7	B_8	行之积	开 4 次方	权重 w_i	
B_5	1	2	2	3	12	1.86	0.43	$\lambda_{max} = 4.0475$
B_6	1/2	1	1	2	1	1.00	0.23	C. I. = 0.016
B_7	1/2	1	1	1	0.50	0.84	0.19	R. I. = 0.9
B_8	1/3	1/2	1	1	0.167	0.64	0.15	C. R. = 0.0118
合　计						4.34	1.00	

$A_3 - B$ 是两个指标，故根据经验确定为 0.5、0.5。

B_1、B_2、B_3、B_4、B_5 均为定量指标，采用表 3-14 中的数据，在计算出各方案标准化值的基础上转化为权重。

$B_1 - P$ 的标准化值 = (1.00, 0.76, 0.79, 0.86)，转化为权重，则有

$$w_1 = \left(\frac{1.00}{1+0.76+0.79+0.86}, \frac{0.76}{1+0.76+0.79+0.86}, \frac{0.79}{1+0.76+0.79+0.86}, \frac{0.86}{1+0.76+0.79+0.86} \right)$$
$$= (0.29, 0.22, 0.23, 0.26)$$

同理可得

$B_2 - P$:　　　　　$w_2 = (0.24, 0.28, 0.22, 0.26)$

$B_3 - P$:　　　　　$w_3 = (0.22, 0.24, 0.27, 0.27)$

$B_4 - P$:　　　　　$w_4 = (0.32, 0.21, 0.21, 0.26)$

$B_5 - P$:　　　　　$w_5 = (0.25, 0.23, 0.28, 0.24)$

指标 B_6 设备节能效率是定性指标，故需要构建判断矩阵。$B_6 - P$ 的判断矩阵、权重及一致性检验指标见表 3-19。

表 3-19 $B_6 - P$ 的判断矩阵、权重及一致性检验指标

B_6	甲	乙	丙	丁	行之积	开 4 次方	权重 w_i	
甲	1	2	2	3	12	1.86	0.42	$\lambda_{max} = 4.01175$
乙	1/2	1	1	2	1	1.00	0.23	C. I. = 0.004
丙	1/2	1	1	2	1	1.00	0.23	R. I. = 0.9
丁	1/3	1/2	1/2	1	0.083	0.54	0.12	C. R. = 0.004
合　计						4.40	1.00	

$B_6 - P$ 的判断矩阵表示，在设备节能效率这一指标下，甲方案的重要性相对于丁来说是3，也就是说甲方案的设备节能效率优于丁。同时从判断矩阵可以看出，乙、丙方案的节能效率均优于丁，丁方案的节能效率最差。

B_7 施工难度这个指标是小为优的指标，在应用层次分析法建立指标体系时应尽量采用大为优的指标，这样不容易引起歧义。小为优的指标也称为逆向指标（也就是越小越好的指标），在层次分析法中应用小为优的指标时，应尽量先做逆向化处理（逆向化处理是指将逆向指标正向），即把小为优的指标转化成大为优的正向指标，这样处理之后，所有指标的方向就一样了。如果把施工难度这个指标用"施工容易度"来代替，这样就变成一个正向指标了，同时不会引起理解的困难。

在 B_7 施工难度指标下，四个方案的判断矩阵、权重及一致性检验指标见表3-20。

表 3-20　$B_7 - P$ 的判断矩阵、权重及一致性检验指标

B_7	甲	乙	丙	丁	行之积	开 4 次方	权重 w_i	
甲	1	1	2	1/2	1	1.00	0.23	$\lambda_{max} = 4.02$
乙	1	1	2	1/2	1	1.00	0.23	C. I. = 0.007
丙	1/2	1/2	1	1/3	0.083	0.54	0.12	R. I. = 0.9
丁	2	2	3	1	12	1.86	0.42	C. R. = 0.007
合　计						4.40	1.00	

我们认为施工过程一定是施工难度越小越好，越容易施工越好。$B_7 - P$ 的判断矩阵表示，在施工难度这一指标下，甲方案施工容易度的重要性相对于丙为2，即甲方案的施工相较丙方案来说要容易。

围护结构性能、保温性、光环境均是正向指标，同时也是定性指标，故直接采用判断矩阵来判断各指标下四个方案的权重。判断矩阵、权重及一致性检验指标见表3-21～表3-23。

表 3-21　$B_8 - P$ 的判断矩阵、权重及一致性检验指标

B_8	甲	乙	丙	丁	行之积	开 4 次方	权重 w_i	
甲	1	2	3	4	24	2.21	0.47	$\lambda_{max} = 4.04$
乙	1/2	1	2	3	3	1.31	0.28	C. I. = 0.0125
丙	1/3	1/2	1	2	0.33	0.76	0.16	R. I. = 0.9
丁	1/4	1/3	1/2	1	0.042	0.45	0.09	C. R. = 0.0014
合　计						4.73	1.00	

表 3-22　$B_9 - P$ 的判断矩阵、权重及一致性检验指标

B_9	甲	乙	丙	丁	行之积	开 4 次方	权重 w_i	
甲	1	1/2	1/2	2	0.5	0.84	0.20	$\lambda_{max} = 4.06$
乙	2	1	1	4	4	1.41	0.33	C. I. = 0.02
丙	2	1	1	2	4	1.41	0.33	R. I. = 0.9
丁	1/2	1/2	1/2	1	0.125	0.59	0.14	C. R. = 0.022
合　计						4.25	1.00	

表 3-23　$B_{10} - P$ 的判断矩阵、权重及一致性检验指标

B_{10}	甲	乙	丙	丁	行之积	开 4 次方	权重 w_i	
甲	1	1/2	1/3	1	0.167	0.64	0.14	$\lambda_{max} = 4.006$
乙	2	1	1/2	2	2	1.19	0.26	C. I. = 0.018
丙	3	2	1	3	18	2.06	0.46	R. I. = 0.9
丁	1	1/2	1/3	1	0.167	0.64	0.14	C. R. = 0.020
合　计						4.53	1.00	

2. 总排序

总排序由上至下逐层进行，各指标 $B_1 - B_{10}$ 在总目标下的权重为

$$W^{(3)} = (B_1, B_2, B_3, B_4, B_5, B_6, B_7, B_8, B_9, B_{10})$$
$$= (0.307, 0.143, 0.053, 0.027, 0.141, 0.076, 0.063, 0.050, 0.070, 0.070)$$

各方案的总排序计算见表 3-24。

表 3-24　各方案总排序计算表

	B_1	B_2	B_3	B_4	B_5	B_6	B_7	B_8	B_9	B_{10}	W_i
p \ c	0.307	0.143	0.053	0.027	0.141	0.076	0.063	0.050	0.070	0.070	
甲	0.29	0.24	0.22	0.32	0.25	0.42	0.23	0.47	0.20	0.14	0.272
乙	0.22	0.28	0.24	0.21	0.23	0.23	0.23	0.28	0.33	0.26	0.246
丙	0.23	0.22	0.27	0.21	0.23	0.12	0.16	0.16	0.33	0.46	0.250
丁	0.26	0.26	0.27	0.26	0.24	0.12	0.42	0.09	0.14	0.14	0.232

由表 3-24 可见，甲、乙、丙、丁各方案的重要性（权重）分别为 0.272、0.246、0.250、0.232，方案总排序为甲、丙、乙、丁。故为实现建筑节能改造效果最佳这个总目标，应首先选择甲方案。

3.4　模糊综合评价法

3.4.1　模糊综合评价的基本原理

现实世界中存在大量的模糊现象和模糊概念，如"漂亮""舒服""年轻""时尚"等，这些现象及其概念无绝对明确的界限和外延，即一个概念和与其对立的概念无法划出一条明确的分界线，它们是随着量变逐渐过渡到质变的，这些没有确切界限的对立概念都是所谓的模糊概念。凡涉及模糊概念的现象被称为模糊现象。例如"年轻"和"年老"，人们无法划出一条严格的年龄界限来区分"年轻"和"年老"。

生活中，类似这样的事例很多，走路速度"快与慢"、身高"高与矮"、技术工人操作时的"生疏与熟练"、选美比赛中的"美与丑"等，现实生活中的绝大多数现象，存在着中间状态，并非非此即彼，表现出亦此亦彼，存在着许多甚至无穷多的中间状态。

模糊性是事物本身状态的不确定性，或者说是指某些事物或者概念的边界不清楚。这种边界不清楚，不是由于人的主观认识达不到客观实际所造成的，而是事物的一种客观属性，是事物的差异间存在着中间过渡过程的结果。

　　模糊数学就是试图利用数学工具解决模糊事物方面的问题。模糊数学着重研究"认知不确定"类的问题，其研究对象具有"内涵明确，外延不明确"的特点。模糊数学的产生把数学的应用范围从精确现象扩大到模糊现象的领域，去处理复杂的系统问题。模糊数学绝不是把已经很精确的数学变得模糊，而是用精确的数学方法来处理过去无法用数学描述的模糊事物。从某种意义上来说，模糊数学是架在形式化思维和复杂系统之间的一座桥梁，通过它可以把多年积累起来的形式化思维，也就是精确数学的一系列成果，应用到复杂系统里去。

　　模糊数学的出现，给人们研究那些复杂的、难以用精确的数学描述的问题带来了方便而又简单的方法。模糊综合评价法是为了评价现实世界中的模糊现象而产生的。美国著名的控制论专家 L. A. 扎德（L. A. Zadeh）教授于 1965 年提出了模糊集合理论，用以表达事物的不确定性，在此基础上诞生了模糊综合评价法。模糊综合评价法是一种基于模糊数学的综合评价方法。该综合评价法根据模糊数学的隶属度理论把定性评价转化为定量评价，它具有结果清晰、系统性强的特点，能较好地解决模糊的、难以量化的问题，适合各种非确定性问题的解决[⊖]。模糊综合评价法的理论基础是模糊数学。模糊综合评价是指引入隶属度和隶属函数，实现把人类的直觉确定为具体系数，并将约束条件量化表示，通过模糊复合运算得到模糊结果集，评价结果不是绝对地肯定或否定，而是以一个模糊集合来表示。

　　一般而言，一个事物往往需要用多个指标刻画其本质与特征，并且人们对一个事物的评价又往往不是简单的好与不好，而是采用模糊语言分为不同程度的评语。由于评价等级之间的关系是模糊的，没有绝对明确的界限，因此具有模糊性。显而易见，对于这类问题应用模糊数学的方法进行综合评价将会取得更好的实际效果。

3.4.2　模糊综合评价的步骤

　　模糊综合评价法的步骤：①依据评价目标和被评价对象，筛选出能反映被评判对象基本特征的指标集（因素集），根据专家的意见或者已有数据的情况确定适当的评价（等级）集；②基于定量赋权或者定性赋权方法，将各个指标权重予以确立，并计算各个指标（因素）的隶属度向量，建立模糊评判矩阵；③将模糊评判矩阵和指标权重进行模糊运算，将模糊计算结果进行归一化，合成模糊综合评价结果。

1. 确定评价因素和评价等级

　　设 $U = (u_1, u_2, \cdots, u_m)$ 为刻画被评价对象的 m 种因素（即评价指标）；$V = (v_1, v_2, \cdots, v_n)$ 为刻画每一指标所处状态的 n 种判断（即评价等级或评语）。其中，m 为评价指标的个数，由具体指标体系决定；n 为评价等级的个数，一般划分为 3~5 个等级。

2. 确立各指标权重，建立模糊评判矩阵

　　确立各指标权重的方法可以采用前文所讲述的层次分析法、德尔菲（Delphi）法等主观赋权法，也可以采用变异系数法、方差倒数加权法、主成分分析法和因子分析法等客观赋权法（原始数据由各指标在评价中的实际数据组成，它不依赖于人的主观判断，因而此类方法客观性较强）。

　　设评价指标权重集合为 $W = (w_1, w_2, \cdots, w_m)$，且 $\sum w_i = 1$。

⊖　陈文. "系统工程"课程中"模糊综合评价法"教学探讨。

对指标集中的单因素 $u_i(i=1,2,\cdots,m)$ 做单指标评判,从指标 u_i 的角度出发,判断对等级 v_j $(j=1,2,\cdots,n)$ 的隶属度为 r_{ij},这样就得出第 i 个指标 u_i 的单指标评价集:

$$\boldsymbol{r}_{ij}=(r_{i1},r_{i2},\cdots,r_{in})$$

这样 m 个指标的评价集就构造出一个总的评价矩阵 $\boldsymbol{R}$,即每一个被评价对象确定了从 $\boldsymbol{U}$ 到 $\boldsymbol{V}$ 的模糊关系 $\boldsymbol{R}$,它是一个矩阵,r_{ij} 为对第 i 个指标做第 j 种评语的可能性,$\boldsymbol{R}$ 称为反应矩阵或模糊评判矩阵。

$$\boldsymbol{R}=\begin{pmatrix} r_{11} & r_{12} & \cdots & r_{1n} \\ r_{21} & r_{22} & \cdots & r_{2n} \\ \vdots & \vdots & & \vdots \\ r_{m1} & r_{m2} & \cdots & r_{mn} \end{pmatrix}$$

3. 将模糊评判矩阵和指标权重进行模糊运算

$\boldsymbol{R}$ 中不同的行反映了某个被评价事物从不同的单指标来看对各等级模糊子集的隶属程度。用权重 $\boldsymbol{W}$ 将不同的行进行综合,就可以得到该被评事物从总体上来看对各等级模糊子集的隶属程度,即模糊综合评价结果向量。

模糊综合评价结果向量 $\boldsymbol{B}$ 可按下式计算:

$$\boldsymbol{B}=\boldsymbol{W}\cdot\boldsymbol{R}=(w_1,w_2,\cdots,w_m)\begin{pmatrix} r_{11} & r_{12} & \cdots & r_{1n} \\ r_{21} & r_{22} & \cdots & r_{2n} \\ \vdots & \vdots & & \vdots \\ r_{m1} & r_{m2} & \cdots & r_{mn} \end{pmatrix}$$

即

$$\boldsymbol{B}=\boldsymbol{W}\cdot\boldsymbol{R}=(b_1,b_2,\cdots,b_n) \tag{3-17}$$

如果评判结果 $\sum b_j \neq 1$,应将它归一化。

指标 b_j $(j=1,2,\cdots,n)$ 表示被评价对象具有评语 v_j $(j=1,2,\cdots,n)$ 的程度。各个评判指标,具体反映了评判对象在所指标评判的特征方面的分布状态,使评判者对评判对象有更深入的了解。如果要选择一个决策,常可以采用最大指标隶属度法则对其处理,选择最大的 b_j 所对应的等级 v_j 进行综合评判。

此时,只利用了 b_j 中的最大者,没有充分利用 $\boldsymbol{B}$ 所带来的信息。为了充分利用 $\boldsymbol{B}$ 所带来的信息,可把各种等级的指标评级参数和评判结果 $\boldsymbol{B}$ 进行综合考虑,使得评判结果更加符合实际。

如果将评语用分数描述,则将 $\boldsymbol{V}=(v_1,v_2,\cdots,v_n)$ 转换为 $\boldsymbol{P}=(p_1,p_2,\cdots,p_n)^{\mathrm{T}}$,系统综合评分可按下式计算:

$$K=\boldsymbol{W}\cdot\boldsymbol{R}\cdot\boldsymbol{P}=(w_1,w_2,\cdots,w_m)\begin{pmatrix} r_{11} & r_{12} & \cdots & r_{1n} \\ r_{21} & r_{22} & \cdots & r_{2n} \\ \vdots & \vdots & & \vdots \\ r_{m1} & r_{m2} & \cdots & r_{mn} \end{pmatrix}\begin{pmatrix} p_1 \\ p_2 \\ \vdots \\ p_n \end{pmatrix} \tag{3-18}$$

3.4.3 模糊综合评价法的应用

城市基本公共体育服务力是指政府向城市居民提供基本公共体育服务,满足城市居民参与体育活动的能力，包括政府提供基本公共体育服务的种类、数量、质量和覆盖范围等。城市基本公共体育服务体系是体育事业的重要组成部分，城市基本公共体育服务力是衡量城市基本公共体育发展规模和发展水平的基本标志。将"服务力"的概念引入基本公共体育服务的研究领域，对基本公共体育服务力的概念、内容以及测量与综合评价等内容开展深入研究，是基本公共体育服务领域研究的有益尝试。

1. 确定评价因素和评价等级

城市基本公共体育服务力状况最终表现在城市经费投入、场地设施、健身服务和满意程度四个方面，而每个方面又由若干评价指标所决定。相应地，评价指标分为两个层次：第一层为 $U = \{U_1，U_2，U_3，U_4\}$；第二层为 $U_1 = \{U_{11}，U_{12}，U_{13}\}$、$U_2 = \{U_{21}，U_{22}，U_{23}，U_{24}\}$、$U_3 = \{U_{31}，U_{32}，U_{33}，U_{34}\}$ 和 $U_4 = \{U_{41}，U_{42}，U_{43}，U_{44}\}$ 等。城市基本公共体育服务力的评价指标构成如图 3-15 所示。

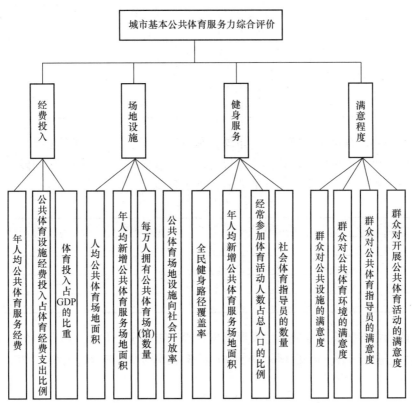

图 3-15　城市基本公共体育服务力的评价指标

根据城市基本公共体育服务力的特点建立评价指标的评价等级，即评语集 $V = \{V_1，V_2，V_3，V_4\} = \{优，良，一般，差\}$。

2. 建立指标权重及模糊评价矩阵

城市基本公共体育服务力的权重由层次分析法确定，权重确定过程略，权重确定的结果见表 3-25。

在指标体系及权重确定的基础上，以西安市为例，通过样本研究，选择样本量为 950 个，符合社会学研究的样本需求，共发放问卷 950 份，回收卷 870 份，回收率为 91.58%，有效问卷 854 份，有效率为 89.89%。

表 3-25　城市基本公共体育服务力的评价指标构成及权重

一级指标	权重	二级指标（15 个）	权重
U_1（经费投入）	0.5194	U_{11}（年人均公共体育服务经费）	0.6334
		U_{12}（公共体育设施经费投入占体育经费支出比例）	0.2604
		U_{13}（体育投入占 GDP 的比重）	0.1062
U_2（场地设施）	0.2009	U_{21}（人均公共体育场地面积）	0.3563
		U_{22}（年人均新增公共体育服务场地面积）	0.0543
		U_{23}（每万人拥有公共体育场（馆）数量）	0.4385
		U_{24}（公共体育场地设施向社会开放率）	0.1509
U_3（健身服务）	0.2009	U_{31}（健身站点（全民健身路径覆盖率））	0.4341
		U_{32}（年人均新增公共体育服务场地面积）	0.0939
		U_{33}（经常参加体育活动人数占总人口的比例）	0.3158
		U_{34}（社会体育指导员的数量（个/十万人））	0.1562
U_4（满意程度）	0.0788	U_{41}（群众对公共设施的满意度）	0.1289
		U_{42}（群众对公共体育环境的满意度）	0.5688
		U_{43}（群众对公共体育指导员的满意度）	0.066
		U_{44}（群众对开展公共体育活动的满意度）	0.2373

　　城市基本公共体育服务力模糊评价矩阵，是对每一个子指标分别做出综合评判。以上指标有定量指标，也有定性指标，在具体评价时，把定量指标分成不同的区间段，定性指标分成不同的水平等级，并给出统一的标准分值，见表 3-26。

表 3-26　指标水平等级划分

区间（或等级）	定量指标	定性指标	评语集
1	1	1	低
2	3	3	中等
3	5	5	较高
4	7	7	高

　　按上述评价指标体系的标准分值及评语集对西安市基本公共体育服务力包含的各个指标进行评判，并进行归一化处理，得到以下模糊评判矩阵 R_{11}，R_{12}，R_{13}，…，R_{33}，见表 3-27。

表 3-27　西安市基本公共体育服务力模糊评价矩阵

二级指标（15 个）	优	良	一般	差
U_{11}（年人均公共体育服务经费）	0.23	0.31	0.36	0.10
U_{12}（公共体育设施经费投入占体育经费支出比例）	0.26	0.19	0.42	0.13
U_{13}（体育投入占 GDP 的比重）	0.21	0.29	0.33	0.17
U_{21}（人均公共体育场地面积）	0.13	0.21	0.20	0.46
U_{22}（年人均新增公共体育服务场地面积）	0.09	0.29	0.32	0.30
U_{23}（每万人拥有公共体育场（馆）数量）	0.08	0.31	0.33	0.28
U_{24}（公共体育场地设施向社会开放率）	0.05	0.33	0.19	0.43
U_{31}（健身站点（全民健身路径覆盖率））	0.26	0.36	0.12	0.26

（续）

二级指标（15 个）	优	良	一般	差
U_{32}（年人均新增公共体育服务场地面积）	0.3	0.22	0.19	0.29
U_{33}（经常参加体育活动人数占总人口的比例）	0.24	0.34	0.29	0.13
U_{34}（社会体育指导员的数量（个/十万人））	0.27	0.30	0.31	0.12
U_{41}（群众对公共设施的满意度）	0.22	0.29	0.34	0.15
U_{42}（群众对公共体育环境的满意度）	0.24	0.18	0.41	0.17
U_{43}（群众对公共体育指导员的满意度）	0.19	0.28	0.32	0.21
U_{44}（群众对开展公共体育活动的满意度）	0.22	0.24	0.26	0.28

多级模糊综合评价结果的计算是根据各级指标各自的权重和单因素模糊评价判断矩阵，构建上一级指标模糊综合评价模型，并依次得出综合评价结果的过程。以西安市为例，一级指标（U_1 经费投入）模糊综合评价，首先根据第二级指标各自的权重和单因素模糊评价判断矩阵，构建模糊综合评价模型，并得出综合评价结果，即

$$\boldsymbol{B}_{11} = \boldsymbol{W}_{11} \times \boldsymbol{R}_{11} = (0.6334, 0.2604, 0.1062)\begin{pmatrix} 0.23 & 0.31 & 0.36 & 0.10 \\ 0.26 & 0.19 & 0.42 & 0.13 \\ 0.21 & 0.29 & 0.33 & 0.17 \end{pmatrix}$$

$$= (0.2357, 0.2766, 0.3724, 0.1153)$$

依据上述计算方法，可得出西安市城市基本公共体育服务力其他一级指标的模糊综合评价结果，见表 3-28。

表 3-28　西安市城市基本公共体育服务力其他一级指标的模糊综合评价

因素	优	良	一般	差
U_1（经费投入）	0.2357	0.2766	0.3724	0.1153
U_2（场地设施）	0.0938	0.2763	0.2620	0.3679
U_3（健身服务）	0.2590	0.3312	0.2099	0.1999
U_4（满意程度）	0.2296	0.2152	0.3599	0.1963

将上述评价向量作为总目标模糊评价矩阵，构建出西安市城市基本公共体育服务力模糊综合评价模型：

$$\boldsymbol{B} = \boldsymbol{W} \times \boldsymbol{R} = (0.5194, 0.2009, 0.2009, 0.0788)\begin{pmatrix} 0.2357 & 0.2766 & 0.3724 & 0.1153 \\ 0.0938 & 0.2763 & 0.2620 & 0.3679 \\ 0.2590 & 0.3312 & 0.2099 & 0.1999 \\ 0.2296 & 0.2152 & 0.3599 & 0.1963 \end{pmatrix}$$

$$= (0.2114, 0.2826, 0.3166, 0.1894)$$

如果上述 $\sum b_j \neq 1$，则需进行归一化处理。

根据评价结果可知，西安市城市基本公共体育服务力为优的情况占 21.14%，良的情况占 28.26%，一般的情况占 31.66%，差的情况占 18.94%。则采用最大隶属原则算法进行评价，可以认为西安市城市基本公共体育服务力为一般水平。

若要对多个城市进行比较并排序，就需要进一步处理，即计算每个城市公共体育服务力的综合分值，即将综合评价结果 $\boldsymbol{B}$ 转换为综合分值，然后可依其综合分值大小进行排序，从而挑选出最优者。

若将综合评价结果 $\boldsymbol{B}$ 转换为综合分值，需给等级赋予分值。设给评语集 $V = \{$优，良，

一般，差︱ 四个等级依次赋予分值 $P = (100, 75, 50, 25)$，然后用 P 中对应的隶属度将分值加权求平均，得出西安市城市基本公共体育服务力模糊综合评价得分。即

$$K = (0.2112, 0.2816, 0.3156, 0.1916) \cdot (100, 75, 50, 25)^T = 62.81$$

由此可见，将模糊综合评价法应用于城市公共体育服务力的评价，能对各城市公共体育服务力水平做出全面、综合的判断。

【思考题】

1. 说明结构模型解析法的基本原理和适用范围。
2. 简述进行系统综合评价的基本原理。
3. 举例说明系统综合评价的技术路线。
4. 说明评价指标权重和评价指标在指标体系中的权重的区别与联系。
5. 评价值为什么要进行标准化？如何进行评价值标准化工作？
6. 简述层次分析法的基本原理。其有何优点？
7. 层次分析法中判断矩阵有什么特点？有哪些要求？
8. 简述层次分析法中单排序与总排序的关系。
9. 简述九级评分法与层次分析法的联系与区别。
10. 说明模糊综合评价法的基本原理及其应用。

【练习题】

1. 试用 ISM 技术研究某专业各门主要课程之间的关系（假定二元关系为"支持"关系），建立你认为比较合理的课程体系结构。

2. 某部门对其员工进行年终考核，选用销售目标达成率、客户档案完整率、新客户开发数量、顾客满意度等指标。资料见表 3-29，请帮助对各个员工进行评价，各指标的权重采用 AHP 方法确定。

表 3-29 员工业绩评价指标及指标值

员工	销售目标达成率（%）	客户档案完整率（%）	新客户开发数量（个）	顾客满意度
A	120	90	15	较好
B	115	85	9	很好
C	105	100	10	较好
D	102	98	11	非常好

3. 你的朋友想购买一辆新能源汽车，计划支出不超过 20 万元，现准备在三种品牌中选择，三种车型数据见表 3-30，请用综合评价法和 AHP 法帮助你的朋友选购一辆理想的汽车，并比较两种方法选择的结果是否相同，如果不同请找出原因。

表 3-30 三种车型数据

品牌	价格（万元）	充电时间/h	电池能量密度/(kW/kg)	续航里程/km	样式评分（分）
A	19.5	8	160	400	85
B	18	6	150	450	82
C	15.8	7	140	380	80

4. 接上题，如果你的朋友分别征求了十个同事的意见，十个同事对各车型的评价意见见表 3-31～表 3-33，请用模糊综合评价法帮助你的朋友选择一辆理想的汽车。

表 3-31　对 A 品牌评价的人数　　　　　　　　　　　　单位：人

评价	价格	充电时间	电池能量密度	续航里程	样式评分
好	3	5	4	1	6
中	5	1	2	4	3
差	2	4	4	5	1

表 3-32　对 B 品牌评价的人数　　　　　　　　　　　　单位：人

评价	价格	充电时间	电池能量密度	续航里程	样式评分
好	7	3	2	8	5
中	2	5	4	2	4
差	1	2	4	0	1

表 3-33　对 C 品牌评价的人数　　　　　　　　　　　　单位：人

评价	价格	充电时间	电池能量密度	续航里程	样式评分
好	6	4	5	4	5
中	4	5	4	5	4
差	0	1	1	1	1

5. 某校举行主持人大赛，分别从形象气质、临场应变、吐字清晰、亲和力、现场效果几个方面进行评价。有十位评委对 A、B、C、D 四位参赛选手进行了评价。十位评委对参赛选手的评价意见见表 3-34 ~ 表 3-37，请用模糊综合评价法选出最佳主持人。

表 3-34　对参赛选手 A 的评价人数　　　　　　　　　　单位：人

评价	形象气质	临场应变	吐字清晰	亲和力	现场效果
好	6	4	4	5	5
中	4	5	4	5	5
差	0	1	1	0	0

表 3-35　对参赛选手 B 的评价人数　　　　　　　　　　单位：人

评价	形象气质	临场应变	吐字清晰	亲和力	现场效果
好	8	10	8	7	8
中	2	0	2	3	2
差	0	0	0	0	0

表 3-36　对参赛选手 C 的评价人数　　　　　　　　　　单位：人

评价	形象气质	临场应变	吐字清晰	亲和力	现场效果
好	9	8	7	8	7
中	1	1	2	2	3
差	0	1	1	0	0

表 3-37　对参赛选手 D 的评价人数　　　　　　　　　　单位：人

评价	形象气质	临场应变	吐字清晰	亲和力	现场效果
好	9	7	8	9	7
中	1	2	2	1	2
差	0	1	0	0	1

第4章

静态线性系统最优化模型及求解方法

学习要点

1. 掌握线性规划模型的建立方法；
2. 掌握线性规划求解的基本原理与方法；
3. 掌握灵敏度分析的方法及应用；
4. 掌握对偶理论及应用；
5. 理解整数规划问题的求解原理；
6. 掌握运输问题的求解方法——表上作业法；
7. 掌握指派问题的求解方法——匈牙利法；
8. 熟悉并应用 LINGO 软件。

案例导读

自 1947 年乔治·丹捷格教授提出了一种求解线性规划问题的有效方法——单纯形法之后，线性规划在理论上趋向成熟，在应用中日益广泛与深入，特别是随着计算机技术的发展，线性规划的适用领域，已经从解决技术问题的最优化设计拓展到工业、农业、金融业、军事和管理决策等领域。线性规划在一些管理上的应用如下：解决合理利用线材问题、解决不同成分含量的配料问题、解决多年度的投资组合问题、解决产品生产计划问题、解决劳动力安排问题、解决运输问题等。线性规划发展成为运筹学中最成熟、应用最广泛的一个分支，是现代科学管理的重要手段之一，是帮助管理者做出最优化决策的有效方法。

4.1 静态线性系统最优化模型的建立与应用

为了能够比较简单地对系统进行定量描述，需要采用相对静止或平衡状态来代替系统本来复杂的运动状态。系统处在相对静止或平衡的状态称作静态，描述系统静态的模型称为静态模型。

在处理系统问题时，经常需要得到一个既符合各部分之间制约关系，又能使某一评价指标达到最大或最小的方案，因此需要研究描述在一定限制条件下使系统处于最优运行状态的定量理论和方法——系统最优化方法。

4.1.1 最优化

系统最优化是在系统目标分析、环境分析和系统预测的基础上，通过建立最优化模型实现系统的定量化，通过模型的求解，为系统运行在最优状态提供科学决策依据的过程和方法的总称。它是系统工程处理问题的基本方法之一。

最优化过程是指在一定限制条件下实现系统目标极值的过程。该过程一般包括：

（1）从系统思想出发对系统评价目标的定性和定量分析。

（2）对系统约束条件的定性和定量分析。

（3）建立最优化模型。

（4）模型求解。

（5）对求解结果进行分析，系统因素变化时对求解结果影响的分析。

在最优化过程中以定性分析为指导，把系统目标、约束条件用数学形式进行描述，建立数学模型并求解的方法称为最优化方法。应用最优化方法所建立的模型称为最优化模型。

最优化方法包括数学规划、网络最优化等方法，所建立的模型分别为数学规划模型、网络模型等。

数学规划模型的一般形式为：

满足约束条件

$$\begin{cases} g_i(x_j) \leqslant b_i \\ d_j \leqslant x_j \leqslant D_j \end{cases} (i = 1, 2, \cdots, m; j = 1, 2, \cdots, n)$$

使评价目标 $\qquad \min\ (\max)\ Z = f(x_j)$

约束条件是系统必须满足的限制条件的数学描述，它通常由等式或不等式组成，在模型中可简写成 s.t. ；评价目标是系统目标的数学描述，称为目标函数。

如果上述规划模型中均为线性函数，则称为线性系统最优化模型，又称为线性规划模型。若有一个为非线性函数，则称为非线性规划模型。

最优化模型的求解一般均遵循一定的规律，该规律如图 4-1 所示。

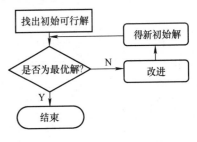

图 4-1　最优化问题一般求解规律

4.1.2　线性规划模型的建立步骤和准则

1. 建立步骤

（1）问题的提出。问题的提出是建立数学模型的开始和基础。其主要内容为：根据要达到的目的，提出所要解决的问题，确定评价系统的指标；根据系统所处的环境，确定需要调查和掌握的资料，并对其进行分类、整理，找出影响系统评价指标的因素。

（2）编制原始数据表。编制原始数据表是建立模型的依据，其内容是按所提出的问题，对分类、整理后的资料进行编撰，找出数据之间的联系，发现系统的规律，编出反映系统各因素之间相互关系的数据表。

（3）设置变量和各种参量。变量又称决策变量，它是决策者的决定，是使系统状态发生改变的因素，其变化对系统评价目标产生直接影响。参量是制定决策所需的基础，是已知的数据。

（4）建立目标函数。建立目标函数是根据系统目标分析的结论，将系统评价目标用简练的文字描述，即建立语言模型，并用变量和各种参数将文字描述转变为数学描述。

（5）确定约束条件。充分考虑系统环境因素和系统内在因素，将系统的各种限制条件和平衡关系用简练的文字进行描述，并用变量和各种参数以不等式或等式的形式进行数学描述。

2. 建立模型的准则

建立模型是复杂的创造过程，它不仅是一门技术，而且是一门艺术。所建立的模型能否反映提出问题的实质是模型成功与否的标志。一般情况下，建立模型的准则为：在准确地反映所提出问题的前提下，建立简单明了、通俗易懂的模型。

建立模型时，切忌故弄玄虚，搞数学游戏，把本来已清楚的问题复杂化，同时也要注意避免把复杂系统简单化的倾向，即在建立模型时，要注意防止掉进过于简单的陷阱和陷入过于复杂的泥潭。

4.1.3 线性规划模型的建立

线性规划是数学规划中研究最早、发展较快、应用较广且比较成熟的一个分支。它可解决如下两个方面的问题：①为实现系统目标，如何统筹安排，才能消耗尽量少的资源；②在资源一定的情况下，如何统筹安排，才能实现系统的目标。这两个问题实质上是一个问题的两个侧面，它们都是系统在一定限制条件下寻求某目标最优值的问题。

1. 生产任务分配模型

（1）问题的提出。某构件公司如何根据各构件厂的生产能力、单位产品生产成本、资源拥有量等条件将生产任务分配给所属的 n 个构件厂，使全公司总生产成本最低。

（2）原始数据表。原始数据见表 4-1。

表 4-1 原始数据表（一）

构件厂	产品				资源量
	1	2	...	m	
1	c_{11}，W_{11} x_{11}，k_{11l}	c_{12}，W_{12} x_{12}，k_{12l}	...	c_{1m}，W_{1m} x_{1m}，k_{1ml}	b_{1l}
⋮	⋮	⋮		⋮	⋮
n	c_{n1}，W_{n1} x_{n1}，k_{n1l}	c_{n2}，W_{n2} x_{n2}，k_{n2l}	...	c_{nm}，W_{nm} x_{nm}，k_{nml}	b_{nl}
任务量	D_1	D_2	...	D_m	

（3）设置变量与参数。x_{ij} 为第 i 个构件厂生产第 j 种产品的数量；c_{ij} 为第 i 个构件厂生产第 j 种产品的单位成本；W_{ij} 为第 i 个构件厂生产第 j 种产品的生产能力；b_{il} 为第 i 个构件厂第 l 种资源的拥有量（资源种类数为 p）；k_{ijl} 为第 i 个构件厂生产第 j 种产品的 l 资源消耗定额；D_j 为第 j 种产品的总任务量。

（4）目标函数。$c_{ij} x_{ij}$ 为第 i 构件厂生产第 j 产品的生产成本，$\sum_j c_{ij} x_{ij}$ 为第 i 构件厂产品生产的总成本，$\sum_i \sum_j c_{ij} x_{ij}$ 为全公司的总生产成本，以公司总成本最低为目标，故目标函数为

$$\min Z = \sum_i \sum_j c_{ij} x_{ij}$$

（5）约束条件。

① 保证完成公司的各项生产任务：

$$\sum_i x_{ij} = D_j \quad (j = 1,2,\cdots,m)$$

② 各构件厂相应产品生产能力的限制：

$$x_{ij} \leqslant W_{ij} (i = 1,2,\cdots,n; j = 1,2,\cdots,m)$$

③ 各构件厂资源拥有量的限制：

$$\sum_j k_{ijl} x_{ij} \leqslant b_{il} \quad (i = 1,2,\cdots,n; l = 1,2,\cdots,p)$$

④ 变量的非负限制：

$$x_{ij} \geqslant 0 \quad (i = 1,2,\cdots,n; j = 1,2,\cdots,m)$$

生产任务分配模型还可以应用于生产任务确定后，制定一定时期内的生产计划。如果综合考虑运输费用，可与运输模型相结合，求得的生产成本和运输费用形成一个总的目标函数，求其最小化。如果生产能力不足，会提高企业的生产能力，扩大产能，这时就应该统筹安排提高生产能力所带来的资金投入、生产成本和运输费用。如果考虑原材料的运输问题，需要考虑的目标函数所包含的内容更综合，约束条件更丰富。

【例 4-1】 某工厂生产甲、乙两种产品，两种产品分别由三道工序，即由机床 A、B、C 加工，每件产品的加工时间、三种机床每天可利用的时间及单位产品利润见表 4-2。如何安排生产，才能使利润最大？

表 4-2 产品资源消耗定额、单位利润及资源量　　　　　　时间单位：h

资源	产品		资源量
	产品甲（x_1）	产品乙（x_2）	
机床 A	2	2	12
机床 B	4		16
机床 C		5	15
单位利润（万元）	2	3	

产品生产计划模型为：

$$\max Z = 2x_1 + 3x_2$$
$$\text{s. t.} \begin{cases} 2x_1 + 2x_2 \leqslant 12 \\ 4x_1 \quad\quad\ \leqslant 16 \\ \quad\quad\ 5x_2 \leqslant 15 \\ x_1, \quad x_2 \geqslant 0 \end{cases}$$

2. 下料模型

合理下料是提高原材料利用率、降低产品成本的主要措施。解决材料利用问题的线性规划模型之一是下料模型，也称裁剪模型。它可用于服装裁剪、钢材下料等，以节约材料、减少浪费为目标，是一种用途较广的模型；另一类下料模型是配套模型，它可解决零部件或坯料按比例组成产品的问题。

（1）问题的提出。某建筑公司制材厂为提高木材出材率，对原木按材种、等级、径级、材长、稍度、弯曲度等标志分为 m 类，并对每类原木的进锯方案进行研究，画出下料图谱。同时，按计划的品种、规格得出每类原木的下料方案。在木材品种、规格计量已经确定的情况下，如何安排进锯的原木种类和数量才能既完成计划任务又使原木的消耗量最少。

（2）原始数据表。原始数据见表4-3。

表4-3　原始数据表（二）

原木类型		方案	产品类型				原木拥有量
			1	2	...	n	
1		1	$a_{1\,11}$	$a_{1\,12}$	...	$a_{1\,1n}$	D_1
		2	$a_{1\,21}$	$a_{1\,22}$	...	$a_{1\,2n}$	
		⋮	⋮	⋮		⋮	
		k_1	$a_{1\,k1}$	$a_{1\,k2}$	...	$a_{1\,kn}$	
	2	1	$a_{2\,11}$	$a_{2\,12}$	...	$a_{2\,1n}$	D_2
		2	$a_{2\,21}$	$a_{2\,22}$	...	$a_{2\,2n}$	
		⋮	⋮	⋮		⋮	
		k_2	a_{2k1}	a_{2k2}	...	$a_{2\,kn}$	
	⋮	⋮	⋮	⋮		⋮	⋮
	m	1	$a_{m\,11}$	$a_{m\,12}$	...	$a_{m\,1n}$	D_m
		2	$a_{m\,21}$	$a_{m\,22}$	...	$a_{m\,2n}$	
		⋮	⋮	⋮		⋮	
		k_m	$a_{m\,k1}$	a_{mk2}	...	$a_{m\,kn}$	
任务量下限			$\bar{b}_1$	$\bar{b}_2$	...	$\bar{b}_n$	
任务量上限			$\underline{b}_1$	$\underline{b}_2$	...	$\underline{b}_n$	

设：x_{ik} 为第 i 种原木按第 k 种方案下料的根数，r_i 为第 i 类原木的单株材积，a_{ikj} 为第 i 种原木按第 k 种下料方案生产第 j 种锯材产品的数量，D_i 为第 i 种原木拥有量，l_i 为第 i 种原木的下料方案数。

目标函数为

$$\min Z = \sum_i \sum_{k=1}^{l_i} r_i x_{ik}$$

约束条件为

① 产品生产量在计划规定的范围内：

$$\underline{b}_j \leqslant \sum_i \sum_{k=1}^{l_i} a_{ikj} x_{ik} \leqslant \bar{b}_j \quad (j = 1, 2, \cdots, n)$$

② 各种原木的消耗量不能超过现有的原木量：

$$\sum_{k=1}^{l_j} x_{ik} \leqslant D_i \quad (i = 1, 2, \cdots, m)$$

③ 各类原木、各种进锯方案的下料原木根数非负且为整数：

$$x_{ik} \geqslant 0, \text{且为整数}$$

下料模型广泛应用于解决建筑工程中钢筋、塑钢门窗、玻璃等的下料问题，同样是列出方案，进行决策选择。

【例4-2】　某建筑公司塑钢制品厂为某项目供应塑钢门窗，塑钢原料长度为4m，按塑钢门窗图样，分别需要长度为1.8m、1.3m、0.8m三种坯料1500根、2500根、4300根，怎样下料消耗的原料才能最少?

该问题存在多种下料方案,如果要求剩余料长不得长于0.5m,则下料方案见表4-4。

表4-4　塑钢门窗的下料方案

| 方案坯料/m | 方案 | | | | | 需求量 |
	1	2	3	4	5	(根)
1.8	2	1	0	0	0	1500
1.3	0	1	3	1	0	2500
0.8	0	1	0	3	5	4300
剩余/m	0.4	0.1	0.1	0.3	0	

设:x_j 为按第 j 方案下料的原料根数,a_{ij} 为按第 j 方案形成第 i 种坯料的根数,λ_j 为按第 j 方案下料剩余的料头,b_i 为 i 种坯料的需求量。

确定目标函数:消耗原料的根数最少。

$$\min Z = x_1 + x_2 + x_3 + x_4 + x_5$$

约束条件:

① 满足各种坯料的需求

$$2x_1 + x_2 = 1500;$$
$$x_2 + 3x_3 + x_4 = 2500;$$
$$x_2 + 3x_4 + 5x_5 = 4300;$$

也可将此约束条件放宽为大于等于。

② 下料的原料根数非负且为整数

$x_j \geq 0$,且为整数,$j = 1,2,\cdots,5$。

也可以确定目标函数:剩余料头总量最少,即

$$\min Z = 0.4x_1 + 0.1x_2 + 0.1x_3 + 0.3x_4 + 0x_5$$

3. 运输模型

运输模型是从编制物资调运方案开始的,故称为运输模型。该模型不仅可以用于编制物资调运方案,还可以解决与编制物资调运方案有类似特点的所有问题。

编制调运方案需要考虑供需关系,当总供应量与总需求量相等时为平衡型运输问题;当总供应量大于总需求量或总需求量大于总供应量时为不平衡型运输问题。

(1) 平衡型运输模型($\sum a_i = \sum b_j$)

1) 问题的提出。设有 m 个供应地,n 个需求地,现需要编制产品调运计划,使产品运输费用最省。

2) 编制原始数据表。以供应地为主栏,以需求地为宾栏,主栏和宾栏的相交处体现出供应地和需求地的运输关系,将调查或计算的单位产品运输费用填入相交处的小框中,将供应地的拥有量和需求地的需求量填入相应的栏内,则完成了原始数据表的编制,所得的原始数据见表4-5。

3) 设变量与参数。设 x_{ij} 为第 i 个供应地向第 j 个需求地运输的产品数量,a_i 为第 i 个供应地的拥有量,b_j 为第 j 个需求地的需求量,C_{ij} 为第 i 个供应地向第 j 个需求地供应单位产品的运费。

表 4-5 原始数据表（三）

供应地	需求地				拥有量
	1	2	⋯	n	
1	C_{11}	C_{12}	⋯	C_{1n}	a_1
2	C_{21}	C_{22}	⋯	C_{2n}	a_2
⋮	⋮	⋮		⋮	⋮
m	C_{m1}	C_{m2}	⋯	C_{mn}	a_m
需求量	b_1	b_2	⋯	b_n	

4）建立目标函数。该系统的评价指标为总运输费用，$C_{ij}x_{ij}$ 为第 i 供应地向第 j 需求地的运输费用，加总即得总费用，故目标函数为

$$\min Z = \sum_i \sum_j C_{ij} x_{ij}$$

5）确定约束条件。

① 供应地的产品必须全部运出：

$$\sum_j x_{ij} = a_i \quad (i = 1, 2, \cdots, m)$$

② 需求地的需求量必须得到满足：

$$\sum_i x_{ij} = b_j \quad (j = 1, 2, \cdots, n)$$

③ 运输量不能为负值：

$$x_{ij} \geq 0 \quad (i = 1, 2, \cdots, m; j = 1, 2, \cdots, n)$$

（2）不平衡运输模型

1）供大于求的不平衡运输问题（$\sum a_i > \sum b_j$）。将平衡型模型中的第一个约束改为：供应地的调运量不超过拥有量，即第 i 个供应地运往各需求地的产品之和可能少于拥有量，最多等于拥有量，其数学描述为

$$\sum_j x_{ij} \leq a_i \quad (i = 1, 2, \cdots, m)$$

其他约束条件和目标函数均与平衡型运输模型相同。

2）供不应求的不平衡运输问题（$\sum a_i < \sum b_j$）。将平衡型模型中的第二个约束改为：需求地的需求量不一定完全满足，即各供应地运往同一需求地的产品数量小于或等于需求量，其数学描述为

$$\sum_i x_{ij} \leq b_j \quad (j = 1, 2, \cdots, n)$$

由平衡型运输模型和不平衡型运输模型的差别可见，条件不同，模型的形式就不同。它们虽然只是等号和不等号的差别，但所反映的问题实质是大不相同的。因此，在建立模型的时候，必须对每个符号和不等号都要进行仔细的研究与推敲，使模型反映的实质与所提出的问题一致。

【例 4-3】 某建筑公司有三个钢材供应站，钢材拥有量分别为 700t、400t、900t，准备向四个建筑工地供应钢材，各工地的需求量为 300t、600t、500t、600t，各供应站向各工地调运钢材的单位运价表见表 4-6，现制订调运计划使运输费用最省。

表 4-6　单位运价表　　　　　　　　　　　　　　　　　运价单位：元/t

供应地	需求地				拥有量/t
	B_1	B_2	B_3	B_4	
A_1	3	11	3	10	700
A_2	1	9	2	8	400
A_3	7	4	10	5	900
需求量/t	300	600	500	600	2000 / 2000

该问题为平衡型，目标函数为运输费用最省，约束条件均为等式约束。

4. 人员分配问题

（1）问题的提出。某工组有 n 名工人，现准备从事 n 项工作，每种工作只能由一个人承担，每人只能承担一项工作。当不同的人从事各种工作的效益不同时，如何分配人员，才能使全工组总收益最大。

（2）编制原始数据表。原始数据见表 4-7。

表 4-7　原始数据表（四）

工人	工作			
	1	2	…	n
1	C_{11}	C_{12}	…	C_{1n}
2	C_{21}	C_{22}	…	C_{2n}
⋮	⋮	⋮	⋮	⋮
n	C_{n1}	C_{n2}	…	C_{nn}

（3）设 x_{ij} 为第 i 个人从事第 j 种工作，且

$$x_{ij} = \begin{cases} 0, \text{当第 } i \text{ 个人不从事第 } j \text{ 种工作时} \\ 1, \text{当第 } i \text{ 个人从事第 } j \text{ 种工作时} \end{cases}$$

C_{ij} 为第 i 个人从事第 j 种工作的收益。

（4）建立目标函数。现以总收益最大为目标：

$$\max Z = \sum_j \sum_i C_{ij} x_{ij}$$

（5）约束条件。

① 每个人只能从事一项工作：

$$\sum_j x_{ij} = 1 \quad (i = 1, 2, \cdots, n)$$

② 每项工作只能由一个人承担：

$$\sum_i x_{ij} = 1 \quad (j = 1, 2, \cdots, n)$$

③ 每个人从事某项工作只有做与不做两种可能：

$$x_{ij} = \begin{cases} 0, \text{当第 } i \text{ 个人不从事第 } j \text{ 种工作时} \\ 1, \text{当第 } i \text{ 个人从事第 } j \text{ 种工作时} \end{cases}$$

在现实中的工组分配任务、$4 \times 100m$ 混合接力游泳比赛、团队小组成员任务管理中可以应用此模型。

【例4-4】 某建筑公司有五个工程队，现准备去五个工地作业，由于工程队的设备、人力各不相同，五个工地的条件也各不相同，因此每个工程队在不同的工地工作所需的作业时间也不相同，设每个工程队在每个工地工作的计划工作时间见表4-8，合理安排工程队在各工地的工作时间，使得公司作业消耗的总时间最少。

表4-8 各工程队在各工地的计划工作时间　　　　　　　　单位：天

工程队	工地				
	A	B	C	D	E
1	13	8	10	7	10
2	8	10	6	6	7
3	7	15	10	11	10
4	12	14	6	6	9
5	4	9	7	9	10

4.1.4 经济系统建立目标函数和约束条件应注意的问题

建立线性规划模型时，目标要根据系统的要求确定，约束方程可依据环境和内部条件对系统的限制来确定。目标与约束不是孤立的，而是密切相关的，尤其是经济管理系统，正确处理目标函数与约束条件的关系尤为重要。

1. 目标的选择

（1）可供经济管理系统选择的系统目标。可供经济管理系统选择的目标函数有：运营效果最大，运营耗费最小，运营效率最高，换算费用最低，满意程度最高，与既定目标差距最小等。

（2）选择目标函数应注意的问题。

1）深刻理解指标的内涵。在选择目标函数时，每种指标均有一定的选用领域与范围，是从某一角度对系统的评价，深刻理解所选指标的内涵是十分重要的。

2）合理处理主要指标和次要指标的关系。在众多可供选择的目标函数中，主要指标反映了与研究目的直接相关的、对系统影响较大的指标，应该予以重视，但次要指标对主要指标有补充、限制等作用，也是不能忽略的，要有所选择和取舍。

3）注意量纲和数量级。在经济管理系统中，量纲不同的数据，无可加性。量纲相同但数量级不同的数据，即使有可加性，数量级小的部分作用甚小，达不到预期效果，也不宜作为目标函数。如生产费用为亿元级，而运输费用为百万元级，目标中运输费用仅占1%，运输费用的考虑效果不良。

4）尽量采用综合指标。当系统有多种评价指标时，为更确切地反映系统目标，可采用利润这一综合性指标，比单独采用产值最大或成本最低作为目标要好。

5）注意处理线性与非线性目标函数的关系。经济系统目标往往是非线性的，建立线性目标函数是假设变量间呈线性关系。如果非线性函数在某区间内可用线性函数替代，或经适当简化将其化为线性函数又不影响精度时，则可以建立线性目标函数。

2. 约束条件的确定

（1）系统约束条件的分类。可供经济管理系统选择的约束条件有自然资源类约束（如森林、土地面积等)，企业资源类约束（如职工数、生产能力、设备、材料等)，生产特性类约束（如工序的平衡与工艺衔接)，社会及基本经济规律类约束（如市场需求、法律规定等)，以及其他相关限制。

（2）建立约束条件时应注意的问题。

1）依据系统目标研究约束条件。为实现系统目标（如以总产值为目标)，要考虑该指标的缺陷，在约束条件中对缺陷加以限制（如在约束中加入成本上限的限制)。或者以主要指标为目标，以次要指标为约束条件，可弥补仅以主要指标为目标的缺陷。在约束中考虑低数量级指标，在目标中只考虑高数量级指标，可解决不同数量级指标的组合问题等。

2）尽量减少无用约束数量。有些自然资源和企业资源可能不对系统构成实质限制，可省略该约束以减少约束数量，简化计算。如劳动力约束，在我国可能不是约束，但在人力资源短缺的国家或地区，则可能构成约束。

3）注意结构性约束。结构性失衡往往影响系统的稳定性，忽略结构性约束，将对系统造成不良后果，如劳动力总量可能不构成约束，但劳动力构成对系统有影响，如技术人才、性别比例等可能是系统的重要约束。

4）避免矛盾约束。约束之间的矛盾会使模型无解，因此应详细分析约束之间的关系，避免约束之间相互矛盾。

5）综合考虑目标与约束条件的关系。当目标要求最大时，必须有"≤"或"＝"约束；当目标要求最小时，必须有"≥"或"＝"约束；等式约束是最严格的约束，较多的等式约束，可能会使模型无解。

总之，在建立线性规划模型时，应综合考虑目标与约束条件的关系，反复推敲，切忌将二者孤立起来、割裂开来进行研究。一般应先确定目标，然后再依据目标确定约束条件，这样建立的模型更可靠。

4.2 线性规划求解的一般方法

4.2.1 线性规划标准形

由于问题的性质不同，所建模型也各不相同。其目标有的要求最大化、有的要求最小化；约束中有等式、有"≥"的不等式、有"≤"的不等式；变量有的要求非负、有的无限制等。这为求解线性规划带来很大困难。因此，采用建立标准形的方法，作为研究线性规划模型求解的一般方法。

现将线性规划的标准形规定为

$$\max Z = c_1 x_1 + c_2 x_2 + \cdots + c_n x_n$$

$$\text{s. t.} \begin{cases} a_{11} x_1 + a_{12} x_2 + \cdots + a_{1n} x_n = b_1 \\ a_{21} x_1 + a_{22} x_2 + \cdots + a_{2n} x_n = b_2 \\ \quad\vdots \\ a_{m1} x_1 + a_{m2} x_2 + \cdots + a_{mn} x_n = b_m \\ x_j \geq 0, b_i \geq 0 \quad (i = 1, 2, \cdots, m; j = 1, 2, \cdots, n) \end{cases}$$

或
$$\max Z = \sum_{j=1}^{n} c_j x_j$$

$$\text{s. t.} \begin{cases} \sum_{j=1}^{n} a_{ij} x_j = b_i & (i = 1, 2, \cdots, m) \\ x_j \geqslant 0, b_i \geqslant 0 & (i = 1, 2, \cdots, m; j = 1, 2, \cdots, n) \end{cases}$$

用矩阵形式表示为

$$\max Z = \boldsymbol{CX}$$

$$\text{s. t.} \begin{cases} \boldsymbol{AX} = \boldsymbol{b} \\ \boldsymbol{X} \geqslant \boldsymbol{0} \end{cases}$$

式中，$\boldsymbol{C} = (c_1, c_2, \cdots, c_n)$，$\boldsymbol{X} = \begin{pmatrix} x_1 \\ x_2 \\ \vdots \\ x_n \end{pmatrix}$，$\boldsymbol{A} = \begin{pmatrix} a_{11} & a_{12} & \cdots & a_{1n} \\ a_{21} & a_{22} & \cdots & a_{2n} \\ \vdots & \vdots & & \vdots \\ a_{m1} & a_{m2} & \cdots & a_{mn} \end{pmatrix}$，$\boldsymbol{b} = \begin{pmatrix} b_1 \\ b_2 \\ \vdots \\ b_m \end{pmatrix} \geqslant \boldsymbol{0}$

$\boldsymbol{A}$ 为 $m \times n$ 阶实数矩阵，$\boldsymbol{C}$ 和 $\boldsymbol{X}$ 均为 n 维向量，$\boldsymbol{b}$ 为 m 阶大于等于零的列向量。

4.2.2 化任一线性规划模型为标准形

由于系统的复杂性，所建立的模型并非都是标准形式，因此需把任一形式的线性规划模型变为标准形式，再应用统一的方法来求解。

为把任一线性规划模型化为标准形式，需从目标函数、约束条件、变量和约束值几方面进行。

（1）目标函数。标准形规定用最大（max）的 Z 表示目标，当目标要求最小（min）时，可通过把目标函数两端同乘"-1"的方法化为最大目标，即令 $Z' = -Z$，则 $\max Z'$ 与 $\min Z$ 具有相同的最优解，$\max Z' = -\min Z$。

（2）约束条件。标准形规定约束为等式形式。一个系统的约束很难全用等式表示，但它们都可以化为等式。

如约束条件为
$$a_{i1} x_1 + a_{i2} x_2 + \cdots + a_{in} x_n \geqslant b_i$$
在不等式左端减去一个非负的变量 x_{n+1}，总可以使其变为等式
$$a_{i1} x_1 + a_{i2} x_2 + \cdots + a_{in} x_n - x_{n+1} = b_i$$
同理，如约束条件为
$$a_{i1} x_1 + a_{i2} x_2 + \cdots + a_{in} x_n \leqslant b_i$$
在不等式左端加上一个非负的变量 x_{n+1}，也可以使其变为等式
$$a_{i1} x_1 + a_{i2} x_2 + \cdots + a_{in} x_n + x_{n+1} = b_i$$
这种将不等式化为等式而加上或减去的非负变量 x_{n+1} 称为松弛变量，它体现了资源的剩余或不足。一切不等式约束均可通过引入松弛变量的方法化为等式约束。

（3）变量。标准形中规定所有变量必须非负。在实践中有很多变量，如温度、距离等均可出现负值，因此，如果变量 x_k 不满足非负条件，可引入两个非负的变量 x_k' 和 x_k''，使 $x_k = x_k' - x_k''$ 成立，则 x_k 的任何情况，均可由此式满足，同时也满足了非负要求。

（4）约束值。标准形规定约束值 $b_i \geqslant 0$。在某些实际问题中，b_i 可能为负值，为了化为标准形式，在该约束方程两端同乘" -1 "，则可使 b_i 满足 $b_i \geqslant 0$ 的条件。

由上述变换可见，将任意形式线性规划化成标准形均是以增加变量为代价实现的，化成标准形后，可专门研究标准形的求解方法，只要标准形可以求解，其他问题也均可化成标准形来求解。

【例4-5】 将下面线性规划模型转化为标准形：

$$\min Z = 5x_1 + 2x_2 - 4x_3 + 3x_4$$

$$\text{s. t.} \begin{cases} -x_1 + 2x_2 - x_3 + 4x_4 = -2 \\ -x_1 + 3x_2 + x_3 + x_4 \leqslant 14 \\ 2x_1 - x_2 + 3x_3 - x_4 \geqslant 2 \\ x_1 \text{ 符号不限}, x_2 \leqslant 0, x_3 \geqslant 0, x_4 \geqslant 0 \end{cases}$$

解 令 $x_1 = x_1' - x_1''$，$x_2 = -x_2'$，且 $x_1' \geqslant 0$，$x_1'' \geqslant 0$，$x_2' \geqslant 0$，并引入松弛变量 x_5 和 x_6，可化为如下标准形：

$$\max Z' = -5x_1' + 5x_1'' + 2x_2' + 4x_3 - 3x_4 + 0x_5 + 0x_6$$

$$\text{s. t.} \begin{cases} x_1' - x_1'' + 2x_2' + x_3 - 4x_4 = 2 \\ -x_1' + x_1'' - 3x_2' + x_3 + x_4 + x_5 = 14 \\ 2x_1' - 2x_1'' + x_2' + 3x_3 - x_4 - x_6 = 2 \\ x_1' \geqslant 0, x_1'' \geqslant 0, x_2' \geqslant 0, x_3 \geqslant 0, x_4 \geqslant 0, x_5 \geqslant 0, x_6 \geqslant 0 \end{cases}$$

4.2.3 线性规划解的基本定义和解的存在定理

1. 基本定义

对线性规划模型

$$\max Z = CX$$

$$\text{s. t.} \begin{cases} AX = b \\ X \geqslant 0 \end{cases}$$

定义：

（1）可行解。凡满足约束条件 $AX = b$，$X \geqslant 0$ 的解称为可行解。

（2）可行区。可行解的集合称为可行区。

（3）基矩阵。约束条件 $AX = b$ 中，A 是 $m \times n$ 阶矩阵，它的秩为 m，选其中任意 m 列所形成的非奇异 $m \times m$ 子矩阵 B，称为基矩阵。

（4）基解。$AX = b$ 中，令不与基矩阵 B 的列相对应的 $n - m$ 个变量为零，所形成的方程组为基方程组，变量为基变量，所得的解称为基矩阵 B 的基解，即 $BX = b$ 的解。

（5）基可行解。凡满足非负条件的基解为基可行解。

（6）退化基解。基解中有一个或多于一个基变量为零时，这个解称为退化基解，否则为非退化基解。

（7）退化基可行解。若基可行解中有一个或多于一个基变量为零时，这个解称为退化基可行解。

（8）最优解。使目标函数 Z 达到最大值的基可行解叫最优解。

可行解、基解、基可行解和最优解之间的关系可用图 4-2 的集合关系说明。

2. 解的存在定理

对应于线性规划标准形，若存在可行解，则必存在一个基可行解；若存在一个最优可行解，则必存在一个最优基可行解。

极点和基可行解的等值性定理：令 K 是满足约束条件的所有 n 维向量 X 所组成的凸多边形，那么矢量 X 为 K 的一个极点的充分必要条件是 X 为约束方程的基可行解。

上述两个定理为求解线性规划问题所提供的指导思想是，只要找到约束条件所组成的凸多边形的极点（即基可行解），就可从中找到最优解。

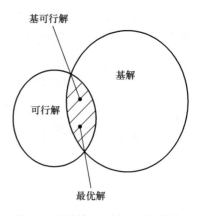

图 4-2　可行解、基解、基可行解和最优解之间的关系

4.2.4　图解法

图解法的基本思路是将约束方程绘至直角坐标系中，确定可行区及其顶点，再从顶点找出最优解。

【例 4-6】　用图解法求解例 4-1 的产品生产计划模型。

目标函数：

$$\max Z = 2x_1 + 3x_2$$

$$\text{s. t.} \begin{cases} 2x_1 + 2x_2 \leqslant 12 & ① \\ 4x_1 \leqslant 16 & ② \\ 5x_2 \leqslant 15 & ③ \\ x_1, \quad x_2 \geqslant 0 \end{cases}$$

现将约束方程①②③画在直角坐标系上如图 4-3 所示，得出可行区 $OEFCD$，它是个凸多边形。再画 $Z = 2x_1 + 3x_2$，$Z = c$（c 为常数）的等 Z 值线。当 $Z = 0$ 时，直线通过原点，随着 Z 值的增加，直线向右上方平移；这样就得到一簇线，它的 Z 值由小到大。当 $Z = 15$ 时，直线正好通过 F 点，当 $Z > 15$ 时，直线已脱离可行区，即不再与凸多边形 $OEFCD$ 相交，因此最大值为 15 万元，对应于图中点 F（3，3），其坐标 $x_1 = 3$，$x_2 = 3$，即为最优解。该厂生产 3 个产品甲，3 个产品乙，能使利润最多，其值为 15 万元。

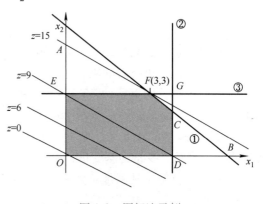

图 4-3　图解法示例

由上述可知，图解法就是先用约束方程找出可行区，再用等 Z 值线确定使目标函数达

到极大或极小的顶点，该顶点的坐标就是最优解。

由图解法可知，当等 Z 值线与可行区的一条边相平行时，等 Z 值线在可行区的某条边脱离可行区，该边上的所有点都是最优点，此时线性规划有无穷多组最优解。

如果约束条件中存在矛盾，将导致线性规划问题无可行区，此时该线性规划无可行解。

如果可行区不是封闭的，而是开放的，等 Z 值线可无限制地向上移动，此时该线性规划的解无界。

因此，一个线性规划模型的解有唯一一组解、无穷多组解、无可行解和解无界几种情况。

【例 4-7】　用图解法求解下列线性规划问题，并指出解的情况。

（1）$\max Z = 2x_1 + 4x_2$

$$\text{s. t.} \begin{cases} x_1 + 2x_2 \leqslant 8 \\ 4x_1 \quad\quad \leqslant 16 \\ \quad\quad 4x_2 \leqslant 12 \\ x_1, \quad x_2 \geqslant 0 \end{cases}$$

本例中 $Z = 16$ 时，等 Z 值线与可行区的 $x_1 + 2x_2 = 8$ 边重合，等 Z 值线在（4，2）及（2，3）两点间的所有点都是最优点，此线性规划有无穷多组最优解，如图 4-4 所示。

（2）$\max Z = x_1 + x_2$

$$\text{s. t.} \begin{cases} -2x_1 + x_2 \leqslant 40 \\ x_1 - x_2 \leqslant 20 \\ x_1, \quad x_2 \geqslant 0 \end{cases}$$

本例中可行区是开放的，等 Z 值线可无限制地向上移动，则该线性规划解无界，如图 4-5 所示。

（3）$\min Z = 5x_1 - 8x_2$

$$\text{s. t.} \begin{cases} 3x_1 + x_2 \leqslant 6 \\ x_1 - 2x_2 \geqslant 4 \\ x_1, \quad x_2 \geqslant 0 \end{cases}$$

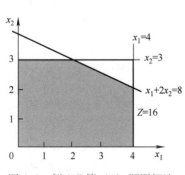

图 4-4　例 4-7 第（1）题图解法

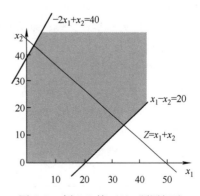

图 4-5　例 4-7 第（2）题图解法

本例中约束条件相互矛盾，可行区为空集，则本线性规划无可行解，如图 4-6 所示。

简单、清楚且不需把规划模型变成标准形是图解法的优点。但图解法只适用于两个变量，且作图准确程度不易保证、实用价值很小则是其致命缺点。但图解法作为理解线性规划求解过程的工具，其意义是重要的。

在解含多个变量的线性规划问题时，可按定义和定理来求解。仍用例 4-1，引入松弛变量将其化为标准形：

$$\max Z = 2x_1 + 3x_2 + 0x_3 + 0x_4 + 0x_5$$

$$\text{s. t.} \begin{cases} 2x_1 + 2x_2 + x_3 & = 12 \\ 4x_1 & + x_4 & = 16 \\ & 5x_2 & + x_5 = 15 \\ x_1, & x_2, x_3, x_4, x_5 \geq 0 \end{cases}$$

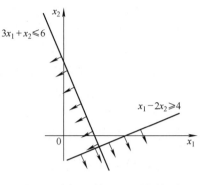

图 4-6　例 4-7 第（3）题图解法

模型中系数矩阵为

$$A = \begin{pmatrix} 2 & 2 & 1 & 0 & 0 \\ 4 & 0 & 0 & 1 & 0 \\ 0 & 5 & 0 & 0 & 1 \end{pmatrix}$$

其秩为 3。先取基矩阵 B，B 的取法有十种：

$$B_1 = \begin{pmatrix} 1 & 0 & 0 \\ 0 & 1 & 0 \\ 0 & 0 & 1 \end{pmatrix}, B_2 = \begin{pmatrix} 2 & 0 & 0 \\ 0 & 1 & 0 \\ 5 & 0 & 1 \end{pmatrix}, B_3 = \begin{pmatrix} 2 & 1 & 0 \\ 0 & 0 & 0 \\ 5 & 0 & 1 \end{pmatrix}, B_4 = \begin{pmatrix} 2 & 1 & 0 \\ 0 & 0 & 1 \\ 5 & 0 & 0 \end{pmatrix},$$

$$B_5 = \begin{pmatrix} 2 & 0 & 0 \\ 4 & 1 & 0 \\ 0 & 0 & 1 \end{pmatrix}, B_6 = \begin{pmatrix} 2 & 1 & 0 \\ 4 & 0 & 0 \\ 0 & 0 & 1 \end{pmatrix}, B_7 = \begin{pmatrix} 2 & 1 & 0 \\ 4 & 0 & 1 \\ 0 & 0 & 0 \end{pmatrix}, B_8 = \begin{pmatrix} 2 & 2 & 0 \\ 4 & 0 & 0 \\ 0 & 5 & 1 \end{pmatrix},$$

$$B_9 = \begin{pmatrix} 2 & 2 & 0 \\ 4 & 0 & 1 \\ 0 & 5 & 0 \end{pmatrix}, B_{10} = \begin{pmatrix} 2 & 2 & 1 \\ 4 & 0 & 0 \\ 0 & 5 & 0 \end{pmatrix}$$

B_1 对应的基变量为 x_3，x_4，x_5；基方程为 $x_3 + 0x_4 + 0x_5 = 12$，$0x_3 + x_4 + 0x_5 = 16$，$0x_3 + 0x_4 + x_5 = 15$；基解为 $x_3 = 12$，$x_4 = 16$，$x_5 = 15$；非基解为 $x_1 = x_2 = 0$。因 x_1，x_2，x_3，x_4，$x_5 \geq 0$，故这组解为基可行解。

B_2 对应的基变量为 x_2，x_4，x_5；基方程 $2x_2 + 0x_4 + 0x_5 = 12$，$0x_2 + x_4 + 0x_5 = 16$，$5x_2 + 0x_4 + x_5 = 15$；基解为 $x_2 = 6$，$x_4 = 16$，$x_5 = -15$；非基解为 $x_1 = x_3 = 0$。因 $x_5 < 0$，故这组解不是基可行解。

十组基矩阵的计算结果见表 4-9（包括把基可行解代入目标函数所得的 Z 值）。

表 4-9　基矩阵计算结果

项目	非基变量	基变量	图 4-3 对应点	是否为基可行解	Z 值
1	$x_1 = x_2 = 0$	$x_3 = 12$，$x_4 = 16$，$x_5 = 15$	O 点	是	0
2	$x_1 = x_3 = 0$	$x_2 = 6$，$x_4 = 16$，$x_5 = -15$	A 点	否	

（续）

项目	非基变量	基变量	图 4-3 对应点	是否为基可行解	Z 值
3	$x_1 = x_4 = 0$	约束②不满足			
4	$x_1 = x_5 = 0$	$x_2 = 3$，$x_3 = 6$，$x_4 = 16$	E 点	是	9
5	$x_2 = x_3 = 0$	$x_1 = 6$，$x_4 = -8$，$x_5 = 15$	B 点	否	
6	$x_2 = x_4 = 0$	$x_1 = 4$，$x_3 = 4$，$x_5 = 15$	D 点	是	8
7	$x_2 = x_5 = 0$	约束③不满足			
8	$x_3 = x_4 = 0$	$x_1 = 4$，$x_2 = 2$，$x_5 = 5$	C 点	是	14
9	$x_3 = x_5 = 0$	$x_1 = 3$，$x_2 = 3$，$x_4 = 4$	F 点	是	15
10	$x_4 = x_5 = 0$	$x_1 = 4$，$x_2 = 3$，$x_3 = -2$	G 点	否	

因最优解必定是基可行解，由表 4-9 可见，它只能在 O、E、F、C、D 五点中选择，F 点所对应的基解 $x_1 = 3$，$x_2 = 3$，$Z = 15$ 是该问题的最优解，与图解法的结果一致。

用这种方法求解线性规划问题，可处理两个以上变量的线性规划问题，但在约束（m 个）和变量（n 个）均较少时才适用，因该方法必须全部求出基解，而基解的数目小于或等于 m 与 n 的组合数 C_n^m，其中

$$C_n^m = \frac{n!}{(n-m)! \ m!}$$

当 n、m 较大时，基解数相当大，如 $n = 10$，$m = 5$，共有 $C_{10}^5 = \dfrac{10!}{5! \times 5!} = 252$ 种组合形式，基解共有 252 组。因此当 m、n 较大时，用该方法几乎无法计算。虽然如此，该方法仍是理解线性规划定义、定理和求解的最基本方法。

4.2.5　单纯形法

单纯形法是丹齐格（G. B. Dantzig）于 1947 年提出的求解线性规划问题的一般方法。到目前为止，它仍是求解线性规划问题时使用最普遍的方法。单纯形法的基本思想是：根据线性规划的标准形，从约束集合的一个基可行解过渡到另一个基可行解，且不断增大目标函数值，从而得到最优解的一种方法。其基本程序如下：

（1）确定初始基可行解。

（2）判断初始基可行解是否最优。

（3）改进，得到新的基可行解。

（4）再判断、改进，直至求得最优解。

1. 高斯消元法与旋转变换

线性规划模型的约束方程组一般有 m 个方程、n 个变量（且设 $n > m$），即 $AX = b$，其中

$$A = \begin{pmatrix} a_{11} & a_{12} & \cdots & a_{1m} & \cdots & a_{1n} \\ a_{21} & a_{22} & \cdots & a_{2m} & \cdots & a_{2n} \\ \vdots & \vdots & & \vdots & & \vdots \\ a_{m1} & a_{m2} & \cdots & a_{mm} & \cdots & a_{mn} \end{pmatrix} = (\boldsymbol{p}_1 \quad \boldsymbol{p}_2 \quad \cdots \quad \boldsymbol{p}_m \quad \cdots \quad \boldsymbol{p}_n)$$

采用线性变换方法，可使 n 个变量中单独 m 个变量具有如下性质：

（1）每个变量只在一个方程中出现，且系数为"1"。

（2）任意一个方程都不出现 m 个变量中的两个。

这样，通过线性变换，线性规划模型的约束方程组可变成如下形式：

$$\begin{cases} x_1 + \widetilde{a}_{1,m+1}x_{m+1} + \widetilde{a}_{1,m+2}x_{m+2} + \cdots + \widetilde{a}_{1,n}x_n = \widetilde{b}_1 \\ x_2 + \widetilde{a}_{2,m+1}x_{m+1} + \widetilde{a}_{2,m+2}x_{m+2} + \cdots + \widetilde{a}_{2,n}x_n = \widetilde{b}_2 \\ \qquad\qquad\qquad \vdots \\ x_m + \widetilde{a}_{m,m+1}x_{m+1} + \widetilde{a}_{m,m+2}x_{m+2} + \cdots + \widetilde{a}_{m,n}x_n = \widetilde{b}_m \end{cases}$$

用矩阵表示为

$$\widetilde{A}X = \widetilde{b}$$

式中，

$$\widetilde{A} = \begin{pmatrix} 1 & 0 & \cdots & 0 & \widetilde{a}_{1,m+1} & \cdots & \widetilde{a}_{1,n} \\ 0 & 1 & \cdots & 0 & \widetilde{a}_{2,m+1} & \cdots & \widetilde{a}_{2,n} \\ \vdots & \vdots & & \vdots & \vdots & & \vdots \\ 0 & 0 & \cdots & 1 & \widetilde{a}_{m,m+1} & \cdots & \widetilde{a}_{m,n} \end{pmatrix}, X = \begin{pmatrix} x_1 \\ x_2 \\ \vdots \\ x_n \end{pmatrix}, \widetilde{b} = \begin{pmatrix} \widetilde{b}_1 \\ \widetilde{b}_2 \\ \vdots \\ \widetilde{b}_m \end{pmatrix}$$

如果取 $\widetilde{A}$ 矩阵的前 m 列为基矩阵 B，则 x_1，x_2，$\cdots$，x_m 为基变量，令 x_{m+1}，x_{m+2}，$\cdots$，x_n 为零，因 B 矩阵是单位阵，显然 $x_1 = \widetilde{b}_1$，$x_2 = \widetilde{b}_2$，$\cdots$，$x_m = \widetilde{b}_m$ 为线性规划模型的一组基解，如果所有 $x_j \geq 0$（$j = 1$，2，$\cdots$，m），这组基解就是基可行解。

如果将某个基变量和非基变量互换位置，再经线性变换，就可得到另一组基可行解。如此下去，就可得到一组又一组的基可行解。为了由一组基可行解变换到另一组基可行解，通常不需要从头开始变换，只需按以下步骤即可：

（1）选择第 r 个方程的第 s 个变量所在项 $a_{rs}x_s$（$a_{rs} > 0$），作为中心元素。

（2）为使 $a_{rs}x_s$ 项的系数为"1"，用 $1/a_{rs}$ 乘以第 r 个方程后，代替该方程。

（3）为了使其余方程中不含 x_s，对于 $i = 1$，2，$\cdots$，$(r-1)$，$(r+1)$，$\cdots$，m 来说，方程 E_i 用 $E_i - a_{is}/a_{rs}E_r$ 代替。

这就使一个非基变量成为基变量（进基），使原来的基变量变为非基变量（出基），这种变化过程称为旋转变换。其关键是选择中心元素进行线性变换，它是单纯形法的基础。

2. 确定初始基可行解

单纯形法是从已知第一组基可行解开始的，一般情况下，可从问题的性质判断出第一组基可行解。

针对线性规划标准形，将目标函数改写成

$$-Z + c_1x_1 + c_2x_2 + \cdots + c_nx_n = 0$$

并与约束方程合并，构成一个方程组。该方程组叫增广方程组。对增广方程组，有

$$\begin{cases} a_{11}x_1 + a_{12}x_2 + \cdots + a_{1n}x_n = b_1 \\ a_{21}x_1 + a_{22}x_2 + \cdots + a_{2n}x_n = b_2 \\ \qquad\qquad \vdots \\ a_{m1}x_1 + a_{m2}x_2 + \cdots + a_{mn}x_n = b_m \\ -Z + c_1x_1 + c_2x_2 + \cdots + c_nx_n = 0 \end{cases}$$

假设选前 m 列为基矩阵，经旋转变换，可得如下形式：

$$\begin{cases} x_1 + \widetilde{a}_{1,m+1}x_{m+1} + \widetilde{a}_{1,m+2}x_{m+2} + \cdots + \widetilde{a}_{1,n}x_n = \widetilde{b}_1 \\ x_2 + \widetilde{a}_{2,m+1}x_{m+1} + \widetilde{a}_{2,m+2}x_{m+2} + \cdots + \widetilde{a}_{2,n}x_n = \widetilde{b}_2 \\ \quad\quad\vdots \\ x_m + \widetilde{a}_{m,m+1}x_{m+1} + \widetilde{a}_{m,m+2}x_{m+2} + \cdots + \widetilde{a}_{m,n}x_n = \widetilde{b}_m \\ -Z + d_{m+1}x_{m+1} + d_{m+2}x_{m+2} + \cdots + d_n x_n = \widetilde{Z} \end{cases}$$

令

$$\delta_j = C_j - \sum_i C_i a_{ij} = \widetilde{C}_j - \widetilde{Z}_j$$

该形式称为增广标准形。

当令 $x_{m+1} = x_{m+2} = \cdots = x_n = 0$ 时，$x_1 = \widetilde{b}_1$，$x_2 = \widetilde{b}_2$，$\cdots$，$x_m = \widetilde{b}_m$ 为一组基解，当 $\widetilde{b}_1$，$\widetilde{b}_2$，$\cdots$，$\widetilde{b}_m \geq 0$ 时，该组基解为基可行解，目标值为 Z。于是得到了第一组基可行解。

如果线性规划模型均是"$\leq$"约束，引入松弛变量后，可以观察到一个 m 阶的单位阵，以该单位阵对应的变量为基变量，可以轻松得到初始基可行解。

如果线性规划条件中含有"$=$"或"$\geq$"约束，仅靠引入松弛变量无法得到单位阵，可通过引入人工变量（见4.2.6节），得到初始基可行解。

以例4-1说明单纯形法的原理。例4-1的模型为

$$\max Z = 2x_1 + 3x_2$$

$$\text{s. t.} \begin{cases} 2x_1 + 2x_2 \leq 12 \\ 4x_1 \quad\quad\quad \leq 16 \\ \quad\quad 5x_2 = 15 \\ x_1, \quad x_2 \geq 0 \end{cases}$$

引入松弛变量 x_3、x_4 和 x_5，得增广标准形：

$$\begin{cases} 2x_1 + 2x_2 + x_3 \quad\quad\quad\quad = 12 \\ 4x_1 \quad\quad\quad + x_4 \quad\quad = 16 \\ \quad\quad 5x_2 \quad\quad\quad + x_5 = 15 \\ 2x_1 + 3x_2 + 0x_3 + 0x_4 + 0x_5 - Z = 0 \end{cases}$$

显然 p_3、p_4 和 p_5 形成了一个3阶单位阵，若取 x_3、x_4 和 x_5 为基变量，令 $x_1 = x_2 = 0$，则基可行解为 $x_3 = 12$，$x_4 = 16$，$x_5 = 15$，$x_1 = x_2 = 0$，目标 $Z = 0$（该解对应图4-3中 O 点）。

这组基可行解是否为最优解？如果不是，又应怎样由这组基可行解寻找另一组基可行解，使目标值 Z 增大，从而找到最优解呢？

3. 判断

现给出 max 型线性规划问题最优解的判断定理：如果增广标准形的目标函数方程中的所有系数 δ_{m+1}，δ_{m+2}，$\cdots$，δ_n 均为负，即所有 $\delta_j \leq 0$，$j = m+1$，$m+2$，$\cdots$，n，则该基可行解为最优解，其中 δ_j 叫作检验数。

简单地说，就是目标函数一行中对应于所有非基变量的系数 $\delta_j \leq 0$，则基可行解是唯一的最优解，Z 是极大值；反之，若存在 $\delta_j > 0$，则基可行解不是最优解，Z 也不是极大值。

为了深刻地理解判定定理，现证明该定理。

将增广标准形中目标函数方程改写成

$$Z = -\tilde{Z} + \delta_{m+1}x_{m+1} + \delta_{m+2}x_{m+2} + \cdots + \delta_n x_n = -\tilde{Z} + \sum_{j=m+1}^{n} \delta_j x_j$$

式中，x_j 为非基变量，当令其为零时，才能得到基可行解和极大值。如果其中某个 x_j 不为零，为不失一般性，设 $x_{m+1} \neq 0$，由线性规划标准形中所规定的变量非负性知，x_{m+1} 必然大于零，即为正值。

如果 $\delta_{m+1} < 0$，则 $\delta_{m+1}x_{m+1} < 0$，$-\tilde{Z} + \delta_{m+1}x_{m+1} = Z' < Z$；

如果 $\delta_{m+1} > 0$，则 $\delta_{m+1}x_{m+1} > 0$，$-\tilde{Z} + \delta_{m+1}x_{m+1} = Z' > Z$。

由此可见，当 $\delta_j \leq 0$ 时，x_j 的增大会使 Z 降低，所以 x_j 只有为零，才能使 Z 最大，这时 $x_j = 0$ 的假设是对的，所以基可行解是最优解；当 $\delta_j > 0$ 时，x_j 的增加会使 Z 增加，所以，这种情况下的基可行解不是最优解，Z 也不是最大值。

用该定理可清楚地判断所求得的基可行解是否为最优解，如果不是最优解，尚为下一步工作指出了方向，即找出可以调整的未知量——增广标准形中系数 δ_j 为正值的变量。因为只有它的变化才能使目标增加。通过对该定理的证明可清楚地说明线性规划标准形中规定非负条件的必要性，如无非负条件，判断定理是不成立的。

由该判断准则可见，上例中的目标函数为

$$2x_1 + 3x_2 + 0x_3 + 0x_4 + 0x_5 - Z = 0$$

其中非基变量 x_1 和 x_2 的系数均为正值，即 $\delta_1 > 0$ 和 $\delta_2 > 0$，基可行解为 $x_3 = 12$，$x_4 = 16$，$x_5 = 15$，$x_1 = x_2 = 0$，不是最优解，目标 $Z = 0$ 也不是最大值。

4. 改进

δ_j 除了可判断基可行解是否最优解外，它的另一个作用就是为改进基可行解指明方向，即当 $\delta_j > 0$ 时，它所对应的变量 x_j 的增加会使目标进一步增加。

本例中 x_1 增加一个单位，可使目标值增加 2，x_2 增加一个单位，可使目标值增加 3。由于 x_2 的增加使目标值增加得快，因此它应该由非基变量变为基变量，称为"进基元素"。

现考查 x_2 的变化。从目标函数看，x_2 增大越多，则 Z 增加越多，但 x_2 的增大是受限制的。如当 $x_1 = 0$，$x_2 > 0$ 时：

由第一个约束 $2x_2 + x_3 = 12$ 知，当 $x_3 = 0$ 时，$x_2 = 12/2 = \theta_1$；

由第三个约束 $5x_2 + x_5 = 15$ 知，当 $x_5 = 0$ 时，$x_2 = 15/5 = \theta_2$。

由第一个约束可见，当 x_2 增大到 $12/2 = 6$ 时，$x_3 = 0$，x_2 再增大，则 $x_3 < 0$，违反了非负条件，所以在该约束的限制下，x_2 只能由 0 增大到 6；由第三个约束可见，x_2 的增加还受 x_5 的限制，当 x_2 增加到 $15/5 = 3$ 时，则 $x_5 = 0$。二者相比较，x_5 的限制比 x_3 的限制要严格。因此，x_2 只能由 0 增加到 3，这是由第一个约束中的 $\theta_1 = 12/2$ 和第三个约束中的 $\theta_2 = 15/5$ 取最小值决定的。由于 x_2 由 0 增加到 3，使 $x_5 = 0$，则 x_5 由原来的基变量变为非基变量，称为"出基元素"。将 x_2 所在列与 x_5 所在列交换位置，以 x_2 所在列与 θ_2 行相交的元素为中心，进行旋转变换，就可得到一个新的基矩阵。

本例中，选 θ 值小的那个方程的 x_2 项作为中心元素进行旋转变换，这个过程叫作换基，即 x_2 进入基矩阵以代替该方程中原来的基变量 x_5 的过程，简称 x_2 "进基"、x_5 "出基"。中心元素为第三个约束中的 $5x_2$，为让其系数为 1，方程两侧同时除以 5，为使第一个约束和目标函数中不含 x_2，将所得式子分别乘以 -2 与第一个约束相加，得

$$2x_1 \quad + x_3 \quad\quad - 0.4x_5 = 6$$
$$4x_1 \quad\quad + x_4 \quad\quad = 16$$
$$x_2 \quad\quad + 0.2x_5 = 3$$

这时令 $x_1 = x_5 = 0$，$x_2 = 3$，$x_3 = 6$，$x_4 = 16$，$Z = 9$，显然比换基前的目标值大得多（该解对应图 4-3 中 E 点）。

由此可得出结论，如果得到一组基可行解，经上述换基旋转变换后，所得到的基解也一定是基可行解，其原因是选择出基元素的原则为 $\min\{\theta_i\}$，这时只能使出基元素降为零，而不能变为负值，所以这组解仍为基可行解，同时，当 x_3 出基后经旋转变换，其判断数已定为正，故不可能又成为可进基元素。

由于非基变量 x_1 的系数 $\delta_1 = 2$，仍大于零，故 x_1 的增加仍可以使 Z 进一步增加，再按上述分析方法确定进基元素和出基元素。因为，$\theta_1 = 3$，$\theta_2 = 4$，所以 x_1 进基、x_3 出基，旋转变换后得

$$x_1 \quad\quad + 0.5x_3 \quad\quad - 0.2x_5 = 3$$
$$- \quad 2x_3 + x_4 + 0.8x_5 = 4$$
$$x_2 \quad\quad + 0.2x_5 = 3$$

此时令 $x_3 = x_5 = 0$，基可行解为 $x_1 = 3$，$x_2 = 3$，$x_4 = 4$，$Z = 15$。因为 x_3、x_5 的系数 δ_j 全部小于零，故 $Z = 15$ 是极大值（该解对应图 4-3 中 F 点）。

该算法与上述两种算法的结果是相同的，且只经过两次旋转变化，一共计算了三个极点，就求出了该线性规划的最优解，把计算工作量由计算六个极点减少为计算三个极点，从而减少了计算次数，缩短了计算时间。如果变量数量很多，该方法的优越性就更为明显。可见单纯形法是一种较实用的求解线性规划问题的好方法。

有几种情况必须说明：

（1）在选择旋转中心时，如果把第一个约束、第三个约束的 $2x_2$、$5x_2$ 的系数改成负值，则当 $x_1 = 0$ 时，有

$$x_3 = 12 + 2x_2$$
$$x_4 = 16$$
$$x_5 = 15 + 5x_2$$

此时，x_2 为任何值，x_3、x_4、x_5 始终大于零，所以当 $\delta_j > 0$ 的列中 $\tilde{a}_{sj}$ 全为负或零时，该线性规划的解无界。

（2）在有退化解时，假设第一个约束 $2x_1 + 2x_2 + x_3 = 0$。

如果 $x_1 = 0$，$x_3 = -2x_2$，当 x_2 增大时，任何 x_2 均使 x_3 为负，故 x_2 只能为零。这时，尽管 Z 不是最优，x_2 也不能再增大，只能选其他元素进行旋转变换。

（3）如果标准形规定目标为 min，则判断条件相反，即 $\delta_j \geqslant 0$ 时有最优解。

现在把非最优基可行解改进过程的一般步骤叙述如下：

如果有 $\delta_j > 0$，假设不考虑退化情况（$\tilde{b}_i = 0$），则总可以用旋转变换由一组基可行解过渡到另一组使目标函数值更大的基可行解。如果有多个 $\delta_j > 0$，则要选择最大的 δ_j 或选下标最小的 δ_j 所对应的变量 x_s 进基，即

$$\delta_s = \max\{\delta_j \mid \delta_j > 0\}$$

选定 x_s 以后，使它变成基变量，也就是使它从零增加到下列基变量中某个为零为止。

$$x_1 = \widetilde{b}_1 - \widetilde{a}_{1s} x_s$$
$$x_2 = \widetilde{b}_2 - \widetilde{a}_{2s} x_s$$
$$\vdots$$
$$x_m = \widetilde{b}_m - \widetilde{a}_{ms} x_s$$

令 $\theta_i = \widetilde{b}_i / \widetilde{a}_{is}$，则 $\min \{\theta_i = \widetilde{b}_i / \widetilde{a}_{is} \mid \widetilde{a}_{is} > 0\}$ 所对应的 x_i 为出基变量，如果最小的 θ_i 有两个以上，则按下标顺序选择出基变量。

如果 $\widetilde{a}_{is}$ 均小于零，则 x_s 可以无限增大，由此可以得出解无界定理：如果在增广标准形中，对某些 x_s，所有系数 $\widetilde{a}_{is}$ 均为非正，而 δ_s 为正，所构成的可行解使 Z 值无上界。

如果至少有一个 $\widetilde{a}_{is}$ 为正，则 x_s 不能无限增大，所达到的值为

$$x_s = \min\left\{\frac{\widetilde{b}_i}{\widetilde{a}_{is}} \mid \widetilde{a}_{is} > 0\right\}$$

这时，变量 x_i 为非基变量（出基），x_s 为基变量（进基）。经过以 $\widetilde{a}_{is} x_s$ 为中心元素的线性变换，可得到新的标准形，再进行上述循环。由于任何有解的线性规划模型，其约束所形成的凸多边形的极点数为有限个，而且从一个极点向另一个极点转移的时候，问题向最优的方向前进而抛掉一些极点。

因此如果每次迭代不出现退化，则在有限步内必定达到最优解。单纯形法的几何意义如图4-7所示。

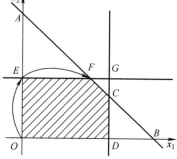

图4-7　单纯形法的几何意义

4.2.6　人工变量法

1. 人工变量

单纯形法求解线性规划模型时需求出第一组基可行解，然后经旋转变换求出问题的最优解，但当线性规划模型的约束条件中包含等式和"≥"类不等式时，很难一下子找出第一组基可行解，因而也就不能应用单纯形法原理了。为了仍能应用单纯形法，需研究求初始基可行解的方法，这就是人工变量法。

人工变量法的思路是：在初始基可行解不容易求得的情况下，在每个约束方程中人为地加入一个非负变量——人工变量，得到一组包括人工变量在内的基可行解，利用单纯形原理，求出最优解，当人工变量全部为零时，所求得的最优解就是原问题的解。

下面就介绍如何引入人工变量和通过人工变量求解线性规划问题的方法。

在约束方程的标准形中加入人工变量：

$$a_{11}x_1 + a_{12}x_2 + \cdots + a_{1n}x_n + x_{n+1} = b_1$$
$$a_{21}x_1 + a_{22}x_2 + \cdots + a_{2n}x_n + x_{n+2} = b_2$$
$$\vdots$$
$$a_{m1}x_1 + a_{m2}x_2 + \cdots + a_{mn}x_n + x_{n+m} = b_m$$
$$c_1x_1 + c_2x_2 + \cdots + c_nx_n - Z = 0$$
$$x_j \geqslant 0 \quad (j = 1, 2, \cdots, n, n+1, \cdots, n+m)$$

式中，x_{n+1}，x_{n+2}，$\cdots$，x_{n+m} 是人工变量。令 $x_1 = x_2 = \cdots = x_n = 0$，则 x_{n+1}，x_{n+2}，$\cdots$，x_{n+m} 构成了一组基变量，且 $x_{n+1} = b_1$，$x_{n+2} = b_2$，$\cdots$，$x_{n+m} = b_m$，$Z = 0$。因为线性规划标准形中

规定 $b_i \geqslant 0$，所以这组解是基可行解，因而可应用单纯形法求解了。

引入人工变量，虽然可得到初始基可行解，但由于人工变量的引入破坏了原约束的平衡关系，可能导致与原问题不同解。由非负条件知，人工变量 $x_j \geqslant 0$（$j = n + 1$，$n + 2$，$\cdots$，$n + m$），故只有当人工变量 $x_j = 0$ 时，所得最优解才是原问题的解。

2. 二阶段法

为了保证所有人工变量为零，需研究使人工变量 $x_j = 0$ 的方法，方法之一是二阶段法。该方法将求解过程分为两个阶段，第一阶段通过引入人工变量，用单纯形原理找到原问题的第一组基可行解后，去掉人工变量；第二阶段在找到原问题的第一组基可行解后，用单纯形原理求解，得到最优解。

现构造一个新的目标函数：

$$\min W = x_{n+1} + x_{n+2} + \cdots + x_{n+m} = \sum_{j=n+1}^{n+m} x_j$$

如果 W 的极小值为零，则人工变量必然全部为零。如果 W 的极小值不为零，则无法使人工变量为零，原问题无解。因此引入人工变量后，要首先用单纯形法求 W 的极小值，以判断人工变量是否为零、线性规划是否有解。如果人工变量均为零，可去掉所有人工变量和目标函数 W，而得出原问题的一组基可行解，即可求出最优解。

综上所述，在标准形的基础上，引入人工变量后的形式是

$$
\begin{aligned}
a_{11}x_1 + a_{12}x_2 + \cdots + a_{1n}x_n + x_{n+1} &= b_1 \\
a_{21}x_1 + a_{22}x_2 + \cdots + a_{2n}x_n \qquad\qquad + x_{n+2} &= b_2 \\
\vdots \qquad\qquad\qquad & \\
a_{m1}x_1 + a_{m2}x_2 + \cdots + a_{mn}x_n \qquad\qquad\qquad + x_{n+m} &= b_m \\
c_1x_1 + c_2x_2 + \cdots + c_nx_n \qquad\qquad\qquad\qquad - Z &= 0 \\
x_{n+1} + x_{n+2} + \cdots + x_{n+m} - W &= 0
\end{aligned}
$$

整理后得增广标准形为

$$
\begin{aligned}
a_{11}x_1 + a_{12}x_2 + \cdots + a_{1n}x_n + x_{n+1} &= b_1 \\
a_{21}x_1 + a_{22}x_2 + \cdots + a_{2n}x_n \qquad\quad + x_{n+2} &= b_2 \\
\vdots \qquad\qquad\qquad & \\
a_{m1}x_1 + a_{m2}x_2 + \cdots + a_{mn}x_n \qquad\qquad + x_{n+m} &= b_m \\
c_1x_1 + c_2x_2 + \cdots + c_nx_n \qquad\qquad\qquad - Z &= 0 \\
-\sum_i^m a_{i1}x_1 - \sum_i^m a_{i2}x_2 - \cdots - \sum_i^m a_{in}x_n \qquad\qquad - W &= -\sum_i^m b_i
\end{aligned}
$$

应用单纯形法对此式进行旋转变换即可求解。

该方法又称二阶段法，即第一阶段先求 W 目标（新目标）的极小值，当 W 目标的极小值为零时，再进入第二阶段，继续求原目标的极值，第一阶段计算的目的是引导出原问题的基可行解。如果第一阶段求解第二目标时，W 的极小值不为零，就意味着人工变量不满足 $x_j = 0$ 的条件，引入人工变量破坏了原问题的平衡关系，则找不到原问题的第一组基可行解，这时原问题无可行解。

3. 大 M 法

该方法不必设置新目标而直接在原目标上引入人工变量,其价值系数取"$-M$",M 为无限大的正数,(如果原目标函数为 min 型,人工变量价值系数取"M"),其目的是使引入的人工变量对目标不产生影响。

如果求解结果中基变量包含人工变量,且不为零,此时原问题无可行解;否则所求最优解为原问题的最优解,也就是所求结果中人工变量均为零,这组解就是原问题的最优解。

综上所述,在线性规划标准形的基础上,通过引入人工变量,线性规划才能真正求解。

4.2.7 单纯形表

在变量不多又无计算机的情况下,通常采用上述原理,在表格上进行计算,该表格叫单纯形表。

单纯形表的格式见表 4-10。

表 4-10 单纯形表(一)

| C_B | X_B | $B^{-1}b$ | C_1 | $\cdots$ | C_m | C_{m+1} | $\cdots$ | C_n |
			x_1	$\cdots$	x_m	x_{m+1}	$\cdots$	x_n
C_1	x_1	b_1	1	$\cdots$	0	$a_{1,m+1}$	$\cdots$	$a_{1,n}$
C_2	x_2	b_2	0	$\cdots$	0	$a_{2,m+1}$	$\cdots$	$a_{2,n}$
$\vdots$	$\vdots$	$\vdots$	$\vdots$		$\vdots$	$\vdots$		$\vdots$
C_m	x_m	b_m	0	$\cdots$	1	$a_{m,m+1}$	$\cdots$	$a_{m,n}$
δ_j			0	$\cdots$	0	$C_{m+1}-\sum C_i a_{i,m+1}$	$\cdots$	$C_n-\sum C_i a_{i,n}$

单纯形表的计算方法是:将所有已知数字填入表格后,按上述方法找出旋转中心并用"[ ]"括起来,其他表的算法均相同。

将例 4-1 用单纯形表进行计算,见表 4-11。

表 4-11 单纯形表(二)

| C_B | X_B | $B^{-1}b$ | 2 | 3 | 0 | 0 | 0 | θ |
			x_1	x_2	x_3	x_4	x_5	
0	x_3	12	2	2	1	0	0	6
0	x_4	16	4	0	0	1	0	—
0	x_5	15	0	[5]	0	0	1	3→
δ_j			2	3↑	0	0	0	
0	x_3	6	[2]	0	1	0	-0.4	3→
0	x_4	16	4	0	0	1	0	4
3	x_2	3	0	1	0	0	0.2	—
δ_j			2↑	0	0	0	-0.6	
2	x_1	3	1	0	0.5	0	-0.2	
0	x_4	4	0	0	-2	1	0.8	
3	x_2	3	0	1	0	0	0.2	
δ_j			0	0	-1	0	-0.2	

因为所有 $\delta_j \le 0$,已达最优。

最优生产方案 $X^* = (3，3)$，即生产产品甲 3 件、产品乙 3 件，能获得最大利润 $Z = 15$ 万元。

【例 4-8】　用人工变量法求解如下线性规划问题：

$$\min Z = 4x_1 + x_2 + x_3$$

$$\text{s. t.} \begin{cases} 2x_1 + x_2 + 2x_3 = 4 \\ 3x_1 + 3x_2 + x_3 = 3 \\ x_1，x_2，x_3 \geqslant 0 \end{cases}$$

解　引入人工变量 x_4、x_5，将约束条件化为标准形：

$$2x_1 + x_2 + 2x_3 + x_4 = 4$$

$$3x_1 + 3x_2 + x_3 + x_5 = 3$$

（1）二阶段法。

第一阶段：在上述约束下求目标：$\min W = x_4 + x_5$

具体过程见表 4-12。

表 4-12　单纯形表（三）

C_B	X_B	$B^{-1}b$	x_1	x_2	x_3	x_4	x_5	θ
		$C \rightarrow$	0	0	0	1	1	
1	x_4	4	2	1	2	1	0	2
1	x_5	3	[3]	3	1	0	1	$1 \rightarrow$
	δ_j		$-5\uparrow$	-4	-3	0	0	
1	x_4	2	0	-1	[4/3]	1	$-2/3$	$3/2 \rightarrow$
0	x_1	1	1	1	1/3	0	1/3	3
	δ_j		0	1	$-4/3\uparrow$	0	5/3	
0	x_3	3/2	0	$-3/4$	1	3/4	$-1/2$	
0	x_1	1/2	1	5/4	0	$-1/4$	1/2	
	δ_j		0	0	0	1	1	

对于 min 问题，由于全部 $\delta_j \geqslant 0$，则已达最优。

此时最优解为 $x_1 = 0.5$，$x_3 = 1.5$，$x_2 = x_4 = x_5 = 0$；目标值为 $W = 0$，满足引入人工变量的条件，该问题有解。去掉人工变量和目标函数 W，得到不含人工变量的基可行解。由此可见，引入人工变量仅仅是为了得到原问题的基可行解。

第二阶段：在上述最终表下求原目标：$\min Z = 4x_1 + x_2 + x_3$

具体过程见表 4-13。

表 4-13　单纯形表（四）

C_B	X_B	$B^{-1}b$	x_1	x_2	x_3	θ
		$C \rightarrow$	4	1	1	
1	x_3	3/2	0	$-3/4$	1	—
4	x_1	1/2	1	[5/4]	0	$2/5 \rightarrow$
	δ_j		0	$-13/4\uparrow$	0	
1	x_3	1.8	0.6	0	1	
1	x_2	0.4	0.8	1	0	
	δ_j		2.6	0	0	

此时由于全部 $\delta_j \geqslant 0$，则已达最优。

最优解为 $x_1 = 0$，$x_2 = 0.4$，$x_3 = 1.8$；目标值为 $Z = 2.2$。

（2）大 M 法。

构建目标函数：$\min Z = 4x_1 + x_2 + x_3 + Mx_4 + Mx_5$

具体过程见表4-14。

表4-14　单纯形表（五）

C_B	X_B	$B^{-1}b$	4 x_1	1 x_2	1 x_3	M x_4	M x_5	θ
M	x_4	4	2	1	2	1	0	2
M	x_5	3	[3]	3	1	0	1	1
	δ_j		$4-5M\uparrow$	$1-4M$	$1-3M$	0	0	
M	x_4	2	0	-1	[4/3]	1	$-2/3$	$3/2\rightarrow$
4	x_1	1	1	1	1/3	0	1/3	3
	δ_j		0	$M-3$	$-4/3M-1/3\uparrow$	0	$5/3M-4/3$	
1	x_3	3/2	0	$-3/4$	1	3/4	$-1/2$	—
4	x_1	1/2	1	5/4	0	$-1/4$	1/2	$5/2\rightarrow$
	δ_j		0	$-13/4\uparrow$	0	$M+1/4$	$M-3/2$	
1	x_3	1.8	0.6	0	1	0.6	-0.2	
1	x_2	0.4	0.8	1	0	-0.2	0.4	
	δ_j		2.6	0	0	$M-0.4$	$M-0.2$	

此时由于全部 $\delta_j \geqslant 0$，则已达最优。

最优解为 $x_1 = 0$，$x_2 = 0.4$，$x_3 = 1.8$；目标值为 $Z = 2.2$。与二阶段法计算结果相同。

【例4-9】　用单纯形表法求解例4-7中（1）~（3）问题。

（1）$\max Z = 2x_1 + 4x_2$

$$\text{s. t.} \begin{cases} x_1 + 2x_2 \leqslant 8 \\ 4x_1 \leqslant 16 \\ 4x_2 \leqslant 12 \\ x_1, \quad x_2 \geqslant 0 \end{cases}$$

解　引入松弛变量 x_3、x_4、x_5，将上述问题化为标准形，具体过程见表4-15。

$$\max Z = 2x_1 + 4x_2 + 0x_3 + 0x_4 + 0x_5$$

$$\text{s. t.} \begin{cases} x_1 + 2x_2 + x_3 & = 8 \\ 4x_1 & + x_4 & = 16 \\ 4x_2 & + x_5 = 12 \\ x_1, \quad x_2, \quad x_3, \quad x_4, \quad x_5 \geqslant 0 \end{cases}$$

表 4-15　单纯形表（六）

C_B	X_B	$B^{-1}b$	2 x_1	4 x_2	0 x_3	0 x_4	0 x_5	θ
0	x_3	8	1	2	1	0	0	4
0	x_4	16	4	0	0	1	0	—
0	x_5	12	0	[4]	0	0	1	3→
	δ_j		2	4↑	0	0	0	
0	x_3	2	[1]	0	1	0	−0.5	2→
0	x_4	16	4	0	0	1	0	4
4	x_2	3	0	1	0	0	0.25	—
	δ_j		2↑	0	0	0	−1	
2	x_1	2	1	0	1	0	−0.5	
0	x_4	8	0	0	−4	1	2	
4	x_2	3	0	1	0	0	0.25	
	δ_j		0	0	−2	0	0	

此时所有 $\delta_j \leq 0$，已达最优。

最优解 $X^* = (2, 3)$，最优值 $Z^* = 2 \times 2 + 3 \times 4 = 16$。

注意，此时 x_5 为非基变量，它的检验数 $\delta = 0$，说明如果 x_5 入基，对目标函数无影响。下面将 x_5 入基，具体过程见表 4-16。

表 4-16　单纯形表（七）

C_B	X_B	$B^{-1}b$	2 x_1	4 x_2	0 x_3	0 x_4	0 x_5	θ
2	x_1	2	1	0	1	0	−0.5	—
0	x_4	8	0	0	−4	1	2	4→
4	x_2	3	0	1	0	0	0.25	12
	δ_j		0	0	−2	0	0↑	
2	x_1	4	1	0	0	0.25	0	
0	x_5	4	0	0	−2	0.5	1	
4	x_2	2	0	1	0.5	−0.125	0	
	δ_j		0	0	−2	0	0	

此时所有 $\delta_j \leq 0$，也已达最优。

最优解 $X^* = (4, 2)$，最优值 $Z^* = 4 \times 2 + 2 \times 4 = 16$。

这样，分别得到了该问题的两个最优解，最优值均为 16。即这两个最优解在同一 Z 值线上，两点间有无穷多个点，目标函数值也为 16，说明该线性规划有无穷多最优解。

（2）$\max Z = x_1 + x_2$

$$\text{s. t.} \begin{cases} -2x_1 + x_2 \leq 40 \\ \quad x_1 - x_2 \leq 20 \\ \quad x_1, \ x_2 \geq 0 \end{cases}$$

解　通过引入松弛变量 x_3 与 x_4，可转化为标准形，具体过程见表 4-17。

$$\max Z = x_1 + x_2 + 0x_3 + 0x_4$$

$$\text{s. t.} \begin{cases} -2x_1 + x_2 + x_3 &= 40 \\ x_1 - x_2 &+ x_4 = 20 \\ x_1,\ x_2,\ x_3,\ x_4 \geqslant 0 \end{cases}$$

表 4-17　单纯形表（八）

C_B	X_B	$B^{-1}b$	x_1	x_2	x_3	x_4	θ
	$C \rightarrow$		1	1	0	0	
0	x_3	40	-2	1	1	0	—
0	x_4	20	[1]	-1	0	1	20→
	δ_j		1↑	1	0	0	
0	x_3	0	0	-1	1	2	—
1	x_1	20	1	-1	0	1	—
	δ_j		0	2↑	0	-1	

此时 $\delta_2 = 2 > 0$，可作为入基变量，但无法通过 θ 确定出基变量，由此可判定原问题为无界解。

（3）$\min Z = 5x_1 - 8x_2$

$$\text{s. t.} \begin{cases} 3x_1 + x_2 \leqslant 6 \\ x_1 - 2x_2 \geqslant 4 \\ x_1,\ x_2 \geqslant 0 \end{cases}$$

解　将原规划通过引入松弛变量 x_3 与 x_4、人工变量 x_5，可转化为标准形（min 型）。

1）大 M 法。采用大 M 法进行求解：

$$\min Z = 5x_1 - 8x_2 + 0x_3 + 0x_4 + Mx_5$$

$$\text{s. t.} \begin{cases} 3x_1 + x_2 + x_3 &= 6 \\ x_1 - 2x_2 &- x_4 + x_5 = 4 \\ x_1,\ x_2,\ x_3,\ x_4,\ x_5 \geqslant 0 \end{cases}$$

具体过程见表 4-18。

表 4-18　单纯形表（九）

C_B	X_B	$B^{-1}b$	x_1	x_2	x_3	x_4	x_5	θ
	$C \rightarrow$		5	-8	0	0	M	
0	x_3	6	[3]	1	1	0	0	2→
M	x_5	4	1	-2	0	-1	1	4
	δ_j		$5 - M$↑	$-8 + 2M$	0	M	0	
5	x_1	2	1	$1/3$	$1/3$	0	0	
M	x_5	2	0	$-7/3$	$-1/3$	-1	1	
	δ_j		0	$-29/3 + 7/3M$	$-5/3 + 1/3M$	M	0	

此时 $\delta_j \geqslant 0$，但最优解中含有人工变量 x_5，原问题无可行解。

2）二阶段法。在原问题约束下求目标：

$$\min W = x_5$$

$$\text{s. t.} \begin{cases} 3x_1 + x_2 + x_3 & = 6 \\ x_1 - 2x_2 & - x_4 + x_5 = 4 \\ x_1, \quad x_2, x_3, \quad x_4, x_5 \geqslant 0 \end{cases}$$

具体过程见表 4-19。

表 4-19　单纯形表（十）

	$C \rightarrow$		0	0	0	0	1	θ
C_B	X_B	$B^{-1}b$	x_1	x_2	x_3	x_4	x_5	
0	x_3	6	[3]	1	1	0	0	$2\rightarrow$
1	x_5	4	1	-2	0	-1	1	4
	δ_j		$-1\uparrow$	2	0	1	0	
0	x_1	2	1	1/3	1/3	0	0	
1	x_5	2	0	$-7/3$	$-1/3$	-1	1	
	δ_j		0	7/3	1/3	1	0	

对于 min 问题，由于全部 $\delta_j \geqslant 0$，则已达最优。但是由于人工变量 $x_5 \neq 0$，由此可判定原问题无可行解。

4.3　单纯形法的矩阵描述及灵敏度分析

4.3.1　单纯形法的矩阵描述

为了便于对线性规划模型的求解和分析，现用矩阵理论对单纯形法进行描述。

对于线性规划标准形

$$\max Z = CX$$

$$\text{s. t.} \begin{cases} AX = b \\ X \geqslant 0 \end{cases} \tag{4-1}$$

设 A 为 $m \times n$ 阶非奇异矩阵，B 为 A 中一个非奇异的 $m \times m$ 阶基矩阵，利用矩阵分块原理将 A、X、C 写成分块形式：

$$\max Z = \begin{pmatrix} C_B & C_N \end{pmatrix} \begin{pmatrix} X_B \\ X_N \end{pmatrix}$$

$$\text{s. t.} \begin{cases} \begin{pmatrix} B & N \end{pmatrix} \begin{pmatrix} X_B \\ X_N \end{pmatrix} = b \\ \begin{pmatrix} X_B \\ X_N \end{pmatrix} \geqslant 0 \end{cases} \tag{4-2}$$

式（4-2）中的约束条件可写成

$$BX_B + NX_N = b$$

两边同左乘 B^{-1} 并整理，得

$$X_B = B^{-1}b - B^{-1}NX_N \tag{4-3}$$

目标函数可写成

$$Z = (C_B \quad C_N)\begin{pmatrix} X_B \\ X_N \end{pmatrix} = C_B X_B + C_N X_N$$

将式（4-3）代入并整理得

$$Z = C_B(B^{-1}b - B^{-1}NX_N) + C_N X_N = C_B B^{-1}b + (C_N - C_B B^{-1}N)X_N \tag{4-4}$$

由式（4-3）和式（4-4）可见，当 $X_N = 0$ 时，有：

$$X_B = B^{-1}b, \ Z = C_B B^{-1}b$$

如果 $B^{-1}b \geqslant 0$，则这组解为基可行解；在目标函数中，X_N 的系数 $C_N - C_B B^{-1}N \leqslant 0$，可使 Z 取最大值，即 $Z = C_B B^{-1}b$。所以

$$C_N - C_B B^{-1}N \leqslant 0 \tag{4-5}$$

为解的最优性判断准则。

又因为

$$C - C_B B^{-1}A = (C_B \quad C_N) - C_B B^{-1}(B \quad N) = (C_B \quad C_N) - (C_B B^{-1}B \quad C_B B^{-1}N)$$
$$= (C_B \quad C_N) - (C_B \quad C_B B^{-1}N) = (0 \quad C_N - C_B B^{-1}N)$$

所以 $C_N - C_B B^{-1}N$ 只是 $C - C_B B^{-1}A$ 中非基变量的系数。而 $C - C_B B^{-1}A$ 中基变量的系数均为零。这样一来，包括基变量系数在内的最优解判断准则可用下式描述：

$$C - C_B B^{-1}A \leqslant 0 \tag{4-6}$$

如果 $C - C_B B^{-1}A$ 中第 j 列元素大于零，则令 X_j 进基，选

$$\min\{\theta\} = \min\left\{ \frac{(B^{-1}b)_i}{(B^{-1}P_j)_i} \ \middle| \ B^{-1}P_j > 0 \right\} = \frac{(B^{-1}b)_l}{(B^{-1}P_j)_l} \tag{4-7}$$

其中，P_j 为矩阵 A 中第 j 列元素，l 行所对应的基变量 x_l 为出基变量。这就可得到一个新基。对 $B^{-1}A$ 为矩阵 A、$B^{-1}b$ 为向量 b 所构成的线性规划问题，再以该新基进行上述计算，可在有限步内求出使目标函数达到极小值的最优解。其最优解所对应的基为最优基，当 B 为最优基时，必然有 $C - C_B B^{-1}A \leqslant 0$，否则解无界。矩阵形式的描述见表 4-20。

表 4-20　矩阵形式描述的单纯形表

项目	基变量 X_B	非基变量		等式右端
		X_N	X_S	HRS
系数矩阵	$B^{-1}B = I$	$B^{-1}N_1$	B^{-1}	$B^{-1}b$
检验数	0	$C_{N_1} - C_B B^{-1}N_1$	$-C_B B^{-1}$	$-C_B B^{-1}b$

由表 4-20 可见，初始单位阵（初始基）的位置就是 B^{-1} 的位置，初始基变量的判断数为 $-C_B B^{-1}$。

单纯形法的矩阵描述和线性变换描述的对应关系见表 4-21。

表 4-21　单纯形法矩阵描述和线性变换描述对照表

项目	矩阵描述	代数描述
基解	$B^{-1}b$	$\widetilde{b}$
目标值	$C_B B^{-1}b$	$\widetilde{Z}$
判断准则	$C - C_B B^{-1}A \leqslant 0$	$\delta_j \leqslant 0, \left(c_j - \sum c_i \widetilde{a}_{ij} \right) \leqslant 0$

（续）

项　目	矩阵描述	代　数　描　述
变换后的约束系数矩阵	$B^{-1}A$	$\widetilde{a}_{ij} = \begin{cases} 1 & (i=j) \\ 0 & (i, j=1, 2, \cdots, m \text{ 且 } j \neq i) \\ \widetilde{a}_{ij} & (i=1, 2, \cdots, m; j=m+1, m+2, \cdots, n) \end{cases}$

通过单纯形法的矩阵描述，可简化变换的叙述，为灵敏度分析创造了方便条件。

4.3.2　灵敏度分析

灵敏度分析是对线性规划求解结果进行分析的一种方法。单纯形法是在参数 A、C、b 确定的情况下求得最优解的。然而在实践中，参数 A、C、b 都会受到客观条件的影响而发生变化，如 C 可能因市场原因而变化，b 可能因资源原因而波动，A 会因技术进步而改变，还会出现变量数、约束条件数的增加等。这些条件的变化会使所得到的最优解发生什么变化呢？如果欲使最优解不变，这些因素的变动范围又是多少呢？这就是灵敏度分析要解决的问题之一。

1. 对目标函数系数的灵敏度分析

目标函数中基变量系数的变化对目标值有影响，非基变量系数的变化对目标值无影响，但二者的变化是否影响最优解，取决于是否仍满足判断数 $C - C_B B^{-1} A \leqslant 0$。当变化仍能满足判断准则时，最优解不变；否则最优解改变。因此，目标函数系数的变化对最优解的影响主要从判断准则来分析。

分析可从两个角度进行，一种是给定系数的变化量，如例 4-1 中 x_1 的利润由 2 万元提高到 2.2 万元，可直接计算 $C - C_B B^{-1} A$ 是否小于零来判断最优解是否变化；另一种是假设目标函数第 i 个变量的系数 C_i 增加 ΔC_i，将 $C_i + \Delta C_i$ 代入不等式组 $C - C_B B^{-1} A \leqslant 0$，确定出 ΔC_i 的变动范围。

仍以例 4-1 说明这两种情况下的灵敏度分析。

该问题单纯形法最终表见表 4-22。

表 4-22　单纯形法最终表

	$C \rightarrow$		2	3	0	0	0
C_B	X_B	$B^{-1}b$	x_1	x_2	x_3	x_4	x_5
2	x_1	3	1	0	0.5	0	-0.2
0	x_4	4	0	0	-2	1	0.8
3	x_2	3	0	1	0	0	0.2
	δ_j		0	0	-1	0	-0.2

此时，$B = \begin{pmatrix} 2 & 0 & 2 \\ 4 & 1 & 0 \\ 0 & 0 & 5 \end{pmatrix}$，$B^{-1} = \begin{pmatrix} 0.5 & 0 & -0.2 \\ -2 & 1 & 0.8 \\ 0 & 0 & 0.2 \end{pmatrix}$，$B^{-1}A = \begin{pmatrix} 1 & 0 & 0.5 & 0 & -0.2 \\ 0 & 0 & -2 & 1 & 0.8 \\ 0 & 1 & 0 & 0 & 0.2 \end{pmatrix}$

（1）如果市场变化影响到 x_1 产品的利润，现研究使最优解不变的 C_1 的变动范围。

将 $C_1' = C_1 + \Delta C_1 = 2 + \Delta C_1$ 代入式 $C - C_B B^{-1} A \leqslant 0$，得

$$\delta_3 = -1 - 0.5\Delta C_1 \leqslant 0, \ 得 \ \Delta C_1 \geqslant -2$$

$$\delta_5 = -0.2 + 0.2\Delta C_1 \leqslant 0, \ 得 \ \Delta C_1 \leqslant 1$$

从而得出，当 C_1 的变动范围为 $-2 \leqslant \Delta C_1 \leqslant 1$ 时最优解不变。

（2）如果市场原因 x_1 产品的利润将达到 3.5 万元，问最优生产方案会不会改变？

依据前面的研究可知，$-2 \leqslant \Delta C_1 \leqslant 1$ 即 $0 \leqslant C_1 \leqslant 3$ 时最优解不变，现在 $C_1 = 3.5$，最优生产方案一定会变化。

将 $C_1 = 3.5$ 代入式 $C - C_B B^{-1}A$，得

$$\delta_3 = 0 - 3.5 \times 0.5 = -1.75 \leqslant 0$$

$$\delta_5 = 0 + 3.5 \times 0.2 - 3 \times 0.2 = 0.1 \geqslant 0$$

将更新后的检验数填入单纯形终表里，继续计算，具体见表 4-23。

表 4-23　单纯形表（十一）

C_B	X_B	$B^{-1}b$	x_1	x_2	x_3	x_4	x_5	θ
	$C\rightarrow$		3.5	3	0	0	0	
3.5	x_1	3	1	0	0.5	0	-0.2	—
0	x_4	4	0	0	-2	1	[0.8]	5→
3	x_2	3	0	1	0	0	0.2	15
	δ_j		0	0	-1.75	0	0.1↑	
3.5	x_1	4	1	0	0	0.25	0	
0	x_5	5	0	0	-2.5	1.25	1	
3	x_2	2	0	1	0.5	-0.25	0	
	δ_j		0	0	-1.5	-0.125	0	

因为全部 $\delta_j \leqslant 0$，已达最优。

最优生产方案 $X^* = (4, 2)$，最大利润 $Z = 20$ 万元。

2. 约束条件右端项变动的灵敏度分析

线性规划模型约束条件中的右端项通常表示某种资源量的限制。实践中，各种资源经常因某些不确定因素的影响而变动，当资源量变化的时候，最优解通常也跟着发生改变。然而，确定最优基不变情况下的资源量的变动范围和相应的最优解对系统控制是有重要意义的。对约束条件常数项的灵敏度分析就是在不改变基变量的情况下，确定某些资源量的变动范围及相应最优解的一种方法。

因为 b 的变动并不影响判断准则，只影响最优解 $B^{-1}b$，所以当 b_i 增加 Δb_i 时，若使最优基不变，只需使基可行解仍满足 $B^{-1}b \geqslant 0$ 即可，也就是仍旧保持 $B^{-1}b$ 为基可行解。

【例 4-10】　如例 4-1 中，求机床 A 工时的允许变动范围。

原最优基为

$$B = \begin{pmatrix} 2 & 0 & 2 \\ 4 & 1 & 0 \\ 0 & 0 & 5 \end{pmatrix}, \ B^{-1} = \begin{pmatrix} 0.5 & 0 & -0.2 \\ -2 & 1 & 0.8 \\ 0 & 0 & 0.2 \end{pmatrix}$$

如果当 b_1 的变动量为 Δb_1 时，为使最优基不变，应满足

$$B^{-1}b = \begin{pmatrix} 0.5 & 0 & -0.2 \\ -2 & 1 & 0.8 \\ 0 & 0 & 0.2 \end{pmatrix} \begin{pmatrix} 12 + \Delta b_1 \\ 16 \\ 15 \end{pmatrix} \geqslant 0$$

整理得不等式

$$3 + 0.5\Delta b_1 \geqslant 0$$

$$4 - 2\Delta b_1 \geqslant 0$$

解不等式得

$$-6 \leqslant \Delta b_1 \leqslant 2$$

这说明，当机床 A 的工时限制在 $6 \leqslant b_1 \leqslant 14$ 时，x_1、x_4、x_2 仍为最优基，其最优解由 $B^{-1}b$ 决定。这就解决了由资源量的变动范围估计最优基是否变化以及不必重新计算即可确定最优解的问题。

【例 4-11】　如例 4-1 中，因为计划调整，机床 A 可利用工时仅为 10h，问最优生产方案会不会改变？

解　依据前面的研究可知，机床 A 工时 $6 \leqslant b_1 \leqslant 14$ 时最优基不变，现在 $b_1 = 10$，代入得

$$B^{-1}b = \begin{pmatrix} 0.5 & 0 & -2 \\ -2 & 1 & 0.8 \\ 0 & 0 & 0.2 \end{pmatrix} \begin{pmatrix} 10 \\ 16 \\ 15 \end{pmatrix} = \begin{pmatrix} 2 \\ 8 \\ 3 \end{pmatrix}$$

将更新后的结果填入单纯形终表里，具体见表 4-24。

表 4-24　单纯形表（十二）

C_B	X_B	$B^{-1}b$	$C \rightarrow$ 2 x_1	3 x_2	0 x_3	0 x_4	0 x_5
2	x_1	2	1	0	0.5	0	-0.2
0	x_4	8	0	0	-2	1	0.8
3	x_2	3	0	1	0	0	0.2
	δ_j		0	0	-1	0	-0.2

因为全部 $\delta_j \leqslant 0$，已达最优，最优生产方案 $X^* = (2, 3)$，最大利润 $Z = 13$ 万元。

3. 约束条件系数矩阵中某些元素变化的灵敏度分析

如果约束条件系数矩阵中非基变量的某元素发生变化，在所有判断数仍满足判断准则时，基矩阵不变，故最优解仍为 $B^{-1}b$。因此通过计算判定条件 $C - C_B B^{-1} A \geqslant 0$ 就可确定 A 矩阵中非基变量的系数变动范围。

【例 4-12】　如例 4-8 中，求系数 a_{11} 的变动范围。

x_1 为非基变量，设 a_{11} 变动为 $a_{11} + \Delta a_{11}$，则

$$C_B B^{-1} = (1 \quad 1) \begin{pmatrix} -0.2 & 0.4 \\ 0.6 & -0.2 \end{pmatrix} = (0.4 \quad 0.2)$$

$$C - C_B B^{-1} A = (4 \quad 1 \quad 1) - (0.4 \quad 0.2) \begin{pmatrix} 2 + \Delta a_{11} & 1 & 2 \\ 3 & 3 & 1 \end{pmatrix}$$

$$= (2.6 - 0.4\Delta a_{11} \quad 0 \quad 0)$$

由此得不等式

$$2.6 - 0.4\Delta a_{11} \geq 0$$

得
$$\Delta a_{11} \leq 6.5$$

即当 a_{11} 的变动小于 6.5 时，可保证最优解不变。

如果约束矩阵中基变量的系数变化，$\boldsymbol{B}^{-1}$ 则随之变化，最优解 $\boldsymbol{B}^{-1}\boldsymbol{b}$ 也随之变化。但为使最优基不变，仍需使判断数满足判别条件，即使 $\boldsymbol{C} - \boldsymbol{C}_B\boldsymbol{B}^{-1}\boldsymbol{A} \leq 0$ 成立，从而可确定系数的变动范围。但由于这种计算很复杂，一般常给定确定的变动量来计算判断数是否满足判别条件，或将变动了系数的变量作为一个新增加的变量处理。

4. 增加新变量的灵敏度分析

在线性规划模型中，如果增加一个新变量，判断该新变量对最优解是否有影响或确定变量为何值时才能对最优解产生影响的问题，是对线性规划模型增加新变量的灵敏度分析问题。

线性规划模型增加一个新变量 x_k 等于在约束矩阵 $\boldsymbol{A}$ 中增加一列 $\boldsymbol{P}_k$，目标函数系数向量增加一个元素 C_k。如该新增加的变量对最优基 $\boldsymbol{B}$ 无影响，则判断数仍需满足 $\boldsymbol{C} - \boldsymbol{C}_B\boldsymbol{B}^{-1}\boldsymbol{A} \leq 0$，更确切地说，新增变量应为非基变量，其判断数应小于等于零，即 $C_k - \boldsymbol{C}_B\boldsymbol{B}^{-1}\boldsymbol{P}_k \leq 0$。

如果当 $C_k - \boldsymbol{C}_B\boldsymbol{B}^{-1}\boldsymbol{P}_k > 0$ 时，x_k 可替换原基变量。故解不等式 $C_k - \boldsymbol{C}_B\boldsymbol{B}^{-1}\boldsymbol{P}_k > 0$ 就可求出 x_k 成为基变量的范围。

【例 4-13】 如例 4-1 中，现准备生产一种新产品丙，每件该产品需消耗机床 A 2 个工时，机床 B 3 个工时，机床 C 2 个工时，产品丙利润为 3 万元/件。现考查该产品是否值得投产。

对于原问题，$x_1 = 3$，$x_2 = 3$ 为最优解，现令该新产品产量为 x_6，$C_6 = 3$，$\boldsymbol{P}_6 = (2\ \ 3\ \ 2)^T$，当引入新变量之后，$x_1 = 3$，$x_2 = 3$，$x_4 = 4$ 仍为基可行解。但该基可行解是否为最优解必须依据 $\boldsymbol{C} - \boldsymbol{C}_B\boldsymbol{B}^{-1}\boldsymbol{A} \leq 0$ 来判断，因原问题只增加了一个变量，其他因素未变，故计算判断数只需计算 $\delta_6 = C_6 - \boldsymbol{C}_B\boldsymbol{B}^{-1}\boldsymbol{P}_6$（$\boldsymbol{P}_6$ 为 $\boldsymbol{A}$ 矩阵中新增加的第六列）。

将数据代入得

$$\boldsymbol{B}^{-1}\boldsymbol{P}_6 = \begin{pmatrix} 0.5 & 0 & -0.2 \\ -2 & 1 & 0.8 \\ 0 & 0 & 0.2 \end{pmatrix} \begin{pmatrix} 2 \\ 3 \\ 2 \end{pmatrix} = \begin{pmatrix} 0.6 \\ 0.6 \\ 0.4 \end{pmatrix}$$

将更新后的结果填入单纯形终表里，继续计算，具体见表 4-25。

表 4-25 单纯形表（十三）

C_B	X_B	$B^{-1}b$	x_1 (2)	x_2 (3)	x_3 (0)	x_4 (0)	x_5 (0)	x_6 (3)	θ
2	x_1	3	1	0	0.5	0	-0.2	[0.6]	5→
0	x_4	4	0	0	-2	1	0.8	0.6	20/3
3	x_2	3	0	1	0	0	0.2	0.4	15/2
	δ_j		0	0	-1	0	-0.2	0.6↑	
3	x_6	5	5/3	0	5/6	0	-1/3	1	
0	x_4	1	-1	0	-2.5	1	1	0	
3	x_2	1	-2/3	1	-1/3	0	1/3	0	
	δ_j		-1	0	-3/2	0	0	0	

因为全部 $\delta_j \leqslant 0$，已达最优，最优生产方案 $X^* = (0，1，0，0，0，5)$，最大利润 $Z = 18$ 万元。即新产品值得投产。生产产品乙 1 单位、产品丙 5 单位，能创造最大利润 18 万元。

5. 增加新约束的灵敏度分析

一个系统经常因客观条件的变化需增加一些约束，因此需要分析当客观条件变化时对系统的影响。分析增加新的约束条件对系统最优解的影响是另一种灵敏度分析。

一个线性规划模型在增加一个约束方程之后，原基矩阵就不再是单位阵了，因此就必须对该约束进行线性变换，使基矩阵成为单位阵。如果经线性变换后，新增约束的松弛变量或人工变量是基变量，则原问题的最优解不变；否则需按对偶单纯形法进行变换，得到引入新约束后的最优解。

【例 4-14】 如在例 4-1 中增加一项工时约束，即生产产品甲需 20h/件，生产产品乙为 30h/件，现有工时 180h，现研究增加该约束后最优解将如何变化。

新增加的约束方程为

$$20x_1 + 30x_2 \leqslant 180$$

引入松弛变量后约束方程为

$$20x_1 + 30x_2 + x_6 = 180$$

在原最优解的基础上引入新约束后的单纯形表经旋转变换后得表 4-26。

表 4-26 单纯形表（十四）

| C_B | X_B | $B^{-1}b$ | $C \to$ x_1 | x_2 | x_3 | x_4 | x_5 | x_6 |
			2	3	0	0	0	0
2	x_1	3	1	0	0.5	0	−0.2	0
0	x_4	4	0	0	−2	1	0.8	0
3	x_2	3	0	1	0	0	0.2	0
0	x_6	180	20	30	0	0	0	1
2	x_1	3	1	0	0.5	0	−0.2	0
0	x_4	4	0	0	−2	1	0.8	0
3	x_2	3	0	1	0	0	0.2	0
0	x_6	30	0	0	−10	0	−2	1
	δ_j		0	0	−1	0	−0.2	0

经变换得新约束中的松弛变量仍为基变量，故新增加的工时约束对原最优解无影响。

4.4 对偶规划及影子价格

应用线性规划处理问题经常出现以下情况：

（1）所建模型变量并不多，但约束却很多。求解这类问题时，由于引入松弛变量和人工变量，导致矩阵 A 的规模急骤增大。如 2 个变量、10 个约束的线性规划模型，如果都是"≥"约束，则引入松弛变量和人工变量 20 个，A 矩阵的阶次由 10×2 增大为 10×22，使计算工作量大增，因此需寻找一种处理这类问题的简便方法。

（2）在处理问题时，经常需要从不同角度来研究。如例 4-1 中某工厂生产甲、乙两种产品，其单位产品的消耗定额及单位利润见表 4-2。

现欲安排生产计划，可建如下模型：

目标函数

$$\max Z = 2x_1 + 3x_2$$

$$\text{s. t.} \begin{cases} 2x_1 + 2x_2 \leqslant 12 \\ 4x_1 \qquad\;\; \leqslant 16 \\ \qquad 5x_2 \leqslant 15 \\ x_1, \quad x_2 \geqslant 0 \end{cases}$$

从另一个角度研究，现将资源出售，又不低于产品生产所获得的利润，三种机床工时出售的最低利润（在成本的基础上的加价）应为多少才合算？

设 y_1、y_2、y_3 为三种机床工时的最低利润，模型应为

$$\min W = 12y_1 + 16y_2 + 15y_3$$

$$\text{s. t.} \begin{cases} 2y_1 + 4y_2 \qquad\;\; \geqslant 2 \\ 2y_1 \qquad + 5y_3 \geqslant 3 \\ y_1, \quad y_2, \quad y_3 \geqslant 0 \end{cases} \qquad\qquad (4\text{-}8)$$

同一组数据，从不同的角度研究可建不同的模型。那么，两个模型之间有什么区别和联系，又各反映什么经济本质呢？这又是一个需要探讨的问题。

（3）在研究问题中，经常需要分析某种资源的增加或减少对目标值的影响程度。有些资源的增减并不影响目标值，这类资源是长线资源；某些资源的增减对目标值影响很大，这种资源是较稀缺的资源，称为短线资源。为了确定资源的长短程度，需要一种评价方法。线性规划的对偶理论为解决上述问题提供了一套完整的理论和方法。

4.4.1　线性规划的对偶理论

现以第二种情况中所提出的两个模型为例来研究两个模型之间的内在联系。从两个模型来看，第一个模型的目标要求最大，而第二个模型的目标要求最小；前者的变量数和后者的约束数相等；第一个模型的 C 是第二个模型的 b，第一个模型的 b 是第二个模型的 C；第二个模型的矩阵 A 是第一个模型的矩阵 A 的转置。

如果把第一个模型称为原问题，则第二个模型称为对偶问题，并将这种对应关系推而广之，则得如表 4-27 和表 4-28 所列的对应关系。

表 4-27　原问题与对偶问题的对应关系（一）

原问题（或对偶问题）			对偶问题（或原问题）		
	目标函数 max Z			目标函数 min Z	
约束条件	约束条件个数 m 个		变量	对偶变量个数 m 个	
	约束条件为 ≤			变量 $x_j \geqslant 0$	
	约束条件为 ≥			变量 $x_j \leqslant 0$	
	约束条件为 =			对偶变量 y_j 为自由变量	
变量	变量个数为 n 个		约束条件	约束条件个数为 n 个	
	对偶变量 $y_j \geqslant 0$			约束条件为 ≥	
	对偶变量 $y_j \leqslant 0$			约束条件为 ≤	
	变量 x_i 为自由变量			约束条件为 =	
	约束的系数矩阵为 A			约束的系数矩阵为 A^T	
	约束常数项为 b			约束常数项为 C	
	指标因数为 C			指标因数为 b	

表 4-28　原问题与对偶问题的对应关系（二）

y_j	x_i				原关系	min W
	x_1	x_2	$\cdots$	x_n		
y_1	a_{11}	a_{12}	$\cdots$	a_{1n}	$\leqslant$	b_1
y_2	a_{21}	a_{22}	$\cdots$	a_{2n}	$\leqslant$	b_2
$\vdots$	$\vdots$	$\vdots$		$\vdots$	$\vdots$	$\vdots$
y_m	a_{m1}	a_{m2}	$\cdots$	a_{mn}	$\leqslant$	b_m
对偶关系	$\geqslant$	$\geqslant$	$\cdots$	$\geqslant$	min W = max Z	

由对应关系可见，原问题和对偶问题是互为对偶的，即把其中任一个称为原问题，另一个则是它的对偶问题。

运筹学中对偶理论指出：

（1）一对对偶问题，是一个问题的两个侧面，其目标是一致的。若原问题有最优解，那么对偶问题也有最优解，且目标函数值相等；若原问题解无界，对偶问题无可行解。

（2）原问题的检验数 $C - C_B B^{-1} A$，对应于对偶问题的一组基解，基矩阵 B 为最优基，则最优基下的检验数对应于对偶问题的最优解。

（3）对偶问题的最优解对应原问题的最优基下的检验数。

（4）在线性规划最优解中，若对应的某一约束条件的对偶变量值非零，则该约束条件取严格等式；如果约束条件取严格不等式，则对应的对偶变量一定为零。

原问题和对偶问题最优解之间的关系见表 4-29。

表 4-29　原问题和对偶问题最优解之间的关系

原问题	X_B	X_N	X_S
判断数行	0	$C_N - C_B B^{-1} N$	$- C_B B^{-1}$
对偶问题	Y_{S1}	$- Y_{S2}$	$- Y$

表中 Y_{S1} 对应于原问题基变量 X_B 的剩余变量，Y_{S2} 对应于原问题非基变量 X_N 的剩余变量，原问题的对偶解对应于原问题的松弛变量 X_S。

由上述对偶理论知，上述第一种情况可通过求解它的对偶问题使模型简化。模型为 2 个变量、10 个约束的问题，其对偶问题为 2 个约束、10 个变量的问题，加上松弛变量也只有 12 个变量，A 为 2×12 阶矩阵，比 10×22 阶要小得多。这就是说，原问题和对偶问题中求解了其中的一个就等于求解了另一个，因此，遇到第一种情况，可通过求解其对偶问题使其简单方便地解决。

第二种情况则不必建立两个模型，而只在建立并求解一个模型的同时，通过对偶关系解决另一个问题。

第三种情况则不需求解对偶规划模型，只需在求解原问题时保留其最优基下的判断数即可确定影子价格，解决资源的长短线问题。

【例 4-15】　某厂生产四种产品，每种产品均需要消耗三种原料，产品的资源消耗量和利润情况见表 4-30。

表 4-30　产品资源消耗量和利润情况

原料	产品				资源拥有量
	1	2	3	4	
A	1	1	2	3	180
B	2	2	1	1	150
C	2	1	1	3	120
利润（元）	12	9	10	11	

设各产品产量为 x_i，引入松弛变量求解得到最终单纯形表，见表 4-31。

表 4-31　最终单纯形表

	$C \rightarrow$		12	9	10	11	0	0	0
C_B	X_B	$B^{-1}b$	x_1	x_2	x_3	x_4	x_5	x_6	x_7
10	x_3	70	0	0	1	5/3	2/3	−1/3	0
9	x_2	30	0	1	0	−2	0	1	−1
12	x_1	10	1	0	0	5/3	−1/3	−1/3	1
	$C_j - Z_j$		0	0	0	−23/3	−8/3	−5/3	−3

写出原问题及其对偶问题的线性规划模型，并分别指出它们的最优解及最优值。

解　（1）原问题。

设四种产品的生产量为 x_1、x_2、x_3、x_4，则

$$\max Z = 12x_1 + 9x_2 + 10x_3 + 11x_4$$

$$\text{s. t.} \begin{cases} x_1 + x_2 + 2x_3 + 3x_4 \leqslant 180 \\ 2x_1 + 2x_2 + x_3 + x_4 \leqslant 150 \\ 2x_1 + x_2 + x_3 + 3x_4 \leqslant 120 \\ x_1, \quad x_2, \quad x_3, \quad x_4 \geqslant 0 \end{cases}$$

最优生产安排是：产品 1 生产 10 单位，产品 2 生产 30 单位、产品 3 生产 70 单位，即 $X^* = (10, 30, 70, 0)$，利润 $Z^* = 1090$ 元。

（2）对偶问题。

设三种原料 A、B、C 的影子价格分别为 y_1、y_2 和 y_3，则

$$\min W = 180y_1 + 150y_2 + 120y_3$$

$$\text{s. t.} \begin{cases} y_1 + 2y_2 + 2y_3 \geqslant 12 \\ y_1 + 2y_2 + y_3 \geqslant 9 \\ 2y_1 + y_2 + y_3 \geqslant 10 \\ 3y_1 + y_2 + 3y_3 \geqslant 11 \\ y_1, \quad y_2, \quad y_3 \geqslant 0 \end{cases}$$

最优解为：$y_1 = 8/3$ 元，$y_2 = 5/3$ 元，$y_3 = 3$ 元，即 $Y^* = (8/3, 5/3, 3)$，$W^* = 1090$ 元。

4.4.2　影子价格

由单纯形法知，目标函数 $Z = C_B B^{-1} b$，当 b 增加一个单位时，Z 增加 $C_B B^{-1}$，$C_B B^{-1}$ 称为单纯形乘子。因为它体现了资源增加一个单位时目标函数的增长量，起到了资源参考价格的作用，因此又称为影子价格。影子价格在国外又称为机会成本、会计价格、隐含价格、最优计划价格、完全竞争条件下的市场价格以及最优分工协作方案的实现价格等。它是经济管理中相当重要的参数之一。

由判断准则 $C - C_B B^{-1} A \leqslant 0$ 知，在最优基时，只有非基变量所对应的判断数小于零，基变量的判断数均为零。因此对原问题来说，松弛变量不为零，则它一定是基变量，且在基矩阵中，因基变量的判断数为零，故根据对偶原理，它的影子价格为零。这种资源的增长不会使目标值增加，故它是长线资源。如果松弛变量为非基变量，其值为零，且判断数小于零，这说明系统取最优解时，该资源已用尽，其数量的增加可使目标函数值减小，它的影子价格就是它所对应的判断数（因资源松弛变量对应的检验数在 $C - C_B B^{-1} A$ 中一般为 $-C_B B^{-1}$）。

4.4.3　对偶单纯形法

在单纯形法的标准形中曾规定 $b \geqslant 0$，其目的是引入人工变量之后可以方便地得到一组基可行解。由于对偶问题中的 b 是原问题中的 C，对偶问题中的 C 是原问题中的 b，根据这种对应关系可得一种求解线性规划问题的方法——对偶单纯形法。

对偶单纯形法是以对偶理论为基础，从一组基解过渡到另一组基解，最后得到基可行解的一种方法。对某类问题不必引入人工变量，也不必规定 $b \geqslant 0$，因而可使计算简化。

对偶单纯形法的计算步骤如下：

（1）将模型标准化为

$$\max Z = CX$$
$$\text{s. t.} \begin{cases} AX = b \\ X \geqslant 0 \end{cases}$$

的形式，并得出增广标准形。

（2）求初始基解（判断数均小于零的基解，可以不是基可行解）。

（3）如果 $\tilde{b}_i \geqslant 0$，则得最优解，计算结束；否则转（4）。

（4）选 $\tilde{b}_r = \min \{ \tilde{b}_i \mid \tilde{b}_i < 0 \}$ 行。

（5）如果所有 $a_{rj} \geqslant 0$，则问题解无界；否则转（6）。

（6）选 $\delta_s = \min \left\{ \dfrac{\delta_j}{a_{rj}} \mid \tilde{a}_{rj} < 0 \right\}$ 列，得旋转中心 a_{rs}。

（7）进行旋转变换，转（3）。

现将单纯形法和对偶单纯形法的对应关系列于表 4-32 中。

表 4-32　单纯形法和对偶单纯形法的对应关系

步　骤	单纯形法	对偶单纯形法
最优解判断准则	$\delta_j \leqslant 0$　（所有 j）	$\tilde{b}_i \geqslant 0$　（所有 i）

（续）

步　骤	单纯形法	对偶单纯形法
选择进基元素	若 $\delta_s = \max\{\delta_j \mid \delta_j > 0\}$，则 x_s 进基	若 $\delta_s / \widetilde{a}_{rs} = \min\{\delta_j / \widetilde{a}_{rj} \mid \widetilde{a}_{rj} < 0\}$，则 x_s 进基
选择出基元素	若 $\widetilde{b}_r / \widetilde{a}_{rs} = \min\{\widetilde{b}_r / \widetilde{a}_{is} \mid \widetilde{a}_{is} > 0\}$，则 x_r 出基	若 $\widetilde{b}_r = \min\{\widetilde{b}_i \mid \widetilde{b}_i < 0\}$，则 x_r 出基
解无界	$\widetilde{a}_{is} \leqslant 0$ $(i = 1, 2, \cdots, m)$	$\widetilde{a}_{rj} \geqslant 0$ $(j = 1, 2, \cdots, n)$
旋转中心	$\widetilde{a}_{rs}$	$\widetilde{a}_{rs}$

【例 4-16】　用对偶单纯形法求解下列线性规划问题：

$$\min W = 2x_1 + 3x_2 + 4x_3$$

$$\text{s. t.} \begin{cases} x_1 + 2x_2 + x_3 \geqslant 3 \\ 2x_1 - x_2 + 3x_3 \geqslant 4 \\ x_1, \quad x_2, \quad x_3 \geqslant 0 \end{cases}$$

解　先将此问题化为以下形式，以便得到对偶的初始可行解。

$$\max W = -2x_1 - 3x_2 - 4x_3 + 0x_4 + 0x_5$$

$$\text{s. t.} \begin{cases} -x_1 - 2x_2 - x_3 + x_4 \qquad\quad = -3 \\ -2x_1 + x_2 - 3x_3 \qquad + x_5 = -4 \\ x_1, \quad x_2, \quad x_3, \quad x_4, \quad x_5 \geqslant 0 \end{cases}$$

其中 x_4、x_5 为松弛变量。建立此问题的单纯形表进行计算，见表 4-33。

表 4-33　单纯形表（十五）

C_B	X_B	$B^{-1}b$	-2 x_1	-3 x_2	-4 x_3	0 x_4	0 x_5	
0	x_4	-3	-1	-2	-1	1	0	
0	x_5	-4	$[-2]$	1	-3	0	1	→
	δ_j		-2	-3	-4	0	0	
	θ		$(-2)/$ $(-2) = 1\uparrow$	—	$(-4)/(-3)$ $= 1.333$			
0	x_4	-1	0	$[-2.5]$	0.5	1	-0.5	→
-2	x_1	2	1	-0.5	1.5	0	-0.5	
	δ_j		0	-4	-1	0	-1	
	θ			$(-4)/(-2.5)$ $= 1.6\uparrow$	—		$(-1)/$ $(-0.5) = 2$	
0	x_2	0.4	0	1	-0.2	-0.4	0.2	
-2	x_1	2.2	1	0	1.4	-0.2	-0.4	
	δ_j		0	0	-1.2	-0.4	-0.8	

因为全部 $\delta_j \leqslant 0$，已达最优，最优解 $X^* = (2.2, 0.4, 0)$，最小解 $W^* = 5.6$。

4.5 整数规划

前面讨论的线性规划中的决策变量都是连续的。然而，许多经济管理问题中，有很多定性关系也需要用整数变量来表达，决策变量往往只能取整数值，例如人数、次数、个数等的变量，含整数变量的规划问题的应用是十分广泛的。把限制部分决策变量或全部决策变量只能取整数的线性规划称为线性整数规划，简称为整数规划或 IP 问题。

1. 整数规划问题的一般形式

一部分或全部决策变量必须取整数值的规划问题称为整数规划。不考虑整数条件，由余下的目标函数和约束条件构成的规划问题称为该整数规划的松弛问题。若松弛问题是一个线性规划，则该整数规划称为整数线性规划。整数线性规划的一般形式为

$$\max(\text{或}\min) = \sum_{j=1}^{n} c_j x_j$$

$$\text{s. t.} \begin{cases} \sum_{j=1}^{n} a_{ij}x_j \leqslant (\text{或} \geqslant, \text{或} =)b_i \ (i = 1,2,\cdots,m) \\ x_j \geqslant 0 \ (j = 1,2,\cdots,n) \\ x_1,x_2,\cdots,x_n \ \text{中全部或部分取整数} \end{cases}$$

整数线性规划是运筹学的一个重要分支。按照对决策变量的不同整数要求，可分为下列几种类型：

（1）纯整数线性规划：决策变量全部取整数的线性规划问题。

（2）混合整数线性规划：决策变量中有一部分取整数值，另一部分可以不取整数值的整数线性规划问题。

（3）0 - 1 整数线性规划：不仅限制决策变量为整数，而且只允许取 0 和 1 两个值。

2. 整数规划的例子

【例 4-17】 厂址选择与固定费用问题。

山西蓝黛公司有五个生产基地，每个生产基地的产量见表 4-34。五个生产基地生产的零部件要运往公司总部的装配厂统一进行装配，该装配厂每年装配所需零部件数量为 1190 千件。每年运行的固定费用为 300 千元。现规划新建一个装配厂，五个生产基地每年生产的零部件将全部供给这两个装配厂使用。现有三个备选的装配厂，各备选装配厂建成后每年运行的固定费用、每千件零部件从各生产基地运送到各备选地址及原装配厂的运费见表 4-35、表 4-36。试问，应把新装配厂的地址选在何处，同时各生产基地生产的零部件应如何分配给两个装配厂，才能使蓝黛公司每年的运行总费用（固定费用与运费之和）最小？

表 4-34 各生产基地年生产数量

生产基地	生产数量（千件/年）
A	450
B	620
C	300
D	380
E	420

表 4-35　各备选装配厂建成后每年运行的固定费用

备选地址	1	2	3
每年运行的固定费用（千元/年）	250	270	280

表 4-36　每千件零部件从各生产基地运送到各备选地址及原装配厂的运费

单位：百元/千件

生产基地	备选地址			原装配厂
	1	2	3	
A	200	220	180	210
B	190	230	185	180
C	195	210	190	195
D	170	180	205	210
E	160	210	195	205

解　这样的选址问题属于 $0-1$ 整数规划问题。设 $i=1$，2，3，4，5 分别代表五个生产基地。为了方便，用 $j=1$，2，3，4 代表装配厂，其中，$j=1$，2，3 分别代表三个备选装配厂，$j=4$ 代表原装配厂。a_i 为第 i 个生产基地生产数量，f_j 为第 j 个装配厂的固定费用，b_j 为第 j 个装配厂的装配数量，x_{ij} 为第 i 个生产基地运往第 j 个装配厂的运送数量，c_{ij} 为第 i 个生产基地运往第 j 个装配厂的单位运费。三个备选地址都有被选中或未被选中的可能，因此令

$$y_j = \begin{cases} 1, & \text{该地址被选中} \\ 0, & \text{该地址未被选中} \end{cases} \quad (j=1,2,3,4)$$

同时，$y_4=1$（原装配厂已存在）。

于是，蓝黛公司每年运行总费用为

$$Z = \sum_{i=1}^{5}\sum_{j=1}^{4} c_{ij}x_{ij} + \sum_{j=1}^{4} f_j y_j$$

装配厂每年需要装配的零部件数量从五个生产基地运来，则有

$$\sum_{i=1}^{5} x_{ij} = b_j \quad (j=1,2,3,4)$$

同时，原装配厂每年需要使用零部件为 1190 千件，故有 $b_4=1190$。

若 j 备选厂址未被选中，即 $y_j=0$，同时，运往 j 备选厂址的运输数量也应为零，故有下列约束条件：

$$\sum_{j=1}^{4} x_{ij} = a_i \quad (i=1,2,3,4,5)$$

$$\sum_{i=1}^{5} x_{ij} = y_j b_j \quad (j=1,2,3,4)$$

又因只需建一个装配厂，故共有两个装配厂，即

$$\sum_{j=1}^{4} y_j = 2$$

于是，上述选址问题可以归纳成下列形式的整数规划：

$$\min Z = \sum_{i=1}^{5} \sum_{j=1}^{4} c_{ij} x_{ij} + \sum_{j=1}^{4} f_j y_j$$

$$\text{s. t.} \begin{cases} \sum_{i=1}^{5} x_{ij} = y_j b_j & (j = 1,2,3,4) \\ b_4 = 1190 \\ y_4 = 1 \\ \sum_{j=1}^{4} x_{ij} = a_i & (i = 1,2,3,4,5) \\ \sum_{j=1}^{4} y_j = 2 \\ x_{ij} \geqslant 0 & (i = 1,2,3,4,5; j = 1,2,3,4) \\ y_j = 0 \text{ 或 } 1 \end{cases}$$

【例 4-18】 某篮球队拟从编号为 1，2，…，6 的六名预备队员中挑选四名正式队员，要求他们的平均身高尽量高。此外，入选队员尚须符合下列条件：①至多有一名后卫；②若 2 号或 3 号入选，4 号就不得入选；③最少入选一名中锋。这些预备队员的有关情况见表 4-37。哪三名预备队员应该入选？

表 4-37 预备队员的有关情况

预备队队员编号	位置	身高/m
1	中锋	1.92
2	中锋	1.91
3	前锋	1.87
4	前锋	1.86
5	后卫	1.88
6	后卫	1.85

解 设 $j = 1$，2，…，6 分别代表六名预备队员，h_j 代表第 j 名队员的身高，令

$$y_j = \begin{cases} 1, & \text{该预备队员被选中} \\ 0, & \text{该预备队员未被选中} \end{cases} \quad (j = 1,2,\cdots,6)$$

则根据题意，该问题的数学模型为

$$\max Z = \frac{1}{4} \sum_{j=1}^{6} h_j y_j$$

$$\text{s. t.} \begin{cases} \sum_{j=1}^{6} y_j = 4 \\ y_5 + y_6 \leqslant 1 \\ y_2 + y_4 \leqslant 1 \\ y_3 + y_4 \leqslant 1 \\ y_1 + y_2 \geqslant 1 \\ y_1, y_2, \cdots, y_6 = 0 \text{ 或 } 1 \end{cases}$$

【例4-19】 某企业构件厂生产甲、乙两种钢筋混凝土构件，原材料单位消耗、原材料拥有量及单位利润见表4-38。如可安排生产，才能使企业获利润最多？

表4-38 企业生产情况

原材料	钢筋混凝土构件		拥有量
	甲	乙	
钢材	20	5	1450
水泥	20	10	650
单位利润	250	500	

解 因钢筋混凝土构件生产量只能是整数，故该问题是整数规划问题，其模型为

$$\max Z = 250x_1 + 500x_2$$

$$\text{s. t.} \begin{cases} 20x_1 + 5x_2 \leqslant 1450 \\ 20x_1 + 10x_2 \leqslant 650 \\ x_1, \quad x_2 \geqslant 0，且均为整数 \end{cases}$$

3. 整数规划的解法

整数规划是模型中变量有整数限制的特殊线性规划。通常认为，这类线性规划只要在不考虑整数约束条件下求解，再将非整数解"四舍五入"化成整数即可得到整数规划的解。表面上看，似乎合情合理，但实质上是错误的，即使正确，也是偶然。其原因在于：

（1）全部"五入"，必然造成资源不足，不满足约束条件，这组解一定不是可行解。

（2）全部舍弃小数部分，可得到可行解，但未必是最优解。

（3）部分"五入"，部分"四舍"，也可能出现上述两种情况之一的结果。

因此，不能用"取整"的方法求解整数规划问题。整数规划的解法比线性规划复杂，通常使用分支定界法和割平面法。这些方法的基本思想是把一个整数规划问题转化为一系列线性规划问题，通过求解这一系列线性规划问题而最终得到整数规划的最优解。

现介绍分支定界法求解整数规划的基本原理和步骤。

用分支定界法求解整数规划的基本原理是分支和定界。所谓分支，就是在无整数约束的线性规划问题的可行区中，去掉某一非整解的小数部分，将可行区分为两部分（即两支），再在两个部分中寻找整数解，依次逐级分支，直到最优解为止。所谓定界，是指在分支过程中依据每次分支确定最优解的上、下界限，求解过程只在该上下界限范围内分支并逐渐缩小上界限，最终求出最优解。

该方法的步骤为：

设求解的整数规划为问题 A，与之相对应的不考虑整数约束的一般线性规划为问题 B，求解 B 可能得到以下情况之一：

（1）B 无可行解，则 A 也无可行解。

（2）B 有最优解且符合问题 A 的整数约束，则 B 的最优解为 A 的最优解。

（3）B 有最优解，但不符合 A 的整数约束，则其最优解的上限为 $\overline{Z}$。

这里只研究第三种情况。

第一步，分支和定界。分支是在 B 的最优解中任选一个不符合整数条件的变量 x_j，其解

为 b_j，构造两个约束：

$$x_j \leqslant [b_j]_{整数}, x_j \geqslant [b_j]_{整数} + 1$$

这两个约束则去掉了可行区中（$[b_j]_{整数}$，$[b_j]_{整数} + 1$）部分，而将可行区分为两个部分，即两支，从而得到两个后继的一般线性规划。

定界是以每个后继线性规划为一分支，求解并找出各问题最大的最优值取代 $\overline{Z}$，从符合整数条件的各分支中找出最大的最优值作为 $\underline{Z}$，如无符合取整条件的最优解，则 $\underline{Z} = 0$。

第二步，比较与剪枝。各分支的目标函数值中若有小于 $\underline{Z}$ 者，则剪掉该支，若大于 $\underline{Z}$ 且不符合整数条件，则重复第一步，直到 $\underline{Z} = Z^*$ 为止。

现以例 4-19 为例说明其算法。

按分支定界法计算步骤，该问题为 A 问题，与之相对应的无整数约束的线性规划为 B 问题。图解法求解如图 4-8 所示。由图 4-8 可知，A 问题 $\underline{Z} = 0$。图中 $OACD$ 围起来的阴影部分是 B 问题的可行域。用单纯形法或图解法求解 B 问题，最优解为 $x_1 = 22.5$，$x_2 = 20$，max $Z = 15625$。

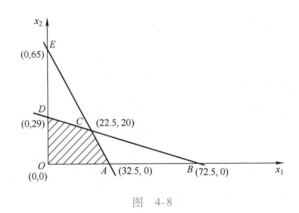

图　4-8

B 问题的最优解 $x_1 = 22.5$ 不符合整数条件。选择 $x_1 = 22.5$ 进行分支（如果两个解均不符合整数条件，可选其中一个较小的解进行分支）。由于最接近 22.5 的整数是 22 和 23，因而可以构造两个约束条件：

$$x_1 \geqslant [22.5] + 1 = 23 \quad 和 \quad x_1 \leqslant [22.5] = 22$$

分别加入 B 问题，将可行区分为 B_1 和 B_2 两个部分（见图 4-9），得到两个一般线性规划：

$$B_1: \max Z = 250x_1 + 500x_2 \qquad B_2: \max Z = 250x_1 + 500x_2$$

$$\text{s. t.} \begin{cases} 20x_1 + 50x_2 \leqslant 1450 \\ 20x_1 + 10x_2 \leqslant 650 \\ x_1 \geqslant 23, \ x_2 \geqslant 0 \end{cases} \qquad \text{s. t.} \begin{cases} 20x_1 + 50x_2 \leqslant 1450 \\ 20x_1 + 10x_2 \leqslant 650 \\ 0 \leqslant x_1 \leqslant 22, \ x_2 \geqslant 0 \end{cases}$$

图中阴影部分为线性规划问题 B_1 和 B_2 的可行域。采用图解法或单纯形法求解线性规划问题 B_1 和 B_2，得

$$B_1: x_1 = 23, \ x_2 = 19, \ Z = 15250$$

$$B_2: x_1 = 22, \ x_2 = 20.2, \ Z = 15600$$

B_1 的解为整数，目标 Z 大于 $\underline{Z}$，故 $\underline{Z} = 15250$。

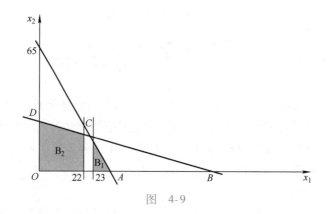

图 4-9

B_2 的解存在非整数，故 $\overline{Z} = 15600$。

对 B_2 再进行分支（见图 4-10），得一般线性规划 B_{21} 和 B_{22}：

B_{21}：$\max Z = 250x_1 + 500x_2$

s. t. $\begin{cases} 20x_1 + 50x_2 \leqslant 1450 \\ 20x_1 + 10x_2 \leqslant 650 \\ 0 \leqslant x_1 \leqslant 22, \ x_2 \geqslant 21 \end{cases}$

B_{22}：$\max Z = 250x_1 + 500x_2$

s. t. $\begin{cases} 20x_1 + 50x_2 \leqslant 1450 \\ 20x_1 + 10x_2 \leqslant 650 \\ 0 \leqslant x_1 \leqslant 22, \ 0 \leqslant x_2 \leqslant 20 \end{cases}$

求解得

B_{21}：$x_1 = 20$，$x_2 = 21$，$Z = 15500$

B_{22}：$x_1 = 22$，$x_2 = 20$，$Z = 15500$

因 B_{21}、B_{22} 均为整数解，且目标值高于

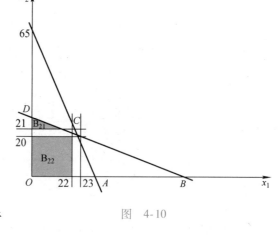

图 4-10

上一分支的 $\underline{Z}$，故

$$\underline{Z} = 15500 = Z^*$$

该问题的分支定界过程如图 4-11 所示。

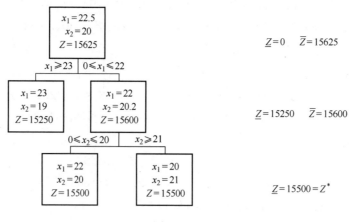

图 4-11

【例 4-20】 求解整数规划问题 A。

$$\max Z = 40x_1 + 90x_2$$

$$\text{s. t.} \begin{cases} 9x_1 + 7x_2 \leqslant 45 \\ 7x_1 + 20x_2 \leqslant 70 \\ x_1, \quad x_2 \geqslant 0, \text{且为整数} \end{cases}$$

解 按分支定界法计算步骤，该问题为 A 问题，与之相对应的无整数约束的线性规划为 B 问题。用单纯形法或图解法求解 B 问题，最优解为 $x_1 = 4.81$，$x_2 = 1.82$，$\max Z = 356.2$。因为 x_1、x_2 均为非整数，故可以任选一个变量进行分支。本次求解过程采用对 x_1 进行分支。分支定界过程如图 4-12 所示。A 问题的最优解为 $x_1 = 4$，$x_2 = 2$，$\max Z = 340$。

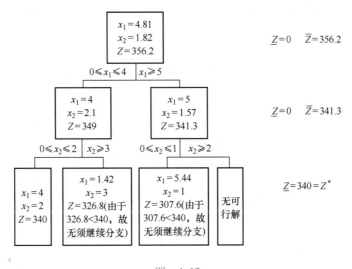

图 4-12

分支定界法求解整数规划问题仍很麻烦，用 LINGO 软件或 WinQSB 软件均可方便地求解各种类型的整数规划。

例 4-17 整数规划的 LINGO 程序如下:

Model:

Sets:

Shengchanjidi/1..5/:a;! 五个生产基地,生产数量为 a;

Zhuangpeichang/1..4/:f,y,b;! 四个装配厂,f 为装配厂运行的固定费用,y 为 0 - 1 变量,表示是否选择建厂;

Sh_zh(Shengchanjidi,Zhuangpeichang):x,c;! x 为由生产基地运往装配车间的零部件的数量,c 为由生产基地运零部件到装配车间的单位运费;

Endsets

Data:

a = 450,620,300,380,420;

c = 20　　22　18　　21

　　19　　23　18.5　18

```
     19. 5    21    19     19. 5
     17       18    20. 5  21
     16       21    19. 5  20. 5
f = 250,270,280,300;
Enddata
b(4) = 1190;y(4) = 1;
@for(shengchanjidi(i):@sum(Zhuangpeichang(j):x(i,j)) = a(i));
@for(Zhuangpeichang(j):@sum(shengchanjidi(i):x(i,j)) = b(j) * y(j));
@sum(Zhuangpeichang(j):y(j)) = 2;
@for(Zhuangpeichang(j):@bin(y(j)));
Min = @sum(Sh_zh:x * c) + @sum(Zhuangpeichang(j):f(j) * y(j));
End
```

运算结果为最小费用为 40010 千元,在备选地址 1 处建厂。

例 4-18 整数规划的 LINGO 程序如下:

```
Model:
Sets:
duiyuan/1..6/:h,y;! 六名队员,身高为 h;
Endsets
Data:
h = 1. 92,1. 91,1. 87,1. 86,1. 88,1. 85;
Enddata
@for(duiyuan(j):@bin(y(j)));
    y(5) + y(6) < =1;
    y(2) + y(4) < =1;
    y(3) + y(4) < =1;
    y(1) + y(2) > =1;
Max = @sum(duiyuan(j):h * y/4);
End
```

运算结果为平均身高 1. 895,队员 1、2、3、5 入选。

4. 6 运输模型的求解方法——表上作业法

运输模型是一个线性规划,可采用单纯形法进行求解,然而由于其变量比较多,在问题规模较大时,采用单纯形法进行求解的效率很低。表上作业法是单纯形法在求解运输问题时的一种简化方法。由于表上作业法的实质仍是单纯形法,因此也具有单纯形法的解题步骤。

(1) 找出初始可行方案,即求出初始基可行解。

(2) 求各非基变量的检验数,判断当前基可行解是否最优。由于运输问题均为 min 型(总运费最省),如果全部检验数均非负,则已达到最优,停止计算;否则,转到下一步。

（3）改进，得新基可行解。

（4）转到（2），直到最优解求出为止。

下面以一个平衡型运输问题为例对各个步骤进行介绍。

4.6.1　寻找初始基可行解

寻找运输问题初始基可行解的方法常见的有西北角法、最小元素法、伏格尔法三种。一般而言，伏格尔法效果最好，因为它能得到一个比用前两种方法更好的初始基可行解（即目标函数值更小），最小元素法次之，西北角法再次之（因为未考虑单位运价）。这里只介绍最小元素法。为描述方便，我们将通过具体例题来说明其步骤。

【例4-21】　在4.1节的例4-3中，建筑公司有三个钢材供应站，钢材拥有量分别为700t、400t、900t，准备向四个建筑工地供应钢材，各工地的需要量为300t、600t、500t、600t，各供应站向各工地调运钢材的单位运价见表4-6，现制定调运计划使运输费用最省。

该问题中总拥有量 = $(700 + 400 + 900)$ t = 2000t，总需求量 = $(300 + 600 + 500 + 600)$ t = 2000t，总拥有量 = 总需求——为平衡型运输问题。

1. 最小元素法

用最小元素法编制初始方案的基本原则是就近供应，即由单位运价表中选最小元素 $\min\{c_{ij}\}$ 确定相对应的供需地点 A_i 和 B_j，以供应地 A_i 的拥有量 a_i 和需求地 B_j 的需求量 b_j 的最小值作为调运量 $x_{ij}(x_{ij} = \min\{a_i, b_j\})$，然后勾掉最小值所对应的行或列，直至编制一个完整的调运方案为止。

首先，为清晰起见，将运价和平衡表合并在一个表中（称为平衡运价表），见表4-39，将运费 c_{ij} 写在右上角，运量 x_{ij} 写在左下角。

表 4-39　平衡运价表　　　　　　　　　　　　　　　运价单位：元/t

供应地	需求地				拥有量/t
	B_1	B_2	B_3	B_4	
A_1	3	11	3	10	700
A_2	1	9	2	8	400
A_3	7	4	10	5	900
需求量/t	300	600	500	600	

（1）在所有 c_{ij} 中找出费用最小的一个元素（若有几个同时为最小值，则可任取一个）。本例 $c_{21} = 1$ 最小，故从 x_{21} 开始，先安排 x_{21} 以尽可能大的值，即 $x_{21} = \min\{400, 300\} = 300$，即 A_2 运往需求地 B_1 钢材300t。这样做的经济意义是：按最低的运价首先由 A_2 供应地满足 B_1 需求地的需求。此时由于 B_1 的需求已全部满足，故无须再从其他供应站向 B_1 需求地调运了，故应勾掉 B_1 所在的列。同时，A_2 向 B_1 供应后，剩余量为 $(400 - 300)$ t = 100t，故 A_2 的拥有量 a_2 变成100t，这样就完成了一次选择。

（2）在没有划去的空格内再找一个 c_{ij} 的最小值。此时 $c_{23} = 2$ 最小，取 $x_{23} = \min\{400 -$

$300,500\} = 100$，此时 A_2 供应地的钢材已全部运出，故 A_2 供应地已不可能向其他需求地进行调运了，故应勾掉 A_2 所在的行。

同理进行下列操作：

（3） $c_{13} = 3$ 最小，取 $x_{13} = \min\{700, 500 - 100\} = 400$，勾掉 B_3 所在的列。

（4） $c_{32} = 4$ 最小，取 $x_{32} = \min\{900, 600\} = 600$，勾掉 B_2 所在的列。

（5） $c_{34} = 5$ 最小，取 $x_{34} = \min\{900 - 600, 600\} = 300$，勾掉 A_3 所在的行。

（6） $c_{14} = 10$ 最小，取 $x_{14} = \min\{700 - 400, 600 - 300\} = 300$，此时 A_1 供应站的钢材已全部运出，同时 B_4 的需求也已全部满足，故应同时勾掉 A_1 所在的行和 B_4 所在的列。

至此，表上全部行和列均已勾去，表明全部约束条件均得以满足，即它是一个基可行解，见表4-40。它的总费用为

$$Z = (400 \times 3 + 300 \times 10 + 300 \times 1 + 100 \times 2 + 600 \times 4 + 300 \times 5)\,元 = 8600\,元$$

表4-40　可行方案表（一）　　　　　　　　　　　运价单位：元/t

供应地	需求地				拥有量/t
	B_1	B_2	B_3	B_4	
A_1	3	11	3 _400_	10 _300_	700
A_2	1 _300_	9 _100_	2	8	400
A_3	7	4 _600_	10	5 _300_	900
需求量/t	300	600	500	600	

2. 最小元素法确定初始基可行解需要注意的问题

（1）一个有 m 个供应地、n 个需求地的运输问题，基可行解表上共有 $m + n - 1$ 个数字，可以证明，这 $m + n - 1$ 个数字对应的变量是基变量。其余空格对应的是非基变量。

在编制初始方案的过程中，除最后一步同时勾去一行及一列外，其他各步只勾去一行或一列，所以共勾去 $m + n$ 行，而填写了 $m + n - 1$ 个数字。

（2）在用最小元素法确定初始方案时，当遇到供应地拥有量 a_i 与需求地需求量 b_j 相等时，按理应同时勾掉第 i 行和第 j 列，因这时第 i 个供应地已再无货可供，第 j 个需求地已满足，则在确定该方案的运量以外，还可在第 i 行或第 j 列任一空格处补一个 0，以满足 $m + n - 1$ 个数字的需要。这个"0"运量，在以后的计算中把它当作一个实在的基变量看待。

4.6.2　最优性检验——计算检验数

初始可行方案是否为最优方案，需进行检验。检验的目的有二：确定是否为最优方案；如不是最优方案，为方案的调整提供依据。因此，进行初始可行方案的检验是表上作业方法的关键。

对初始可行方案的检验方法有两种：一种是闭回路法，另一种是位势法。

1. 闭回路法

运输平衡表中能排列成下列形式的变量的集合称为一个闭回路。

$$\{x_{i_1 j_1},\ x_{i_1 j_2},\ x_{i_2 j_2},\ x_{i_2 j_3},\ \cdots,\ x_{i_s j_s},\ x_{i_s j_1},\ x_{i_1 j_1}\}$$

其中，i_1，i_2，$\cdots$，i_s 互不相同，j_1，j_2，$\cdots$，j_s 互不相同，出现在集合中的变量称为闭回路的顶点。

常见的闭回路形式如图 4-13 所示。

利用闭回路计算检验数：

（1）针对每个非基变量（空格）找其闭回路。

图 4-13　常见的闭回路形式

具体做法：从某个空格开始，沿水平或垂直方向前进，当遇到一个数字，可以越过继续前进，也可以转 90°，再沿垂直或水平方向前进，如此进行下去，最终回到原出发点。这样的一个闭回路，除了第一个顶点是空格外，其余都是数字。

可以证明：每个空格有且仅有一个闭回路。

（2）根据每个非基变量的闭回路计算其检验数。

将出发格标为 1，按顺时针或逆时针依次各顶点标为 2，3，$\cdots$ 则利用 $\delta_{ij} = \sum\limits_{\text{奇次点}} c_{ij} - \sum\limits_{\text{偶次点}} c_{ij}$ 计算该非基变量的检验数。

例如表 4-40 中，空格 x_{11} 对应的闭回路为 $\{x_{11}, x_{13}, x_{23}, x_{21}\}$，则检验数 $\delta_{11} = (3 + 2) - (3 + 1) = 1$；

空格 x_{12} 对应的闭回路为 $\{x_{12}, x_{14}, x_{34}, x_{32}\}$，则检验数 $\delta_{12} = (11 + 5) - (10 + 4) = 2$；

空格 x_{22} 对应的闭回路为 $\{x_{22}, x_{23}, x_{13}, x_{14}, x_{34}, x_{32}\}$，则检验数 $\delta_{22} = (9 + 3 + 5) - (2 + 10 + 4) = 1$；

空格 x_{31} 对应的闭回路为 $\{x_{31}, x_{21}, x_{23}, x_{13}, x_{14}, x_{34}\}$，则检验数 $\delta_{31} = (7 + 2 + 10) - (1 + 3 + 5) = 10$；

类似地，可以求出所有非基变量的检验数，将结果填入表格左下角（为与基变量数字相区别，检验数可用括号括起来），具体结果见表 4-41。

表 4-41　可行方案表（二）　　　　　　　　运价单位：元/t

供应地	需求地								拥有量/t
	B_1		B_2		B_3		B_4		
A_1	(1)	3	(2)	11	400	3	300	10	700
A_2	300	1	(1)	9	100	2	(−1)	8	400
A_3	(10)	7	600	4	(12)	10	300	5	900
需求量/t	300		600		500		600		

从表 4-41 可见，存在负的检验数，故该方案不是最优解。

2. 位势法

位势法分为以下两步：

第一步，利用基变量求位势。位势的含义可理解为：对应于初始可行方案，供需双方各自支付的单位运费值。U_i 表示在初始可行方案下，第 i 个供应地运出单位物资时所支付的运费，V_j 表示第 j 个需求地收到单位物资时所支付的运费；$U_i + V_j = C_{ij}$ 为供应者和需求者所支付的运费之和，它应与运输部门实收的运费 C_{ij} 相等。简单地说，运输部门所实收的运费分别由供需双方共同负担。

设 $U_1 = 0$，对初始可行方案的每个供应地和需求地都按下式确定其位势值：

$$U_i + V_j = C_{ij} \quad (x_{ij} \text{ 为基变量})$$

式中，U_i 为第 i 个供应地的位势；V_j 为第 j 个需求地的位势；C_{ij} 为第 i 供应地向第 j 需求地供应物资的单位运费。

如上例中，令 $U_1 = 0$，按基变量 $U_i + V_j = C_{ij}$ 求出各行和各列的位势 U_i 和 V_j。

由 $U_1 + V_3 = C_{13}$，得 $V_3 = C_{13} - U_1 = 3 - 0 = 3$

由 $U_3 + V_4 = C_{34}$，得 $U_3 = C_{34} - V_4 = 5 - 10 = -5$

由 $U_2 + V_3 = C_{23}$，得 $U_2 = C_{23} - V_3 = 2 - 3 = -1$

由 $U_3 + V_2 = C_{32}$，得 $V_2 = C_{32} - U_3 = 4 - (-5) = 9$

由 $U_1 + V_4 = C_{14}$，得 $V_4 = C_{14} - U_1 = 10 - 0 = 10$

由 $U_2 + V_1 = C_{21}$，得 $V_1 = C_{21} - U_2 = 1 - (-1) = 2$

第二步，计算非基变量检验数。利用如下公式计算检验数：

$$\delta_{ij} = C_{ij} - (U_i + V_j) \quad (x_{ij} \text{ 为非基变量})$$

若 $\delta_{ij} > 0$，则表明如果由 i 供应地向 j 需求地增加单位调运量时，会使运费增加，初始可行方案是较便宜的方案。

若 $\delta_{ij} < 0$，表明如果由 i 供应地向 j 需求地增加单位调运量时，会使运费节省，与初始可行方案相比，会使运费下降，因此应以增加由 i 供应地向 j 需求地的调运量为方向进行调整。

由上述可见，δ_{ij} 可作为评价方案优劣的标准，从而得出如下判断准则：若所有 $\delta_{ij} \geq 0$ 时，该方案为最优方案；当 δ_{ij} 至少有一个小于零时，该方案不是最优方案，且应以最小的 δ_{ij} 作为方案调整的依据。

如上例中，按公式 $\delta_{ij} = C_{ij} - (U_i + V_j)$ 及表 4-42 中 C_{ij} 的数据，计算出各非基变量检验数：

$$\delta_{11} = C_{11} - (U_1 + V_1) = 3 - (0 + 2) = 1$$

$$\delta_{12} = C_{12} - (U_1 + V_2) = 11 - (0 + 9) = 2$$

$$\delta_{22} = C_{22} - (U_2 + V_2) = 9 - (-1 + 9) = 1$$

$$\delta_{24} = C_{24} - (U_2 + V_4) = 8 - (-1 + 10) = -1$$

$$\delta_{31} = C_{31} - (U_3 + V_1) = 7 - (-5 + 2) = 10$$

$$\delta_{33} = C_{33} - (U_3 + V_3) = 10 - (-5 + 3) = 12$$

表 4-42　可行方案表（三）　　　　　　　　　　运价单位：元/t

供应地	需求地						拥有量/t	U_i
	B_1		B_2		B_3		B_4			
A_1	(1)	3	(2)	11	400	3	300	10	700	0
A_2	300	1	(1)	9	100	2	(-1)	8	400	-1

（续）

供应地	需求地						拥有量/t	U_i
	B_1		B_2		B_3	B_4		
A_3	(10)	7	(4)	4	(12) 10	5	900	-5
			600			300		
需求量/t	300		600		500	600		
V_j	2		9		3	10		

可见，用位势法求得的检验数与用闭回路法求得的结果完全一致。由于 $\delta_{24} = -1 < 0$，所以该初始方案不是最优方案，且应由第二个供应地向第四个需求地增加钢材供应量。

4.6.3　调运方案的调整

δ_{ij} 为负值是指由 i 供应地向 j 需求地调运单位物资与初始可行方案相比运输费用的减少值。因此应尽量多地增加由 i 供应地向 j 需求地的供应量。若有多个检验数为负值，一般选取检验数最小的作为调整对象。同时为了保证供需平衡，可在其闭回路上进行调整。

如上例中有唯一负检验数 $\delta_{24} = -1$，其闭回路为 $\{x_{24}, x_{23}, x_{13}, x_{14}\}$，在初始可行方案中 $x_{24} = 0$，其余三个顶点分别对应于调运量为 100、300、400 的格，即 $x_{23} = 100$，$x_{13} = 400$，$x_{14} = 300$，如果向 x_{24} 增加一个单位的调运量，为了保证行和列的平衡，x_{23} 必须减少一个单位、x_{13} 必须增加一个单位、x_{14} 必须减少一个单位的调运量。为了清楚地表明这种为了保持平衡所需要调整的增加或减少关系，在 δ_{ij} 为负值的闭回路顶点标 "+" 号，然后沿闭回路按顺时针或逆时针的方向，以该 "+" 号为起点，"-" 号和 "+" 号相间地对其他顶点进行标注，"-" 号表示所对应的调运量应减少，"+" 号表示相对应的调运量应增加。需用调整的调运量则为所有 "-" 号调运量中最小的调运量。如上例中的调整调运量 $\theta = \min\{100, 300\} = 100$。调整后的初始可行方案为：$x_{24} = 0 + 100 = 100$，$x_{13} = 400 + 100 = 500$，$x_{14} = 300 - 100 = 200$，$x_{23} = 100 - 100 = 0$，其中 x_{23} 变为 0 而退出原初始可行方案（注意：此时 x_{23} 所对应的格为空格）。调整后又得到一个新的可行方案，继续用闭回路或位势法求各空格的检验数，仍填入表左下角，见表 4-43。

表 4-43　可行方案表（四）　　　　运价单位：元/t

供应地	需求地							拥有量/t
	B_1		B_2		B_3		B_4	
A_1	(0)	3	(2)	11	500	3	200	10	700
A_2	300	1	(2)	9	(1)	2	100	8	400
A_3	(9)	7	600	4	(12)	1	300	5	900
需求量/t	300		600		500		600	

此时，表中所有检验数均非负，故已达最优。最优调运方案 $X^* = \begin{pmatrix} 0 & 0 & 500 & 200 \\ 300 & 0 & 0 & 100 \\ 0 & 600 & 0 & 300 \end{pmatrix}$，

最小运费 $Z^* = 8500$ 元。

该方案与初始可行方案相比，运输费用下降了 100 元。

4.6.4 非平衡运输模型的求解方法

任何非平衡运输模型均可转化成平衡型运输模型来处理。

（1）$\sum a_i > \sum b_j$ 型非平衡型模型。由于供应地的拥有量大于需求地的需求量，因此有的产地的产品不能全部运出，需设置仓库存储。如果将仓库当作需求地 B_{n+1}，且需求量为 $\sum a_i - \sum b_j$，因就地存储不需运费，故设运费为 0，这样就将这类不平衡问题转化成了平衡型问题。

【例 4-22】 在例 4-21 中，假设第二个供应地的拥有量增加了 400t，见表 4-44。

表 4-44 拥有量大于需求量情况的单位运价表　　　运价单位：元/t

供应地	需求地				钢材拥有量/t
	B_1	B_2	B_3	B_4	
A_1	3	11	3	10	700
A_2	1	9	2	8	800
A_3	7	4	10	5	900
钢材需求量/t	300	600	500	600	2400 / 2000

从表 4-44 可以看出，总拥有量 $\sum a_i = 2400$t，总需求量 $\sum b_j = 2000$t。该运输为不平衡问题，通过增加虚拟的需求地 B_5，并假设其需求量 $b_5 = 400$t，可转化成平衡型问题，见表 4-45，用表上作业法即可求解。

表 4-45 调整后的平衡运价表（一）　　　运价单位：元/t

供应地	需求地					钢材拥有量/t
	B_1	B_2	B_3	B_4	B_5（虚拟）	
A_1	3	11	3	10	0	700
A_2	1	9	2	8	0	800
A_3	7	4	10	5	0	900
钢材需求量/t	300	600	500	600	400	2400 / 2400

解　利用最小元素法求初始可行方案，并求检验数。具体见表 4-46。

表 4-46 可行方案表（五） 运价单位：元/t

供应地	需求地					钢材拥有量/t
	B_1	B_2	B_3	B_4	B_5（虚拟）	
A_1	(1) 3	(2) 11	3 0	10 300	0 400	700
A_2	1 300	(1) 9	2 500	(-1) 8	(1) 0	800
A_3	(10) 7	4 600	(12) 10	5 300	(5) 0	900
钢材需求量/t	300	600	500	600	400	

其中，在安排（A_2，B_3）对应方案的 500t 运输量时，同时划去了一行及一列，故选择与它同列的（A_1，B_3）方案上补 0，此时 x_{13} 为基变量。

由于检验数 $\delta_{24} = -1 < 0$，则当前方案不是最优解。可沿闭回路 x_{24}—x_{23}—x_{13}—x_{14} 进行调整，调整量 $q = \min\{300,500\} = 300$。

调整后见表 4-47。

表 4-47 可行方案表（六） 运价单位：元/t

供应地	需求地					钢材拥有量/t
	B_1	B_2	B_3	B_4	B_5（虚拟）	
A_1	(1) 3	(3) 11	3 300	(1) 10	0 400	700
A_2	1 300	(2) 9	2 200	8 300	(1) 0	800
A_3	(9) 7	4 600	(11) 10	5 300	(4) 0	900
钢材需求量/t	300	600	500	600	400	

此时，表中所有检验数均非负，故已达最优。最优调运方案 $X^* = \begin{pmatrix} 0 & 0 & 300 & 0 \\ 300 & 0 & 200 & 300 \\ 0 & 600 & 0 & 300 \end{pmatrix}$，

最小运费 $Z^* = 7900$ 元

其中供应地 A_1 库存 400t。

（2）$\sum a_i < \sum b_j$ 型非平衡型模型。由于需求量大于拥有量，故有的需求地的需求量不能全部得到满足。为了全部满足各需求地的需求量，必须增加供应地的拥有量。现假设存在一个虚拟的供应地，其拥有量为 $\sum b_j - \sum a_i$，即可满足供应，使不平衡问题变为平衡问题。但由于供应地是虚拟的，故由它向各需求地的单位产品调运费用为很大的值，这在安排调运方案时，就必然首先满足费用低的地区，最后满足费用高的地区，也就是先将真实供应地的物资调出，最后才将虚拟供应地的物资调出。这就把不平衡问题转化为平衡问题，使问题得到解决。

【例4-23】 在例4-21中，假设B_1工地需求量增加400t，则总拥有量$\sum a_i = 2000$t，总需求量$\sum b_j = 2400$t，为不平衡问题。具体见表4-48。

表4-48 需求量大于拥有量情况的单位运价表　　　　运价单位：元/t

供应地	需求地				拥有量/t
	B_1	B_2	B_3	B_4	
A_1	3	11	3	10	700
A_2	1	9	2	8	400
A_3	7	4	10	5	900
需求量/t	700	600	500	600	2000 / 2400

此时引入虚拟供应地A_4，其拥有量$a_4 = (2400 - 2000)$t $= 400$t，它向各工地运输钢材的单位费用为M（很大的数），得表4-49，实现了非平衡问题向平衡问题的转化，用表上作业法即可求解。

表4-49 调整后的平衡运价表（二）　　　　运价单位：元/t

供应地	需求地				拥有量/t
	B_1	B_2	B_3	B_4	
A_1	3	11	3	10	700
A_2	1	9	2	8	400
A_3	7	4	10	5	900
虚拟供应地A_4	M	M	M	M	400
需求量/t	700	600	500	600	2400 / 2400

解　利用最小元素法求初始可行方案，并求检验数。具体见表4-50。

表4-50 可行方案表（七）　　　　运价单位：元/t

供应地	需求地				拥有量/t
	B_1	B_2	B_3	B_4	
A_1	3 300	11 (9)	3 400	10 (7)	700
A_2	1 400	9 (9)	2 (1)	8 (7)	400
A_3	7 (2)	4 600	10 (5)	5 300	900

（续）

供应地	需求地							拥有量/t
	B_1		B_2		B_3		B_4	
虚拟供应地 A_4	(0)	M	(1)	M	100	M	300	M	400
需求量/t	700		600		500		600		

此时，表 4-50 中所有检验数均非负，故已达最优。最优调运方案 $X^* =$

$$\begin{pmatrix} 300 & 0 & 400 & 0 \\ 400 & 0 & 0 & 0 \\ 0 & 600 & 0 & 300 \end{pmatrix}$$，最小运费 $Z^* = 6400$ 元。

其中需求地 3 缺货 100t、需求地 4 缺货 300t。

一般来说，虚拟供应地或仓库的引入，可在形成初始可行方案的最后一步进行，即先安排真实的运量，最后再安排虚拟的运量，这样可使计算简化些。

如果一个运输问题的目标要求最大，采用最大元素法形成初始可行方案；判断数改为所有 $\delta_{ij} \leqslant 0$ 为最优方案；对 $\delta_{ij} \geqslant 0$ 的单元格进行改进即可。

4.7　指派问题

4.7.1　指派问题的提出及数学模型

在经济管理中，经常有各种性质的指派问题（Assignment Problem）。例如，有若干项加工任务，怎样分配到若干台机床加工的问题；有若干种作物，怎样分配到若干块土地上去播种；有若干项合同需要选择若干个投标者来承包；有若干条交通线（如航空线、航海线、公路线等）需要配置若干交通运输工具（如飞机、船只、汽车等）来运营；有若干班级需要安排在不同的教室里上课等。由于每个人的专长不同，各人完成的任务不同，其效率也不同。诸如此类问题，它们的基本要求有 n 项工作（或任务、事情等）需要分配给 n 个人（或部门、设备等）来完成，每个人只能选一项工作做，一项工作只给一个人做，问如何分配每个人的工作，使总效率最高？这就是所谓的指派问题（又称分配问题）。由于指派问题的多样性，有必要定义指派问题的标准形式。

指派问题的标准形式（以人和事为例）是有 n 个人和 n 项工作，已知第 i 人做第 j 事的费用为 $c_{ij}(i = 1,2,\cdots,n; j = 1,2,\cdots,n)$，要求人和工作之间有一一对应的指派方案，使完成这 n 项工作的总费用最少。

一般称矩阵

$$C = (c_{ij})_{n \times n} = \begin{pmatrix} c_{11} & c_{12} & \cdots & c_{1n} \\ c_{21} & c_{22} & \cdots & c_{2n} \\ \vdots & \vdots & & \vdots \\ c_{n1} & c_{n2} & \cdots & c_{nn} \end{pmatrix}$$

为指派问题的系数矩阵（Coefficient Matrix）。在实际问题中，根据 C 的具体意义，矩阵 C 可以有不同的名称，如效率矩阵、费用矩阵、成本矩阵、时间矩阵等。系数矩阵 C 中，第 i 行各元素表示第 i 人做各工作的费用，第 j 列各元素表示第 j 项工作由各人做的费用。

为了建立标准指派问题的数学模型，引入 n 个 $0-1$ 变量。

$$x_{ij} = \begin{cases} 1, & i \text{ 从事 } j \text{ 工作时} \\ 0, & i \text{ 不从事 } j \text{ 工作时} \end{cases}$$

这样，指派问题模型的基本形式是

目标：
$$\min Z = \sum_i \sum_j c_{ij} x_{ij}$$

$$\text{s. t.} \begin{cases} \sum_j x_{ij} = 1 & (i = 1, 2, \cdots, n) \\ \sum_i x_{ij} = 1 & (j = 1, 2, \cdots, n) \\ x_{ij} = \begin{cases} 1, & i \text{ 从事 } j \text{ 工作时} \\ 0, & i \text{ 不从事 } j \text{ 工作时} \end{cases} \end{cases}$$

式中，$\sum_j x_{ij} = 1 (i = 1, 2, \cdots, n)$ 表示每个人必做且只做一件事；$\sum_i x_{ij} = 1 \quad (j = 1, 2, \cdots, n)$ 表示每件事必有且只有一个人去做。

对于问题的每一个可行解，可用矩阵 X 来表示。

$$X = (x_{ij})_{n \times n} = \begin{pmatrix} x_{11} & x_{12} & \cdots & x_{1n} \\ x_{21} & x_{22} & \cdots & x_{2n} \\ \vdots & \vdots & & \vdots \\ x_{n1} & x_{n2} & \cdots & x_{nn} \end{pmatrix}$$

同时，作为可行解，矩阵中每一列都有且只有一个 1，以满足约束"每件事必有且只有一个人去做"；每一行都有且只有一个 1，以满足约束"每个人必做且只做一件事"。容易知道，这样的指派问题有 $n!$ 个可行解。

4.7.2 匈牙利法

由模型可见，指派问题是运输问题当 $a_i = 1$、$b_i = 1$ 时的特殊情况，同时又是一个特殊的整数规划问题，当然可以用整数规划、$0-1$ 规划或运输问题的解法求解。但是，这些解法都没有充分利用指派问题的特殊性质，这就如同用单纯形法求解运输问题一样是不合算的。库恩（Kuhn）于 1955 年提出了指派问题的解法，他引用了匈牙利数学家克尼格（König）一个关于矩阵 0 元素的定理：系数矩阵中独立 0 元素的最多个数等于能覆盖所有 0 元素的最少直线数，习惯上称之为匈牙利法。

匈牙利法是从系数矩阵 $\{C_{ij}\}$ 出发来确定最优分配方案的方法。匈牙利法的依据是指派问题最优解具有以下性质：

设指派问题的系数矩阵 $C = \{C_{ij}\}_{n \times n}$，若将 C 的一行（或列）各元素分别减去一个常数 k（如该行或列的最小元素），则得到一个新的矩阵 $C' = \{C_{ij}'\}_{n \times n}$，那么，以 C 为系数矩阵的指派问题和以 C' 为系数矩阵的原指派问题有相同最优解。

这个性质容易理解。从矩阵 $\{C_{ij}\}$ 的一行或一列中减去任一常数 k，系数矩阵的这种变化并不影响约束方程组，只是使目标函数值减少了常数 k，这样以 Z 为目标的最优解和以

$Z - k$ 为目标的最优解是相同的，最优解并不改变。

匈牙利法就是从 $\{C_{ij}\}$ 出发，从矩阵 $\{C_{ij}\}$ 的每行中减去该行的最小元素后，再在每列中减去该列的最小元素，得到与 $\{C_{ij}\}$ 同解的每行和每列均有零元素的系数矩阵 $\{b_{ij}\}$，最后以 $\{b_{ij}\}$ 为基础按零元素选取分配方案的一种方法。从矩阵 $\{C_{ij}\}$ 的一行或一列中减去任一常数 k，是为了将最小的系数统一成 0，便于相互比较选择；系数矩阵 $\{b_{ij}\}$ 中每行的 0 元素表明指派 i 从事 j 工作最快，每列的 0 元素表明 j 工作由 i 从事最快。

必须指出，虽然不必要求指派问题系数矩阵中无负元素，但在用匈牙利法求解指派问题时，为了从已变换后的系数矩阵中判别能否得到最优指派方案，要求此时的系数矩阵中无负元素。因为只有这样，才能从总费用为 0 这一特征断定此时的指派方案为最优指派方案。

【例 4-24】　在 4.1 节中的例 4-4 中，某建筑公司有五个工程队，现准备去五个工地作业，由于工程队的设备、人力各不相同，五个工地的条件也各不相同，因此每个工程队在不同的工地工作所需的作业时间也不相同，设每个工程队在每个工地工作的计划工作时间见表 4-51，安排哪个工程队去哪个工地进行作业，才能使企业作业的总时间最少。

表 4-51　各工程队在各工地的计划工作时间

工程队	工地				
	A	B	C	D	E
1	13	8	10	7	10
2	8	10	6	6	7
3	7	15	10	11	10
4	12	14	6	6	9
5	4	9	7	9	10

解　方法一：

步骤 1，变换系数矩阵，在系数矩阵 $\{C_{ij}\}$ 的每行和每列中减去最小元素，使矩阵的每行和每列至少有一个 0 元素。

步骤 2，按 0 元素最少的行优先进行指派。由于 0 元素对应的分配关系所消耗的时间最少，故在 0 元素最少的行优先选择 0 元素并将其用〇圈起，0 元素一旦选定，就说明该工程队不能再在其他工地工作，也不能再安排其他工程队，故应划掉与该 0 元素同行和同列的其他 0 元素，按此法一直到进行不下去为止。

步骤 3，如果选中的 0 元素个数与矩阵维数相同，则选中的 0 元素所对应的分配关系即是最优方案；如果选取中的 0 元素个数小于矩阵维数，则说明有的工程队未分配工作、有的工地未安排工程队。因此需要进行调整，调整方法的思路为：找出与未分配工作工程队有冲突的工程队，通过对有冲突工程队工作时间的比较，找出"次快"的工作时间，使其变为 0 元素，再进行分配。其方法如下：

（1）在无〇号的行标√号。

（2）在有√号的行上的 0 元素所在的列标√号。

（3）再在标√号的列中有〇号的 0 元素所对应的行标√号。

（4）重复直至进行不下去为止。

（5）对无√号的行和有√号的列画直线，在直线未覆盖的元素中选择最小元素。

（6）从有√号的行中减去该元素，在有√号的列上加上该元素，则得到一个新矩阵。

方法中（1）~（4）的主要目的是找出有冲突的工程队，标有√号的行，是有冲突的工程队；（5）、（6）是找出有冲突的工程队中第二快（次快）的工时，并使其为 0[⊖]。

步骤 4，在此新矩阵的基础上重复步骤 2~步骤 4 即可得出最优解。

方法二：

步骤 1，变换系数矩阵，在系数矩阵 $\{C_{ij}\}$ 的每行和每列中减去最小元素，使矩阵的每行和每列至少有一个 0 元素。

步骤 2，做能覆盖所有 0 元素的最少数目的直线集合。此时，若直线数等于 n，则已得出最优解。否则，转步骤 3。

对于系数矩阵非负的指派问题来说，总费用为 0 的指派方案一定是最优指派方案。在步骤 1 的基础上，若能找到 n 个位于不同行、不同列的 0 元素，则对应的指派方案总费用为 0，从而是最优的。当同一行（或列）上有几个 0 元素时，如选择其一，则其余的 0 元素就不能再被选择，从而成为多余的。因此，重要的是 0 元素能恰当地分布在不同行和不同列上，而并不在于它们的多少。但步骤 1 并不能保证这一要求。若覆盖所有 0 元素的最少数目的直线集合中的直线数目是 n，则表明能做到这一点。此时，可以从 0 元素最少的行或列开始圈 "0"，每圈一个 "0"，同时把位于同行和同列的其他 0 元素划去（标记为 Ø），如此逐步进行，最终可得 n 个位于不同行、不同列的 0 元素，它们就对应了最优解；若覆盖所有 0 元素的最少数目的直线集合中的元素个数少于 n，则表明无法实现这一点。为此，需要对 0 元素的分布做适当调整，这就是步骤 3。

步骤 3，变换系数矩阵，使未被直线覆盖的元素中出现 0 元素。回到步骤 2。

在未被直线覆盖的元素中总有一个最小元素。对未被直线覆盖的元素所在的行（或列）中各元素都减去这一最小元素，这样，在未被直线覆盖的元素中势必会出现 0 元素，但同时又使已被直线覆盖的元素中出现负元素。为了消除负元素，只要对它们所在的列（或行）中各元素都加上这一最小元素（可以看作减去这一最小元素的相反数）即可。

本例的求解过程如下：

$$
\begin{pmatrix}
13 & 8 & 10 & 7 & 10 \\
8 & 10 & 6 & 6 & 7 \\
7 & 15 & 10 & 11 & 10 \\
12 & 14 & 6 & 6 & 9 \\
4 & 9 & 7 & 9 & 10
\end{pmatrix}
\xrightarrow[\Rightarrow]{\text{减行最小值}}
\begin{pmatrix}
6 & 1 & 3 & 0 & 3 \\
2 & 4 & 0 & 0 & 1 \\
0 & 8 & 3 & 4 & 3 \\
6 & 8 & 0 & 0 & 3 \\
0 & 5 & 3 & 5 & 6
\end{pmatrix}
\xrightarrow[\Rightarrow]{\text{减列最小值}}
\begin{pmatrix}
6 & ⓪ & 3 & Ø & 2 \\
2 & 3 & ⓪ & Ø & Ø \\
⓪ & 7 & 3 & 4 & 2 \\
6 & 7 & Ø & ⓪ & 2 \\
Ø & 4 & 3 & 5 & 5
\end{pmatrix}
$$

$$
\begin{pmatrix}
6 & 0 & 3 & 0 & 2 \\
2 & 3 & 0 & 0 & 0 \\
0 & 7 & 3 & 4 & 2 \\
6 & 7 & 0 & 0 & 2 \\
0 & 4 & 3 & 5 & 5
\end{pmatrix}_{\surd}
\Rightarrow
\begin{pmatrix}
6 & 0 & 3 & 0 & 2 \\
2 & 3 & 0 & 0 & 0 \\
0 & 7 & 3 & 4 & 2 \\
6 & 7 & 0 & 0 & 2 \\
0 & 4 & 3 & 5 & 5
\end{pmatrix}
\begin{matrix} \\ \surd(-2) \\ \\ \\ \surd(-2) \end{matrix}
\Rightarrow
\begin{pmatrix}
8 & ⓪ & 3 & Ø & 2 \\
4 & 3 & ⓪ & Ø & Ø \\
Ø & 5 & 1 & 2 & ⓪ \\
8 & 7 & Ø & ⓪ & 2 \\
⓪ & 2 & 1 & 3 & 3
\end{pmatrix}
$$

（+2）

[⊖] 调整后矩阵中的 0 元素一般情况下是增加的，但有时也会减少，但减少的 0 元素不影响指派。

本例的最优解是：第一工程队分配去第二工地，工期 8 天；第二工程队分配去第三工地，工期 6 天；第三工程队分配去第五工地，工期 10 天；第四工程队分配去第四工地，工期 6 天；第五工程队分配去第一工地，工期 4 天；全部作业共需 34 天。或者第一工程队分配去第二工地，工期 8 天；第二工程队分配去第四工地，工期 6 天；第三工程队分配去第五工地，工期 10 天；第四工程队分配去第三工地，工期 6 天；第五工程队分配去第一工地，工期 4 天；全部作业共需 34 天。

4.7.3 一般的指派问题

在实际应用中，常会遇到各种非标准形式的指派问题。通常的处理方法是先将它们化为标准形式，然后再用匈牙利法解之。

（1）最大化指派问题。匈牙利法求解指派问题的目标函数是最小的，如时间最少，花费最少，成本最低等。但在实际经济管理中，有许多要求目标最大的指派问题，如要求实现利润最大、收入最多、产量最高等目标。求解目标最大的指派问题，不能直接采用匈牙利法。要对系数矩阵经过变换之后再应用匈牙利法求解。

用匈牙利法求解指派问题的条件是：系数矩阵 $\{C_{ij}\}$ 的元素非负，求解最大目标的指派问题不能采用改变系数符号的办法将其变为最小目标问题来求解。为了求解最大目标问题，可定义一新矩阵 $\boldsymbol{B}$，其元素按下式计算：

$$b_{ij} = M - C_{ij}$$

式中，M 为矩阵 $\{C_{ij}\}$ 中的最大元素。则以 $\boldsymbol{B}$ 为系数矩阵的最小化指派问题和以 $\boldsymbol{C}$ 为系数矩阵的原最大化指派问题有相同最优解。

求 $\min Z = \sum_i \sum_j b_{ij} x_{ij}$，即相当于求解 $\max Z = \sum_i \sum_j C_{ij} x_{ij}$。

因为
$$\sum_i \sum_j b_{ij} x_{ij} = \sum_i \sum_j (M - C_{ij}) x_{ij}$$
$$= \sum_i \sum_j M x_{ij} - \sum_i \sum_j C_{ij} x_{ij} = nM - \sum_i \sum_j C_{ij} x_{ij}$$

由上式可见，只有当 $\sum_i \sum_j C_{ij} x_{ij}$ 取最大值时，$\sum_i \sum_j b_{ij} x_{ij}$ 才能取最小值。

因此，$\sum_i \sum_j b_{ij} x_{ij}$ 取最小值的解，就是 $\sum_i \sum_j C_{ij} x_{ij}$ 取最大值的解。

通过这种方法就可求解最大目标的指派问题。该原理也可用于求解目标要求最大的运输问题。

【例 4-25】 某建筑公司有五个工程队，现准备去五个工地作业，由于工程队的设备、人力各不相同，五个工地的条件也各不相同，因此每个工程队在不同的工地工作收费也不同。每个工程队在每个工地工作的收费见表 4-52，问安排哪个工程队去哪个工地进行作业，才能使建筑公司收费最多？

表 4-52　每个工程队在每个工地工作的收费

工程队	工地				
	A	B	C	D	E
1	13	8	10	7	10
2	8	10	6	6	7
3	7	15	10	11	10
4	12	14	6	6	9
5	4	9	7	9	10

解　本题的目标是使建筑公司收费最多，目标为求极大值，故需要对系数矩阵进行调整，用系数矩阵中的最大元素 15 减去矩阵中的所有元素得到新的系数矩阵，再对该矩阵使用匈牙利法找出最优安排。

本例的求解过程如下：

$$\begin{pmatrix}13&8&10&7&10\\8&10&6&6&7\\7&15&10&11&10\\12&14&6&6&9\\4&9&7&9&10\end{pmatrix}\xrightarrow{15-C_{ij}}\begin{pmatrix}2&7&5&8&5\\7&5&9&9&8\\8&0&5&4&5\\3&1&9&9&6\\11&6&8&6&5\end{pmatrix}\xrightarrow[\text{最小值}]{\text{减行}}\begin{pmatrix}0&5&3&6&3\\2&0&4&4&3\\8&0&5&4&5\\2&0&8&8&5\\6&1&3&1&0\end{pmatrix}\xrightarrow[\text{最小值}]{\text{减列}}\begin{pmatrix}⓪&5&①&5&3\\2&⓪&1&3&3\\8&⓪&2&3&5\\2&⓪&5&7&5\\6&1&⓪&①&0\end{pmatrix}$$

最优指派为工程队 1 去工地 A，工程队 2 去工地 D，工程队 3 去工地 C，工程队 4 去工地 B，工程队 5 去工地 E，最大收费为 54。

（2）人数和事数不等的指派问题。若人少事多，则添上一些虚拟的"人"。这些虚拟的"人"做各事的费用系数可取 0（理解为这些费用实际上不会发生），也可取足够大的数 M（理解为若指派这些虚拟的"人"去做那些事，则那些事实际上没人去做）。

若人多事少，则添上一些虚拟的"事"，这些"事"被各人做的费用系数同样可取 0，也可取足够大的数 M。

【例 4-26】　某建筑公司有四个工程队，现准备去五个工地作业，每个工程队在每个工地的计划工作时间见表 4-53，问安排哪个工程队去哪个工地进行作业，才能使企业作业的总时间最少？

表 4-53　每个工程队在每个工地的计划工作时间（一）

工程队	工地				
	A	B	C	D	E
1	13	8	10	7	10
2	8	10	6	6	7
3	7	15	10	11	10
4	12	14	6	6	9

解 本例中工程队数量为 4，小于工地数量 5，故虚拟一个工程队，使该工程队在工地作业的时间为 M。则每个工程队在每个工地的计划工作时间见表 4-54。

表 4-54 每个工程队在每个工地的计划工作时间（二）

工程队	工地				
	A	B	C	D	E
1	13	8	10	7	10
2	8	10	6	6	7
3	7	15	10	11	10
4	12	14	6	6	9
虚拟工程队	M	M	M	M	M

对表 4-54 采用匈牙利法可求解出最优指派，最少时间为 27，最优指派为工程队 1 去工地 B，工程队 2 去工地 D，工程队 3 去工地 A，工程队 4 去工地 C，虚拟工程队去工地 E，即工地 E 没有工程队工作。

【例 4-27】 某建筑公司有五个工程队，现准备去四个工地工作，每个工程队在每个工地的计划工作时间见表 4-55，安排哪个工程队去哪个工地进行作业，才能使企业作业的总时间最少。

表 4-55 每个工程队在每个工地的计划工作时间（三）

工程队	工地			
	A	B	C	D
1	13	8	10	7
2	8	10	6	6
3	7	15	10	11
4	12	14	6	6
5	4	9	7	9

解 本例中工程队数量为 5，大于工地数量 4，故虚拟一个工地，使工程队在该工地工作时间为 M，则每个工程队在每个工地的计划工作时间见表 4-56。

表 4-56 每个工程队在每个工地的计划工作时间（四）

工程队	工地				虚拟工地 E
	A	B	C	D	
1	13	8	10	7	M
2	8	10	6	6	M
3	7	15	10	11	M
4	12	14	6	6	M
5	4	9	7	9	M

对表 4-56 采用匈牙利法可求解出最优指派，最少时间为 24，最优指派为工程队 1 去工地 B，工程队 2 去工地 D，工程队 3 去虚拟工地 E，工程队 4 去工地 C，工程队 5 去工地 A，即工程队 3 是空闲状态。

（3）某事一定不能由某人做的指派问题。若某事一定不能由某人做，则可将相应的费用系数取作足够大的数 M。

【例 4-28】 某建筑公司有五个工程队,现准备去五个工地作业,每个工程队在每个工地的计划工作时间见表 4-57,其中工程队 3 由于设备原因不能去工地 E 工作。问安排哪个工程队去哪个工地进行作业,才能使建筑公司工作的时间最少?

表 4-57　每个工程队在每个工地的计划工作时间(五)

工程队	工地				
	A	B	C	D	E
1	13	8	10	7	10
2	8	10	6	6	7
3	7	15	10	11	—
4	12	14	6	6	9
5	4	9	7	9	10

解　由于工程队 3 不能去工地 E 工作,所以设工程队 3 去工地 E 工作的时间为足够大的数 M,见表 4-58。

表 4-58　每个工程队在每个工地的计划工作时间(六)

工程队	工地				
	A	B	C	D	E
1	13	8	10	7	10
2	8	10	6	6	7
3	7	15	10	11	M
4	12	14	6	6	9
5	4	9	7	9	10

对表 4-58 采用匈牙利法可求解出最优指派,最少时间为 35,最优指派为工程队 1 去工地 B,工程队 2 去工地 E,工程队 3 去工地 A,工程队 4 去工地 D,工程队 5 去工地 C。

4.8　LINGO 软件简介

线性规划的求解方法非常复杂,用手工计算几乎是不可能的,只能借助于计算机。LINGO、WinQSB 等软件是比较著名的求解数学规划的工具软件。WinQSB 软件使用方法比较简单,只适用于规模比较小的问题,LINGO 软件适用范围较广,本节主要介绍 LINGO 软件的使用。

LINGO 软件是美国 LINDO 系统公司开发的求解线性规划、整数规划和非线性规划的通用软件。对于形式简单的模型,可直接输入模型求解;对于复杂的模型,可采用该软件提供的简单语言进行描述后求解。现简要介绍该软件所提供的语言并举例说明其用法。

4.8.1　用 LINGO 软件求解简单的模型

【例 4-29】 如何在 LINGO 中求解如下的线性规划问题?

$$\min Z = 2x_1 + 3x_2$$

$$\text{s. t.} \begin{cases} x_1 + x_2 \geqslant 350 \\ x_1 \geqslant 100 \\ 2x_1 + x_2 \leqslant 600 \end{cases}$$

首先运行 LINGO 软件，会得到类似图 4-14 所示的一个窗口。

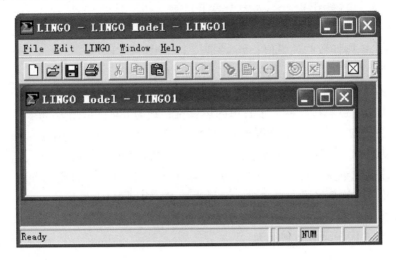

图 4-14　LINGO 软件的默认窗口

外层是主框架窗口，包含了所有菜单命令和工具条，其他窗口被包含在主窗口之下。在主窗口内的标题为 LINGO Model − LINGO1 的窗口是 LINGO 的默认模型窗口，建立的模型都要在该窗口内编码实现。

在模型窗口中输入如下代码：

$\text{Min} = 2 * x1 + 3 * x2$；

$x1 + x2 > = 350$；

$x1 > = 100$；

$2 * x1 + x2 < = 600$；

然后单击工具条上的按钮 即可求解。

4. 8. 2　LINGO 语言简介

LINGO 语言是数学模型描述语言，用 LINGO 语言对模型进行描述的过程类似于建立模型的过程。其最大特点是将模型与数据分开。用 LINGO 所提供的语言对模型进行描述时，以"Model："开始，以"End"结束，中间由五段组成。第一段为设置段或集合段，由"Sets："开始至"Endsets"为止，该段的功能等同于建立模型时设置参数和变量；第二段为数据段，由"Data："开始至"Enddata"为止，该段的功能是将模型中所设置的参数赋值；第三段为目标和约束段，是对模型约束条件和目标函数的描述，是模型描述的核心；第四段为计算段，由"Calc："开始至"EndCalc"为止；第五段为初始段，由"Init："开始至"EndInit"为止，最后由 End 结束。一般情况下，第四段、第五段不常用，本节仅介绍第一~三段。

LINGO 语言采用英文字母（不分大小写），每条语句由算术运算符、关系运算符、逻辑运算符及其组成的表达式描述。每条语句均需以"；"结束，可不分行。为增强模型的易读性，LINGO 语言用"！"作为注释语句的开始，以"；"为结束。

算术运算符有 +（加）、−（减）、×（乘）、÷（除）、∧（乘方）等；关系运算符有 < =（小于等于）、=（等于）、> =（大于等于）等。

LINGO 具有九种逻辑运算符：

#not#，否定该操作数的逻辑值，#not#是一个一元运算符。

#eq#，若两个运算数相等，则为 true；否则为 false。

#ne#，若两个运算符不相等，则为 true；否则为 false。

#gt#，若左边的运算符严格大于右边的运算符，则为 true；否则为 false。

#ge#，若左边的运算符大于或等于右边的运算符，则为 true；否则为 false。

#lt#，若左边的运算符严格小于右边的运算符，则为 true；否则为 false。

#le#，若左边的运算符小于或等于右边的运算符，则为 true；否则为 false。

#and#，仅当两个参数都为 true 时，结果为 true；否则为 false。

#or#，仅当两个参数都为 false 时，结果为 false；否则为 true。

这些运算符的优先级由高到低为：

　　#not#

高　#eq#　#ne#　#gt#　#ge#　#lt#　#le#

低　#and#　#or#

算术运算符、关系运算符、逻辑运算符和各种函数组成表达式的描述形式和使用方法与其他计算机语言基本相同。但须注意的是，该软件是英文软件，上述符号与关键字均应在英文状态下输入，中文状态无效，汉字只能出现在注释语句之中。

1. 设置段

LINGO 语言是按建立模型的思路进行的，建立模型的第一步是设置变量与参数，因此设置段就是设置变量与参数。

对实际问题建模的时候，总会遇到一群或多群相联系的对象，比如工厂、消费者群体、交通工具和员工等。LINGO 允许把这些相联系的对象聚合成集（或向量）。一旦把对象聚合成集或向量，就可以利用集或向量来最大限度地发挥 LINGO 建模语言的优势。集是 LINGO 建模语言的基础，是程序设计最强有力的基本构件。

集是一群相联系的对象，这些对象也称为集的成员。一个集可能是一系列产品、工厂、卡车或人员。每个集成员可能有一个或多个与之有关联的特征，我们把这些特征称为属性。属性值可以预先给定，也可以是未知的，有待于 LINGO 求解。例如，产品集中的每个产品可以有一个价格或成本属性；卡车集中的每辆卡车可以有一个牵引力属性或车载容量；人员集中的每位人员可以有一个薪水属性，也可以有性别、身高、年龄属性等。模型中向量或集、矩阵的名称及阶次均是由设置段完成的。

该段由 Sets：开始，至 Endsets 结束，中间为设置语句，设置语句的语法格式为：

Setsname/ 清单 | 条件 / ：［属性 1］，［属性 2］，…，［属性 N］；

Setsname 是你选择用来标记向量或集的名字，最好具有较强的可读性。集名字必须严格符合标准命名规则：以字母或下划线（_）为首字符，其后由字母（A～Z）、下划线、阿拉伯数字（0，1，…，9）组成的总长度不超过 32 个字符的字符串，且不区分大小写。清单为集成员列表，表示向量元素的名称，可用数字、字母表示。条件（｜）是选择清单的依据，来标记一个成员资格过滤器的开始。

如语句"Cangku/1，2，3，4/：a；"中"Cangku"表示仓库集或向量，清单"1，2，3，4"表示共有四个仓库，即集成员有 4 个，1、2、3、4 为仓库名；a 为仓库的物资拥有量，它与 Cangku 是同阶的向量。a（1）为第 1 仓库的拥有量，a（i）为第 i 个仓库的拥有量。向量的设置相当于一个二维表的表头，而属性相当于一条记录。

向量、变量、常量名必须以字母开始，不能用汉字。清单（集成员）的描述方法有多种，如"Cangku/jia，yi，bing，ding/："与"Cangku / 1 .. 4 /："与"Cangku/1，2，3，4 / ："是等价的。

对于清单（集成员）可采取显式罗列和隐式罗列两种方式。

（1）当显式罗列成员时，必须为每个成员输入一个不同的名字，中间用空格或逗号隔开，允许混合使用。

【例 4-30】 可以定义一个名为 students 的原始集，它具有成员 John、Jill、Rose 和 Mike，属性有 sex 和 age。

Sets：

Students/John　Jill　Rose　Mike/：sex，age；

Endsets

（2）当隐式罗列成员时，不必罗列出每个集成员。可采用如下语法：

Setname/member1 .. memberN/：［属性1］，…，［属性N］；

这里的 member1 是集的第一个成员名，memberN 是集的最末一个成员名。LINGO 将自动产生中间的所有成员名。LINGO 也接受一些特定的首成员名和末成员名，用于创建一些特殊的集，见表 4-59。

表 4-59　隐式罗列示例表

隐式成员列表格式	示例	所产生集成员
1 .. n	1 .. 5	1，2，3，4，5
StringM .. StringN	Car2 .. car14	Car2，Car3，Car4，…，Car14
DayM .. DayN	Mon .. Fri	Mon，Tue，Wed，Thu，Fri
MonthM .. MonthN	Oct .. Jan	Oct，Nov，Dec，Jan
MonthYearM .. MonthYearN	Oct2001 .. Jan2002	Oct2001，Nov2001，Dec2001，Jan2002

集成员无论用何种字符标记，它的索引都是从 1 开始连续计数。

两个以上的向量或集可以组成矩阵，其语句形式为：

Setname（Setsname1，Setsname2，…）：［属性1］，…，［属性N］；

如向量"Cangku / 1 .. 4 /："和向量"Kehu / 1 .. 5 /："可形成矩阵

Ck_ Kehu（Cangku，Kehu）：X，C；

其中 Ck_ Kehu 为矩阵名，它由 Cangku（仓库）和 Kehu（客户）两个向量组成的表示仓库与客户间联系的矩阵，X 和 C 为与该矩阵有相同属性的变量或参量。

【**例4-31**】　四个供应单位、五个需求单位的平衡型运输模型设置语句如下：

Sets：

Cangku／1..4／：a；！a 为仓库的物资拥有量；

Kehu／1..5／：b；！b 为需求单位的物资需求量；

Ck_ Kh（Cangku，Kehu）：X，C；！C 为供应单位向需求单位供应单位物资的运费，X 为供应单位向需求单位供应物资的数量；

Endsets

2. 数据段

数据段是为模型中参量赋值的段。在设置段中并未指明哪个量是参量，哪个量是变量，如果某向量（集）或矩阵在设置段中设置了属性，在数据段中又被赋值，则为参量，否则即是变量。

数据段由"Data："开始至"Enddata"结束，中间即是数据赋值语句，其格式是：

参量名＝数据1，数据2，…；

数据之间可用","分界，也可用空格分界。

如运输模型中的数据赋值语句如下：

Data：

a＝1000　2000　3000　4000；　　　　！四个仓库的拥有量；

b＝2000　1500　2500　4500　1500；！五个客户的需求量；

c＝3 2 5 4 6

　　7 3 2 1 5

　　3 1 2 5 8

　　2 5 6 7 9；！i 仓库向 j 客户的单位运费用矩阵，x 未赋值，说明是变量；

Enddata

3. 约束与目标函数段

该段用以描述模型的目标函数和约束条件。对于形式简单的模型可直接以代数式形式输入，对于描述相对复杂的模型可采用 LINGO 语句描述。

用 LINGO 语句描述目标和约束时，除用注释语句说明外，尚可在语句前加上约束名和目标，其形式为［ST1］、［obj］等。为了描述方便，LINGO 设计了很多函数，循环和累加是约束条件和目标函数的主要描述形式，它们均可用循环函数和累加函数描述。

循环函数的一般描述形式为：

@ For（设置名（列表）｜［条件］：循环体表达式）；

累加函数的一般描述形式为：

@ Sum（设置名（列表）｜［条件］：累加体表达式）；

循环函数和累加函数均可嵌套使用。

如运输模型的约束条件和目标函数为：

$$\min Z = \sum_i \sum_j C_{ij} x_{ij}$$

$$\text{s. t.} \begin{cases} \sum_j x_{ij} = a_i & (i = 1,2,3,\cdots,m) \\ \sum_i x_{ij} = b_j & (j = 1,2,3,\cdots,n) \end{cases}$$

用 LINGO 语句可描述为:

@ For(Cangku(i):

[ST1]@ Sum(Kehu(j):x(i,j)) = a(i));　　　　　　　　　　! 拥有量约束;

@ For(Kehu(j):

[ST2]@ Sum(Cangku(i):x(i,j)) = b(j));　　　　　　　　　! 需求量约束;

[obj] Min =@ Sum(Cangku(i):

@ Sum(Kehu(j): c(i,j) * x(i, j)));　　　　　　　　　! 目标函数;

当对矩阵的全部元素进行加总时,可省略其列表,故 [obj] 行又可描述成:

Min =@ Sum(Ck_Kehu : C * x);

整数规划和 0 − 1 规划模型需对变量加以限制,一般线性规划模型中变量可能无非负限制,有些变量可能有上下限限制等,故 LINGO 提供了对变量进行限制的函数,常用的有:

@ Free (变量名):自由变量函数;

@ Gin (变量名):整数变量函数;

@ Bin (变量名):二进制变量函数 (0 − 1 规划用);

@ Bnd (下界,变量名,上界):变量带上下界的函数。

在默认情况下,LINGO 规定变量是非负的,也就是说下界为 0,上界为 + ∞。@ free 取消了默认的下界为 0 的限制,使变量也可以取负值。@ bnd 用于设定一个变量的上下界,它也可以取消默认下界为 0 的约束。

如果运输问题中要求变量 x 为整数时,该线性规划即为整数规划。在约束方程中应使用整数变量函数描述:

@ For(Cangku(i):@ For(Kehu(j):

[ST]　@ Gin(x(i, j))));　　　　　　　　　　　　! 整数约束;

如运输模型中客户需求量有上下限约束,在设置语句中将 b 改为 bs、bx (需求量的上限和下限) 两个常量向量,则上述 [ST] 约束可改写为:

@ For(Kehu(j):@ Sum(Cangku(i):@ Bnd(bx(j),x(i,j),bs(j))));

4. 灵敏性分析 (Range,Ctrl + R)

用该命令产生当前模型的灵敏性分析报告:研究当目标函数的费用系数和约束右端项在什么范围 (此时假定其他系数不变) 时,最优基保持不变。灵敏性分析是在求解模型时做出的,因此在求解模型时灵敏性分析是激活状态,但是在 LINGO 软件中,默认是不激活的。为了激活灵敏性分析,运行 LINGO | Options…,选择 General Solver Tab,在 Dual Computations 列表框中,选择 Prices and Ranges 选项。灵敏性分析耗费相当多的求解时间,因此当速度很关键时,就没有必要激活它。

5. 与 Excel 交换数据

当模型较大时,输入数据的工作量很大,且容易出错。一般情况下,数据都存储在 Excel 表格中,如果直接将数据由 Excel 表读入 LINGO 程序会很方便;LINGO 设置了与 Excel

（或其他文件）交换数据的函数：@ ole（'文件名'，'数据域名'），该函数可将数据由 Excel 表格读入，也可将 LINGO 的计算结果送入 Excel 表格。

@ ole 函数中的文件名应包括路径和扩展名，数据域名是数据在 Excel 表中的区域名。该函数只能在设置段和数据段中使用。

在设置段中用作向量清单或属性的设置，如语句：

Cangku/@ ole（'d:\ book1. xls'，'aa'）/: @ ole（'book1. xls'，'bb'）；

是将 Excel 表 book1. xls 文件中 aa 域的内容作为向量 Cangku 的清单，将 bb 域的内容作为向量 Cangku 的属性。

在数据段中使用，可为参量赋值或向 Excel 表传送计算结果。如语句：

a = @ ole（'d:\ book1. xls'，'cc'）；

表示将文件 book1. xls 中 cc 域的数据赋值给 a；

@ ole（'d:\ book1. xls'，'dd'）= x；

表示将 LINGO 的计算结果 x 送至文件 book1. xls 的 dd 域中（需预先按 x 设置 dd 域）。

6. 输出报告

LINGO 的计算结果（输出报告）包括：由模型求解结果状态（如：Global optimal solution found）、目标值（Objective value）和迭代求解次数（Total solver iterations）三行组成的简短报告；由变量值（Value）、使成本相应减少的值（Reduced Cost）、行（Row）组成的变量求解结果表和由松弛变量（Slack or Surplus）、对偶（影子）价格（Dual Price）组成的约束分析表三部分。

（1）简短报告。

1）模型求解结果状态行。模型求解结果状态共有九种，常见的主要有：全局最优（Global Optimal）、局部最优（Local Optimal）、可行（Feasible）、不确定（Undetermined）、无界（Unbounded）、不可行（Locally Infeasible 或 Infeasible or Unbounded）等。除全局最优、局部最优和可行三种状态外，其他结果均是不可信的。

2）目标值行。如果求解状态为全局最优、局部最优和可行，目标值行则给出目标数值。

3）迭代求解次数行显示求出最优解的迭代次数。

（2）变量求解结果表。变量求解结果表中列出了模型中所有的参量和变量名（Variable）、参量值和求出的变量值及使成本相应减少的值。使成本相应减少的值的含义是：在最优化问题中，要想使某变量进入基解，该变量在目标函数中的系数应改变的数量。如在最小化（最大化）问题中，某变量使成本相应减少的值为 10，则为了使该变量进入基解，目标函数中该变量的系数就必须减少（增加）10，也就是说，为了使某变量在解中增加一个单位，目标函数必须付出的代价（减少的值），其实质是最优解目标函数行中变量的系数，即检验数。

（3）约束分析表。约束分析表给出了约束个数和每个约束对应的资源剩余量和影子价格，最后一行是目标值。

LINGO 的输出报告中，对应于每个约束，均有松弛变量列，"≤"约束显示 Slack，"≥"约束显示 Surplus，表示资源的剩余与不足。如果约束为等式，松弛变量的值为零，如果约束条件有矛盾，则松弛变量的值为负，这对发现无可行解的模型中的矛盾约束是很方便的。

每个约束对应一个影子价格，在最小化（最大化）问题中表示当该约束右端项增加（减少）一个单位时，使目标值减少（增加）的值。

4.8.3　软件应用求解示例

1. 运输模型

设有运输问题，见表 4-60。

表 4-60　运输问题

项目	1	2	3	4	5	拥有量（ai）
甲	3	2	5	4	6	1000
乙	7	3	2	1	5	2000
丙	3	1	2	5	8	3000
丁	2	5	6	7	9	4000
需求量上限	2000	1500	2500	4500	1500	12000
需求量下限	1500	1000	2000	2500	1000	8000

用 LINGO 语句描述如下：

```
Model：                    ! 需求有上下限的运输模型例;
Sets：
Cangku/1..4/:a;           ! 四个仓库，拥有量 a;
Kehu /1..5/:bx,bs, z; ! 五个客户，需求量上限为 bs，下限为 bx，z 为中间过渡变量;
Ck_Kh(Cangku,Kehu):x,c;! 单位运费矩阵为 c(i,j)，决策变量为 x(i,j);
Endsets
Data：
a = 1000,2000,3000,4000;
bs = 2000,1500,2500,4500,1500;
bx = 1500,1000,2000,2500,1000;
c = 3,2,5,4,6,
    7,3,2,1,5,
    3,1,2,5,8,
    2,5,6,7,9;
Enddata
@For( Cangku(i):
    [ST1]@Sum(Kehu(j):x(i,j)) = a(i));! 拥有量限制;
@for( Kehu(j):
    [ST2]@sum(cangku(i):x(i,j)) = z(j));! 需求量;
@For( Kehu(j):@bnd(bx(j),z(j),bs(j)));! 需求量上下限限制;
[obj]Min = @Sum(Cangku(i):@Sum(Kehu(j):c(i,j) * x(i,j)));
End
```

然后单击工具条上的按钮 ⟳ 即可。

求解结果为：

obj = 29500

$$
\begin{aligned}
x = 0, &\quad 0, \quad\quad 0, \quad\quad 0, \quad\quad\quad 1000, \\
0, &\quad 0, \quad\quad 0, \quad\quad 2000, \quad\quad 0, \\
0, &\quad 1500, \quad 1500, \quad 0, \quad\quad\quad 0, \\
2000, &\quad 0, \quad\quad 1000, \quad 1000, \quad\quad 0,
\end{aligned}
$$

2. 生产模型

某公司用两种原料生产三种产品，其单位利润、公司材料拥有量及单位产品原料消耗量见表4-61。该公司应如何安排生产才能使公司获利最大。

表 4-61　原始数据

原料	产品			拥有量
	甲	乙	丙	
A	5	8	2	500
B	7	2	3	650
单位利润	7	8	5	

设 x_j 为第 j 种产品的产量；a_i 为 i 原料的拥有量；K_{ij} 为 j 产品对 i 原料的单位消耗；c_j 为 j 产品的单位利润。

该问题的线性规划模型为

目标函数：
$$
\max Z = \sum_{j=1}^{3} c_j x_j
$$

约束：
$$
\sum_j K_{ij} x_j \leqslant a_i \quad (i = 1,2)
$$
$$
x_j \geqslant 0 \text{ 且为整数}
$$

用 LINGO 语言编写的程序如下：

```
Model:! 生产问题模型;
Sets:
chp/1..3/:x,c;! 三种产品的生产数量，需求上下限，单位利润;
yl/1,2/:a;! 两种原料;
chpyl(yl,chp):k;! 生产单位产品的原料消耗;
Endsets
Data:
c =7,8,5;
a =500,650;
k =5,8,2,
    7,2,3;
Enddata
@ For(yl(i):
```

　　@Sum(chp(j):k(i,j)*x(j))<=a(i));! 原材料限制;

　　[obj]Max=@Sum(chp:c*x);

　　End

　　求解这个模型，并激活灵敏性分析。这时，查看报告窗口（Reports Window），可以看到如下结果：

Global optimal solution found.

Objective value：   1130. 000

Infeasibilities：   0. 000000

Total solver iterations：   2

Variable	Value	Reduced Cost
X(1)	0. 000000	4. 900000
X(2)	10. 00000	0. 000000
X(3)	210. 0000	0. 000000
C(1)	7. 000000	0. 000000
C(2)	8. 000000	0. 000000
C(3)	5. 000000	0. 000000
A(1)	500. 0000	0. 000000
A(2)	650. 0000	0. 000000
K(1,1)	5. 000000	0. 000000
K(1,2)	8. 000000	0. 000000
K(1,3)	2. 000000	0. 000000
K(2,1)	7. 000000	0. 000000
K(2,2)	2. 000000	0. 000000
K(2,3)	3. 000000	0. 000000
Row	Slack or Surplus	Dual Price
1	0. 000000	0. 7000000
2	0. 000000	1. 200000
OBJ	1130. 000	1. 000000

　　"Global optimal solution found："表示得到全局最优解。"Total solver iterations：2"表示迭代次数是2次；"Objective value：1130. 0000"表示最优目标值为1130。"Value"给出最优解中各变量的值：X(1) 表示甲产品生产量0、X(2) 表示乙产品生产量是10、X(3) 表示丙产品生产量是210。所以 X(2)、X(3) 是基变量（值非0），X(1) 是非基变量（值为0）。

　　"Slack or Surplus"给出松弛变量的值：

　　第1行松弛变量 =0，

　　第2行松弛变量 =0，

　　OBJ =1130（模型 OBJ 行表示目标函数）。

　　"Reduced Cost"列出最优单纯形表中判断数所在行的变量的系数，表示当变量有微小变动时，目标函数的变化率。其中，基变量的 Reduced Cost 值应为0，对于非基变量 X_j，相应的 Reduced Cost 值表示当某个变量 X_j 增加一个单位时目标函数减少的量（max 型问题）。

本例中：变量 X(1) 对应的 Reduced Cost 值为 4.9，表示当非基变量 X（1）的值从 0 变为 1 时（此时假定其他非基变量保持不变，但为了满足约束条件，基变量显然会发生变化），最优的目标函数值 = 1130 - 4.9 = 1125.1。

"Dual Price" 表示当对应约束有微小变动时，目标函数的变化率。输出结果中对应于每一个约束有一个对偶价格。若其数值为 p，表示对应约束中不等式右端项若增加 1 个单位，目标函数将增加 p 个单位（max 型问题）。显然，如果在最优解处约束正好取等号（也就是"紧约束"，也称为有效约束或起作用约束），对偶价格值才可能不是 0。本例中：第 1、2 行对应的对偶价格值为 0.7 和 1.2，表示第 1、2 行均是紧约束。

单击工具栏 "solver" 下的 "Range"，进行灵敏度分析。

Ranges in which the basis is unchanged：

Objective Coefficient Ranges

Variable	Current Coefficient	Allowable Increase	Allowable Decrease
X（1）	7.000000	4.900000	INFINITY
X（2）	8.000000	12.00000	4.666667
X（3）	5.000000	7.000000	2.130435

Righthand Side Ranges

Row	Current RHS	Allowable Increase	Allowable Decrease
2	650.0000	100.0000	525.0000
1	500.0000	2100.000	66.6667

目标函数中 X(1) 变量原来的费用系数为 7，允许增加（Allowable Increase）= 4.9，允许减少（Allowable Decrease）INFINITY，表示允许减少 ∞，说明当它在 [7 + 4.9, 7 - ∞] = [11.9, -∞] 范围变化时，最优基保持不变。对 X（2）、X（3）变量，可以类似解释。由于此时约束没有变化（只是目标函数中某个费用系数发生变化），所以最优基保持不变的意思也就是最优解不变（当然，由于目标函数中费用系数发生了变化，所以最优值会变化）。

第 2 行约束中右端项（Right Hand Side，简写为 RHS）原来为 650，当它在 [650 + 100, 650 - 525] = [750, 125] 范围变化时，最优基保持不变。第 1 行可以类似解释。不过由于此时约束发生变化，最优基即使不变，最优解、最优值也会发生变化。

灵敏性分析结果表示的是最优基保持不变的系数范围。由此，也可以进一步确定当目标函数的费用系数和约束右端项发生小的变化时，最优基和最优解、最优值如何变化。

3. 生产任务分配模型

某构件公司有四个构件厂，均可生产预制桩甲和预制桩乙；其材料拥有量、产品单位成本、两种产品对各种材料的消耗定额、生产能力见表 4-62。两种产品的订单分别为预制桩甲 4000 根，预制桩乙 1500 根，公司生产计划部门应如何在各构件厂分配生产任务，才能使公司的生产总成本最低？

表 4-62　各构件厂材料拥有量、产品单位成本、材料消耗定额、生产能力表

构件厂		材料拥有量	产品甲		产品乙		生产能力
			消耗定额	单位成本	消耗定额	单位成本	
A	钢材	2000	0.81	0.6	0.5	0.5	4000
	水泥	2800	1.5		1.1		
B	钢材	1980	0.8	0.55	0.52	0.45	3000
	水泥	2500	1.6		1.05		
C	钢材	1200	0.78	0.58	0.49	0.52	1800
	水泥	2200	1.45		1.15		
D	钢材	1000	0.75	0.53	0.51	0.49	2500
	水泥	1800	1.51		1.03		
产品需求量			4000		2500		11300

设 x_{ij} 为 i 构件厂生产 j 产品的数量且为整数，w_i 为 i 构件厂的生产能力，c_{ij} 为 i 构件厂生产 j 产品的单位成本（万元），b_{il} 为 i 构件厂 l 材料的拥有量，k_{ijl} 为 i 构件厂生产 j 产品 l 材料的消耗定额，d_j 为 j 产品的需求量。

目标函数为：

$$\min Z = \sum_{i=1}^{4} \sum_{j=1}^{2} c_{ij} x_{ij}$$

约束条件：

（1）保证完成公司的各项生产任务：

$$\sum_{i=1}^{4} x_{ij} = d_j \quad (j = 1, 2)$$

（2）各构件厂相应产品生产能力的限制：

$$\sum_{j=1}^{2} x_{ij} \leqslant W_i \quad (i = 1, 2, 3, 4)$$

（3）各构件厂资源拥有量的限制：

$$\sum_{j=1}^{2} k_{ijl} x_{ij} \leqslant b_{il} \quad (i = 1, 2, 3, 4; l = 1, 2)$$

（4）变量的非负限制：

$$x_{ij} \geqslant 0 \text{ 且为整数} \quad (i = 1, 2, 3, 4; j = 1, 2)$$

用 LINGO 语言编写的程序如下：

```
model:! 生产任务分配模型;
Sets:
gc/1..4/:w;! 构件厂个数 4 个,w 为构件厂的生产能力;
chp/1,2/:d;! 2 种产品,d 为产品的需求量;
cliao/1,2/:;! 2 种材料;
chl(gc,chp):x,c;! 各构件厂生产产品数量为 x,产品单位生产成本为 c;
gc_cliao(gc,cliao):b;! 各构件厂拥有材料数量为 b;
de(gc,chp,cliao):k;! 各构件厂生产各种产品的材料消耗定额矩阵为 k;
Endsets
```

Data：

w = 4000，3000，1800，2500；

d = 4000，1500；

c = 0.6，0.5，

0.55，0.45，

0.58，0.52，

0.53，0.49；

b = 2000，2800，

1980，2500，

1200，2200，

1000，1800；

k = 0.81，1.5，0.5，1.1，

0.8，1.6，0.52，1.05，

0.78，1.45，0.49，1.15，

0.75，1.51，0.51，1.03；

Enddata

Min = @ Sum(gc(i)：

@ Sum(chp(j)：c(i,j) * x(i,j)))；

@ For(gc(i)：

@ Sum(chp(j)：x(i,j)) < = w(i))；！生产能力限制；

@ For(chp(j)：

@ Sum(gc(i)：x(i,j)) = d(j))；！产品需求限制；

@ For(gc(i)：

@ For(cliao(l)：

@ Sum(chp(j)：k(i,j,l) * x(i,j)) < = b(i,l)))；！工厂材料限制；

@ For(gc(i)：

@ For(chp(j)：

@ gin(x(i,j))))；！整数限制；

End

按上述模型经求解确定的最优生产安排为：构件厂 A 生产甲产品 713 件，构件厂 C 生产甲产品 1517 件，构件厂 D 生产甲产品 1192 件，A、C、D 均不生产乙产品；构件厂 B 生产甲产品 578 件、生产乙产品 1500 件；总成本最低为 2932.32 万元。

4. 下料模型

某建筑公司塑钢制品厂为某项目供应塑钢门窗，塑钢原料长度为 4m，按塑钢门窗图样，分别需要长度为 1.8m、1.3m、0.8m 三种坯料 1500 根、2500 根、4300 根，怎样下料消耗的原料才能最少？

该问题下料方案见表 4-63。

表 4-63　塑钢门窗下料方案

方案	1	2	3	4	5	6	7	需求量
1.8	2	1	1	0	0	0	0	1500
1.3	0	1	0	3	2	1	0	2500
0.8	0	1	2	0	1	3	5	4300
剩余	0.4	0.1	0.6	0.1	0.6	0.3	0	

设 x_j 为按第 j 方案下料的原料根数，a_{ij} 为按第 j 方案形成第 i 种坯料的根数，λ_j 为按第 j 方案下料剩余的料头，b_i 为 i 种坯料的需求量。

有两种确定目标函数的方法：剩余料头最少，消耗原料的根数最少。一般情况下，按剩余料头最少和按消耗原料根数最少为目标的求解结果是不同的，如果剩余料头无用处，应选消耗原料根数最少为目标。

（1）剩余料头最少的目标函数：

$$\min Z = \sum_{j=1}^{7} \lambda_j x_j$$

（2）消耗原料的根数最少的目标函数：

$$\min Z = \sum_{j=1}^{7} x_j$$

约束条件：

（1）满足各种坯料的需求：

$$\sum_{j=1}^{7} a_{ij} x_j = b_i (i = 1,2,3)$$

（2）下料的原料根数非负且为整数：

$x_j \geq 0$ 且为整数（$j = 1, 2, \cdots, 7$）

因变量不多，可直接输入模型，变量的整数要求要用函数描述，按消耗原料的根数最少作为目标函数的程序如下：

$2 * x1 + x2 + x3 = 1500$;

$x2 + 3 * x4 + 2 * x5 + x6 = 2500$;

$x2 + 2 * x3 + x5 + 3 * x6 + 5 * x7 = 4300$;

$Min = x1 + x2 + x3 + x4 + x5 + x6 + x7$;

@gin(x1);@gin(x2);@gin(x3);@gin(x4);@gin(x5);@gin(x6);@gin(x7);

按所设计的下料方案，求解结果为：用第 1 方案 10 根，第 2 方案 1480 根，第 4 方案 340 根，第 7 方案 564 根。或第 1、5、6 方案 0 根，第 2 方案 1495 根，第 3 方案 5 根，第 4 方案 335 根，第 7 方案 559 根，共需原料 2394 根。此题有多个解。

5. 人员指派模型

（1）例 4-24 的 LINGO 程序如下：

Model：

Sets：

gongchengdui/1..5/：；

xiangmu/1..5/：；

d_x(gongchengdui, xiangmu) :x,c;

Endsets

Data：

c = 13	8	10	7	10
8	10	6	6	7
7	15	10	11	10
12	14	6	6	9
4	9	7	9	10;

Enddata

@ For(gongchengdui(i) :@ Sum(xiangmu(j) :x(i,j)) = 1) ;

@ For(xiangmu(j) :@ Sum(gongchengdui(i) :x(i,j)) = 1) ;

@ For(xiangmu(j) :@ For(gongchengdui(i) :@ bin(x(i,j)))) ;

Min = @ Sum(xiangmu(j) :@ Sum(gongchengdui(i) :c(i,j) * x(i,j))) ;

End

（2）例 4-26 的 LINGO 程序如下：

Model：

Sets：

gongchengdui/1..4/:;

xiangmu/1..5/:;

d_x(gongchengdui, xiangmu) :x,c;

Endsets

Data：

c = 13	8	10	7	10
8	10	6	6	7
7	15	10	11	10
12	14	6	6	9;

Enddata

@ For(gongchengdui(i) :@ Sum(xiangmu(j) :x(i,j)) = 1) ;

@ For(xiangmu(j) :@ Sum(gongchengdui(i) :x(i,j)) < = 1) ;

@ For(xiangmu(j) :@ For(gongchengdui(i) :@ bin(x(i,j)))) ;

Min = @ Sum(xiangmu(j) :@ Sum(gongchengdui(i) :c(i,j) * x(i,j))) ;

End

（3）例 4-27 的 LINGO 程序如下：

Model：

Sets：

gongchengdui/1..5/:;

xiangmu/1..4/:;

d_x(gongchengdui, xiangmu) :x,c;

Endsets

Data：

c =	13	8	10	7
	8	10	6	6
	7	15	10	11
	12	14	6	6
	4	9	7	9 ；

Enddata

@ For(gongchengdui(i) :@ Sum(xiangmu(j) :x(i,j)) < =1) ；

@ For(xiangmu(j) :@ Sum(gongchengdui(i) :x(i,j)) =1) ；

@ For(xiangmu(j) :@ For(gongchengdui(i) :@ bin(x(i,j)))) ；

Min = @ Sum(xiangmu(j) :@ Sum(gongchengdui(i) :c(i,j) * x(i,j))) ；

End

（4）例 4-28 的 LINGO 程序如下：

Model：

Sets：

gongchengdui/1..5/:；

xiangmu/1..5/:；

d_x(gongchengdui,xiangmu) :x,c；

Endsets

Data：

c =	13	8	10	7	10
	8	10	6	6	7
	7	15	10	11	1000000
	12	14	6	6	9
	4	9	7	9	10； ！由于工程队 3 不能去工地 E 工作，所以设工程队 3

去工地 E 工作的时间为 M，M 用一个非常非常大的数代替，如 1000000；

Enddata

@ For(gongchengdui(i) :@ Sum(xiangmu(j) :x(i,j)) =1) ；

@ For(xiangmu(j) :@ Sum(gongchengdui(i) :x(i,j)) =1) ；

@ For(xiangmu(j) :@ For(gongchengdui(i) :@ bin(x(i,j)))) ；

Min = @ Sum(xiangmu(j) :@ Sum(gongchengdui(i) :c(i,j) * x(i,j))) ；

End

【练习题】

1. 请将表 4-64 运输问题的可行方案填写完整，并判断该方案是否最优方案，为什么？如不是，请给出新的调运方案。

表 4-64　运输问题的可行方案

产地	销地				产量
	B_1	B_2	B_3	B_4	
A_1	3	11	3 400	10 400	800
A_2	1 400	9	2 （　）	8	500
A_3	7	4 600	10	15 400	1000
销量	400	600	500	800	

2. 用表上作业法求解表 4-65~表 4-67 的运输问题。

表 4-65　运输问题（一）的运价、产量、销量

产地	销地				产量
	甲	乙	丙	丁	
A_1	3	7	6	4	50
A_2	2	4	3	3	20
A_3	8	3	8	9	30
销量	40	20	15	25	

表 4-66　运输问题（二）的运价、产量、销量

产地	销地				产量
	甲	乙	丙	丁	
A_1	4	12	4	11	16
A_2	2	10	3	9	13
A_3	8	5	11	6	22
销量	8	14	12	14	

表 4-67　运输问题（三）的运价、产量、销量

产地	销地			产量
	甲	乙	丙	
A_1	175	195	208	1500
A_2	160	182	215	4000
销量	3500	1100	2400	

3. 三个产地、四个销地的运输问题基本信息见表 4-68。已知产地 A_2 不具备原地存储的条件，生产产品必须全部运送出去，求使总运费最少的调运方案。

表 4-68　运输问题的运价、产量、销量（一）

产地	销地				产量
	甲	乙	丙	丁	
A_1	3	5	9	4	300
A_2	7	4	8	5	500
A_3	9	7	5	2	600
销量	150	100	400	450	

4. 有 A_1、A_2、A_3 三个生产某种物资的产地，五个地区 B_1、B_2、B_3、B_4、B_5 对这种物

资有需求。现要将这种物资从三个产地运往五个需求地区，各产地的产量、各需求地区的需要量和各产地运往各需求地区每单位物资的运费见表 4-69，其中 B_2 地区的 115 个单位必须满足。问如何调运可使总运输费用最小？

表 4-69　运输问题的运价、产量、销量（二）

产地	销地					产量
	B_1	B_2	B_3	B_4	B_5	
A_1	10	15	20	20	40	50
A_2	20	40	15	30	30	100
A_3	30	35	40	55	25	130
销量	25	115	60	30	70	

5. 用图解法求解下列线性规划问题，指出解的情况（唯一最优解，无穷多最优解，无界解，无可行解）。

（1）$\max Z = 2x_1 + 3x_2$

s. t. $\begin{cases} \quad\quad 3x_2 \leqslant 15 \\ 4x_1 \quad\quad \leqslant 12 \\ 2x_1 + 2x_2 \leqslant 14 \\ x_1, \quad x_2 \geqslant 0 \end{cases}$

（2）$\max Z = 2x_1 + x_2$

s. t. $\begin{cases} -x_1 + x_2 \leqslant 5 \\ 2x_1 - 5x_2 \leqslant 10 \\ x_1, \quad x_2 \geqslant 0 \end{cases}$

（3）$\max Z = 40x_1 + 80x_2$

s. t. $\begin{cases} x_1 + 2x_2 \leqslant 30 \\ 3x_1 + 2x_2 \leqslant 60 \\ 2x_2 \leqslant 24 \\ x_1, \quad x_2 \geqslant 0 \end{cases}$

（4）$\max Z = 3x_1 + 2x_2$

s. t. $\begin{cases} 2x_1 + x_2 \leqslant 2 \\ 3x_1 + 4x_2 \geqslant 12 \\ x_1, \quad x_2 \geqslant 0 \end{cases}$

6. 用单纯形表法求解下列线性规划问题，并用 LINGO 软件编程验证。

（1）$\max Z = 2x_1 + 3x_2$

s. t. $\begin{cases} \quad\quad 3x_2 \leqslant 15 \\ 4x_1 \quad\quad \leqslant 12 \\ 2x_1 + 2x_2 \leqslant 14 \\ x_1, \quad x_2 \geqslant 0 \end{cases}$

（2）$\max Z = 2x_1 + x_2$

s. t. $\begin{cases} -x_1 + x_2 \leqslant 5 \\ 2x_1 - 5x_2 \leqslant 10 \\ x_1, \quad x_2 \geqslant 0 \end{cases}$

（3）$\max Z = 40x_1 + 80x_2$

s. t. $\begin{cases} x_1 + 2x_2 \leqslant 30 \\ 3x_1 + 2x_2 \leqslant 60 \\ 2x_2 \leqslant 24 \\ x_1, \quad x_2 \geqslant 0 \end{cases}$

（4）$\max Z = 2x_1 + 3x_2$

s. t. $\begin{cases} 2x_1 + 2x_2 \leqslant 12 \\ x_1 + 2x_2 \leqslant 8 \\ 4x_1 \quad\quad \leqslant 16 \\ 4x_2 \leqslant 12 \\ x_1, \quad x_2 \geqslant 0 \end{cases}$

（5）$\max Z = 4x_1 + 3x_2$

s. t. $\begin{cases} 2x_1 + 2x_2 \leqslant 1600 \\ 5x_1 + 2.5x_2 \leqslant 2500 \\ x_1 \quad\quad \leqslant 400 \\ x_1, \quad x_2 \geqslant 0 \end{cases}$

（6）$\min Z = -3x_1 + x_2 - 2x_3$

s. t. $\begin{cases} 2x_1 + 2x_2 + x_3 \leqslant 24 \\ -x_1 + 2x_2 + 2x_3 \leqslant 30 \\ x_1, \quad x_2, \quad x_3 \geqslant 0 \end{cases}$

7. 分别用大 M 法和二阶段法求解下述线性规划问题，并指出属于哪一类解。

（1） $\max Z = 2x_1 + 5x_2 - 3x_3$

s.t. $\begin{cases} x_1 + x_2 + x_3 = 7 \\ 2x_1 + x_2 - 5x_3 \geq 10 \\ x_1, \quad x_2, \quad x_3 \geq 0 \end{cases}$

（2） $\min Z = 2x_1 + 3x_2 + x_3$

s.t. $\begin{cases} x_1 + 4x_2 + 2x_3 \geq 8 \\ 3x_1 + 2x_2 \quad\quad \geq 6 \\ x_1, \quad x_2, \quad x_3 \geq 0 \end{cases}$

（3） $\max Z = 3x_1 + 2x_2$

s.t. $\begin{cases} 2x_1 + x_2 \leq 2 \\ 3x_1 + 4x_2 \geq 12 \\ x_1, \quad x_2 \geq 0 \end{cases}$

（4） $\max Z = x_1 + 2x_2$

s.t. $\begin{cases} 4x_1 + 3x_2 \quad\quad \geq 12 \\ 2x_1 + 3x_2 \quad\quad \geq -8 \\ x_2 \quad\quad \geq 3 \\ x_1, \quad x_2, x_3, x_4 \geq 0 \end{cases}$

（5） $\max Z = 3x_1 + 5x_2 + 4x_3$

s.t. $\begin{cases} 5x_1 + 3x_2 + x_3 \leq 9 \\ -3x_1 + 6x_2 + 12x_3 \leq 15 \\ 2x_1 + x_2 + x_3 \geq 5 \\ x_1, \quad x_2, \quad x_3 \geq 0 \end{cases}$

（6） $\max Z = x_1 - 8x_2 + 3x_3$

s.t. $\begin{cases} x_1 + 2x_2 - x_3 \geq 2 \\ x_1 - 2x_2 + x_3 = 4 \\ x_1, \quad x_2, x_3 \geq 0 \end{cases}$

8. 写出下列线性规划问题的对偶问题。

（1） $\max Z = 2x_1 + 3x_2$

s.t. $\begin{cases} 2x_1 - x_2 \leq 4 \\ 2x_1 + 3x_2 \leq 14 \\ x_1 - x_2 \geq -5 \\ x_1 \geq 0, x_2 \leq 0 \end{cases}$

（2） $\min Z = 3x_1 + 2x_2 - 7x_3 + 4x_4$

s.t. $\begin{cases} -x_1 - 2x_2 + 3x_3 + 4x_4 \leq 3 \\ 2x_1 - 3x_2 + 5x_3 - 6x_4 = 21 \\ x_1 - x_2 + 2x_3 - x_4 \geq 2 \\ x_1 \geq 0, \; x_2 \leq 0, \; x_3, \; x_4 \text{ 无约束} \end{cases}$

（3） $\min Z = 3x_1 + 2x_2 - 4x_3 + x_4$

s.t. $\begin{cases} x_1 + x_2 - 3x_3 + x_4 \geq 10 \\ 2x_1 \quad\quad + 2x_3 - x_4 \leq 8 \\ x_2 + x_3 + x_4 = 6 \\ x_1 \leq 0, \; x_2, x_3 \geq 0, \; x_4 \text{ 无约束} \end{cases}$

（4） $\max Z = x_1 - x_2 + 5x_3 - 7x_4$

s.t. $\begin{cases} x_1 + 3x_2 - 2x_3 + x_4 = 25 \\ 2x_1 \quad\quad - 7x_3 + 2x_4 \geq -60 \\ 2x_1 + 2x_2 - 4x_3 \quad\quad \leq 30 \\ -5 \leq x_4 \leq 10 \\ x_1, \; x_2 \geq 0, \; x_3 \text{ 无约束} \end{cases}$

9. 表4-70为一最小化目标函数的线性规划问题的初始单纯形表及某一中间单纯形表，其中 x_4、x_5 为松弛变量，求表4-70中大写英文字母位置的值。

表4-70 初始单纯形表和中间单纯形表

项目		x_1	x_2	x_3	x_4	x_5
x_m	6	B	C	D	1	0
x_n	1	-1	3	E	0	1
$c_j - z_j$		A	1	-2	0	0
x_o	F	G	2	-1	1/2	0
x_p	4	H	I	1	1/2	1
$c_j - z_j$		0	7	J	K	L

10. 表4-71为一求最小目标的线性规划问题的初始单纯形表，其中 x_3、x_4、x_6 为松弛变量，x_5、x_7 为人工变量，表4-72为该问题的最终单纯形表。

（1）试建立原问题和对偶问题的最优化模型。

（2）找出原问题、对偶问题的最优解和最优值。

（3）指出最优基矩阵 $\boldsymbol{B}$ 及 $\boldsymbol{B}^{-1}$。

表 4-71　初始单纯形表

C_j			3	2	0	0	M	0	M
C_B	$-Z$	b	x_1	x_2	x_3	x_4	x_5	x_6	x_7
0	x_3	20	1	2	1	0	0	0	0
M	x_5	6	2	−1	0	−1	1	0	0
M	x_7	6	1	1	0	0	0	−1	1
	$C_j - Z_j$		$3-3M$	2	0	M	0	M	0

表 4-72　最终单纯形表

C_j			3	2	0	0	M	0	M
C_B	$-Z$	b	x_1	x_2	x_3	x_4	x_5	x_6	x_7
0	x_3	0	0	0	1	−1/3	1/3	5/3	−5/3
3	x_1	4	1	0	0	−1/3	1/3	−1/3	1/3
2	x_2	2	0	1	0	1/3	−1/3	−2/3	2/3
	$C_j - Z_j$		0	0	0	1/3	$M-1/3$	7/3	$M-7/3$

11. 用对偶单纯形法求解如下线性规划。

（1）$\min Z = 120x_1 + 50x_2$

s. t. $\begin{cases} 4x_1 + 2x_2 \geqslant 56 \\ 3x_1 + x_2 \geqslant 30 \\ x_1 \geqslant 0,\ x_2 \geqslant 0 \end{cases}$

（2）$\min Z = 9x_1 + 12x_2 + 15x_3$

s. t. $\begin{cases} 2x_1 + 2x_2 + x_3 \geqslant 10 \\ 2x_1 + 3x_2 + x_3 \geqslant 12 \\ x_1 + x_2 + 5x_3 \geqslant 14 \\ x_1,\quad x_2,\quad x_3 \geqslant 0 \end{cases}$

12. 某企业计划生产甲、乙、丙三种产品，各产品均需要在 A、B、C 三种设备上加工，每生产一件产品所需消耗的设备台时及利润情况见表 4-73。

表 4-73　设备台时及利润情况

设备	产品			设备有效台时拥有量/月
	甲	乙	丙	
A	2	3	2	800
B	5	4	4	1200
C	3	4	3	1000
单位产品利润（千元）	1	5	4	

在求出最优生产方案的基础上，继续回答以下问题：

（1）若产品甲的单位利润变为 5 千元，对原最优生产方案有何影响？产品甲的单位利润在何范围内变化时，原最优生产方案才会保持不变？

（2）若产品丙的单位利润变为 6 千元，对原最优生产方案有何影响？产品丙的单位利润在何范围内变化时，原最优生产方案才会保持不变？

（3）若设备 B 的有效台时改变为 1100 月，对原最优生产方案有何影响？为保证原最优基不变，设备 B 的有效台时允许变动范围是多少？

（4）若产品甲的资源消耗向量由 $(2, 5, 3)^\mathrm{T}$ 变为 $(2, 0, 0)^\mathrm{T}$，考察原最优解是否仍然保持最优？若不是求新的最优方案？

（5）现开发了一种新产品丁，生产该产品需消耗 A、B、C 的设备台时分别为 3、2、4，单位产品利润为 5 千元，问新产品是否值得投产？若值得，求新的生产方案。

（6）若增加了新约束条件：$4x_1 + 2x_2 + 4x_3 \leqslant 600$，问原最优解是否仍然保持？若不能，则求出新的最优解。

13. 某工厂在计划期内要安排 A、B 两种产品的生产，生产单位产品所需的三种原料的消耗见表 4-74，最终单纯形表见表 4-75。

（1）将表 4-75 中①~③处填上适当的数字，写出最优生产方案及最优总利润。

（2）建立该问题的对偶问题模型，写出三种原料的影子价格。

（3）现市场有 50kg 原料 1 在出售，单价 25 元/kg，问是否值得购入？购入后的最优方案是多少？

表 4-74　单位产品利润及原料的消耗

原料	产品		资源拥有量/kg
	A	B	
1	1	3	300
2	2	1	400
3	0	1	120
产品利润（元/件）	50	100	

表 4-75　最终单纯形表

C_B	X_B	b	x_1	x_2	x_3	x_4	x_5
	C_j		50	100	0	0	0
100	x_2	40	0	1	0.4	−0.2	0
50	x_1	180	1	0	−0.2	0.6	0
0	x_5	80	0	0	（②）	0.2	1
	$C_j - Z_j$	13000	0	（①）	−30	（③）	0

14. 云腾公司拟在华东、华南、华北三个区域建立销售中心，共有八个地点可供选择，见表 4-76，共有投资资金 6380 千元。要求：①华东区至多选两个；②华南区、华北区至少选一个。问应选择哪几个地点建立销售中心才能使利润最大？

表 4-76　投资与利润表

区域	地点	预计利润（千元）	投资额（千元）
华东	A1	1600	1050
	A2	1400	980
	A3	1300	970
华南	A4	1250	975
	A5	1000	890
	A6	1250	950
华北	A7	1080	850
	A8	990	870

15. 某公司在 A 城经营一家年生产量 30000 件产品的工厂。产品被运输到甲、乙、丙三个地区的分销中心。由于预期将有需求增长，某公司计划在 B、C、D、E 中一个或多个城市建立新工厂以增加生产力。建立新工厂的年固定成本和年生产能力见表 4-77，对三个分销中心的年需求量预测见表 4-78。单件产品从每个工厂到每个分销中心的运费见表 4-79。

表 4-77 新建工厂的年固定成本和年生产能力

目标工厂	年固定成本（元）	年生产能力（件）
B	175000	10000
C	300000	20000
D	375000	30000
E	500000	30000

表 4-78 分销中心的年需求量预测

分销中心	年需求量（件）
甲	30000
乙	20000
丙	20000

表 4-79 分销系统的单位运输成本

生产地	分销中心		
	甲	乙	丙
A	8	4	3
B	5	2	3
C	4	3	4
D	9	7	5
E	10	4	2

问安排在哪些城市建立新工厂，使得总的建造成本和运输成本最低？

16. 某车间有五种生产设备，分别可以加工五种零件，每种零件在不同设备上加工所消耗的时间见表 4-80。要求：一种零件只能由一个设备加工，一个设备上只能加工一种零件。问如何安排生产，才能使加工五种零件所消耗的时间最短？

表 4-80 零件在设备上的加工时间

零件	生产设备				
	A	B	C	D	E
1	12	7	9	7	9
2	8	9	6	6	6
3	7	17	12	14	9
4	15	14	6	6	10
5	4	10	7	10	9

17. 有四位翻译人员 A、B、C、D，均精通英语、法语、德语和俄语。现需翻译一部书稿，要求一位翻译人员只能翻译一种语种，一种语种只能由一位翻译人员翻译，需要时间见表 4-81。问如何指派工作，才能使翻译总时间最短？

表 4-81　翻译人员消耗的翻译时间

翻译人员	语种			
	英语	法语	德语	俄语
A	7	8	10	12
B	11	9	12	9
C	8	10	9	13
D	11	12	9	11

18. 某机械设备公司准备将四种设备 A、B、C、D 分别出租给四个公司，要求一种设备只能出租给一个公司，一个公司只能租借一种设备，所得收费价格见表 4-82。问如何安排出租，才能使公司收益最大？

表 4-82　设备出租给公司的收费价格

设备	公司			
	公司1	公司2	公司3	公司4
A	17	18	19	22
B	21	19	22	20
C	18	20	23	21
D	21	22	24	25

19. 某公司准备将四位工程师 A、B、C、D 分别派往四个项目，要求一位工程师只能去往一个项目，一个项目只能有一位工程师，所得收益见表 4-83。问如何安排指派，才能使公司收益最高？

表 4-83　工程师在项目上的收益

工程师	项目			
	项目1	项目2	项目3	项目4
A	6	7	11	4
B	5	4	9	8
C	4	3	6	10
D	5	9	8	6

20. 某大学为运筹学专业研究生开设的课程见表 4-84。某些课程要求必须先选择先修课程。由于每门课程属于不同的类别，因此考虑到学科间的互补，要求必须选择两门数学类课程、两门运筹学类课程和两门计算机类课程。计算一个学生至少要选择几门课程才能满足上述要求？

表 4-84　课程信息表

课程	所属类别	先修课程
运筹学	数学类、运筹学类	—
微积分	数学类	—
计算机程序设计	计算机类	—
数据结构	数学类、计算机类	计算机程序设计
管理统计	数学类、运筹学类	微积分
计算机模拟	计算机类、运筹学类	计算机程序设计
预测	数学类、运筹学类	管理统计

21. 某物流公司拟在五个候选地点中建立若干个配送中心，用以满足六个批发商对商品的需求。若选中某地建立配送中心，则需支付一笔固定投资，没被选中的地点则不用支付该投资。每个批发商所需商品只能由建好的配送中心负责运输。每个地点建立配送中心所需的固定投资、每个建好的配送中心的配送能力、每个批发商的需求量以及批发商到配送中心的单位运价（万元/kt）见表4-85。该物流公司如何确定商品运输方案才能使得总成本最小？总成本包括固定投资和运费两部分。

表4-85　配送能力、需求量以及批发商到配送中心的单位运价（万元/kt）

地点	批发商						所需固定投资（万元）	配送能力/kt
	A	B	C	D	E	F		
1	0.8	0.5	0.6	0.4	0.5	0.3	5	1
2	0.7	0.6	0.4	0.6	0.5	0.2	8	2
3	0.9	0.8	0.9	0.65	0.5	0.4	6	1.5
4	0.8	0.5	0.8	0.7	0.85	0.6	10	2.5
5	0.7	0.9	0.8	0.6	0.7	0.4	15	4
需求量/kt	0.8	0.9	0.7	1	1.2	0.6		

22. 某大学计算机机房聘用三名本科学生（代号1，2，3）和三名研究生（代号4，5，6）值班。已知每人从周一至周五每天最多可安排的值班时间及每人每小时的报酬见表4-86。

表4-86　值班人员报酬表

学生代号	报酬（元/h）	每天最多可安排的值班时间/h				
		周一	周二	周三	周四	周五
1	12	6	0	6	0	7
2	12	0	6	0	6	0
3	11	4	8	3	0	5
4	10	5	5	6	0	4
5	11	3	0	4	8	0
6	13	0	6	0	6	3

该实验室开放时间为上午9：00至晚上10：00，开放时间内须有且仅须一名学生值班，规定本科学生每周值班不少于八小时，研究生每周值班不少于七小时，每名学生每周值班不超过三次，每次值班不少于两小时，每天安排值班的学生不超过三人，且其中必须有一名研究生。

试建立数学模型并求解，为该实验室安排一张人员值班表，使总支付的报酬为最少。

23. 某公司现有一笔300万元的资金，考虑今后三年内用于下列四个项目的投资。

（1）三年内的每年年初均可投资，每年获利为投资额的20%，其本利可一起用于下一年的投资。

（2）只允许每一年初投稿，于第二年末收回，本利合计为投资额的150%，但投资限额130万元。

（3）允许于第二年初投入，于第三年末收回，本利合计为投资额的160%，但投资限额200万元。

（4）允许于第三年初投入，年末收回，可获利 40%，但投资限额 100 万元。

为该公司确定一个使第三年末本利和为最大的投资组合方案。

24. 某建筑公司有五个施工项目准备开工，该公司有两个金属构件生产车间，有两个仓库，内存三种规格的钢材，一种规格塑钢门窗（成套使用）。仓库的钢材品种及塑钢拥有量见表 4-87，构件车间生产的单位构件材料消耗、工时消耗、生产能力和生产成本见表 4-88 ~ 表 4-91，各项目构件和钢材需求量见表 4-92，由构件车间向各项目和由仓库向各项目运送物资的单位运费见表 4-93。试建立并求解模型，编制各车间的产品生产计划，由构件车间向各项目和由仓库向各项目、各车间的物资调运计划，使总成本最小。

表 4-87 仓库的钢材品种、塑钢拥有量

钢材品种	甲仓库	乙仓库
A 型钢材/t	6000	4800
B 型钢材/t	5000	6200
C 型钢材/t	6500	7200
塑钢门窗（套）	400	320

表 4-88 单位构件材料消耗量　　　　　　　　　　单位：t/件

构件	A 型钢材	B 型钢材	C 型钢材
钢梁	9	13	23
钢架	11	15	20

表 4-89 车间构件生产工时消耗

车间	钢梁/(h/件)	钢架/(h/件)	工时拥有量/h
一车间	30	40	14000
二车间	40	35	10000

表 4-90 车间生产能力　　　　　　　　　　单位：件

车间	钢梁	钢架
一车间	260	120
二车间	200	240

表 4-91 车间生产成本　　　　　　　　　　单位：元/件

车间	钢梁	钢架
一车间	320	300
二车间	280	360

表 4-92 各项目钢梁、钢架、钢材、塑钢门窗需求量

项目	钢梁（件）	钢架（件）	A 型钢材/t	B 型钢材/t	C 型钢材/t	塑钢门窗（套）
1	50	40	70	20	70	120
2	30	50	50	10	65	80
3	90	80	30	80	85	180
4	70	100	70	90	60	180
5	60	20	80	60	40	100
合计	300	290	300	260	320	660

表 4-93　单位物资运价表

单位：元/（t·km），元/（套·km），元/（件·km）

车间	一车间	二车间	项目1	项目2	项目3	项目4	项目5
一车间	—	—	60	70	140	90	80
二车间	—	—	40	60	120	70	60
甲仓库	90	60	30	20	30	40	30
乙仓库	70	50	20	25	25	15	40

25. 某构件公司有四个构件厂，现接受五个企业预应力梁和预制桩的订货，订货量分别为 2200 件和 3200 件，单价分别是 1 万元和 0.8 万元。各构件厂生产能力、单位成本、材料单耗等资料见表 4-94，各构件厂拥有的材料数量见表 4-95，订货企业与各构件厂的距离见表 4-96，预应力梁单件重 5t，预制桩单件重 3t，每吨公里运费 0.1 元，按公司利润最大建立并求解模型。

表 4-94　各构件厂生产能力、单位成本、材料单耗资料

企业	生产能力（件）		单位成本（元）		材料单耗/kg			
					水泥		钢材	
	预应力梁	预制桩	预应力梁	预制桩	预应力梁	预制桩	预应力梁	预制桩
1	1000	1000	8600	5800	4000	2000	1000	520
2	900	1000	8700	6300	4050	2050	1050	510
3	500	800	8750	6200	4050	2060	1030	510
4	450	1200	8750	5750	4000	1990	990	515
合计	2850	4000	—	—	—	—	—	—

表 4-95　各构件厂拥有的材料数量　　　　单位：t

材料	企业				合计
	1	2	3	4	
水泥	6000	4000	4000	6000	20000
钢材	1500	1000	1000	1500	5000

表 4-96　订货企业与构件厂之间的距离（km）

构件厂	订货企业				
	1	2	3	4	5
1	15	12	19	25	9
2	12	18	15	18	17
3	17	10	14	11	15
4	16	9	18	13	20
预制桩订货量（件）	1000	500	900	400	400
预制梁订货量（件）	500	500	600	200	400

第5章

静态非线性系统最优化模型及求解方法

学习要点

1. 掌握非线性最优化模型建立方法；
2. 掌握确定型库存模型；
3. 熟悉非线性规划模型求解的基本理论；
4. 熟悉无约束非线性模型求解的基本原理和方法；
5. 掌握一维搜索的基本程序；
6. 熟悉迭代法求解非线性规划的基本原理和方法。

袁亚湘：执"数"之手 攀登高峰

20 世纪七八十年代，我国优化领域科研实力还很弱。1982 年 11 月，袁亚湘作为中国科学院挑选的 30 多位尖子生之一，被派往英国剑桥大学攻读博士，师从优化领域专家 M. J. D. Powell。1988 年，袁亚湘在其科研事业蒸蒸日上之时，从英国回国，从事优化领域中的"非线性规划"相关理论方法的研究。

经过连续多年的不断探索，袁亚湘在非线性规划方面的研究成果被国际上命名为"袁氏引理"，他与中国科学院数学与系统科学研究院研究员戴彧虹合作提出了"戴－袁方法"，被收录于优化百科全书。从非线性规划的方法和理论，到大规模优化算法的构造和应用……袁亚湘与诸多数学家持之以恒地推动中国应用数学走向国际前列。

一张纸、一支笔，独自一人伏案演算推理，早已不是今天数学家研究的全部状态。在国内，袁亚湘集结全国优势力量开展优化理论和算法研究，推动了我国优化算法领域的发展与人才培养。他一直强调数学的重要意义，红绿灯、漂亮的大楼、5G……其背后都是数学在"控制"，很多变革性工程技术、"卡脖子"问题看起来是技术难题，但根源还是数学基础。从传统的与数学关系密切的物理、天文学、大气科学等领域，到化学、材料科学、生命科学、医学等和数学关系不断加强的领域，数学在建模和求解中的应用日趋平常，在人工智能、计算机模拟、海量数据分析等新兴研究领域，数学起着基石性的作用。

袁亚湘坦承，包括数学研究在内的科学研究肯定会有困难，他的科研人生也曾遇到过无数困难。但是，要正确对待困难，一是不能放弃，二是找对策解决。他曾笑着说，做研究碰到困难是开心的事情，最怕没有困难，简单的问题十有八九价值不高。

"在当前国际竞争日益激烈的环境下，我们要向老一辈科学家学习，学习他们胸怀祖国、服务人民的爱国精神；学习他们勇攀高峰、敢为人先的创新精神；学习他们追求真理、严谨治学的求实精神；学习他们淡泊名利、潜心研究的奉献精神；学习他们甘为人梯、奖掖后学的育人精神。让年轻一辈超越自己，才是成功。"袁亚湘说。

（资料来源：韩扬眉. 袁亚湘：执"数"之手攀登高峰 [N]. 中国科学报，2021 – 08 – 12（1））

5.1　非线性系统最优化模型

系统中许多要素之间的关系都以非线性的方式呈现，例如债券的价格是利率的非线性函数，生产的边际成本随着生产数量的增加而减少，产品的需求数量常常是价格的非线性函数。假设系统要素间呈线性关系是应用线性规划模型描述系统的前提，然而系统变量间的非线性关系是系统运动的动力。因此，研究非线性系统最优化模型的建立和求解方法很重要。

非线性规划模型是指目标函数或约束条件中至少有一个是非线性函数时的规划模型。其一般形式为

$$\min Z = F(X)$$
$$\text{s. t. } G_i(X) \geqslant 0$$

非线性规划模型按有无约束条件可分为有约束和无约束两种。

5.1.1　最优选址问题

【例 5-1】　某企业准备建设一个临时混凝土搅拌站，向各工地供应商品混凝土。搅拌站建在什么位置，才能使它向各工地供应混凝土的费用最低？

解　设第 i 个工地的混凝土需求量为 w_i，单位混凝土的运费为 β [元/(t·km)]，混凝土搅拌站位置的坐标为 $p(x, y)$，各工地位置的坐标为 $p_i(x_i, y_i)$，如图 5-1 所示。

第 i 个工地与搅拌站的距离为

$$d_i = \sqrt{(x-x_i)^2 + (y-y_i)^2}$$

搅拌站向第 i 个工地供应混凝土的运费为

$$c_i = w_i d_i \beta$$

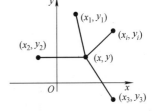

图 5-1　搅拌站位置

搅拌站向各工地供应混凝土的总运费为

$$C = \sum_i c_i = \beta \sum_i w_i d_i = \beta \sum_i w_i \sqrt{(x-x_i)^2 + (y-y_i)^2}$$

目标函数为

$$\min C = \beta \sum_i w_i \sqrt{(x-x_i)^2 + (y-y_i)^2}$$

由数学分析知，对 C 求偏导并令其为零，得

$$\frac{\partial C}{\partial x} = \beta \sum_i \frac{w_i}{d_i}(x-x_i) = 0; \qquad \frac{\partial C}{\partial y} = \beta \sum_i \frac{w_i}{d_i}(y-y_i) = 0$$

解该联立方程得

$$x = \frac{\sum_i \dfrac{w_i x_i}{d_i}}{\sum_i \dfrac{w_i}{d_i}}, \qquad y = \frac{\sum_i \dfrac{w_i y_i}{d_i}}{\sum_i \dfrac{w_i}{d_i}}$$

因 d_i 仍为 x、y 的函数，可用迭代法求解。迭代过程为：先选定一点 $P_0(x^{(0)}, y^{(0)})$，代入上式的右端，得到 $x^{(1)}$、$y^{(1)}$，再将其代入上式右端得到 $x^{(2)}$、$y^{(2)}$，…如此计算下去，直到计算出 $x^{(n+1)}$、$y^{(n+1)}$，使 $\| p(x^{(n+1)}, y^{(n+1)}) - p(x^{(n)}, y^{(n)}) \| \leqslant \varepsilon$（$\varepsilon$ 为预先确定的精度）为止，即可得到满足一定精度要求的搅拌站建设位置的坐标。

假设有五个工地，各工地的坐标位置为 (4, 6)、(4, 11)、(9, 18)、(6, 8)、(14, 4)，每天所需的混凝土数量分别为 200t、300t、400t、500t、600t，每吨千米运费为 2 元，则按上述模型用 LINGO 求解，程序如下：

```
Model:'选址模型';
Sets:
zuob/1..5/:xi,yi,wi;! 坐标和需求;
Endsets
Data:
xi =4 4 9 6 14;
yi =6 11 18 8 4;
wi =200 300 400 500 600;
b =2;
Enddata
Min = b * @ sum(zuob(i):wi(i) * ((x - xi(i))^2 + (y - yi(i))^2)^0.5);
@ free(x); @ free(y);
End
```

求解结果为：$x = 6$，$y = 8$，运费最小值为 22380.07 元。

一般而言，现实生活中混凝土搅拌站到各工地之间没有直线的道路连接，这时就不能直接采取例 5-1 的建模方式和求解方案解决问题。此时，如果道路为互相垂直或平行的网络，如练习题 1 所示，则可以直接构建规划模型进行求解。

5.1.2 最佳生产批量

最佳生产批量问题又叫非线性盈亏平衡分析。在企业的经营管理中，经常需要以最大利润来安排生产，因此需要确定生产批量与利润之间的关系。

设生产量等于销售量，且均为 Q，销售收入为 R，固定成本为 b_0，变动成本为 C_1，利润为 P。

当销售收入与销售量呈二次函数关系时，可描述为

$$R = a_1 Q + a_2 Q^2$$

变动成本与产量之间也为二次函数关系时，则

$$C_1 = b_1 Q + b_2 Q^2$$

总费用为

$$C = b_0 + b_1 Q + b_2 Q^2$$

利润为

$$P = R - C = a_1 Q + a_2 Q^2 - b_0 - b_1 Q - b_2 Q^2 = (a_1 - b_1) Q + (a_2 - b_2) Q^2 - b_0$$

以最大利润为目标的最佳生产批量模型为

$$\max P(Q) = (a_1 - b_1) Q + (a_2 - b_2) Q^2 - b_0$$

由 $\dfrac{\mathrm{d}P}{\mathrm{d}Q} = 0$ 得

$$Q^* = -\frac{a_1 - b_1}{2(a_2 - b_2)}$$

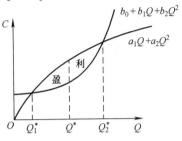

图 5-2　非线性盈亏平衡

式中，Q^* 为最佳生产批量。

最大利润值 $P_{\max} = (a_2 - b_2) Q^{*2} + (a_1 - b_1) Q^* - b_0$

如令 $P = 0$，则可得到盈亏平衡点 Q_1^* 和 Q_2^*，如图 5-2 所示。

【**例 5-2**】　某企业规划了一个新项目打算推出一种新产品，固定成本为 4.5 万元，单位变动成本为 25 元/件，新产品的价格为 55 元/件。随着产量的扩大，原材料的利用率提高，采购费用节约，劳动工时下降，这些因素会使得单位产品变动成本随着产量的增加而递减，递减速度为 0.001 元/件，单位产品价格也会随着产品销量的增加而递减，递减速度为 0.0035 元/件。试求：

（1）该企业推出这款产品获得最大利润时的产量和利润额。

（2）盈亏平衡点。

解　（1）由于新产品的价格为 55 元/件，单位产品价格会随着产品销量的增加而递减，递减速度为 0.0035 元/件，所以单位产品价格 $P_{ri} = 55 - 0.0035Q$，因此销售收入可以描述为

$$R = P_{ri}Q = (55 - 0.0035Q)Q = 55Q - 0.0035Q^2$$

对照上述销售收入与销售量关系的表达式 $R = a_1 Q + a_2 Q^2$ 可以看出：

$$a_1 = 55 \text{ 元/件}, \quad a_2 = -0.0035 \text{ 元/件}$$

由于单位变动成本为 25 元/件，单位产品变动成本随着产量的增加而递减，递减速度为 0.001 元/件，所以单位产品变动成本 $C_v = 25 - 0.001Q$，因此变动成本可以描述为

$$C_1 = C_v Q = (25 - 0.001Q)Q = 25Q - 0.001Q^2$$

因为固定成本为 4.5 万元，因此总费用为

$$C = 45000 + 25Q - 0.001Q^2$$

对照上述总费用与产量关系的表达式 $C = b_0 + b_1 Q + b_2 Q^2$ 可以看出：

$$b_0 = 45000 \text{ 元}, \quad b_1 = 25 \text{ 元/件}, \quad b_2 = -0.001 \text{ 元/件}$$

利润为

$$
\begin{aligned}
P &= R - C \\
&= 55Q - 0.0035Q^2 - (45000 + 25Q - 0.001Q^2) \\
&= (55 - 25)Q + (-0.0035 + 0.001)Q^2 - 45000 \\
&= 30Q - 0.0025Q^2 - 45000
\end{aligned}
$$

以最大利润为目标：　　　$\max P = 30Q - 0.0025Q^2 - 45000$

则$\dfrac{\mathrm{d}P}{\mathrm{d}Q}=30-0.005Q=0$，$Q^*=6000$ 件，此时有：

$$P_{\max}=(30\times6000-0.0025\times6000^2-45000)元=45000\ 元$$

或者直接使用最佳生产批量的公式

$$Q^*=-\frac{a_1-b_1}{2(a_2-b_2)}=-\frac{55-25}{2\times[-0.0035-(-0.001)]}件=6000\ 件$$

（2）当盈亏平衡时，有 $P=R-C=30Q-0.0025Q^2-45000=0$，则 $Q_1^*=1757$ 件，$Q_2^*=10243$ 件。

5.1.3 库存问题

用非线性规划研究企业物资供应系统，可得各种库存模型。

1. 确定型不允许缺货的存储系统模型一（不允许缺货，补充时间极短）

对于生产周期较短的系统，需一次备足一段时间内生产所需的物资，当库存被逐渐消耗后，必须立即得到补充，即补充可以瞬时实现，以维持生产的正常进行。这就是不允许缺货的存储系统。研究该系统的目的是适当安排进货批量，使库存系统单位时间内所支出的费用最小。

现以一个存储周期为分析单元。一个存储周期是由进货、生产消耗到再进货为止的全部时间，是两次进货所间隔的时间 t。在 t 时间内，系统的总费用 C 为

$$C=T_1+T_2$$

式中，T_1 为物资存储费用；T_2 为组织进货费用。

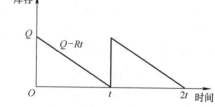

图 5-3 确定型不允许缺货模型一

根据假设，进货量 Q 应满足 t 时间内的生产需求，而需求是连续均匀的，需求速度即单位时间内的需求量是常数 R，所以

$$Q=Rt$$

t 时间内的平均储量为 $\triangle OQt$ 的面积，如图 5-3 所示，亦即

$$\overline{Q}=\int_0^t(Q-R\tau)\mathrm{d}\tau=\frac{1}{2}Rt^2$$

假设单位物资存储费用为 h，所以总存储费用为

$$T_1=\overline{Q}h=\frac{1}{2}Rt^2h$$

组织进货费用 T_2 由与进货数量无关的固定费用 C_1 和与进货数量成正比的变动费用两部分组成。设单位变动费用为 C_2，则变动费用为 C_2Q。组织进货费用为

$$T_2=C_1+C_2Q=C_1+C_2Rt$$

总费用为

$$C=T_1+T_2=\frac{1}{2}Rt^2h+C_1+C_2Rt$$

单位时间费用为

$$T(t)=\frac{C}{t}=\frac{1}{2}Rth+\frac{C_1}{t}+C_2R$$

可见单位时间费用是存储周期的函数，是由直线 $\frac{1}{2}Rth$ 和曲线（$C_1/t + C_2R$）合成的结果，如图 5-4 所示。

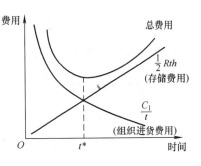

以单位时间费用最小为目标函数，存储模型为

$$\min T(t) = \frac{1}{2}Rth + \frac{C_1}{t} + C_2R$$

对该式求微分并令其为零，即可得出最佳存储周期 t^*，即

图 5-4　总费用与存储费用、组织进货费用的关系

$$t^* = \sqrt{\frac{2C_1}{Rh}}$$

从而得出最优进货批量 Q^* 和最小费用 $T(t^*)$ 分别为

$$Q^* = Rt^* = \sqrt{\frac{2RC_1}{h}}$$

$$T(t^*) = \sqrt{2RC_1h} + C_2R$$

可见，最佳存储周期、最优进货批量与 C_2 无关，只由物资消耗速度 R、单位物资的存储费用 h 和组织进货的固定费用 C_1 决定。

【例 5-3】　在装配式生产中，某建筑工地每月需要相同规格的特制外墙板 1000 件。已知该工地向上游工厂进货这种建筑构件，当存储逐渐降至零时，可以立即得到补充，且不允许缺货。每次进货需要支付固定费用和变动费用两部分，其中固定的订购费用为 2500 元，每件进货变动费用为 40 元。若这种构件在工地仓库存放时，每月每件需要付出的存储费用为 20 元，求该建筑工地对于该外墙板的最佳存储周期、最优进货批量以及最小费用。

解　由分析可知，这是一个确定型不允许缺货的存储问题，当存储降至零时，可以立即得到补充，需求是连续的、均匀的，其中 $R = 1000$ 件/月，$C_1 = 2500$ 元，$h = 20$ 元/（件·月），$C_2 = 40$ 元/件，根据公式可知：

$$t^* = \sqrt{\frac{2C_1}{Rh}} = \sqrt{\frac{2 \times 2500}{20 \times 1000}}\text{月} = 0.5\text{月}，\quad Q^* = \sqrt{\frac{2RC_1}{h}} = \sqrt{\frac{2 \times 1000 \times 2500}{20}}\text{件} = 500\text{件}$$

$$T(t^*) = \sqrt{2RC_1h} + C_2R = (\sqrt{2 \times 1000 \times 2500 \times 20} + 40 \times 1000)\text{元} = 50000\text{元}$$

所以最佳存储周期为 0.5 月，即 15 天进一次货，最优进货批量为 500 件，最小费用为 50000 元。

2. 确定型不允许缺货的存储系统模型二（不允许缺货，边进货边消耗）

对生产周期相对长的物资供应系统，为节约费用，采用以一定的速度进货，边进货边消耗的方法，为使生产不停顿，进货速度需高于消耗速度。

设 P 为进货速度，且 $P > R$，如图 5-5 所示，$\triangle OZt$ 的面积为一个存储周期内的平均存储量，即

$$\overline{Q} = \int_0^{t_1} (P - R)\tau \mathrm{d}\tau + \int_{t_1}^{t} (Q - R\tau)\mathrm{d}\tau$$

因为以 P 为进货速度、以 t_1 为进货时间的全部进货量 Q 必须满足以 R 为消耗速度、以 t 为消耗时间的全部需求，所以有

$$Pt_1 = Rt, \ t_1 = \frac{R}{P}t$$

将其代入上式得平均储量 $\overline{Q}$，即

$$\overline{Q} = \int_0^{\frac{R}{P}t} (P-R)\tau \mathrm{d}\tau + \int_{\frac{R}{P}t}^{t} (Q-R\tau)\mathrm{d}\tau = \frac{P-R}{2P}Rt^2$$

平均存储费用为

$$T_1 = \overline{Q}h = \frac{P-R}{2P}Rt^2 h$$

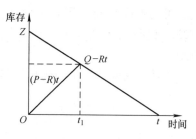

图 5-5　确定型不允许缺货模型二

进货费用为

$$T_2 = C_1 + C_2 Q = C_1 + C_2 Rt$$

一个周期的总费用为

$$C = T_1 + T_2 = \frac{P-R}{2P}Rt^2 h + C_1 + C_2 Rt$$

单位时间的费用为

$$T(t) = \frac{C}{t} = \frac{P-R}{2P}Rth + \frac{C_1}{t} + C_2 R$$

故模型为

$$\min T(t) = \frac{P-R}{2P}Rth + \frac{C_1}{t} + C_2 R$$

用微分求极值的方法，令 $\dfrac{\mathrm{d}T(t)}{\mathrm{d}t} = 0$，解得最佳存储周期 t^* 和最佳批量 Q^* 为

$$t^* = \sqrt{\frac{2PC_1}{Rh(P-R)}}, \qquad Q^* = \sqrt{\frac{2PC_1 R}{h(P-R)}}$$

由 t^* 和 Q^* 可见，当进货速度远远大于物资的消耗速度，即 $P \gg R$ 时，则 t^*、Q^* 即变为生产周期短的最佳周期和最佳批量公式。

【例 5-4】　在例 5-3 中，假设这个建筑工地进货时不是立即补充到位，而是采用一定的速度进货，边进货边消耗。当其他条件不变，进货速度为每月 2000 件时，求该建筑工地对于该外墙板的最佳存储周期和最优进货批量。

解　由分析可知，这是一个确定型不允许缺货的存储问题，以一定的速度进货，边进货边消耗，需求是连续的、均匀的，其中 $R = 1000$ 件/月，$C_1 = 2500$ 元，$h = 20$ 元/(件·月)，$P = 2000$ 件/月，根据公式可知：

$$t^* = \sqrt{\frac{2PC_1}{Rh(P-R)}} = \sqrt{\frac{2 \times 2000 \times 2500}{20 \times 1000 \times (2000-1000)}} 月 \approx 0.707 \ 月$$

$$Q^* = \sqrt{\frac{2PC_1 R}{h(P-R)}} = \sqrt{\frac{2 \times 2000 \times 2500 \times 1000}{20 \times (2000-1000)}} 件 \approx 707 \ 件$$

所以最佳存储周期约为 0.7 月，即大约 21 天进一次货，最优进货批量约为 707 件。

3. 确定型允许缺货的存储系统模型一

上述两个模型均假设为不允许缺货，即缺货发生的损失为 ∞。但某些生产过程可因缺少

原材料而停产，停产的损失称为缺货损失，设缺少单位物资的损失为 h_1，则对生产周期较短的系统，其模型建立过程如下：

一个存储周期的总费用 C 为存储费用 T_1、进货费用 T_2 和缺货损失 T_3 之和，即

$$C = T_1 + T_2 + T_3$$

如图 5-6 所示，$\triangle OZt_1$ 的面积为平均储量，则

$$\overline{Q} = \int_0^t (Z - R\tau)\,\mathrm{d}\tau$$

由于进货量 Z 应满足 t_1 时间的需求，故

$$Z = Rt_1, \quad t_1 = \frac{Z}{R}$$

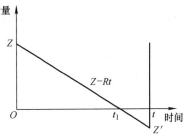

图 5-6　确定型允许缺货模型一

代入上式得

$$\overline{Q} = \int_0^{\frac{Z}{R}} (Z - Rt)\,\mathrm{d}t = \frac{Z^2}{2R}$$

故存储费用 T_1 为

$$T_1 = \overline{Q}h = \frac{Z^2}{2R}h$$

$\triangle t_1 t Z'$ 的面积为平均缺货量 $\overline{Q}'$。它可按下式计算：

$$\overline{Q}' = \left| \int_{t_1}^t (Z - R\tau)\,\mathrm{d}\tau \right| = \left| \int_{\frac{Z}{R}}^t (Z - R\tau)\,\mathrm{d}\tau \right| = \frac{1}{2R}(Rt - Z)^2$$

故缺货损失费用 T_3 为

$$T_3 = \frac{(Rt - Z)^2}{2R}h_1$$

仅考虑固定进货费用时

$$T_2 = C_1$$

一个存储周期的总费用 C 为

$$C = \frac{Z^2}{2R}h + C_1 + \frac{(Rt - Z)^2}{2R}h_1$$

单位时间费用 $T(t, Z)$ 为

$$T(t, Z) = \frac{Z^2}{2Rt}h + \frac{C_1}{t} + \frac{(Rt - Z)^2}{2Rt}h_1$$

故该系统的模型为

$$\min T(t, Z) = \frac{Z^2}{2Rt}h + \frac{C_1}{t} + \frac{(Rt - Z)^2}{2Rt}h_1$$

由偏微分法求极值得

$$t^* = \sqrt{\frac{2(h + h_1)C_1}{hh_1 R}}, \quad Z^* = \sqrt{\frac{2Rh_1 C_1}{h(h + h_1)}}, \quad Q^* = \sqrt{\frac{2RC_1(h + h_1)}{hh_1}}, \quad t_1^* = \sqrt{\frac{2C_1 h_1}{Rh(h + h_1)}} = \frac{Z^*}{R}$$

当 $h_1 \to \infty$ 时，$\dfrac{h_1}{h + h_1} = 1$，上式变为不允许缺货模型。

【例5-5】 在例5-3中，假设为了少支付一些组织进货费用和存储费用，当这种特制外墙板的存储降至零后，这个建筑工地还可以再等一段时间再进货，每次进货时都是立即补充到位。当其他条件不变，缺货损失为每月每件20元时，求该建筑工地对于该外墙板构件的最佳存储周期、最大存储量、最优进货批量和缺货开始时间。

解　由分析可知，这是一个确定型允许缺货的存储问题，缺货发生的损失可以量化，需求是连续的、均匀的，其中 $R = 1000$ 件/月，$C_1 = 2500$ 元，$h = 20$ 元/(件·月)，$h_1 = 20$ 元/(件·月)，根据公式可知：

$$t^* = \sqrt{\frac{2(h+h_1)C_1}{hh_1R}} = \sqrt{\frac{2 \times (20+20) \times 2500}{20 \times 20 \times 1000}} 月 \approx 0.7 月$$

$$Z^* = \sqrt{\frac{2Rh_1C_1}{h(h+h_1)}} = \sqrt{\frac{2 \times 1000 \times 20 \times 2500}{20 \times (20+20)}} 件 \approx 354 件$$

$$Q^* = \sqrt{\frac{2RC_1(h+h_1)}{hh_1}} = \sqrt{\frac{2 \times 1000 \times 2500 \times (20+20)}{20 \times 20}} 件 \approx 707 件$$

$$t_1^* = \sqrt{\frac{2C_1h_1}{Rh(h+h_1)}} = \frac{Z^*}{R} = \frac{354}{1000} 月 \approx 0.354 月$$

所以最佳存储周期约为0.7月，最大存储量约为354件，最优进货批量约为707件，缺货开始时间约为0.354月，即大约第11天开始缺货。

4. 确定型允许缺货的存储系统模型二

对于允许缺货且生产周期较长的存储系统，依照上述方法即可建立其模型。

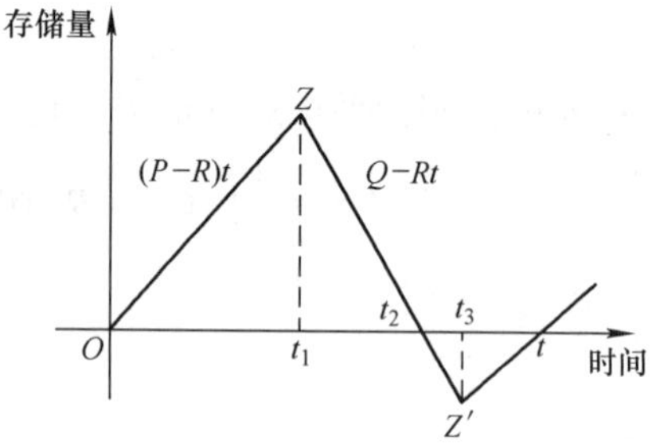

如图5-7所示，此时平均储量 $\overline{Q}$ 为

图5-7　确定型允许缺货模型二

$$\overline{Q} = \int_0^{t_1} (P-R)t\mathrm{d}t + \int_{t_1}^{t_2} (Q-Rt)\mathrm{d}t = \frac{PZ^2}{2R(P-R)}$$

平均缺货量 $\overline{Q}'$ 为

$$\overline{Q}' = \left| \int_{t_2}^{t_3} (Q-Rt)\mathrm{d}t + \int_{t_3}^{t} [(P-R)t-Q]\mathrm{d}t \right| = \frac{1}{2P}(P-R)Rt^2 - Zt + \frac{PZ^2}{2R(P-R)}$$

式中，$t_1 = \dfrac{Z}{P-R}$，$t_2 = \dfrac{PZ}{R(P-R)}$，$t_3 = t - \dfrac{R(t-t_2)}{P}$

总费用为

$$C = T_1 + T_2 + T_3 = \frac{PZ^2h}{2R(P-R)} + C_1 + \frac{h_1}{2P}(P-R)Rt^2 - Zth_1 + \frac{PZ^2h_1}{2R(P-R)}$$

单位时间费用为

$$T(t,Z) = \frac{C_1}{t} + \frac{PZ^2h}{2R(P-R)t} + \frac{(P-R)Rth_1}{2P} - Zh_1 + \frac{PZ^2h_1}{2R(P-R)t}$$

使 $T(t,Z) \rightarrow \min$，则是该系统模型。

用微分法求解后，得最佳存储周期和批量的计算公式为

$$t^* = \sqrt{\frac{2PC_1(h+h_1)}{R(P-R)hh_1}}, \quad Z^* = \sqrt{\frac{2C_1Rh_1(P-R)}{Ph(h+h_1)}}, \quad Q^* = Rt^* = \sqrt{\frac{2PC_1(h+h_1)}{\left(\frac{P}{R}-1\right)hh_1}}$$

当 $h_1 \to \infty$、$P \gg R$ 时，模型即为不允许缺货且生产周期较短的模型。

【例 5-6】 在例 5-3 中，假设当这种特制外墙板的存储降至零后，这个建筑工地还可以再等一段时间再进货，但进货时不是立即补充到位，而是采用一定的速度进货，边进货边消耗。当其他条件不变，进货速度为每月 2000 件，缺货损失为每月每件 20 元时，求该建筑工地对于该外墙板构件的最佳存储策略。

解 由分析可知，这是一个确定型允许缺货的存储问题，缺货发生的损失可以量化，但进货时不是立即补充到位，而是以一定速度进货，边进货边消耗，需求是连续的、均匀的，其中：

$R = 1000$ 件/月，$C_1 = 2500$ 元，$h = 20$ 元/(件·月)，$P = 2000$ 件/月，$h_1 = 20$ 元/(件·月)
根据公式可知：

$$t^* = \sqrt{\frac{2PC_1(h+h_1)}{R(P-R)hh_1}} = \sqrt{\frac{2 \times 2000 \times 2500 \times (20+20)}{1000 \times (2000-1000) \times 20 \times 20}} 月 = 1 月$$

$$Z^* = \sqrt{\frac{2C_1Rh_1(P-R)}{Ph(h+h_1)}} = \sqrt{\frac{2 \times 2500 \times 1000 \times 20 \times (2000-1000)}{2000 \times 20 \times (20+20)}} 件 = 250 件$$

$$Q^* = Rt^* = \sqrt{\frac{2PC_1(h+h_1)}{\left(\frac{P}{R}-1\right)hh_1}} = \sqrt{\frac{2 \times 2000 \times 2500 \times (20+20)}{\left(\frac{2000}{1000}-1\right) \times 20 \times 20}} 件 = 1000 件$$

所以最佳存储周期约为 1 月，最大存储量约为 250 件，最优进货批量约为 1000 件。

此时，$t_1 = \dfrac{Z}{P-R} = \dfrac{250}{2000-1000}$月$= \dfrac{1}{4}$月，$t_2 = \dfrac{PZ}{R(P-R)} = \dfrac{2000 \times 250}{1000 \times (2000-1000)}$月$= \dfrac{1}{2}$月，

$$t_3 = t - \frac{R(t-t_2)}{P} = \left[1 - \frac{1000 \times \left(1-\frac{1}{2}\right)}{2000}\right] 月 = \frac{3}{4} 月$$

5.1.4 资源分配问题

在线性规划模型中，将生产任务作为资源进行分配，已得出了应优先满足单位成本最小等结论。但当评价函数呈非线性时，这一结论就不成立了。

【例 5-7】 某火电公司有四个发电厂，该公司计划发电量为 200 亿 kW，设四个发电厂的成本函数分别为：$C_1 = Q_1^{1.1}$，$C_2 = 2Q_2^{0.9}$，$C_3 = 2.2Q_3^{0.8}$，$C_4 = 2Q_4^{1.2}$，生产能力分别为 80 亿 kW、80 亿 kW、30 亿 kW、100 亿 kW。如何根据各发电厂的生产成本合理安排生产任务，才能使全公司发电总成本最低？

解 模型为：

$$\min C = Q_1^{1.1} + 2Q_2^{0.9} + 2.2Q_3^{0.8} + 2Q_4^{1.2}$$
$$\text{s. t.} \begin{cases} Q_1 + Q_2 + Q_3 + Q_4 = 200 \\ Q_1 \leqslant 80, Q_2 \leqslant 80, Q_3 \leqslant 30, Q_4 \leqslant 100 \\ Q_1 \geqslant 0, Q_2 \geqslant 0, Q_3 \geqslant 0, Q_4 \geqslant 0 \end{cases}$$

LINGO 求解程序如下：

Min = Q1^1. 1 + 2 * Q2^0. 9 + 2. 2 * Q3^0. 8 + 2 * Q4^1. 2；

Q1 + Q2 + Q3 + Q4 = 200；

Q1 < = 80；Q1 > = 0；

Q2 < = 80；Q2 > = 0；

Q3 < = 30；Q3 > = 0；

Q4 < = 100；Q4 > = 0；

求解结果为 $Q_1 = 80$ 亿 kW，$Q_2 = 80$ 亿 kW，$Q_3 = 30$ 亿 kW，$Q_4 = 10$ 亿 kW，总成本为 292. 3513 亿元。

一般而言，现实中火电厂的发电量通常取整数，当非线性规划模型不能得到整数解时，经常要取临近整数发电量或转化成整数规划模型求解。

5.1.5 非线性曲线拟合问题

【例 5-8】 已知某大型建筑企业的生产函数形式为

$$Q = aK^b L^c$$

该企业资料见表 5-1。若已知模型中参数 b 和 c 的关系为 $b + c = 1$，则曲线拟合模型为

$$\min f(a,b,c) = \sum_{i=1}^{n} (Q_i - aK_i^b L_i^c)^2$$

$$\text{s. t.} \quad b + c = 1$$

表 5-1 企业产量、设备、劳动力数量

序号	产量（Q）	设备（K）	劳动力数量（L）
1	3250	741	3937
2	3965	772	4236
3	5512	1388	4643
4	7608	2370	5128
5	9162	2308	5532
6	13023	4772	6615
7	17956	5729	6806
8	22773	7507	7063
9	24707	8110	7139

该问题的 LINGO 程序如下：

Model：'曲线拟合'；

Sets：

shuj/1. . 9/：k,l,q；

Endsets

Data：

k = 741 772 1388 2370 2308 4772 5729 7507 8110；

l = 3937 4236 4643 5128 5532 6615 6806 7063 7139；

q = 3250 3965 5512 7608 9162 13023 17956 22773 24707；

Enddata

Min = @ sum(shuj(i) : (q(i) − a * k(i)^b * l(i)^c)^2)；

c + b = 1；

@ free(a)；@ free(b)；@ free(c)；

End

求解结果为 $a = 3.029$，$b = 0.837$，$c = 0.163$，所得的模型为 $Q = 3.029K^{0.837}L^{0.163}$。

随着科学技术的发展，尤其是数学和计算技术的发展，非线性规划已成为系统规划设计和管理决策等工作中应用较广泛的一种最优化方法。

5.2 无约束非线性规划问题求解方法及原理

5.2.1 非线性规划问题求解

因为非线性规划的目标函数和约束条件没有统一的描述形式，所以比线性规划的求解困难得多，加之目标函数有局部最小解和全局最小解之分，因此，到目前为止尚无一般的算法。非线性规划模型求解的一般原则为：无约束的非线性规划，目标函数的极值就是问题的最优解；有等式约束的非线性规划问题，目标的极值需在约束的交点中寻找，同时要求变量数多于约束数，否则问题无解；有不等式约束的非线性规划，目标函数的极值需在约束构成的可行区内寻找。

1. 函数极小值的定义

【定义 5-1】 对于点 $X^* \in \Omega$（Ω 为可行集），如果存在着一个 $\varepsilon > 0$，使得所有与 X^* 的距离小于 ε 的 X（即 $X \in \Omega$，且 $|X - X^*| < \varepsilon$）都满足不等式 $f(X) \geqslant f(X^*)$，则称 X^* 为函数 $f(X)$ 在 Ω 上的一个相对极小点（或局部最小点）；若都满足 $f(X) > f(X^*)$，且 $X \neq X^*$，则 X^* 是函数 $f(X)$ 在 Ω 上的严格相对极小点。

【定义 5-2】 对于点 $X^* \in \Omega$，对于所有的 $X \in \Omega$ 使得 $f(X) \geqslant f(X^*)$，则 X^* 是函数 $f(X)$ 在 Ω 上的全局最小点；若 $f(X) > f(X^*)$，且 $X \neq X^*$，则称 X^* 为 $f(X)$ 在 Ω 上的严格全局最小点。

定义的几何解释如图 5-8 所示。

2. 凸函数的概念

【定义 5-3】 在凸集 Ω 上的函数 $f(X)$，如果对每一对 X_1、X_2，且 X_1、$X_2 \in \Omega$，及每一个 α，$0 \leqslant \alpha \leqslant 1$，有 $f(\alpha X_1 + (1-\alpha)X_2) \leqslant \alpha f(X_1) + (1-\alpha)f(X_2)$ 成立，则函数 $f(X)$ 是凸的。如果 $f(\alpha X_1 + (1-\alpha)X_2) < \alpha f(X_1) + (1-\alpha)f(X_2)$，则函数 $f(X)$ 是严格凸的。

凸函数的几何意义如图 5-9 所示。由图可知，在函数 $f(X)$ 上任取两点 A 和 B，连接两点得直线 AB，如果函数 $f(X)$ 为凸函数，则直线 AB 永远在曲线的上部或曲线上，否则不是凸函数。

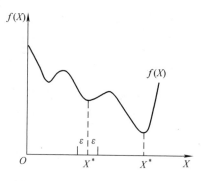

图 5-8　局部最小点和全局最小点

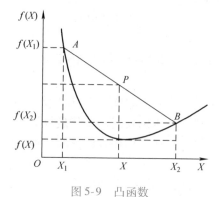

图 5-9　凸函数

由上述三个定义可知，在局部最小解的某个邻域内，目标函数必定是凸函数，因此利用凸函数的性质，只能求出局部最小解。采用找出全部的局部最小解，再通过比较得到全局最小解是求解非线性规划的途径之一。为了求得全局最小解，数学家们开发出很多算法，如退火算法、遗传算法等，本章只介绍局部最小解的求解原理。具体模型可用 LINGO 软件求解，需注意求解结果的属性。

5.2.2　解析法

无约束非线性规划模型的一般形式为

$$\min Z = f(X), X = (x_1, x_2, \cdots, x_n)^{\mathrm{T}} \text{ 且 } X \in E^n$$

式中，E^n 为 n 维欧氏空间。

该模型的最优点 $X = X^*$，$f(X)$ 的最优值为 $f(X^*)$。

当无约束非线性规划模型有显式解析表达式且连续可微时，应用函数求极值的基本原理，利用一阶导数求驻点、二阶导数判断驻点性质来确定最优解的方法称为解析法，也称间接法。其基本特点是，求解过程中利用了函数导数的信息。

1. 求函数极值的条件

（1）必要条件（求驻点）：

对一元函数 $f(x)$，$\dfrac{\mathrm{d}f(x)}{\mathrm{d}x} = 0$；

对二元函数 $f(x_1, x_2)$，$\dfrac{\partial f(x_1, x_2)}{\partial x_1} = 0$，$\dfrac{\partial f(x_1, x_2)}{\partial x_2} = 0$；

对多元函数 $f(X)$，$\dfrac{\partial f}{\partial x_1} = \dfrac{\partial f}{\partial x_2} = \cdots = \dfrac{\partial f}{\partial x_n} = 0$，即 $\nabla f = \left(\dfrac{\partial f}{\partial x_1}, \dfrac{\partial f}{\partial x_2}, \cdots, \dfrac{\partial f}{\partial x_n} \right)^{\mathrm{T}} = \mathbf{0}$。

（2）充分条件：若函数 $f(X)$ 为凸函数，则函数有相对极小值；若函数 $f(X)$ 为凹函数，则函数有相对极大值。

若函数 $f(X)$ 为严格凸函数，则函数在 $\nabla f(X) = \mathbf{0}$ 处有全局最小值；若函数 $f(X)$ 是严格凹函数，则函数在 $\nabla f(X) = \mathbf{0}$ 处有全局最大值。

2. 判定函数凸性的条件

【定理 5-1】　若 $f(X)$ 是凸集内的二次可微函数，则 $f(X)$ 为凸函数的充要条件是二阶偏导数矩阵 $\nabla^2 f(X)$ 处处半正定，$f(X)$ 为 Ω 内严格凸函数的充要条件为二阶偏导数矩阵 $\nabla^2 f(X)$ 处处正定。

利用二阶偏导数矩阵判断函数的凸性，实质上就是判断 $\nabla^2 f(X)$ 的正定性。

二阶偏导数矩阵 $\nabla^2 f(X)$ 一般称为海塞矩阵。其形式为

$$H = \nabla^2 f(X) = \begin{pmatrix} \dfrac{\partial^2 f}{\partial x_1^2} & \dfrac{\partial^2 f}{\partial x_1 \partial x_2} & \cdots & \dfrac{\partial^2 f}{\partial x_1 \partial x_n} \\[2mm] \dfrac{\partial^2 f}{\partial x_2 \partial x_1} & \dfrac{\partial^2 f}{\partial x_2^2} & \cdots & \dfrac{\partial^2 f}{\partial x_2 \partial x_n} \\[2mm] \vdots & \vdots & & \vdots \\[2mm] \dfrac{\partial^2 f}{\partial x_n \partial x_1} & \dfrac{\partial^2 f}{\partial x_n \partial x_2} & \cdots & \dfrac{\partial^2 f}{\partial x_n^2} \end{pmatrix}$$

海塞矩阵是一实对称矩阵。矩阵 H 正定是指除 $X = 0$ 以外，对所有 $X^T H X > 0$，则 H 正定；若 $X^T H X \geqslant 0$，则半正定；若 $X^T H X < 0$，则 H 负定；若 $X^T H X \leqslant 0$，则 H 半负定；若对某些 X，有 $X^T H X > 0$，对另外的一些 X，有 $X^T H X < 0$，则 H 为不定。

其具体判定方法有：

（1）根据实对称矩阵的特征值确定其正定性。

若 $n \times n$ 实对称矩阵 H 为正定，则特征值 $\lambda_i > 0$（$i = 1, 2, \cdots, n$）；

若 $n \times n$ 实对称矩阵 H 为半正定，则特征值 $\lambda_i \geqslant 0$（$i = 1, 2, \cdots, n$）；

若 $n \times n$ 实对称矩阵 H 为负定，则特征值 $\lambda_i < 0$（$i = 1, 2, \cdots, n$）；

若 $n \times n$ 实对称矩阵 H 为半负定，则特征值 $\lambda_i \leqslant 0$（$i = 1, 2, \cdots, n$）；

若 $n \times n$ 实对称矩阵 H 为不定，则对于特征值 λ_i，既有 $\lambda_i > 0$ 存在，又有 $\lambda_j < 0$（$j \neq i$）存在。

特征值 λ_i 为 $|\lambda I - H| = 0$ 的解，$|\lambda I - H|$ 为特征多项式，是矩阵 $\lambda I - H$ 的行列式。

（2）根据西尔维斯特定理判定。$n \times n$ 阶实对称矩阵正定的充要条件为方阵 H 左上角各阶主子行列式均大于零，即 $\det H_i > 0$。

若 $\det H_i > 0$，且 $\det H = 0$，则 H 半正定；

若当 $i = 1, 3, 5, \cdots$，$\det H_i < 0$；$i = 2, 4, 6, \cdots$，$\det H_i > 0$，H 负定。

当 $\det H = 0$，且 $i = 1, 3, 5, \cdots$，$\det H_i \leqslant 0$；$i = 2, 4, 6, \cdots$，$\det H_i \geqslant 0$，H 为半负定。

【例 5-9】　判断下列目标函数的凸凹性：

（1）$f(x) = e^x + 2$，$x \in \mathbf{R}$

（2）$f(x) = x^{\frac{1}{2}} + 7$，$x \geqslant 0$

（3）$f(x) = x^4 + 2x^2$，$x \in \mathbf{R}$

（4）$f(x_1, x_2) = 2 - x_1 - x_2 + x_1^2 + x_2^2$，$(x_1, x_2) \in \mathbf{R}^2$

解　根据判定函数凸性的条件，所有题目均为二次可微函数，则可以利用二阶偏导数矩

阵来进行判断。

（1） $\dfrac{\mathrm{d}^2f(x)}{\mathrm{d}x^2} = \mathrm{e}^x > 0$，所以 $f(x)$ 是 $\mathbf{R}$ 上的严格凸函数。

（2） $\dfrac{\mathrm{d}^2f(x)}{\mathrm{d}x^2} = -\dfrac{1}{4}x^{-\frac{3}{2}} \leqslant 0$，所以 $f(x)$ 是 $x \geqslant 0$ 上的凹函数。

（3） $\dfrac{\mathrm{d}^2f(x)}{\mathrm{d}x^2} = 12x^2 + 4 > 0$，所以 $f(x)$ 是 $\mathbf{R}$ 上的严格凸函数。

（4） $f(x_1, x_2)$ 的海塞矩阵为

$$H = \nabla^2 f(\boldsymbol{X}) = \begin{pmatrix} \dfrac{\partial^2 f}{\partial x_1^2} & \dfrac{\partial^2 f}{\partial x_1 \partial x_2} \\ \dfrac{\partial^2 f}{\partial x_1 \partial x_2} & \dfrac{\partial^2 f}{\partial x_2^2} \end{pmatrix} = \begin{pmatrix} 2 & 0 \\ 0 & 2 \end{pmatrix}$$

因此 $\det\boldsymbol{H}_i > 0$。或者通过计算实对称矩阵 $\boldsymbol{H}$ 的特征值来判断其正定性，即

$$|\lambda\boldsymbol{I} - \boldsymbol{H}| = |\lambda\boldsymbol{I} - \nabla^2 f(\boldsymbol{X})| = \begin{vmatrix} \lambda - 2 & 0 \\ 0 & \lambda - 2 \end{vmatrix} = (\lambda - 2)^2 = 0$$

那么 $\lambda_1 = \lambda_2 = 2$，所以实对称矩阵 $\boldsymbol{H} = \nabla^2 f(\boldsymbol{X})$ 为正定矩阵，$f(x)$ 是 $\mathbf{R}$ 上的严格凸函数。

【例 5-10】 讨论目标函数

$$f(\boldsymbol{X}) = -5x_1^2 - 6x_2^2 - 4x_3^2 + 4x_1x_2 + 4x_1x_3$$

是否存在极值？

解 若函数存在极值点，则由极值存在的必要条件先求驻点，即先求一阶导数：

$$\nabla f(\boldsymbol{X}) = \boldsymbol{0}$$

则 $\dfrac{\partial f}{\partial x_1} = -10x_1 + 4x_2 + 4x_3 = 0$，$\dfrac{\partial f}{\partial x_2} = -12x_2 + 4x_1 = 0$，$\dfrac{\partial f}{\partial x_3} = -8x_3 + 4x_1 = 0$，求解上述三个方程组成的方程组，得到驻点：$x_1 = 0$，$x_2 = 0$，$x_3 = 0$，即 $X = (x_1, x_2, x_3)^\mathrm{T} = (0, 0, 0)^\mathrm{T}$

再利用极值存在的充分条件，即求二阶偏导数判断函数的凸性，在驻点处的海塞矩阵为

$$H = \nabla^2 f(\boldsymbol{X}) = \begin{pmatrix} \dfrac{\partial^2 f}{\partial x_1^2} & \dfrac{\partial^2 f}{\partial x_1 \partial x_2} & \dfrac{\partial^2 f}{\partial x_1 \partial x_3} \\ \dfrac{\partial^2 f}{\partial x_2 \partial x_1} & \dfrac{\partial^2 f}{\partial x_2^2} & \dfrac{\partial^2 f}{\partial x_2 \partial x_3} \\ \dfrac{\partial^2 f}{\partial x_3 \partial x_1} & \dfrac{\partial^2 f}{\partial x_3 \partial x_2} & \dfrac{\partial^2 f}{\partial x_3^2} \end{pmatrix} = \begin{pmatrix} -10 & 4 & 4 \\ 4 & -12 & 0 \\ 4 & 0 & -8 \end{pmatrix}$$

通过西尔维斯特定理来判断其正定性：$\det\boldsymbol{H}_1 < 0$，$\det\boldsymbol{H}_2 > 0$，$\det\boldsymbol{H}_3 < 0$，因此该海塞矩阵负定，$f(\boldsymbol{X})$ 为严格凹函数，因此点 $\boldsymbol{X} = (x_1, x_2, x_3)^\mathrm{T} = (0, 0, 0)^\mathrm{T}$ 为极大值点，也是全局最大值点，对应的最大值为

$$f(\boldsymbol{0}) = -5 \times 0^2 - 6 \times 0^2 - 4 \times 0^2 + 4 \times 0 \times 0 + 4 \times 0 \times 0 = 0$$

【例 5-11】 某企业的生产函数为 $Q = 3K^{\frac{1}{3}}L^{\frac{1}{2}}$，它表示了产品的产出量 Q 与资本投入 K 和劳动投入 L 之间的关系。若产品价格 $P = 4$ 时，要素投入价格分别为 $P_K = 4$，$P_L = 3$。试求该企业得到最大利润时要素投入水平。

解 该企业的利润函数为

$$f(K,L) = P \times Q - P_K \times K - P_L \times L = 12K^{\frac{1}{3}}L^{\frac{1}{2}} - 4K - 3L$$

则有 $\max f(K,L) = 12K^{\frac{1}{3}}L^{\frac{1}{2}} - 4K - 3L$，由极值存在的必要条件，先求驻点，即先求一阶导数：

$$\nabla f(\boldsymbol{X}) = \boldsymbol{0}$$

则 $\dfrac{\partial f}{\partial K} = 4K^{-\frac{2}{3}}L^{\frac{1}{2}} - 4 = 0$，$\dfrac{\partial f}{\partial L} = 6K^{\frac{1}{3}}L^{-\frac{1}{2}} - 3 = 0$，求解这两个方程组成的方程组，得到驻点为 $K=8$，$L=16$，即 $(K,L)^{\mathrm{T}} = (8,16)^{\mathrm{T}}$。

再利用极值存在的充分条件，即求二阶偏导数判断函数的凸性，在驻点处的海塞矩阵为

$$\boldsymbol{H} = \nabla^2 f(\boldsymbol{X}) = \begin{pmatrix} \dfrac{\partial^2 f}{\partial K^2} & \dfrac{\partial^2 f}{\partial K \partial L} \\ \dfrac{\partial^2 f}{\partial L \partial K} & \dfrac{\partial^2 f}{\partial L^2} \end{pmatrix} = \begin{pmatrix} -\dfrac{8}{3}K^{-\frac{5}{3}}L^{\frac{1}{2}} & 2K^{-\frac{2}{3}}L^{-\frac{1}{2}} \\ 2K^{-\frac{2}{3}}L^{-\frac{1}{2}} & -3K^{\frac{1}{3}}L^{-\frac{3}{2}} \end{pmatrix}$$

在驻点处的海塞矩阵为

$$\boldsymbol{H} = \begin{pmatrix} -\dfrac{1}{3} & \dfrac{1}{8} \\ \dfrac{1}{8} & -\dfrac{3}{32} \end{pmatrix}$$

通过西尔维斯特定理来判断其正定性：$\det \boldsymbol{H}_1 < 0$，$\det \boldsymbol{H}_2 > 0$，因此该海塞矩阵负定，$f(\boldsymbol{X})$ 为严格凹函数，因此点 $(K,L)^{\mathrm{T}} = (8,16)^{\mathrm{T}}$ 为极大值点，也是全局最大值点，因此投入 $K=8$，$L=16$ 时，企业可获得最大利润

$$\max f(8,16) = 12 \times 8^{\frac{1}{3}} \times 16^{\frac{1}{2}} - 4 \times 8 - 3 \times 16 = 16$$

而此时产量为

$$Q = 3 \times 8^{\frac{1}{3}} \times 16^{\frac{1}{2}} = 24$$

实际计算中可根据上述极值存在的必要条件求出函数 $f(\boldsymbol{X})$ 的所有驻点，然后再利用充分条件判断哪些驻点为极值点。但是，求解方程组 $\nabla f(\boldsymbol{X})$ 可能是件非常复杂的工作，在实际应用中可能计算较为烦琐。为此，需要设计迭代算法，并结合计算机来搜寻 $f(\boldsymbol{X})$ 的极值点。

5.2.3 迭代法

当目标函数较复杂或无显式表达式时，建立迭代模型，利用目标函数提供的信息直接求得最优解的方法叫迭代法，也称直接法。

迭代法分为两类，一类是区间消去法，如斐波那契法、0.618 法等；另一类是搜索法，如坐标轮换法、方向加速法、单纯形法等。

迭代法的基本思想是先给定一初始点 X_0，寻找一适当方向，并在该方向上向前迈进适当步长，使目标下降，达到新的一点，再将新点当作 X_0，重复上述步骤，直至达到最优解为止。迭代公式的一般形式为

$$X^{(k+1)} = X^{(k)} + \lambda^{(k)} P^{(k)}$$

式中，$P^{(k)}$ 为第 k 次迭代的方向向量；$\lambda^{(k)}$ 为第 k 次迭代的步长。

1. 成功失败法

成功失败法的基本思想是在 $[a, b]$ 内求单峰函数 $f(x)$ 的极小值时，从预先给定的初始点 x_0 出发，按预先确定的步长 λ，利用目标函数 $f(x)$ 给出的信息，在区间 $[a, b]$ 内搜索。若搜索一次，目标值下降，则搜索成功，这时以成功点为 x_0，以大的步伐（通常以 $\lambda = 2\lambda$）前进。若目标函数不下降，则搜索失败，此时改为在 x_0 点以小步后退（通常选 $\lambda = -\lambda/4$）。这样反复搜索，直至得到满足一定精度的最优解为止。

【例 5-12】 用成功失败法搜索如下一维目标函数：

$$\min f(x) = x^2 - x + 4$$

在区间 $[0, 2]$ 上的近似极小值点和极小值，要求缩短后的最终区间长度的绝对精度为 0.05。

解 函数 $f(x)$ 在区间 $[0, 2]$ 上为单谷函数，初始点可以取 $x_0 = 1$，$\lambda = 0.5$，按照成功失败法的步骤进行迭代：

第一次迭代，按预先确定的步长搜索：

$$f(x_0) = f(1) = 4, \quad f(x_0 + \lambda) = f(1.5) = 1.5^2 - 1.5 + 4 = 4.75$$

比较得到 $f(x_0 + \lambda) > f(x_0)$，搜索失败。

第二次迭代，取 $\lambda = -\lambda/4 = -0.125$，以小步后退：

$$f(x_0) = f(1) = 4, \quad f(x_0 + \lambda) = f(0.875) = 0.875^2 - 0.875 + 4 = 3.891$$

比较得到 $f(x_0 + \lambda) < f(x_0)$，搜索成功。

第三次迭代，取 $x_1 = 0.875$，$\lambda = 2\lambda = -0.25$，以大的步伐搜索：

$$f(x_1) = f(0.875) = 3.891, \quad f(x_1 + \lambda) = f(0.625) = 0.625^2 - 0.625 + 4 = 3.766$$

比较得到 $f(x_1 + \lambda) < f(x_1)$，搜索成功。

用一张表格表示后续各次迭代过程，见表 5-2。

表 5-2　成功失败法后续各次迭代过程计算

迭代次数	x	λ	$x + \lambda$	$f(x)$	$f(x + \lambda)$	$f(x + \lambda) < f(x)$
1	1	0.5	1.5	4	4.75	否
2	1	-0.125	0.875	4	3.891	是
3	0.875	-0.25	0.625	3.891	3.766	是
4	0.625	-0.5	0.125	3.766	3.891	否
5	0.625	0.125	0.75	3.766	3.813	否
6	0.625	-0.03125	0.59375	3.766	3.759	是
7	0.59375	-0.0625	0.53125	3.759	3.751	是
8	0.53125	-0.125	0.40625	3.751	3.759	否
9	0.53125	0.03125	0.5625	3.751	3.754	否

第九次迭代后，绝对精度基本稳定在 $\lambda < \eta = 0.05$，因此，可以认为 x 的近似极小值点为 0.53125，近似极小值为 3.751。

容易验证，$f(x)$ 在区间 $[0, 2]$ 上的精确解为 $x^* = 0.5$，$f(x^*) = 3.75$，可见搜索的近似极小值点和极小值极为靠近精确解。

2. 斐波那契法（Fibonacci）

设函数 $f(x)$ 在区间 $[a, b]$ 内为下单峰函数，且有唯一的相对极小值点 x^*。若在区间内任取 a_1、b_1 两点，计算 $f(a_1)$ 和 $f(b_1)$，则：①当 $f(a_1) > f(b_1)$ 时，x^* 在 $[a_1, b]$ 内，如图 5-10 所示；②当 $f(a_1) < f(b_1)$ 时，x^* 在 $[a, b_1]$ 内，如图 5-11 所示。

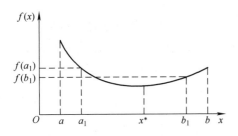

图 5-10　$f(a_1) > f(b_1)$ 时 x^* 的情况

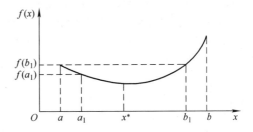

图 5-11　$f(a_1) < f(b_1)$ 时 x^* 的情况

如出现第①种情况，下一步可在 $[a_1, b]$ 中寻找 x^*，即去掉区间 $[a, a_1]$，把区间 $[a, b]$ 缩小为 $[a_1, b]$；如出现第②种情况，下一步则在 $[a, b_1]$ 中寻找 x^*，即去掉区间 $[b_1, b]$，把区间 $[a, b]$ 缩小为 $[a, b_1]$。如点 a_1、b_1 选择恰当，则可把区间 $[a, b]$ 缩到最小限度。如将 a_1、b_1 选在中点

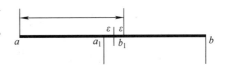

图 5-12　a_1、b_1 选在区间 $[a, b]$
中点附近时的区间缩短示意图

附近，区间 $[a, b]$ 可缩小到原长度的 $1/2$ 左右，如图 5-12 所示。在区间 $[a_1, b]$ 或 $[a, b_1]$ 中再选一点 b_2 或 a_2，则又可将该区间缩短，如此下去，就可将区间一段一段地缩短，最后找到最优解。这就是斐波那契法的基本思想。

为了在一定的计算次数下得到满足一定精度要求的最优解，现分析选点个数（计算函数值次数）与区间压缩程度之间的关系。

设选点个数为 n，区间长度为 L，则：

当 $n = 0$，即不选取点时，区间长度不变，为原区间长度 L；

当 $n = 1$，即只选一点时，区间长度不变，仍为原区间长度 L；

当 $n = 2$，即选两点时，区间长度最大可压缩为原长度的 $1/2$，即 $L/2$；

当 $n = 3$，即选三点时，区间长度最大可压缩为原长度的 $1/3$，即 $L/3$；

如此可一直推到 n 较大的情况。现把选点个数 n 和表示区间长度压缩倍数的分母值联系起来，可得到如下数列：

$$F_0 = 1, \ F_1 = 1, \ F_2 = 2, \ F_3 = 3, \ F_4 = 5, \ \cdots$$

即 $\{F_k\}$ $(k = 0, 1, 2, \cdots, n)$。该数列称为斐波那契数列，它体现了选点个数与区间压缩程度之间的关系。其通式为

$$F_{k+2} = F_{k+1} + F_k$$
$$F_0 = 1, \ F_1 = 1$$

这样就可将求目标函数 $f(x)$ 在区间 $[a, b]$ 内满足相对精度 δ 的极小值问题化为计算若干次目标函数值的问题，也就是可按下式确定选取点个数：

$$F_n > \frac{1}{\delta}$$

如果给定绝对精度 η，可按 $\delta = \eta/L$ 化为相对精度来确定斐波那契数 F_n。

如区间长度 $L = 10$，要求满足绝对精度 $\eta = 0.01$ 的点，则相对精度 δ 和斐波那契数 F_n 为

$$\delta = \frac{0.01}{10} = 0.001, \ F_{16} = 1597 > 1000$$

即选 16 点可得到满足精度要求的最优解。

现定义两个相邻斐波那契数之比 F_{n-1}/F_n 为收缩率，它反映了第 n 次计算目标函数值时区间收缩的比率。其实质是：设区间长度为 L，选 n 个计算点可将区间 L 压缩为 L/F_n，选择 $n-1$ 个计算点可将区间长度压缩为 L/F_{n-1}。在连续选择计算点时，是在计算第 $n-1$ 个点的基础上计算第 n 个点的，$\dfrac{L/F_n}{L/F_{n-1}} = \dfrac{F_{n-1}}{F_n}$ 则表示在第 $n-1$ 次计算的基础上又缩短的比率，也可以说是第 n 次计算后所剩余的区间长度在 $n-1$ 次计算后剩余长度中所占的比例。

根据收缩率的含义即可得到连续选点位置的迭代公式：

$$\lambda_k = b_{k-1} + \frac{F_{n-k}}{F_{n-k+1}}(a_{k-1} - b_{k-1}) = a_{k-1} + \frac{F_{n-k-1}}{F_{n-k+1}}(b_{k-1} - a_{k-1})$$

$$\lambda'_k = a_{k-1} + \frac{F_{n-k}}{F_{n-k+1}}(b_{k-1} - a_{k-1}) = b_{k-1} + \frac{F_{n-k-1}}{F_{n-k+1}}(a_{k-1} - b_{k-1})$$

当 $k = 1$ 时，

$$\lambda_1 = b_0 + \frac{F_{n-1}}{F_n}(a_0 - b_0) = a_0 + \frac{F_{n-2}}{F_n}(b_0 - a_0)$$

$$\lambda'_1 = a_0 + \frac{F_{n-1}}{F_n}(b_0 - a_0) = b_0 + \frac{F_{n-2}}{F_n}(a_0 - b_0)$$

当 $k = n-1$ 时，

$$\lambda_{n-1} = \lambda'_{n-1} = \frac{1}{2}(a_{n-2} + b_{n-2})$$

因 $f(\lambda_{n-1}) = f(\lambda'_{n-1})$，无法比较大小，故令

$$\lambda'_{n-1} = a_{n-2} + \left(\frac{1}{2} + \varepsilon\right)(b_{n-2} - a_{n-2})$$

选

$$\min\{\lambda_{n-1}, \lambda'_{n-1}\} = X^*$$

【例 5-13】 用斐波那契法搜索如下一维目标函数

$$\min f(x) = x^2 - 2x + 4$$

在区间 $[-1, 2]$ 上的近似极小值点和极小值，要求缩短后的最终区间长度不大于原区间长度的 10%。

解 函数 $f(x)$ 在区间 $[-1, 2]$ 上为单谷函数，因为缩短后的区间长度与区间 $[-1, 2]$ 的长度存在 $F_n > 1/\delta$ 的关系，即 $F_6 = 13 > 10 = 1/0.1$，所以需要迭代六次计算。

第一次迭代，因为 $a_0 = -1$，$b_0 = 2$，选择两个迭代点：

$$\lambda_1 = b_0 + \frac{F_5}{F_6}(a_0 - b_0) = 2 + \frac{8}{13} \times (-1 - 2) = 0.154$$

$$\lambda'_1 = a_0 + \frac{F_5}{F_6}(b_0 - a_0) = -1 + \frac{8}{13} \times (2 + 1) = 0.846$$

$$f(\lambda_1) = 0.154^2 - 2 \times 0.154 + 4 = 3.716$$

$$f(\lambda_1') = 0.846^2 - 2 \times 0.846 + 4 = 3.024$$

由于 $f(\lambda_1) > f(\lambda_1')$，极小值点在缩短后的区间 $[\lambda_1, b_0] = [0.154, 2]$ 内。

第二次迭代，令 $a_1 = \lambda_1 = 0.154$，$b_1 = b_0 = 2$，重新选择两个迭代点：

$$\lambda_2 = b_1 + \frac{F_4}{F_5}(a_1 - b_1) = 2 + \frac{5}{8} \times (0.154 - 2) = 0.846$$

$$\lambda_2' = a_1 + \frac{F_4}{F_5}(b_1 - a_1) = 0.154 + \frac{5}{8} \times (2 - 0.154) = 1.308$$

$$f(\lambda_2) = 0.846^2 - 2 \times 0.846 + 4 = 3.024$$

$$f(\lambda_2') = 1.308^2 - 2 \times 1.308 + 4 = 3.095$$

由于 $f(\lambda_2) < f(\lambda_2')$，极小值点在缩短后的区间 $[a_1, \lambda_2'] = [0.154, 1.308]$ 内。

第三次迭代，令 $a_2 = a_1 = 0.154$，$b_2 = \lambda_2' = 1.308$，重新选择两个迭代点：

$$\lambda_3 = b_2 + \frac{F_3}{F_4}(a_2 - b_2) = 1.308 + \frac{3}{5} \times (0.154 - 1.308) = 0.616$$

$$\lambda_3' = a_2 + \frac{F_3}{F_4}(b_2 - a_2) = 0.154 + \frac{3}{5} \times (1.308 - 0.154) = 0.846$$

$$f(\lambda_3) = 0.616^2 - 2 \times 0.616 + 4 = 3.147$$

$$f(\lambda_3') = 0.846^2 - 2 \times 0.846 + 4 = 3.024$$

由于 $f(\lambda_3) > f(\lambda_3')$，极小值点在缩短后的区间 $[\lambda_3, b_2] = [0.616, 1.308]$ 内。

第四次迭代，令 $a_3 = \lambda_3 = 0.616$，$b_3 = b_2 = 1.308$，重新选择两个迭代点：

$$\lambda_4 = b_3 + \frac{F_2}{F_3}(a_3 - b_3) = 1.308 + \frac{2}{3} \times (0.616 - 1.308) = 0.847$$

$$\lambda_4' = a_3 + \frac{F_2}{F_3}(b_3 - a_3) = 0.616 + \frac{2}{3} \times (1.308 - 0.616) = 1.077$$

$$f(\lambda_4) = 0.847^2 - 2 \times 0.847 + 4 = 3.023$$

$$f(\lambda_4') = 1.077^2 - 2 \times 1.077 + 4 = 3.006$$

由于 $f(\lambda_4) > f(\lambda_4')$，极小值点在缩短后的区间 $[\lambda_4, b_3] = [0.847, 1.308]$ 内。

第五次迭代，令 $a_4 = \lambda_4 = 0.847$，$b_4 = b_3 = 1.308$，重新选择两个迭代点：

$$\lambda_5 = b_4 + \frac{F_1}{F_2}(a_4 - b_4) = 1.308 + \frac{1}{2} \times (0.847 - 1.308) = 1.078$$

$$\lambda_5' = a_4 + \frac{F_1}{F_2}(b_4 - a_4) = 0.847 + \frac{1}{2} \times (1.308 - 0.847) = 1.078$$

$$\lambda_5 = \lambda_5' = \frac{1}{2}(a_4 + b_4) = \frac{1}{2} \times (0.847 + 1.308) = 1.078$$

由于 $f(\lambda_5) = f(\lambda_5')$，无法比较大小，故令

$$\lambda_5' = a_4 + \left(\frac{1}{2} + 0.1\right)(b_4 - a_4) = 0.847 + 0.6 \times (1.308 - 0.847) = 1.124$$

$$f(\lambda_5) = 1.078^2 - 2 \times 1.078 + 4 = 3.006$$

$$f(\lambda_5') = 1.124^2 - 2 \times 1.124 + 4 = 3.015$$

由于 $f(\lambda_5) < f(\lambda_5')$，令 $a_5 = a_4 = 0.847$，$b_5 = \lambda_5' = 1.124$，极小值点在缩短后的区间 $[a_5, b_5] = [0.847, 1.124]$ 内，且 $1.124 - 0.847 = 0.277 < 0.3 = (2+1) \times 0.1$，此时选择 $\lambda_5 = 1.078$ 为极小值点，极小值为 3.006。

3. 0.618 法

斐波那契法的优点在于可根据预先确定的精度确定计算次数。缺点是每次计算都需确定收缩率，且收缩率是不等的。由斐波那契数计算的收缩率序列 $[F_{n-1}/F_n]$ 可知，当 $n \to \infty$ 时，$[F_{n-1}/F_n] \to 0.618$，这样可使收缩率由变数变为固定数，使计算简便。

该结论可由斐波那契数之间的关系推导得出。

$$F_{n+1} = F_n + F_{n-1}$$

同除以 F_n 后得

$$\frac{F_{n+1}}{F_n} = 1 + \frac{F_{n-1}}{F_n}$$

如果当 $n \to \infty$ 时，F_{n-1}/F_n 的极限存在，且为 λ，则

$$\frac{1}{\lambda} = 1 + \lambda$$

整理得

$$\lambda^2 + \lambda - 1 = 0$$

解方程得

$$\lambda = 0.61802398 \approx 0.618$$

同理可证明

$$\lim_{n \to \infty} \frac{F_{n-1}}{F_{n+1}} = \lim_{n \to \infty} \frac{F_{n-1}}{F_n} \frac{F_n}{F_{n+1}} \approx 0.382$$

因此，原来根据斐波那契法收缩率的含义得到连续选点位置的迭代公式

$$\lambda_k = b_{k-1} + \frac{F_{n-k}}{F_{n-k+1}}(a_{k-1} - b_{k-1}) = a_{k-1} + \frac{F_{n-k-1}}{F_{n-k+1}}(b_{k-1} - a_{k-1})$$

$$\lambda_k' = a_{k-1} + \frac{F_{n-k}}{F_{n-k+1}}(b_{k-1} - a_{k-1}) = b_{k-1} + \frac{F_{n-k-1}}{F_{n-k+1}}(a_{k-1} - b_{k-1})$$

在 0.618 法中，当收缩率由变数变为固定数时，可知

$$\lambda_k = b_{k-1} + 0.618(a_{k-1} - b_{k-1}) = a_{k-1} + 0.382(b_{k-1} - a_{k-1})$$

$$\lambda_k' = a_{k-1} + 0.618(b_{k-1} - a_{k-1}) = b_{k-1} + 0.382(a_{k-1} - b_{k-1})$$

由此可见，0.618 法是斐波那契法在收缩率为常量时的特例，当给定相对精度 δ 时，则根据 $\lambda^{n-1} \leqslant \delta$ 可计算出计算次数，如 $\delta = 0.01$，则 $n \geqslant 10.5$，计算 11 次即可求出满足精度要求的最优值。

【例 5-14】 用 0.618 法搜索如下一维目标函数

$$\min f(x) = 4x^2 - 6x - 5$$

在区间 $[0, 1]$ 上的近似极小值点和极小值，要求缩短后的最终区间长度不大于原区间长度的 8%。

解　函数 $f(x)$ 在区间 $[0, 1]$ 上为单谷函数，且 $\delta = 0.08$，$\delta L = 0.08 \times (1 - 0) = 0.08$。第一次迭代，因为 $a_0 = 0$，$b_0 = 1$，选择两个迭代点：

$$\lambda_1 = a_0 + 0.382(b_0 - a_0) = 0.382$$
$$\lambda_1' = a_0 + 0.618(b_0 - a_0) = 0.618$$
$$f(\lambda_1) = 4 \times 0.382^2 - 6 \times 0.382 - 5 = -6.708$$
$$f(\lambda_1') = 4 \times 0.618^2 - 6 \times 0.618 - 5 = -7.180$$

由于 $f(\lambda_1) > f(\lambda_1')$，极小值点在缩短后的区间 $[\lambda_1, b_0] = [0.382, 1]$ 内。

第二次迭代，令 $a_1 = \lambda_1 = 0.382$，$b_1 = b_0 = 1$，重新选择两个迭代点：
$$\lambda_2 = a_1 + 0.382(b_1 - a_1) = 0.382 + 0.382 \times (1 - 0.382) = 0.618$$
$$\lambda_2' = a_1 + 0.618(b_1 - a_1) = 0.382 + 0.618 \times (1 - 0.382) = 0.764$$
$$f(\lambda_2) = 4 \times 0.618^2 - 6 \times 0.618 - 5 = -7.180$$
$$f(\lambda_2') = 4 \times 0.764^2 - 6 \times 0.764 - 5 = -7.249$$

由于 $f(\lambda_2) > f(\lambda_2')$，极小值点在缩短后的区间 $[\lambda_2, b_1] = [0.618, 1]$ 内。

第三次迭代，令 $a_2 = \lambda_2 = 0.618$，$b_2 = b_1 = 1$，重新选择两个迭代点：
$$\lambda_3 = a_2 + 0.382(b_2 - a_2) = 0.618 + 0.382 \times (1 - 0.618) = 0.764$$
$$\lambda_3' = a_2 + 0.618(b_2 - a_2) = 0.618 + 0.618 \times (1 - 0.618) = 0.854$$
$$f(\lambda_3) = 4 \times 0.764^2 - 6 \times 0.764 - 5 = -7.249$$
$$f(\lambda_3') = 4 \times 0.854^2 - 6 \times 0.854 - 5 = -7.207$$

由于 $f(\lambda_3) < f(\lambda_3')$，极小值点在缩短后的区间 $[a_2, \lambda_3'] = [0.618, 0.854]$ 内。

第四次迭代，令 $a_3 = a_2 = 0.618$，$b_3 = \lambda_3' = 0.854$，重新选择两个迭代点：
$$\lambda_4 = a_3 + 0.382(b_3 - a_3) = 0.618 + 0.382 \times (0.854 - 0.618) = 0.708$$
$$\lambda_4' = a_3 + 0.618(b_3 - a_3) = 0.618 + 0.618 \times (0.854 - 0.618) = 0.764$$
$$f(\lambda_4) = 4 \times 0.708^2 - 6 \times 0.708 - 5 = -7.243$$
$$f(\lambda_4') = 4 \times 0.764^2 - 6 \times 0.764 - 5 = -7.249$$

由于 $f(\lambda_4) > f(\lambda_4')$，极小值点在缩短后的区间 $[\lambda_4, b_3] = [0.708, 0.854]$ 内。

第五次迭代，令 $a_4 = \lambda_4 = 0.708$，$b_4 = b_3 = 0.854$，重新选择两个迭代点：
$$\lambda_5 = a_4 + 0.382(b_4 - a_4) = 0.708 + 0.382 \times (0.854 - 0.708) = 0.764$$
$$\lambda_5' = a_4 + 0.618(b_4 - a_4) = 0.708 + 0.618 \times (0.854 - 0.708) = 0.798$$
$$f(\lambda_5) = 4 \times 0.764^2 - 6 \times 0.764 - 5 = -7.249$$
$$f(\lambda_5') = 4 \times 0.798^2 - 6 \times 0.798 - 5 = -7.241$$

由于 $f(\lambda_5) < f(\lambda_5')$，极小值点在缩短后的区间 $[a_4, \lambda_5'] = [0.708, 0.798]$ 内。

第六次迭代，令 $a_5 = a_4 = 0.708$，$b_5 = \lambda_5' = 0.798$，重新选择两个迭代点：
$$\lambda_6 = a_5 + 0.382(b_5 - a_5) = 0.708 + 0.382 \times (0.798 - 0.708) = 0.742$$
$$\lambda_6' = a_5 + 0.618(b_5 - a_5) = 0.708 + 0.618 \times (0.798 - 0.708) = 0.764$$
$$f(\lambda_6) = 4 \times 0.742^2 - 6 \times 0.742 - 5 = -7.250$$
$$f(\lambda_6') = 4 \times 0.764^2 - 6 \times 0.764 - 5 = -7.249$$

由于 $f(\lambda_6) < f(\lambda_6')$，极小值点在缩短后的区间 $[a_5, \lambda_6'] = [0.708, 0.764]$ 内。

因为 $\lambda_6' - a_5 = 0.764 - 0.708 = 0.056 < 0.08$，所以可以确定区间 $[a_5, \lambda_6']$ 为最终区间，因此极小值点为 $\lambda_6 = 0.742$，极小值为 $f(0.742) = -7.25$。容易验证，$f(x)$ 在区间 $[0, 1]$ 上的精确解为 $x^* = 0.75$，$f(x^*) = -7.25$，可见搜索的近似极小值点和极小值极为

靠近精确解。

【例5-15】 用0.618法搜索一维目标函数

$$\min f(x) = x^2 - x + 4$$

在区间［-1，3］上的近似极小值点和极小值，要求缩短后的最终区间长度不大于原区间长度的8%。

解 函数$f(x)$在区间［-1，3］上为单谷函数，且$\delta = 0.08$，$\varepsilon \leqslant 0.08 \times (3+1) = 0.32$，用一张表格表示各次迭代过程，见表5-3。

表5-3　0.618法各次迭代过程计算

迭代次数	[a, b]	λ	λ'	$f(\lambda)$	$f(\lambda')$	$\|b-a\| \leqslant \varepsilon$
1	［-1，3］	0.528	1.472	3.751	4.695	否
2	［-1，1.472］	-0.056	0.528	4.059	3.751	否
3	［-0.056，1.472］	0.528	0.888	3.751	3.901	否
4	［-0.056，0.888］	0.305	0.528	3.788	3.751	否
5	［0.305，0.888］	0.528	0.665	3.751	3.777	否
6	［0.305，0.665］	0.443	0.528	3.753	3.751	否
结束	［0.443，0.665］	0.528	0.580	3.751	3.757	是

因此，可以确定极小值点在缩短后的区间［0.443，0.665］内，又因为0.665 - 0.443 = 0.222 < 0.32，3.751 < 3.753，所以极小值点为0.528，极小值为3.751。

5.3　有约束非线性规划的求解方法

5.3.1　有等式约束的非线性规划问题

有等式约束非线性规划模型的一般形式是

$$\min f(\boldsymbol{X})$$
$$\text{s. t. } G_i(\boldsymbol{X}) = 0$$

对于有等式约束的非线性规划模型，引入拉格朗日乘子构建拉格朗日函数，可把有约束问题变成无约束问题。有等式约束非线性规划的拉格朗日函数为

$$L(\boldsymbol{X}, \lambda) = f(\boldsymbol{X}) + \sum_{i=1}^{m} \lambda_i g_i(\boldsymbol{X})$$

原模型共有n个变量，引入拉格朗日乘子后，连同拉格朗日乘子共有$n+m$个变量。因此建立拉格朗日函数把有约束问题化为无约束问题实质上是用比原问题高m维的代价换来去掉m个约束的效果。

求解拉格朗日函数，即得到原问题的最优解。因拉格朗日函数是无约束问题，故可采用上节所述的各种方法。

【例5-16】 求解下列等式约束的非线性规划问题：

$$\min f(\boldsymbol{X}) = x_1^2 - x_1 x_2 + x_2^2 - 10x_1 - 4x_2 + 60$$
$$\text{s. t. } \quad G(\boldsymbol{X}) = x_1 + x_2 - 12 = 0$$

解　（1）引入拉格朗日乘子，建立拉格朗日函数：

$$L(\boldsymbol{X},\lambda) = f(\boldsymbol{X}) + \lambda G(\boldsymbol{X})$$
$$= x_1^2 - x_1 x_2 + x_2^2 - 10x_1 - 4x_2 + 60 + \lambda(x_1 + x_2 - 12)$$

（2）求偏导数：

$$\frac{\partial L}{\partial x_1} = 2x_1 - x_2 - 10 + \lambda = 0, \quad \frac{\partial L}{\partial x_2} = -x_1 + 2x_2 - 4 + \lambda = 0, \quad \frac{\partial L}{\partial \lambda} = x_1 + x_2 - 12 = 0$$

（3）计算海塞矩阵：

$$\boldsymbol{H}(\boldsymbol{X}) = \begin{pmatrix} \dfrac{\partial^2 L}{\partial x_1^2} & \dfrac{\partial^2 L}{\partial x_1 \partial x_2} \\[2mm] \dfrac{\partial^2 L}{\partial x_2 \partial x_1} & \dfrac{\partial^2 L}{\partial x_2^2} \end{pmatrix} = \begin{pmatrix} 2 & -1 \\ -1 & 2 \end{pmatrix}$$

计算特征值 $|\lambda \boldsymbol{I} - \boldsymbol{H}| = 0$，即 $\begin{vmatrix} \lambda - 2 & 1 \\ 1 & \lambda - 2 \end{vmatrix} = 0$，$\lambda_1 = 3$，$\lambda_2 = 1$，该矩阵为正定矩阵，$f(x)$ 为严格凸函数，因此有唯一的全局最小值。

（4）求解上述三个方程组成的方程组，求解结果为

$$x_1 = 7, \quad x_2 = 5, \quad \lambda = 1$$

所以 $x_1^* = 7$，$x_2^* = 5$，$f(\boldsymbol{X}^*) = 7^2 - 7 \times 5 + 5^2 - 10 \times 7 - 4 \times 5 + 60 = 9$。

【例 5-17】　某火电公司有四个发电厂，设发电量分别为 x_1，x_2，x_3，x_4，发电成本与发电量的关系分别为 $\frac{1}{2}x_1^2$，x_2^2，$\frac{3}{2}x_3^2$，$2x_4^2$，如限定总发电量为 25 万 kW，如何安排生产，才能使全公司总成本最低？

解　（1）建立模型：

$$\min f(\boldsymbol{X}) = \frac{1}{2}x_1^2 + x_2^2 + \frac{3}{2}x_3^2 + 2x_4^2$$

$$\text{s. t.} \quad x_1 + x_2 + x_3 + x_4 = 25$$

（2）引入拉格朗日乘子，建立拉格朗日函数：

$$L(\boldsymbol{X},\lambda) = \frac{1}{2}x_1^2 + x_2^2 + \frac{3}{2}x_3^2 + 2x_4^2 + \lambda(x_1 + x_2 + x_3 + x_4 - 25)$$

（3）求偏导数：

$$\frac{\partial L}{\partial x_1} = x_1 + \lambda = 0, \quad \frac{\partial L}{\partial x_2} = 2x_2 + \lambda = 0,$$

$$\frac{\partial L}{\partial x_3} = 3x_3 + \lambda = 0, \quad \frac{\partial L}{\partial x_4} = 4x_4 + \lambda = 0, \quad \frac{\partial L}{\partial \lambda} = x_1 + x_2 + x_3 + x_4 - 25 = 0$$

（4）该问题必存在极小值，故判断海塞矩阵正定性从略。

（5）求解上述四个方程组成的方程组，其求解结果为

$$x_1 = -\lambda, \quad x_2 = -\frac{\lambda}{2}, \quad x_3 = -\frac{\lambda}{3}, \quad x_4 = -\frac{\lambda}{4}, \quad \lambda = -12$$

所以 $x_1^* = 12$，$x_2^* = 6$，$x_3^* = 4$，$x_4^* = 3$

$$f(\boldsymbol{X}^*) = \frac{1}{2} \times 12^2 + 6^2 + \frac{3}{2} \times 4^2 + 2 \times 3^2 = 150$$

由该例可见，虽然第一电厂生产成本最低，但全部由它生产并不合算。

5.3.2 有不等式约束的非线性规划问题

有不等式约束的非线性规划模型的一般形式为

$$\min f(\boldsymbol{X})$$
$$\text{s. t. } h_j(\boldsymbol{X}) \leqslant 0 \quad (j = 1, 2, \cdots, h)$$
$$g_k(\boldsymbol{X}) = 0 \quad (k = 1, 2, \cdots, m)$$

1. 拉格朗日乘子法

拉格朗日乘子法是通过引入松弛变量把不等式约束变成等式约束，再引入拉格朗日乘子将其变为无约束问题的拉格朗日函数，最后应用求解无约束问题的各种方法求解。但由于引入松弛变量，使求解变得复杂，需对拉格朗日乘子和松弛变量加以讨论。

为了把不等式 $h_j(\boldsymbol{X}) \leqslant 0$ 变成等式，引入松弛变量 θ_j，因非线性规划中无变量非负条件，故采用 θ_j^2 作为松弛变量，得

$$h_j(\boldsymbol{X}) + \theta_j^2 = 0$$

引入松弛变量后的非线性规划模型是

$$\min f(\boldsymbol{X})$$
$$\text{s. t. } h_j(\boldsymbol{X}) + \theta_j^2 = 0 \quad (j = 1, 2, \cdots, h + m)$$

引入拉格朗日乘子后得拉格朗日函数为

$$L(\boldsymbol{X}, \lambda, \theta) = f(\boldsymbol{X}) + \sum_j \lambda_j (h_j(\boldsymbol{X}) + \theta_j^2)$$

按求函数极值的必要条件

$$\frac{\partial L}{\partial X_i} = \frac{\partial f}{\partial X_i} + \sum_j \lambda_j \frac{\partial h_j(\boldsymbol{X})}{\partial X_j} = 0$$

$$\frac{\partial L}{\partial \lambda_j} = h_j(\boldsymbol{X}) + \theta_j^2 = 0$$

$$\frac{\partial L}{\partial \theta_j} = 2\lambda_j \theta_j = 0$$

由上式可见，λ_j^*、θ_j^* 有以下三种情况：

（1）当 $\lambda_j^* = 0$、$\theta_j^* \neq 0$ 时，$\dfrac{\partial L}{\partial X_i} = \dfrac{\partial f}{\partial X_i} = 0$，即 $\nabla f = \boldsymbol{0}$，说明所有约束不起作用，这正是无约束极值的必要条件。

（2）当 $\lambda_j^* \neq 0$、$\theta_j^* = 0$ 时，$h_j(\boldsymbol{X}) = 0$，这就说明最优解只能在约束的边界上，又因 $\lambda_j \neq 0$，所以这是所有约束均为等式时的情况，最优解不满足 $\nabla f(\boldsymbol{X}^*) = \boldsymbol{0}$。

（3）当 $\lambda_j^* = 0$、$\theta_j^* = 0$ 时，$\dfrac{\partial f(\boldsymbol{X})}{\partial X_j} = 0$，$h_j(\boldsymbol{X}) = 0$，这说明极值点既在约束边界上，又满足 $\nabla f(\boldsymbol{X}^*) = \boldsymbol{0}$，即约束边界恰好经过无约束最优点。

现举例说明这三种情况。

设有约束非线性规划模型为

$$\min f(x) = (x - a)^2 + b$$
$$\text{s. t. } x \leqslant c$$

引入松弛变量 θ^2 后的拉格朗日函数为

$$L(x,\lambda,\theta) = (x-a)^2 + b + \lambda(x - c + \theta^2)$$

求驻点得

$$\frac{\partial L}{\partial x} = 2(x-a) + \lambda = 0$$

$$\frac{\partial L}{\partial \lambda} = x - c + \theta^2 = 0$$

$$\frac{\partial L}{\partial \theta} = 2\lambda\theta = 0$$

讨论：当 $\lambda_j^* = 0$、$\theta_j^* \neq 0$ 时，$x^* = a$（如图 5-13a）所示；

当 $\lambda_j^* \neq 0$、$\theta_j^* = 0$ 时，$x^* = c$（如图 5-13b 所示）；

当 $\lambda_j^* = 0$、$\theta_j^* = 0$ 时，$x^* = a = c$（如图 5-13c 所示）。

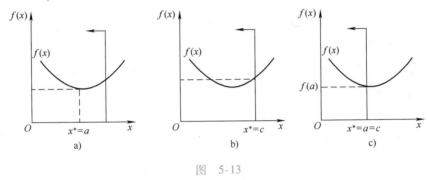

图　5-13

2. 拉格朗日乘子的经济含义——影子价格

在线性规划中曾指出单纯形乘子是资源的影子价格，在非线性规划中，拉格朗日乘子也是相应资源的影子价格。

由 $L(\boldsymbol{X},\lambda) = f(\boldsymbol{X}) + \sum_k \lambda_k g(\boldsymbol{X})$ 可知，当只有一个约束时，$\boldsymbol{X}^*$ 为最优解的必要条件之一是

$$\frac{\partial L}{\partial X_j} = \frac{\partial f(\boldsymbol{X})}{\partial X_j} + \lambda\frac{\partial g(\boldsymbol{X})}{\partial X_j} = 0 \quad (j = 1,2,\cdots,n)$$

由此可得

$$\lambda = -\frac{\partial f(\boldsymbol{X})/\partial X_j}{\partial g(\boldsymbol{X})/\partial X_j}$$

该式体现出约束的变化使目标变动的比率，即边际值。如果 λ 为零，则说明约束中资源数量的变动不会使目标变化；λ 为正，则说明资源量的变化与目标的变化方向相反；λ 为负，说明资源量的变化与目标的变化方向相同。资源量的变化使目标值变化的大小取决于 λ 值的大小，因此 λ 起到了"价格"的作用。

3. 卡罗需-库恩-塔克（KKT）条件

在之前的分析中，约束条件分为等式约束与不等式约束。对于等式约束的优化问题，可以直接构造拉格朗日函数去求取最优值。对于含有不等式约束的优化问题，可以转化为在满足 KKT 约束条件下应用拉格朗日乘子法求解。KKT 条件是卡罗需（Karush）以及库恩（Kuhn）和塔克（Tucker）先后独立发表出来的，但在库恩和塔克发表之后才逐渐受到重视，因此多数情况下也记载成库恩－塔克条件。KKT 条件是对拉格朗日乘子法的一种泛化，是非线性规划领域里最重要的理论成果之一，是确定某点为极值点的必要条件。对于凸规划，KKT 点就是优化极值点（充分必要条件）。

首先给出一般的 KKT 条件：

对于具有等式和不等式约束的优化问题

$$\min f(\boldsymbol{X})$$
$$\text{s. t.} \begin{cases} h_j(\boldsymbol{X}) \leqslant 0 & (j = 1, 2, \cdots, h) \\ g_k(\boldsymbol{X}) = 0 & (k = 1, 2, \cdots, m) \end{cases}$$

验证 KKT 条件，首先定义不等式约束下的拉格朗日函数 L，则 L 的表达式为

$$L(\boldsymbol{X}, \boldsymbol{\lambda}, \boldsymbol{\theta}, \boldsymbol{\mu}) = f(\boldsymbol{X}) + \sum_{j=1}^{h} \lambda_j (h_j(\boldsymbol{X}) + \theta_j^2) + \sum_{k=1}^{m} \mu_k g_k(\boldsymbol{X})$$

根据约束 $h_j(\boldsymbol{X}) \leqslant 0$，对于求最小值问题，最优性的必要条件之一为 $\lambda_j \geqslant 0$。

验证这一结果的正确性，将 $\boldsymbol{\lambda}$ 看成关于 λ_j 的向量，$\boldsymbol{\lambda}$ 度量的是 f 关于 h 的变化率。在求最小值的情况下，随着约束 $h_j(\boldsymbol{X}) \leqslant 0$ 的右端项从 0 增加到 ∂h，解空间会变得约束更松，f 不能增加，这就意味着 $\boldsymbol{\lambda} \geqslant \boldsymbol{0}$。对 $\boldsymbol{\lambda}$ 的限制只是 KKT 必要条件的一部分，现在推导剩下的条件。

求 L 关于 $\boldsymbol{X}$、$\boldsymbol{\lambda}$ 和 $\boldsymbol{\theta}$ 的偏导数，我们得到

$$\frac{\partial L}{\partial X_i} = \frac{\partial f(\boldsymbol{X})}{\partial X_i} + \sum_{j=1}^{h} \lambda_j \frac{\partial h_j(\boldsymbol{X})}{\partial X_i} + \sum_{k=1}^{m} \mu_k \frac{\partial g_k(\boldsymbol{X})}{\partial X_i} = 0 \quad (i = 1, 2, \cdots, n)$$

$$\frac{\partial L}{\partial \lambda_j} = h_j(\boldsymbol{X}) + \theta_j^2 = 0 \quad (j = 1, 2, \cdots, h)$$

$$\frac{\partial L}{\partial \theta_j} = 2\lambda_j \theta_j = 0 \quad (j = 1, 2, \cdots, h)$$

其中第三组方程揭示出如下结果：

（1）若 $\lambda_j \neq 0$，则 $\theta_j^2 = 0$。这意味着相应的资源紧缺，因此资源完全耗尽。

（2）若 $\theta_j^2 > 0$，则 $\lambda_j = 0$。这意味着资源 j 充沛，因此，它对 f 的取值没有影响（即 $\lambda_j = 0$）。

从第二组和第三组方程得到

$$\lambda_j h_j(\boldsymbol{X}) = 0, \quad (j = 1, 2, \cdots, h)$$

这个新条件基本上是重复前面的论点，因为若 $\lambda_j > 0$，则 $h_j(\boldsymbol{X}) = 0$ 或 $\theta_j^2 = 0$；若 $h_j(\boldsymbol{X}) < 0$，则 $\theta_j^2 > 0$，并且 $\lambda_j = 0$。

判断 $\boldsymbol{X}^*$ 是否为最优解的必要条件，即 KKT 条件，总结如下：

$$\begin{cases} \dfrac{\partial f(\boldsymbol{X})}{\partial X_i} + \sum_{j=1}^{h} \lambda_j \dfrac{\partial h_j(\boldsymbol{X})}{\partial X_i} + \sum_{k=1}^{m} \mu_k \dfrac{\partial g_k(\boldsymbol{X})}{\partial X_i} = 0 \quad (i = 1, 2, \cdots, n) \\ \lambda_j h_j(\boldsymbol{X}) = 0 \quad (j = 1, 2, \cdots, h) \\ \lambda_j \geqslant 0 \quad (j = 1, 2, \cdots, h) \end{cases}$$

上式中第一组方程是对拉格朗日函数取极值时产生的必要条件，第二组条件称为互补松

弛条件，第三组是不等式约束情况。对于一般的问题而言，KKT 条件是使一组解成为最优解的必要条件，当原问题是凸问题时，KKT 条件也是充分条件。

对于互补松弛条件，可以用一个例子做进一步说明。

【例 5-18】　求解如下非线性规划问题：

$$\min f(x)$$
$$\text{s. t.} \begin{cases} h_1(x) = a - x \leqslant 0 \\ h_2(x) = x - b \leqslant 0 \end{cases}$$

解　引入两个松弛变量将不等式约束变成等式约束，设 θ_1^2、θ_2^2 为两个松弛变量，则上述不等式约束可写为 $a - x + \theta_1^2 = 0$，$x - b + \theta_2^2 = 0$。

该问题的拉格朗日函数为

$$L(x, \boldsymbol{\lambda}, \boldsymbol{\theta}) = f(x) + \lambda_1(a - x + \theta_1^2) + \lambda_2(x - b + \theta_2^2) \qquad (\lambda_1 \geqslant 0, \lambda_2 \geqslant 0)$$

根据拉格朗日乘子法，求解方程组：

$$\begin{cases} \dfrac{\partial L}{\partial x} = \dfrac{\mathrm{d}f(x)}{\mathrm{d}x} + \lambda_1 \dfrac{\mathrm{d}h_1(x)}{\mathrm{d}x} + \lambda_2 \dfrac{\mathrm{d}h_2(x)}{\mathrm{d}x} = \dfrac{\mathrm{d}f(x)}{\mathrm{d}x} - \lambda_1 + \lambda_2 = 0 \\[2mm] \dfrac{\partial L}{\partial \lambda_1} = a - x + \theta_1^2 = h_1(x) + \theta_1^2 = 0 \\[2mm] \dfrac{\partial L}{\partial \lambda_2} = x - b + \theta_2^2 = h_2(x) + \theta_2^2 = 0 \\[2mm] \dfrac{\partial L}{\partial \theta_1} = 2\lambda_1 \theta_1 = 0 \\[2mm] \dfrac{\partial L}{\partial \theta_2} = 2\lambda_2 \theta_2 = 0 \\[2mm] \lambda_1 \geqslant 0, \lambda_2 \geqslant 0 \end{cases}$$

得到方程组后，对于 $\lambda_1 \theta_1 = 0$，有两种情况：

（1）$\lambda_1 = 0$，$\theta_1 \neq 0$，此时由于 $\lambda_1 = 0$，因此 $h_1(x)$ 与其相乘为零，可以理解为约束 $h_1(x)$ 不起作用，且有 $h_1(x) = a - x < 0$。

（2）$\lambda_1 \geqslant 0$，$\theta_1 = 0$，此时 $h_1(x) = a - x = 0$ 且 $\lambda_1 > 0$，可以理解为约束 $h_1(x)$ 起作用，且有 $h_1(x) = 0$。

合并两种情形，$\lambda_1 h_1(x) = 0$，且在约束起作用时 $\lambda_1 > 0$，$h_1(x) = 0$；约束不起作用时 $\lambda_1 = 0$，$h_1(x) < 0$。

同样地，分析 $\lambda_2 \theta_2 = 0$，可以得出 $h_2(x)$ 起作用和不起作用的情形，并分析得到 $\lambda_2 h_2(x) = 0$。

由此，方程组（极值必要条件）转化为

$$\begin{cases} \dfrac{\partial L}{\partial x} = \dfrac{\mathrm{d}f(x)}{\mathrm{d}x} + \lambda_1 \dfrac{\mathrm{d}h_1(x)}{\mathrm{d}x} + \lambda_2 \dfrac{\mathrm{d}h_2(x)}{\mathrm{d}x} \\[2mm] \lambda_1 h_1(x) = 0 \\[1mm] \lambda_2 h_2(x) = 0 \\[1mm] \lambda_1 \geqslant 0, \lambda_2 \geqslant 0 \end{cases}$$

4. 罚函数法

罚函数法是目前应用较广泛的一种求解有约束非线性规划问题的数值解法，其求解的基本思想是把有约束问题变为无约束问题，但考虑到约束对目标函数的影响程度，在构成无约束函数的时候，在目标函数上加一惩罚项，该项作为破坏约束而规定一高代价，惩罚项的系数确定了惩罚的严厉程度，同时也确定了无约束问题与原问题的近似程度。当该系数趋近无穷大时，就可得到原问题的解。

非线性规划问题

$$\min f(\boldsymbol{X})$$
$$\text{s. t. } g_i(\boldsymbol{X}) \leqslant 0 \quad (i = 1, 2, \cdots, m)$$

构建如下罚函数：

$$\min P(\boldsymbol{X}, \boldsymbol{\mu}) = f(\boldsymbol{X}) + \sum_i \mu_i p_i(x)$$

式中，μ_i 为正常数；$P(\boldsymbol{X}, \boldsymbol{\mu})$ 为连续函数，当且仅当 $\boldsymbol{X}$ 满足约束时，$p_i(x) = 0$，否则 $p_i(x) > 0$；$\mu_i p_i(x)$ 称为惩罚项，μ_i 为惩罚因子。μ_i 越大，惩罚越严厉，就越使 $\boldsymbol{X}$ 趋近于约束集合，当 μ_i 趋近于无穷大时，$\boldsymbol{X}$ 就满足约束。因此惩罚因子 μ_i 体现出对 $\boldsymbol{X}$ 不满足约束的惩罚。

应用下面三条结论可以使用罚函数法处理有约束的非线性规划问题。

（1）罚函数 $P(\boldsymbol{X}, \boldsymbol{\mu})$，当惩罚因子 $\mu_i \to \infty$ 时的最优解为原问题的最优解。

（2）当惩罚因子 μ_i 为一较大值 μ_k 时，罚函数 $P(\boldsymbol{X}, \boldsymbol{\mu})$ 的最优解为原问题的近似解，其近似程度取决于 μ_k 的大小。

（3）惩罚因子 μ_i 的增大，使 $\boldsymbol{X}$ 逐渐满足约束，仅当 $\mu_i \to \infty$ 时，$\boldsymbol{X}$ 才满足约束。

罚函数法中惩罚因子 μ_i 的作用是使最优解由约束集合的外部逐渐向约束集合的内部趋近，因此又叫外点法。其经济解释为：若把目标函数看成"价格"，而把约束看作某种规定，要求在某种规定范围内购买价格最便宜的东西，且对规定制定一种罚款制度，如果符合"规定"，罚款为零；反之，处以罚款。购货人员所付出的总代价是价格与罚款的总和。所以，应以总代价最小为最终目标，从而得到无约束问题。当把罚款规定得很苛刻时，违反规定需要支付相当多的罚款，这总是不合算的，这就迫使购买时尽量符合规定，从而使罚款为零。在数学上表现为惩罚因子 μ_i 很大时，无约束问题（罚函数）的最优解满足约束条件，从而得到有约束问题的最优解。

现分两种情况介绍罚函数法。

（1）有等式约束的罚函数法。有等式约束的非线性规划，可构建如下形式的罚函数：

$$\min P(\boldsymbol{X}, \boldsymbol{\mu}) = f(\boldsymbol{X}) + \sum_i \mu_i g_i^2(\boldsymbol{X})$$

式中，$g_i^2(\boldsymbol{X})$ 为标准二次罚函数。

如果用解析法求解罚函数 $P(\boldsymbol{X}, \boldsymbol{\mu})$ 的极小值，先把 μ_i 当作已知量，得到最优解 $\boldsymbol{X}^*(\mu_i)$，再令 $\mu_i \to \infty$ 即可得到原问题的最优解。

罚函数法求解非线性规划问题一般用迭代法。迭代法步骤如下：

1）取 $\mu_1 > 0$，作为惩罚因子的初始值，允许误差 $\varepsilon > 0$，令 $k = 1$。

2）求 μ 为确定值 μ_k 时，罚函数的极小值为

$$\min P(\boldsymbol{X}, \boldsymbol{\mu}_k) = f(\boldsymbol{X}) + \sum_{i=1}^{m} \mu_{ik} g_i^2(\boldsymbol{X}) = P(\boldsymbol{X}^{(k)}, \boldsymbol{\mu}_k)$$

3）如果 $g_i(x(k)) \leqslant \varepsilon (i = 1, 2, \cdots, m)$，则迭代结束，$x^* = x(k)$；否则，令 $\mu_k < \mu_{k+1}$，$k = k + 1$，转 2）。

（2）有不等式约束的罚函数法。有不等式约束的非线性规划，可构建如下形式的罚函数：

$$\min P(\boldsymbol{X}, \mu) = f(\boldsymbol{X}) + \sum_{i=1} \mu_i g_i^2(\boldsymbol{X}) u_i(g_i(\boldsymbol{X}))$$

式中，$u_i(g_i(\boldsymbol{X}))$ 为内部罚函数，且 $u_i(g_i(\boldsymbol{X})) = \begin{cases} 1, & \text{当 } \boldsymbol{X} \text{ 不满足约束时,} \\ 0, & \text{当 } \boldsymbol{X} \text{ 满足约束时.} \end{cases}$

在求该罚函数极小值时，首先需研究是否可满足约束，如 $\boldsymbol{X}$ 无明显满足约束的条件，则可一律设其不满足约束并令 $u_i(g_i(\boldsymbol{X})) = 1$，而后采用求解等式约束的方法求解。

【例 5-19】　求解下列等式约束的非线性规划问题：

$$\min f(x_1, x_2) = x_1^2 + x_2^2 + 8$$

$$\text{s. t. } x_2 - 1 = 0$$

解　该等式约束的非线性规划可以构建的罚函数为

$$\min P(\boldsymbol{X}, \mu) = x_1^2 + x_2^2 + 8 + \mu (x_2 - 1)^2$$

由一阶偏导数 $\nabla P(\boldsymbol{X}, \mu) = \boldsymbol{0}$ 可知

$$\frac{\partial P}{\partial x_1} = 2x_1 = 0, \quad \frac{\partial P}{\partial x_2} = 2x_2 + 2\mu(x_2 - 1) = 0$$

解得 $x_1 = 0$，$x_2 = \dfrac{\mu}{1 + \mu}$，当 $\mu \to \infty$ 时即可得到原问题的最优解。

即 $x_1^* = 0$，$x_2^* = 1$，$f(0, 1) = 0^2 + 1^2 + 8 = 9$。

【例 5-20】　求解下列不等式约束的非线性规划问题：

$$\min f(x_1, x_2) = \frac{1}{3}(x_1 + 1)^3 + x_2 + 9$$

$$\text{s. t. } \quad x_1 - 1 \geqslant 0, \ x_2 \geqslant 0$$

解　该不等式约束的非线性规划可以构建的罚函数为

$$\min P(\boldsymbol{X}, \mu) = \frac{1}{3}(x_1 + 1)^3 + x_2 + 9 + \mu u_1 (1 - x_1)^2 + \mu u_2 (-x_2)^2$$

式中，u_1、u_2 为内部罚函数，且 $u_1 = \begin{cases} 1, & x_1 < 1, \\ 0, & x_1 \geqslant 1, \end{cases} u_2 = \begin{cases} 1, & x_2 < 0, \\ 0, & x_2 \geqslant 0. \end{cases}$

由一阶偏导数 $\nabla P(\boldsymbol{X}, \mu) = \boldsymbol{0}$ 可知

$$\frac{\partial P}{\partial x_1} = (x_1 + 1)^2 + 2\mu u_1(x_1 - 1) = 0, \frac{\partial P}{\partial x_2} = 1 + 2\mu u_2 x_2 = 0$$

由 $\dfrac{\partial P}{\partial x_2} = 1 + 2\mu u_2 x_2 = 0$ 可知，若 $x_2 \geqslant 0$，则 $u_2 = 0$，此时 $\dfrac{\partial P}{\partial x_2} = 1 \neq 0$（矛盾），因此

$$u_2 = 1, \ x_2 = -\frac{1}{2\mu u_2} = -\frac{1}{2\mu}$$

由 $\frac{\partial P}{\partial x_1} = (x_1+1)^2 + 2\mu u_1(x_1-1) = 0$ 可知，若 $x_1 \geqslant 1$，则 $u_1 = 0$，此时 $\frac{\partial P}{\partial x_1} = (x_1+1)^2 > 0$（矛盾）。

因此 $u_1 = 1$，$(x_1+1)^2 + 2\mu(x_1-1) = 0$，可以求得

$$x_1 = -(\mu+1) + \sqrt{\mu^2+4\mu} \ (\text{取 “ + ” 以保证取正值})$$

当 $\mu \to \infty$ 时，$x_1 \to 1$，$x_2 \to 0$，即 $x_1^* = 1$，$x_2^* = 0$，$f(1,0) = \frac{1}{3} \times (1+1)^3 + 0 + 9 = \frac{35}{3}$。

5. 碰壁法

碰壁法又叫内点法或障碍法。外点法总是假设 X 不满足约束，通过惩罚因子的增大，使 X 逐渐趋于约束集合。障碍法也是罚函数法的一种，但与上法不同，它总假设 X 在约束集内且距约束边界很远，如在约束集内寻找最优解时，惩罚很小，当 X 靠近约束边界，满足某一约束时，给予高的惩罚，阻止 X 越出边界，因此，对非线性规划：

$$\min f(X)$$
$$\text{s. t.} \ \ g_i(X) \geqslant 0 \qquad (i = 1, 2, \cdots, m)$$

有无约束障碍函数 $P(X, \boldsymbol{\mu})$ 为

$$P(X, \boldsymbol{\mu}) = f(X) + \sum_i \mu_i \frac{1}{g_i(X)}$$

或

$$P(X, \boldsymbol{\mu}) = f(X) + \sum_i \mu_i \ln(g_i(X))$$

式中，$\mu_i \frac{1}{g_i(X)}$ 或 $\mu_i \ln(g_i(X))$ 称为障碍项，μ_i 为障碍因子。当障碍函数 $P(X, \boldsymbol{\mu})$ 的最优解 $X^*(\boldsymbol{\mu})$ 中，$\boldsymbol{\mu} \to \boldsymbol{0}$ 时，即得原问题的解。

由障碍函数可见，当 X 靠近约束边界，使 $g_i(X) \to 0$ 时，$\frac{1}{g_i(X)}$ 或 $\ln(g_i(X))$ 均趋近于无穷大，这样则使 $P(X, \boldsymbol{\mu})$ 很大，现欲求 $P(X, \boldsymbol{\mu})$ 的极小值，故仅当 $\mu_i \frac{1}{g_i(X)}$ 或 $\mu_i \ln(g_i(X))$ 为零，即只有当 $\mu_i \to 0$ 时，才能保证 X 不越出约束边界，才能使障碍函数取极小值。由于该方法一直在约束集合内寻找最优解，故亦称内点法。

用迭代法求解可仿照外点法，不同的是在每次迭代中，障碍因子逐渐减小。

【例 5-21】 试用碰壁法的两种障碍函数求解下列不等式约束的非线性规划问题：

$$\min f(x) = -x + 8$$
$$\text{s. t.} \quad -x - 1 \geqslant 0$$

解 （1）该不等式约束的非线性规划可以构建的障碍函数为

$$\min P(x, \mu) = -x + 8 + \mu \frac{1}{-x-1}$$

令 $\frac{\partial P}{\partial x} = -1 + \mu \frac{1}{(x+1)^2} = 0$，则 $x = -1 \pm \sqrt{\mu}$。

当 $\mu \to 0$ 时，$x \to -1$，即 $f(-1) = 1 + 8 = 9$。

（2）该不等式约束的非线性规划可以构建的障碍函数为

$$\min P(x, \mu) = -x + 8 + \mu \ln(-x-1)$$

令 $\dfrac{\partial P}{\partial x} = -1 + \mu\dfrac{1}{x+1} = 0$，则 $x = -1 + \mu$。

当 $\mu \to 0$ 时，$x \to -1$，即 $f(-1) = 1 + 8 = 9$。

【思考题】

1. 非线性规划模型包括哪几种类型？如何建立非线性规划模型？

2. 简述各类库存问题的求解方法。

3. 如何用解析法求解非线性规划问题？如何判定函数的凸凹性？如何判断海塞矩阵的属性？

4. 迭代法包括哪几种类型？迭代法的本质是什么？

5. 简述成功失败法的原理。试用所学过的计算机语言编写程序。

6. 简述斐波那契法的原理。试用所学过的计算机语言编写程序。

7. 斐波那契法与 0.618 法的联系与区别在哪里？在这两种方法中，如何理解选点的规律？

8. 如何构造拉格朗日函数？为什么该方法所得结果为原问题的解？

9. 含有不等式约束的非线性规划问题的 KKT 条件是什么？如何理解 KKT 条件与拉格朗日乘子法之间的关系？

10. 说明碰壁法与罚函数的基本原理。

11. 如何构造障碍函数与罚函数？为什么？

【练习题】

1. 某工地有四个工点，各工点的位置及对混凝土的需要量见表 5-4，现需建一中心混凝土搅拌站，以供给各工点所需要的混凝土，要求混凝土的总运输量（运量×运距）最小，试决定混凝土搅拌站的位置，要求道路为互相垂直或平行的网格。

表 5-4　各工点位置和混凝土需要量

工点的位置	(x_1, y_1)	(x_2, y_2)	(x_3, y_3)	(x_4, y_4)
混凝土需要量	w_1	w_2	w_3	w_4

2. 某建筑工地每月需用相同规格的水泥 800t。已知该工地向水泥供货商进货这种规格的水泥，每吨价格为 2000 元。当存储逐渐降至零时，可以得到立即补充，且不允许缺货。每次订货的固定订购费用为 300 元。若水泥在工地存放时，每吨每月需要付出的保管费用为水泥价格的 0.2%，求该建筑工地对于该种规格水泥的最佳存储周期、最优进货批量以及最小费用。

3. 某工厂每月需要甲种产品 100 件。已知该工厂向上游工厂进货甲种产品，当存储逐渐降至零时，采用每月 500 件的速度进货，边进货边消耗。每次进货固定的装配费用为 5 元，每月每件需要付出的存储费用为 0.4 元，求该工厂对于甲种产品的最佳存储周期和最优进货批量。

4. 在第 3 题中，其他条件不变，已知该工厂向上游工厂进货甲种产品时，可以在库存消耗尽后再等一段时间进货，每次进货时不再边进货边消耗，而是立即补充到位。缺货损失为每月每件 0.15 元。求该工厂对于甲种产品的最佳存储周期、最大存储量和最优进货批量。

5. 某企业生产某种产品，正常生产条件下每天可生产 10 件。根据供货合同，需按每天 7 件供货。存储费用为每件每天 0.13 元，缺货损失为每件每天 0.5 元，每次生产固定的准备费用为 80 元。求该企业对于该产品的最佳存储周期、最大存储量、最优进货批量、开始生产时间、缺货补足时间以及结束生产时间。

6. 试判断以下函数的凹凸性。

（1）$f(x) = (27 - x)^3, x \geqslant 27$ （2）$f(X) = x_1^2 + 2x_1x_2 + 4x_2^2$

（3）$f(X) = 6x_1x_2 + 3x_1$ （4）$f(X) = x_1^2 + x_2^2 - 4x_1 + 4$

7. 试用斐波那契法求函数 $f(x) = x^2 - x + 2$ 在区间 $[-1, 3]$ 上的近似极小值点和近似极小值，要求缩短后的区间长度不大于原区间长度的 8%。

8. 试用 0.618 法做第 7 题，并将计算结果与斐波那契法所得结果进行比较。

9. 试用 0.618 法求函数 $f(x) = \begin{cases} \dfrac{x}{2}, & \text{当 } x \leqslant 2 \text{ 时} \\ -x + 3, & \text{当 } x > 2 \text{ 时} \end{cases}$，在区间 $[0, 3]$ 上的极大值点，要求缩短后的区间长度不大于原区间长度的 10%。

10. 试用 KKT 条件求解问题。

$$\min f(x) = (x - 4)^2$$
$$\text{s. t. } 1 \leqslant x \leqslant 6$$

11. 写出下述问题的 KKT 条件。

$$\min f(X) = 2x_1^2 - 4x_1x_2 + 4x_2^2 - 8x_1 - 5x_2$$
$$\text{s. t. } \begin{cases} x_1 + x_2 \leqslant 3 \\ 4x_1 + x_2 \leqslant 9 \\ x_1, x_2 \geqslant 0 \end{cases}$$

12. 用罚函数法求解下列非线性规划问题，并求出当罚因子分别等于 1 和 10 时的近似解，并用 LINGO 软件求解检验。

$$\min f(X) = x_1^2 + x_2^2$$
$$\text{s. t. } x_2 = 1$$

13. 用罚函数法求解下列非线性规划问题，并用 LINGO 软件求解检验。

（1）$\min f(x) = (x - 0.5)^2$ （2）$\min f(X) = x_1$
　　s. t. $x \geqslant 0$

$$\text{s. t. } \begin{cases} (x_1 - 2)^3 + (x_2 - 1) \leqslant 0 \\ (x_1 - 2)^3 - (x_2 - 1) \leqslant 0 \\ x_1, x_2 \geqslant 0 \end{cases}$$

14. 用碰壁法求解下列非线性规划问题，并用 LINGO 软件求解检验。

（1）$\min f(x) = (x + 1)^2$ （2）$\min f(X) = \dfrac{1}{3}(x_1 + 1)^2 + x_2$
　　s. t. $x \leqslant 0$

$$\text{s. t } \begin{cases} g_1(x) = x_1 - 1 \geqslant 0 \\ g_2(x) = x_2 \geqslant 0 \end{cases}$$

第6章

图与网络最优化方法

学习要点

1. 掌握图的基本概念；
2. 掌握最小部分树的求解方法；
3. 掌握一笔画问题求解方法——奇偶点作业法；
4. 掌握最短路径的求解方法及应用；
5. 掌握最大流问题的求解方法及应用；
6. 掌握最小费用最大流求解方法。

案 例 导 读

　　离散数学是应用数学的一个重要组成部分，图论是离散数学的重要分支。图论知识在现代生活中的各个领域应用十分广泛，现代生活和管理中的很多问题建立图论模型后变得直观易懂，不需要大量的预备知识也能理解，这也是图论最吸引人的地方。许多图论问题源于数学游戏和实际问题。近些年的数学竞赛和数学建模中常常会用到图论的理论和方法来解题，如多阶段决策问题、选址问题、管道的铺设问题、网络最小费用流问题等。

　　1736 年著名数学家欧拉（Euler）发表了图论方面的第一篇论文，解决了有名的哥尼斯堡七桥难题。欧拉被公认为图论的创始人。他是个多产的数学家、物理学家，数学领域中许多重要的常数、公式、定理都是以他的名字命名的。同时，欧拉的一生也有很多不尽如人意的地方，在他 28 岁时一只眼睛就失明了，在生命最后七年双目完全失明，但是他仍坚持研究，完成了很多著作。

　　经济科学、管理科学、计算机科学、信息论、控制论、物理、化学、生物学、心理学等不同领域里的许多问题都可以运用图论的理论和方法来解决。

　　图论以集合元素间某种二元关系生成的拓扑图形为研究对象，任何一个包含了某种二元关系的系统都可以用图论的方法来分析，而且它具有形象直观的特点。许多问题常常难以应用传统的数学方法解决，然而简单的图论模型却能直观地解释这些问题，并由此给出解决问题的方法或途径。特别是 20 世纪 50 年代以来，计算机科学的迅速发展使得大规模计算成为可能，图论学科也随之蓬勃发展。经过 200 多年的发展，图论已经发展成为一个理论与应用兼有的数学领域，在自然科学和社会科学研究中有着广泛的应用。

6.1　图与网络的基本概念

　　人们经常用点和线表示系统各单元及各单元之间的某种特定联系。这种用点和线表示的示意图称为"图"。图论是运筹学中有着广泛运用的一个分支。例如，工程项目管理中，如何合理地分配人力资源和安排进度，才能保证项目在规定的期限内完成？在生产的组织与管理中，各工序之间如何衔接，才能使生产任务完成得既快又好？在通信网络、水、电、煤气供应问题中，管道与供电线路如何铺设，才能既满足需求，又使总费用最省？此外，交通网络、设备更新、球队循环比赛等优化问题都可以用网络分析的方法来解决。

科学技术的进步，特别是电子计算机的出现与发展，使得一个庞大复杂的工程系统和管理问题可以用图来描述，解决许多工程设计和管理决策的最优化问题。如以最短的时间、最短的距离、最少的费用完成工程任务等。

6.1.1　图的基本概念和术语

一个图是由一些点和一些点之间的连线（不带箭头和带箭头）组成的。图中的点称为顶点，一般用 v_i 表示。为区别起见，把两点之间不带箭头的连线称为边，带箭头的连线称为弧。

在图论中，一个顶点和一条边相连称为关联。与同一条边关联的两个顶点称为相邻。一个顶点与边关联的次数称为该顶点的次。具有奇次的顶点称为奇点，具有偶次的顶点称为偶点。图中若存在奇点，则它们肯定是成对出现的。

1. 无向图与有向图

由点和边组成的图为无向图，记为 $G(V, E)$。其中，V 为点的集合，E 为边的集合。连接顶点 v_i、v_j 的边，记为 $[v_i, v_j]$ 或 $[v_j, v_i]$，称顶点 v_i、v_j 是相邻的。点集 V 中元素的个数称为图 G 的顶点数。

由点和弧组成的图为有向图，记为 $D(V, A)$。其中，V 为点的集合，A 为弧的集合。一条由顶点 v_i 指向顶点 v_j 的弧，记为 (v_i, v_j)，称顶点 v_i 为起点，v_j 为终点。

2. 链与路、圈与回路

在无向图 $G(V, E)$ 中，任意两顶点 v_i 到 v_j 之间由顶点和边相互交替构成的一个序列称为由 v_i 到 v_j 的一条链，若链中 $v_i = v_j$，则称该链为圈。在无向图 $G(V, E)$ 中，由 v_i 到 v_j 可有多条链或多个圈。

在有向图 $D(V, A)$ 中，由一个顶点到另一不相邻顶点之间有同向的弧连接，则称为由 v_i 到 v_j 的一条路。若路的起点与终点为同一点，则称为回路。在图 $D(V, A)$ 中，由 v_i 到 v_j 可有多条路或回路。

3. 连通图与支撑子图

在无向图 $G(V, E)$ 中，任意两顶点 v_i 和 v_j 之间至少有一条链存在，则该图为连通图，否则为不连通的图。连通图中不存在孤立的顶点。

若无向图 $G'(V', E')$，$V = V'$，$E \supseteq E'$，则称 $G'(V', E')$ 为 $G(V, E)$ 的支撑子图。

4. 赋权图与网络

如果在无向图 $G(V, E)$ 中的每条边或有向图 $D(V, A)$ 中的每条弧上均标有某种数量指标，即权 C_{ij}，则该图为赋权图，又称网络，记为 $G(V, E, C)$ 和 $D(V, A, C)$。与各边（弧）有关的数量指标称为该边（弧）的权。权可以是距离，也可以是时间、费用、容量、可靠性等。

5. 欧拉图

给定无向图 $G(V, E)$，通过图 G 的每条边一次且仅一次的链称为欧拉链；通过图 G 的每条边一次且仅一次的回路称为欧拉回路，存在欧拉回路的图称为欧拉图。

6.1.2　树的概念和术语

树是图论中结构最简单但又十分重要的图，在自然科学和社会科学的许多领域都有广泛的应用。

1. 树

连通且不含圈的图叫树。

2. 树的性质

（1）树的任意两顶点之间存在且仅存在一条链，如果去掉树中任意一条弧，则图是不连通图。

（2）如果用弧把任意不相邻的顶点连接起来，仅存在一个圈，再去掉该圈的另一条弧，又得到另一棵树。因此，该性质可以用"加一弧，得一圈；去一弧，破一圈"来说明。

（3）若树的顶点和边数分别为 n 和 m，则 $m = n - 1$。

3. 部分树

在连通图 $G(V, E)$ 中，包括所有顶点的树叫部分树（支撑树），也就是图 $G(V, E)$ 的支撑子图为树的图为部分树。对图 $G(V, E)$，属于部分树的边称为内边，不属于部分树的边称为外边。

在连通图 $G(V, E)$ 中，内边权值总和最小的部分树为最小部分树（最小支撑树）。

同理，还可得到最大部分树。即连通图 $G(V, E)$ 中，内边权值总和最大的部分树为最大部分树（最大支撑树）。

6.2　最小部分树问题

在架设电话线、光纤网络、铺设自来水或暖气管道的工程设计中会遇到以下优化问题，即如何使通话点或者取水取暖点相互连通，但总的线路长度最短。这类问题被称为最小部分树问题。

1. 最小部分树定理

在图 $G(V, E, C)$ 中，当且仅当树 T 的每条外边满足

$$C_{ij} \geqslant \max\{C_{ii_1}, C_{i_1 i_2}, \cdots, C_{i_k j}\}$$

时，树 T 为最小部分树。式中，$\{C_{ii_1}, C_{i_1 i_2}, \cdots, C_{i_k j}\}$ 为由 v_i 到 v_j 的唯一一条链。

上述定理的含义：树的任意一条外边 C_{ij} 比所对应的链中最长的边还长，即最小部分树是指内边权总和最小的那棵树，也可以说，最小部分树是去掉图中所有圈的最长的边构成的。

与此相反，还可得到最大树定理。

2. 最小部分树算法

【例6-1】 某市区准备在五个社区间架设光纤网络，各社区的位置如图 6-1a 所示，应如何架设光纤网络使各社区间均能通网且光纤线路最短？

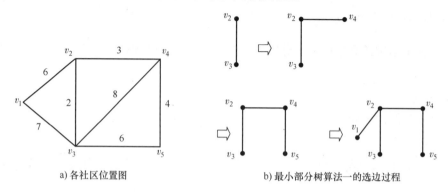

a) 各社区位置图　　　　　b) 最小部分树算法一的选边过程

图 6-1　例 6-1 图

解 （1）算法一：逐次地从图 G 中未选的边中选最短的边，直至得到一棵树。该问题中，依次选择 v_2v_3、v_2v_4、v_4v_5、v_2v_1，如图 6-1b 所示。架设光纤线路的最短长度为

$$2 + 3 + 4 + 6 = 15$$

（2）算法二：逐次地从图 G 中未去掉的边中去掉最长的边，并使剩下的图仍是连通图，直至得到一棵树。这种方法与上述方法正好相反，故不赘述。

（3）算法三（丢边破圈法）：在图 G 中任选一圈，去掉最大的一条边，将余下的边再与图中其他边组成的圈中去掉最大的边，如此直至得到一棵部分树为止。

（4）算法四：从图 G 中任选一棵部分树 T，加上 T 的一条外边形成一个圈，然后用丢边破圈法去掉一条长边，如此下去，直至得到最小部分树。

（5）算法五（生成法）：这种算法是使树在由小到大逐步生成的过程中，在可能生长的方向，取最小的树枝，则生成的部分树是最小部分树。

仍用图 6-1a 来说明：任取一点 v_1 为起始点，它的可能生长方向：向 v_2 或 v_3 方向，$l_{12} = 6$，$l_{13} = 7$，选 $\min\{6,7\} = 6$，故向 v_2 方向生长，用黑线把 v_1v_2 加粗，这就生成了一条树枝。在此树枝的基础上，可能生长方向有三个，即由 v_1 向 v_3，由 v_2 向 v_3，由 v_2 向 v_4，其中 $l_{13} = 7$，$l_{23} = 2$，$l_{24} = 3$，因此树枝的生长为由 v_2 到 v_3，把 v_2v_3 加粗，这样就又生成一条树枝。在此两条树枝的基础上，树仍可按三个方向生长，即 $v_2 \to v_4$，$v_3 \to v_4$，$v_3 \to v_5$，选 $v_2 \to v_4$，这样一直继续下去，直到不能再进行为止，则粗线所表示的树即是最小部分树，如图 6-2 所示。

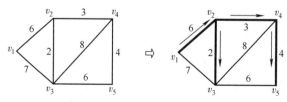

图 6-2　生成法求最小部分树过程

以上各种算法的计算结果都是相同的。

6.3　一笔画问题

6.3.1　哥尼斯堡七桥问题

普鲁士哥尼斯堡（现称加里宁格勒）的普雷瓦河中有两个小岛，连接两岸与小岛共架设了七座桥，如图 6-3 所示，人们提出从任一地点出发，可否不重复地走过七座桥返回原地的问题。经过长时期的争论与试验，均未得到解决。

1736 年，欧拉发表了第一篇关于图论方面的论文，解决了哥尼斯堡七桥问题。在这篇论文中，欧拉把七桥问题抽象为如图 6-4 的形式，并指出：从某点出发不重复地走过七座桥返回原地是不可能的。

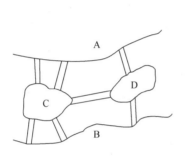
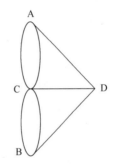

图 6-3　哥尼斯堡七桥问题　　　　图 6-4　七桥问题抽象图

欧拉在论文中证明了下面的定理。

> 【定理 6-1】　若图 G 的每个顶点所关联的边数是偶数条，则图 G 是欧拉回路，这样的图能一笔画出。

> 【定理 6-2】　若除链的端点以外其余每个顶点所关联的边数是偶数条（即图中奇点数为 2），则图是欧拉链，若想走过该图所有的边而不走重复路，就只能从一个奇点出发到达另一个奇点。

欧拉回路也称一笔圈图，欧拉链也称一笔链图，二者均为一笔画图。而哥尼斯堡七桥问题的图中有四个奇点，因此是不可能一笔画出的。

由定理 6-1 知，当奇点数为零时，图是欧拉回路，即可由任一点出发，不重复地走遍所有边，返回出发点，图 6-5 是这类图。由定理 6-2 知，图 6-6 是欧拉链，因含有两个奇点，所以它只能由 v_5（或 v_3）点出发，不重复地走遍所有边回到另一个奇点 v_3（或 v_5）。

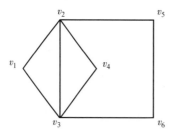

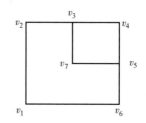

图 6-5　不含奇点的一笔画图　　　　图 6-6　含两个奇点的一笔画图

6.3.2　中国邮递员问题

中国邮递员问题是图论中的著名问题之一。它是由中国数学家管梅谷先生在 1962 年提出的：一名邮递员从邮局出发送信，每次送信要走遍辖区内的每条街道，完成任务后再回到邮局，问题是应怎样选择行走路线，才能使所走的总路程最短？

如果将该问题抽象成图的语言就是：给定一个无向的连通图，怎样才能使每条边至少出现一次并使边长总和最小。这类问题叫中国邮递员问题或一笔画问题。

很明显，如果该图是欧拉回路，则能使每条边正巧出现一次，不走重复路而回到出发点，同时所走的总路程最短。

如果该图不是欧拉回路，则邮递员在某些边上必定要重复走，即相当于有重复边，其路长与原来的路长相同。邮递员选择不同的路线，重复的边长（街道长度）也不同，总路长也不同。因此中国邮递员问题可以描述为：在一个有奇点的连通图中，增加一些重复边，使得该图成为一笔画图，并且要求重复边的总路长最小。

6.3.3　求解中国邮递员问题的奇偶点图上作业法

在实践中，一笔画图是很少的。对非一笔画图来说，要从图中的一点出发经过所有边后返回该点，必须在某些边上重复。若要使所通过的路程最短，就需研究在哪些边上重复才能使所重复的路程最短。中国邮路问题就是要通过增加一些边，使得新图中不含奇点，并且新增加的边的权值之和最小。此时面临的问题是如何增加边以得到可行方案？以及如何判断可行方案是否权值总和为最小？如果不是最小，应如何调整得到更优的方案？

解决该问题的方法之一就是奇偶点图上作业法。

一个图中如果含有奇点，则奇点的数目为偶数，因而可将奇点两两配对。每对奇点之间必有一条链，将该链上经过的每条边都增加一条重复边，即可消除奇点，得到一个欧拉回路，即确定了可行方案。下面介绍可行方案为最优的判断定理。

> **【定理 6-3】**　图的每一边上至多有一条重复边，且图中每个圈上重复边的总长度不大于该圈总长的一半。

此时重复走过的边上的权值之和越小，整个行程的距离就越短，并且要求重复边的总路长为最小。

按该判断定理，可先任意选择一方案并判断其最优性。如不是最优，则可将重复边放在该圈的非重复边上，再按定理进行判断并调整，直至满足判定条件为止。

现举例说明奇偶点图上作业法。

【例 6-2】 某小区有八栋楼，楼与楼之间有道路连接，如图 6-7a 所示。安保值班人员每天需对小区的范围进行巡视，巡视完毕回到安保室所在楼宇 v_1。要求每条道路都要巡视到。为使安保人员巡视路线最短，如何确定最优巡视线？

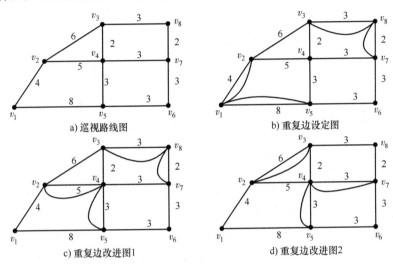

图 6-7 例 6-2 图

解 图 6-7a 中有四个奇点，因此必须引入重复边。现引入 $(v_1\ v_2)$、$(v_1\ v_5)$、$(v_3\ v_8)$、$(v_8\ v_7)$ 得到图 6-7b。它是一笔画图，其重复边长度为

$$(4+8)+(3+2)=17$$

由于圈 $v_1\ v_2\ v_4\ v_5\ v_1$ 中重复边长为 12（ $=4+8$ ），超过总圈长 20（ $=4+8+5+3$ ）的一半，不满足判断定理，因此应在此圈的另外两条边上引重复边，代替已引入的两条重复边，得到图 6-7c，这时重复边长度降到 13。

由 v_2、v_4、v_7、v_8、v_3、v_2 所构成的圈上重复边的长度为 10（ $=5+3+2$ ），总圈长为 19（ $=5+3+2+3+6$ ），不满足定理，再将重复边调整到该圈的非重复边上，得图 6-7d。该图重复边长为 12，所有圈中重复边长均不超过所在圈长的一半，符合判定定理，得到最优方案。因图 6-7d 是一笔画图，值班员可在任一地出发走遍图 6-7d 中所有边返回出发地，既巡视到了每条道路，同时也是路程最少的方案。

一笔画问题的应用很广，如道路设计中踏勘路线确定、工作地安排、工件加工路线设计、旅游线路安排等，均可抽象成这类问题来解决。

6.4 最短路径问题

最短路径问题是网络理论中应用最广泛的问题之一。很多优化问题都可使用这个模型，比如设备的更新、管道的铺设、线路的安排、厂区的布局等。

最短路径问题是在有向图 $D(V, A, C)$ 中求从某一固定点 S 到另一固定点 T 的路，使

其长度为所有由点 S 到点 T 的路径中最短的一条。实际问题中，最短路径不一定指距离最短，还可能是时间最短、费用最少、效率最高等。

6.4.1 两固定顶点间的最短路径求解方法——狄克斯特拉法

如图 6-8 所示，假设出发点为节点①，终点为节点④，由节点①到节点④共有三条路线：

（1）①→②→④，距离是 $6+4=10$。

（2）①→③→②→④，距离是 $2+1+4=7$。

（3）①→③→④，距离是 $2+8=10$。

路线①→③→②→④最短，距离为"7"。

这种列出由节点①到节点④的全部路径，通过比较，找出最短路径的方法叫穷举法。该方法虽可靠，但只适用于小网络。

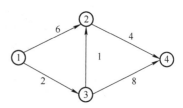

图 6-8　网络图（一）

狄克斯特拉（Dijkstra）于 1959 年提出一种求最短路径的方法，人们称为狄克斯特拉法。该方法采用树的"生成"原理，因此又称生成法。其基本思想是：从起点 v_1 开始逐步计算从 v_1 到网络各中间点 v_i 的最短路径，逐步外推直至算出 v_1 至终点 v_t 的最短路径。算法过程可直接通过在网络图上逐步标号完成，如果已求出 v_1 至 v_i 的最短路径，即可给点 v_i 标上号（α_i，β_i）。第一个标号 α_i 表示 v_1 至 v_i 点最短路径的路长，第二个标号 β_i 表示 v_1 至 v_i 最短路径中之前的顶点为 β_i，若给终点 v_t 标上号（a_t，β_t），则表示已求出 v_1 至终点 v_t 的最短路径，其最短路径长为 a_t，最短路径可根据标号 β_t 反向追踪而得。

算法基本步骤如下：

① 对起点 v_1 标号（α_1，β_1），即计算 v_1 至 v_1 的最短路径，最短路径长为零，标号（0，v_1）。②按树可能的"生长"方向，确定可能到达的点 v_i，计算点 v_i 到出发点的最短距离；③选择距出发点最近的点，标记（α_i，β_i）（α_i 表示该点距出发点的最短距离）并加粗路径，直至终点被标记为止。

【例 6-3】　某工地道路网如图 6-9a 所示，工地值班员准备从 v_1 点出发去 v_8 点，怎样走距离最近？

解　v_1 为出发点，在 v_1 点标（0，v_1）。

按树的"生成"原理，由 v_1 点可能的生长方向为 $v_1 \rightarrow v_2$、$v_1 \rightarrow v_5$，v_2 点距出发点的最短距离为 $l_{12} = 0+5 = 5$，v_5 点与出发点的最短距离为 $l_{15} = 0+9 = 9$。

在 v_2、v_5 中选择与出发点距离最短的点，因 $\min\{5,9\} = 5$，故选 v_2 点，标记（5，v_1），并将 $v_1 v_2$ 加粗，如图 6-9b 所示。

以 $v_1 v_2$ 为基础，再在其可能的生长方向中选择距离 v_1 最近的点作为生长点，可能的生长方向有 $v_1 \rightarrow v_5$、$v_2 \rightarrow v_3$、$v_2 \rightarrow v_4$，在这三条生长方向中，每条都有一点在已生成的树枝内，并已标记了距 v_1 点的最短距离，而另一点都是无标记的点，为了选择一条到出发点 v_1 距离最短的路径，必须用树内已标记的距离加上这条可能生长方向的长度，即 $l_{15} = 0+9 = 9$，$l_{23} = 5+8 = 13$，$l_{24} = 5+6 = 11$，选择 $\min\{9,13,11\} = 9$，即在 v_5 处标记（9，v_1），并加粗 $v_1 v_5$，得图 6-9c。

再以 v_1v_2、v_1v_5 为基础，再在其可能的生长方向中选择距离 v_1 最近的点作为生长点，可能的生长方向有 $v_2 \to v_3$、$v_2 \to v_4$、$v_5 \to v_4$、$v_5 \to v_6$，用树内已标记的距离加上这条可能生长方向的长度，即 $l_{23} = 5 + 8 = 13$，$l_{24} = 5 + 6 = 11$，$l_{54} = 9 + 4 = 13$，$l_{56} = 9 + 4 = 13$，选择 $\min\{13, 11, 13, 13\} = 11$，即在 v_4 处标记（$11, v_2$），并加粗 v_2v_4，得图 6-9d。

重复上述过程，则得图 6-9g。由 v_1 出发到达 v_8 的最短路径为 $v_1 \to v_2 \to v_3 \to v_8$，长度为 17，同时还得出图中各点到 v_1 的最短距离，即各顶点的标记数和路程。

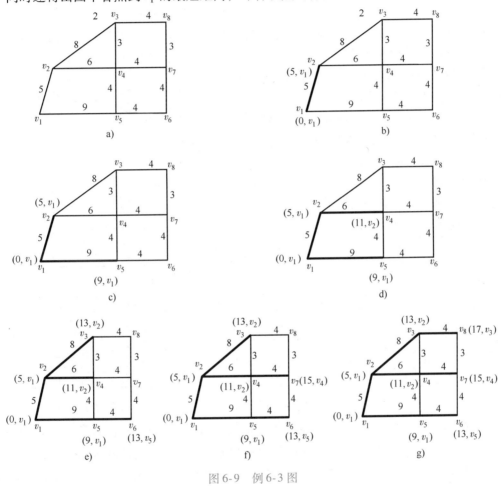

图 6-9 例 6-3 图

6.4.2 边长有负值或有回路网络的算法——贝尔曼－福特算法

狄克斯特拉法只适用于边长 $a(i,j) \geq 0$ 且无回路的网络，对边长有负值或有回路的网络可用贝尔曼－福特算法求解。贝尔曼－福特算法可以解决边长 $a(i,j) \leq 0$（但不存在总权值小于零的回路）的网络最短路径问题。

贝尔曼－福特算法的基本要点：对有 n 个顶点且有负权值或回路的网络，由点 S 至某点的最短距离需在点 S 直接到达该点、经由一个顶点到达该点、经由两个顶点到达该点、…、经由 $n-1$ 个顶点到达该点的距离中选最小值。因此算法从确定直接到达每个顶点的最短距离开始，依次计算经由一个顶点、两个顶点、…、$n-1$ 个顶点到达该顶点的最短距离。

只要知道点 S 到各顶点的距离，就可递推得出点 S 经由一个顶点、经由两个顶点、…、经由 $n-1$ 个顶点到达各顶点的最短距离。通过选择最小值时的对应关系即可确定路径。具体算法如下。

（1）列出网络矩阵 A，其元素 a_{ij} 为

$$a_{ij} = \begin{cases} a(i,j), & \text{当 } a_i \text{ 与 } a_j \text{ 相邻时} \\ 0, & \text{当 } i = j \text{ 时} \\ \infty, & \text{当 } a_i \text{ 与 } a_j \text{ 不相邻时} \end{cases}$$

该矩阵的行表示顶点 v_i 直接到达各顶点的距离，列表示各顶点到达顶点 v_j 的距离。

（2）确定 $l_{sj}^{(0)}$，它是矩阵 A 中 S 行的元素，为点 S 直接到达各顶点的距离。

（3）按 $l_{sj}^i = \min\{l_{sj}^{i-1} + a(k,j)\}$ 计算 l_{sj}^i，并标记路径。当 $l_{sj}^i = l_{sj}^{i-1}$ 时，计算结束。

（4）根据 $l_{sj}^{(i)}$ 及标记，反向确定最短路径。

该算法可在表上进行，现以图 6-10 为例说明点 v_1 至点 v_5 的最短路径的算法。

步骤 1，建立图 6-10 的网络矩阵，见表 6-1。

步骤 2，确定 l_{sj}^0。它是网络矩阵中第一行（顶点 v_1 对应的行），见表 6-1。

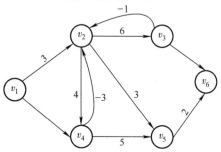

图 6-10 网络图（二）

表 6-1 贝尔曼－福特算法计算表

顶点	顶点						$l_{sj}^{(0)}$	$l_{sj}^{(1)}$	$l_{sj}^{(2)}$	$l_{sj}^{(3)}$	$l_{sj}^{(4)}$
	v_1	v_2	v_3	v_4	v_5	v_6					
v_1	0	3	∞	2	∞	∞	0	0(1-1-1)	0(1-1-1-1)	0(1-1-1-1-1)	0(1-1-1-1-1-1)
v_2	∞	0	6	4	3	∞	3	-1(1-4-2)	-1(1-4-2-2)	-1(1-4-2-2-2)	-1(1-4-2-2-2-2)
v_3	∞	-1	0	∞	∞	5	∞	9(1-2-3)	5(1-4-2-3)	5(1-4-2-3-3)	5(1-4-2-3-3-3)
v_4	∞	-3	∞	0	5	∞	2	2(1-4-4)	2(1-1-1-4)	2(1-1-1-4-4)	2(1-1-1-4-4-4)
v_5	∞	∞	∞	∞	0	2	∞	6(1-2-5)	2(1-4-2-5)	2(1-4-2-5-5)	2(1-4-2-5-5-5)
v_6	∞	∞	∞	∞	∞	0	∞	∞(1-6-6)	8(1-2-5-6)	4(1-4-2-5-6)	4(1-4-2-5-6-6)

步骤 3，按 $l_{sj}^{(i)} = \min\{l_{sk}^{(i-1)} + a(k,j)\}$ 计算 $l_{sj}^{(i)}$。该步在表上的计算方法是以 $l_{sj}^{(0)}$ 列与各顶点所对应列 v_j 的元素相加并从中取最小值，记在 $l_{sj}^{(1)}$ 列对应的 v_i 行的位置。如 $l_{sj}^{(1)}$ 列中的第三行元素 9，是 $l_{sj}^{(0)}$ 列的元素分别与 v_3 列元素相加的最小值，它是由 $v_1 \rightarrow v_2 \rightarrow v_3$ 这一路径决定的，故在其后标记（$1-2-3$），以备确定路径时使用。$l_{sj}^{(2)}$ 用 $l_{sj}^{(1)}$ 列元素分别与各列元素对应相加取最小值后填在相应的位置上，以此类推，一直计算到 $l_{sj}^{(i)}$ 和 $l_{sj}^{(i-1)}$ 完全相等时为止。本例计算到 $l_{sj}^{(4)}$ 与 $l_{sj}^{(3)}$ 相同，故计算结束。

步骤 4，确定由顶点 v_1 出发到各顶点的最短路径。假设现欲求 v_1 至 v_6 的最短路径，由表 6-1 中 $l_{sj}^{(4)}$ 可知，其最短距离为 4，其路径由其后的标记（$1-4-2-5-6-6$）知，是由 v_5 至 v_6；由 v_5 所对应行的 $l_{sj}^{(3)}$ 列中的标记知是由 v_1 至 v_4 至 v_2 至 v_5，故最短路径为 $v_1 \rightarrow v_4 \rightarrow v_2 \rightarrow v_5 \rightarrow v_6$，长度为 4。

该方法除可解决含有负边长的网络之外，还可用于解决全部是正边长的网络。图 6-11 所示的网络，求 v_1 到各点的最短

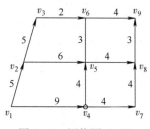

图 6-11 网络图（三）

路径，用贝尔曼 – 福特算法计算的结果见表 6-2。

表 6-2　计算的结果

顶点	顶点									$l_{sj}^{(0)}$	$l_{sj}^{(1)}$	$l_{sj}^{(2)}$	$l_{sj}^{(3)}$	$l_{sj}^{(4)}$
	v_1	v_2	v_3	v_4	v_5	v_6	v_7	v_8	v_9					
v_1	0	5	∞	9	∞	∞	∞	∞	∞	0	0	0	0	0
v_2	∞	0	5	∞	6	∞	∞	∞	∞	5	5 (1−2)	5 (1−2)	5 (1−2)	5 (1−2)
v_3	∞	∞	0	∞	∞	2	∞	∞	∞	∞	10 (1−2−3)	10 (1−2−3)	10 (1−2−3)	10 (1−2−3)
v_4	∞	∞	∞	0	4	∞	4	∞	∞	9	9 (1−4)	9 (1−4)	9 (1−4)	9 (1−4)
v_5	∞	∞	∞	∞	0	3	∞	4	∞	∞	11 (1−2−5)	11 (1−2−5)	11 (1−2−5)	11 (1−2−5)
v_6	∞	∞	∞	∞	∞	0	∞	∞	4	∞	∞	12 (1−2−3−6)	12 (1−2−3−6)	12 (1−2−3−6)
v_7	∞	∞	∞	∞	∞	∞	0	4	∞	∞	13 (1−4−7)	13 (1−4−7)	13 (1−4−7)	13 (1−4−7)
v_8	∞	∞	∞	∞	∞	∞	∞	0	3	∞	∞	15 (1−2−5−8)	15 (1−2−5−8)	15 (1−2−5−8)
v_9	∞	∞	∞	∞	∞	∞	∞	∞	0	∞	∞	∞	16 (1−2−3−6−9)	16 (1−2−3−6−9)

6.4.3　最短路径问题的应用

最短路径问题在生产中有很重要的作用，不少问题都可抽掉其实际意义，借助于图的概念建立网络模型而化为最短路径问题。现举例说明最短路径问题在设备更新中的应用。

【例 6-4】　某企业每年年初都需决定是购买新设备还是继续使用旧设备。购买新设备，需支付购置费；继续使用旧设备，需支付一笔维修费。现需制订一个五年计划，使企业在设备更新和维修中所支付的费用最少。

若已估出设备在 5 年中每年年初的价格和使用不同年限的设备维修费用，见表 6-3，就可用网络模型来求解。

表 6-3　设备价格和维修费用预计表　　　　　　　　　单位：万元

年序	1	2	3	4	5
购置费	1.2	1.2	1.3	1.3	1.4
维修费	0.6	0.7	0.9	1.2	1.9

解　根据表 6-3 的资料可得历年费用支出矩阵 $\boldsymbol{D}$：

$$\boldsymbol{D} = \begin{pmatrix} 1.8 & 2.5 & 3.4 & 4.6 & 6.5 \\ 0 & 1.8 & 2.5 & 3.4 & 4.6 \\ 0 & 0 & 1.9 & 2.6 & 3.5 \\ 0 & 0 & 0 & 1.9 & 2.6 \\ 0 & 0 & 0 & 0 & 2.0 \end{pmatrix}$$

式中，d_{ij} 为第 i 年购进的设备使用到第 j 年所支出的总费用。

其网络模型如图 6-12 所示。

应用生成法求解，得最短路径，如图 6-13 所示。由图 6-13 可知，当第一年购进新设备，应于第三年初或第四年初再购新设备，其他年份应继续使用旧设备为最优方案，所支出的总费用为 6 万元。

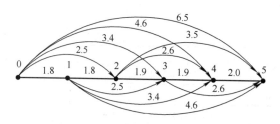

图 6-12　设备更新问题网络模型图

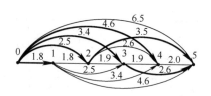

图 6-13　设备更新模型求解过程图

6.5　最大流问题

最大流问题是一类应用极为广泛的问题。系统中均有物流、能流和信息流的流动，例如在交通运输网络中有人流、车流、货物流；通信系统中有信息流；供水网络中有水流；金融系统中有资金流等。对于这样一些包含了流量问题的系统，往往要求出其系统的最大流量，例如，某公路系统容许通过的最多车辆数，某供水系统的最大水流量等，以便加深对该系统的认识并加以改造。

确定该系统的最大流量和限制流量增长的"瓶颈"位置是至关重要的，如果将系统抽象成网络，可用网络最大流方法解决。

例如，某石油公司拥有一个管道网络，使用这个网络可以把石油从采地运送到销售点，这个网络的一部分如图 6-14 所示。由于管道直径的变化，它的各段管道的容量是不一样的，各段管道的容量的单位为万英加仑[⊖]/h。如果使用这个网络系统从采地 S 向销售地 T 运送石油，问如何安排运输方案，使得采地 S 向销售地 T 每小时运送石油的数量最多？

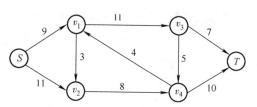

图 6-14　石油运输管道图

这个问题就是求运输网络的最大流问题。这里的"流"，是指管道（弧）上的实际运输量。在图 6-14 所示的网络中，每条弧旁的数字即为该弧的容量（弧的最大允许流通量），弧的方向就是允许流动的方向。

6.5.1　基本假设和符号

（1）把出发点称为源点，记为 S；终点称为汇点，记为 T；其余点为中间点，记为 i。

（2）假设源点有无限多的物质、能量和信息等待运出，而汇点则有无限大的仓库来存储这些物资、能量和信息等。

（3）假设中间点不存储任何物资、能量和信息等，只起传递作用。

（4）规定由 i 点到 j 点的最大传递数量为路线（弧）的容量，用 $C(i, j)$ 表示。

（5）规定 $X(i, j)$ 为由 i 点到 j 点的实际通过流量，且 $0 \leqslant X(i, j) \leqslant C(i, j)$。

⊖　1 英加仑 = 5.54609dm³。

6.5.2　基本的定理和概念

1. 可行流

考虑网络最大流问题时，只关心通过网络的流转物的总量及其通过方式，即每段弧上应通过多少流量，至于流通物本身是什么无关紧要。

用 $\sum_{j \in S(i)} X(i,j)$ [其中 $S(i)$ 为可以直接到达 j 点的点的集合] 表示流出 i 点的总的流量，用 $\sum_{j \in R(i)} X(j,i)$ [其中 $R(i)$ 为可以直接到达 i 点的点的集合] 表示流入 i 点的总流量。因此有

$$\sum_{j \in S(i)} X(i,j) - \sum_{j \in R(i)} X(j,i) = \begin{cases} f, & \text{当 } i = S \text{ 时} \\ 0, & \text{当 } i \neq S, i \neq T \text{ 时} \\ -f, & \text{当 } i = T \text{ 时} \end{cases}$$

其中 f 为可行流量，即源点的净输出量（或汇点的净流入量）。求可行流最大的问题就是求网络中的最大流问题，它是一个特殊的线性规划问题，其模型为

$$\max f$$
$$\text{s. t.} \begin{cases} \sum_{j \in S(i)} X(i,j) - \sum_{j \in R(i)} X(j,i) = \begin{cases} f & \text{当 } i = S \text{ 时} \\ 0, & \text{当 } i \neq S, i \neq T \text{ 时} \\ -f, & \text{当 } i = T \text{ 时} \end{cases} \\ 0 \leqslant X(i,j) \leqslant C(i,j) \end{cases}$$

即可行流为网络上的一个流，它应满足容量条件和平衡条件。

（1）容量条件：对每一弧上的实际流量 $X(i,j)$ 要小于等于弧的容量 $C(i,j)$，即 $0 \leqslant X(i,j) \leqslant C(i,j)$。

（2）平衡条件：中间点的流入量与流出量相等。

2. 饱和弧与零流弧

对网络上一个可行流 f，若某弧上的实际流量 $X(i,j)$ = 容量 $C(i,j)$，则称该弧为饱和弧，否则称其为非饱和弧。

对一个可行流 f，若某弧上实际流量 $X(i,j) = 0$，称该弧为零流弧，否则称其为非零流弧。

对任何一个网络总存在可行流，如令所有弧的流量 $X(i,j) = 0$，就得到一个可行流（零流）。

一个网络上所有可行流中流量最大的可行流称为最大流。所以，网络的最大流问题就是寻找流量最大的可行流。

3. 增广链（或称可扩充链）

设 f 是网络上一可行流，若在起点 S 与终点 T 之间有一条链 μ，规定其方向为 $S \rightarrow T$。链上相应弧按 μ 方向分成两类：与 μ 方向一致的弧为前向弧，相反的弧为后向弧。

若链 μ 上弧的流量满足：

（1）μ 上所有前向弧上流量 $X(i,j) < C(i,j)$。

（2）μ 上所有后向弧上流量 $X(i,j) > 0$，则称 μ 为关于可行流 f 的增广链。

图 6-15 表示图 6-14 所示网络的一条链，其中前向弧为 $\{(S,v_2)，(v_1，v_3)，(v_3，T)\}$，后向弧为 $\{(v_1，v_2)\}$。

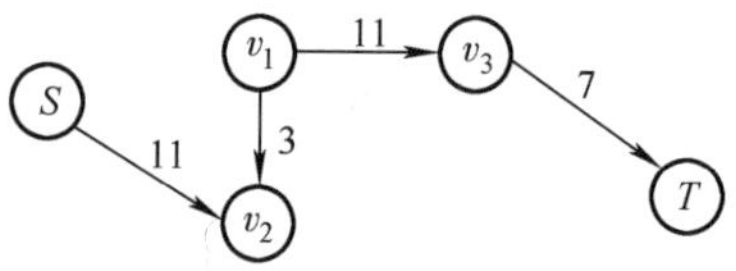

图 6-15 $S \rightarrow T$ 的一条链

4. 割集及割集容量

对于一连通网络图 G，若点集 V 被分割成为两个非空集合 V_S 和 $\overline{V}_S$，使 $S \in V_S$，$T \in \overline{V}_S$，且 $V_S \cap \overline{V}_S = \varnothing$，$V_S \cup \overline{V}_S = V$。当图 G 是无向图时，满足下列条件的边的集合叫分离 S 和 T 的一个割集，记为 $(V_S，\overline{V}_S)$：

(1) 从图 G 中把该集合的边全部去掉，图 G 则成为不连通的两部分。

(2) 把该集合的任何子集从图 G 中去掉，图 G 仍是连通的。

当 G 是有向图时，把从 V_S 指向 $\overline{V}_S$ 弧的集合称为分离 S 和 T 的一个割集，即始点在 V_S，终点在 $\overline{V}_S$ 的所有弧构成的集合，即所有前向弧的集合记为 $(V_S，\overline{V}_S)$。从直观上讲，割集是从 S 至 T 的必经之路。当从有向图 G 中把该集合的弧全部去掉，则从 S 至 T 便不存在路。

一个割集中所有边（或弧）的容量之和称为这个割集的容量，记为 $C(V_S，\overline{V}_S)$。在连通图 G 中，称容量最小的割集为最小割集。

显然，任何一个可行流的流量 f 都不会超过任一割集的容量，即 $f \leqslant C(V_S，\overline{V}_S)$。

5. 最大流 – 最小割定理

对于一个可行流 f^*，网络中有一个割集 $(V_S，\overline{V}_S)$，使 $f^* = C(V_S，\overline{V}_S)$，则 f^* 必定是最大流，而 $(V_S，\overline{V}_S)$ 也必定是所有割集中容量最小的一个，即最小割集。

> **【定理 6-4】** 可行流 f 是最大流的充分必要条件是网络 $D(V,A,C)$ 中不存在关于 f 的增广链。

对于一个可行流 f，若能找到一条增广链，则一定可以调整成一个流量更大的可行流 f。

证明：若可行流 f 是最大流，则显然网络中不存在 V_S 到 $\overline{V}_S$ 的增广链。否则，若有增广链，则增广链上的前向弧增加流量，后向弧减小流量，那么新可行流的流量值增加了，找到了一个流量值更大的可行流，矛盾。

> **【定理 6-5】** 网络 $D(V,A,C)$ 中，从源点 S 到汇点 T 的最大流量等于把 S 和 T 分开的最小的割集容量。

从源点 S 到汇点 T 的净流量，就是两个集合 V_S 和 $\overline{V}_S$ 之间的净流量：

$$f = \sum_{i \in V_S, j \in \overline{V}_S} X(i,j) - \sum_{i \in V_S, j \in \overline{V}_S} X(j,i)$$

由于
$$0 \leqslant X(i,j) \leqslant C(i,j), f > 0$$

所以
$$f = \sum_{i \in V_S, j \in \overline{V}_S} X(i,j) - \sum_{i \in V_S, j \in \overline{V}_S} X(j,i) \leqslant \sum_{i \in V_S, j \in \overline{V}_S} C(i,j)$$

显然只有当 $X(i,j) = C(i,j)$ 且 $\sum_{i \in V_S, j \in \overline{V}_S} X(j,i) = 0$ 时，f 才能达到最大。

用最大流 – 最小割定理求网络最大流的方法：①找出由 V_S 到 $\overline{V}_S$ 的所有割集；②令割集中的正向弧的流量均饱和，反向弧的流量均为零，求出各割集的割集容量；③选择最小割集容量作为最大流量。图 6-16 的求解见表 6-4。

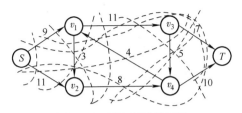

图 6-16　石油运输管道图

表 6-4　最大流－最小割求解表

V_S	G_T	割集	割集容量
S	v_1,v_2,v_3,v_4,T	$(S,v_1)(S,v_2)$	20
S,v_1	v_2,v_3,v_4,T	$(S,v_2)(v_1,v_2)(v_1,v_3)$	25
S,v_2	v_1,v_3,v_4,T	$(S,v_1)(v_2,v_4)$	17
S,v_3	v_1,v_2,v_4,T	$(S,v_2)(v_3,v_4)(v_3,T)$	23
S,v_4	v_1,v_2,v_3,T	$(S,v_1)(S,v_2)(v_4,T)(v_4,v_1)$	34
S,v_1,v_2	v_3,v_4,T	$(v_1,v_3)(v_2,v_4)$	19
S,v_1,v_3	v_2,v_4,T	$(S,v_2)(v_1,v_2)(v_3,v_4)(v_3,T)$	26
S,v_1,v_4	v_2,v_3,T	$(S,v_2)(v_1,v_2)(v_4,T)(v_1,v_3)$	35
S,v_1,v_2,v_3	v_4,T	$(v_3,T)(v_3,v_4)(v_2,v_4)$	20
S,v_1,v_2,v_3,v_4	T	$(v_3,T)(v_4,T)$	17
S,v_1,v_3,v_4	v_2,T	$(S,v_2)(v_1,v_2)(v_3,T)(v_4,T)$	31
S,v_1,v_2,v_4	v_3,T	$(v_1,v_3)(v_4,T)$	21
S,v_2,v_3	v_1,v_4,T	$(S,v_1)(v_2,v_4)(v_3,T)(v_3,v_4)$	29
S,v_2,v_4	v_1,v_3,T	$(S,v_1)(v_4,v_1)(v_4,T)$	23
S,v_2,v_3,v_4	v_1,T	$(S,v_1)(v_3,T)(v_4,T)$	26
S,v_3,v_4	v_1,v_2,T	$(S,v_1)(S,v_2)(v_3,T)(v_4,T)$	37

6.5.3　标记法

利用割集的容量来判断一个网络的最大流可以采用割集枚举法。但在复杂、大型网络中它不是一种简便的方法。实际上我们是通过另外一种方法——用最大流标记法求最大流，速度更快，可靠性更高。最大流标记法是从一个可行流出发，判断网络 D 中是否存在增广链。若无增广链，则 f 为最大流；若有增广链，则在增广链上对当前可行流 f 进行调整（增流），得到新的可行流，继续迭代。当发现当前可行流是最大流时，同时也就发现了最小割集。其思想是通过最大流找最小割集，而不是通过最小割集找最大流。

寻找网络最大流的标记法实际上分为两个过程：一是标记过程，即寻找增广链的过程；二是调整过程，即对当前的可行流进行改进的过程。其主要步骤是如下：

（1）确定初始可行流 f 及其流量。

（2）检验当前所确定可行流是否网络中的最大流。若不是，需进一步调整。正如前面所分析的那样，检验一个可行流是否为最大流，只要检查一下当前可行流是否还存在增广链。若存在，则说明当前可行流还不是最大流；否则是最大流。

（3）将当前的可行流调整成一个流量更大的新可行流，再通过（2）检验。

通常用观察法确定网络的初始可行流。对于较为复杂的网络，至少能把初始可行流取为零流。

通过在网络上标记的方法能系统地寻找出当前可行流的增广链。它的基本思想是：从源点 S 起，逐步寻找 S 至各点的增广链。若能找到 S 至 v_j 的一条增广链，则给点 v_j 标记 $(i,\varepsilon$

（j））。第一个标记 i 表示这条链上点 v_j 的前一点是 v_i，第二个标记 $\varepsilon(j)$ 表示 S 至 v_j 这条增广链上的最大可调整量。根据标记可反向追踪而写出这条链。在逐步扩大已标记的过程中，一旦汇点 T 标上号，则表示已找到一条由 S 至 T 的增广链。反之，如果标记过程进行至某一步中止了，而 T 尚未标记，则表明对当前的可行流，网络中不存在任何增广链。

其步骤如下：

第一步，先给源点标记（ - , ∞），其中" - "表示开始，"∞"表示流出 S 的流量可无限多。这时 S 成为已标记、未检查的点。

第二步，用已标记未检查的点 v_i 对有联系的未标记的点 v_j 进行检查。

（1）检查从已标记点出发的弧（流出弧，也就是前向弧）。

1）如果 $X(i,j) < C(i,j)$，则点 v_j 标(i^+, $\varepsilon(j)$)，表示可以由点 v_i 向点 v_j 增加的流量为 $\varepsilon(j)$，其中 $\varepsilon(j) = \min\{\varepsilon(i), C(i,j) - X(i,j)\}$，如图 6-17a 所示。

2）如果 $X(i,j) = C(i,j)$，则不标记。

（2）检查流向已标记点的弧（流入弧，也就是后向弧）。

1）如果 $X(j,i) > 0$，则 j 标记(i^-, $\varepsilon(j)$)，表示 v_i 向 v_j 可以多提供的流量为 $\varepsilon(j)$，也就是 v_j 向 v_i 少提供 $\varepsilon(j)$，其中 $\varepsilon(j) = \min\{\varepsilon(i), X(j,i)\}$，如图 6-17b 所示。

2）$X(j,i) = 0$ 不标记。通过对点 v_i 的检查，使点 v_j 成为已标记、未检查的点，点 v_i 由已标记、未检查的点变为已标记、已检查的点，直至点 T 被标记为止。

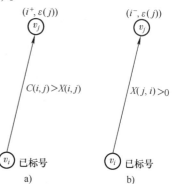

图 6-17　标记点检查图

第三步，从 T 的标记反向确定扩充路线和扩充量。其方法是由点 T 的标记倒推到 n 点，再按点 n 的标记倒推到点 $n-1$，一直倒推到源点 S 为止，就找到一条由 S 到 T 的扩充路线。在此扩充路的弧上标记相应的 $\varepsilon(j)$ 值，并选 $\varepsilon^*(j) = \min\{\varepsilon(j)\}$ 作为扩充量。

第四步，用 $\varepsilon^*(j)$ 对扩充路线进行扩充调整。如果 v_j 的标记为 i^+，则流量 $X(i,j)$ 就增加 $\varepsilon^*(j)$；如果标记为 i^-，流量 $X(j,i)$ 就减少 $\varepsilon^*(j)$，这就完成了一次扩充，得到一个新的可行流。

第五步，重复以上步骤，一直到无扩充路径为止，即得到该网络的最大流。

【例6-5】　某砂石厂 S 需要通过公路网把砂石从采地运送到项目需求地 T，公路网的各段道路的承载能力是不一样的，各段道路的容量限制如图 6-14 所示。问如何安排运输方案，使得砂石厂 S 向项目需求地 T 每天运送砂石的数量最多？

解　采用标记法寻找最大流。为加快搜寻速度，确定初始可行流时尽量使某些弧饱和。

首先使弧（S, v_1）、（v_1, v_2）、（v_4, v_1）、（v_2, v_4）饱和，即弧（S, v_1）的实际流量为9、（v_1, v_2）的实际流量为3、（v_4, v_1）的实际流量为4。为满足平衡条件，则弧（S, v_2）的实际流量为5，（v_1, v_3）的实际流量为10。弧（v_3, T）的实际流量取6（在满足平衡条件和容量条件的前提下，取5、6、7均可）。流入顶点 v_3 的流量为10，弧（v_3, T）的流量为6，则弧（v_3, v_4）的实际流量取4。网络中的初始可行流如图 6-18 所示。初始可行流在图中以括号中数值表示。

在确定初始流量的基础上，采用标记法寻找该网络图的增广链。

（1）给点 S 标记为（$-$，∞）。

（2）对点 S 进行检查。

先检查由 S 出发的弧（S，v_1）和（S，v_2）。因（S，v_1）为饱和弧，（S，v_2）为非饱和弧，则点 V_2 标记为（S^+，$\varepsilon(v_2)$），$\varepsilon(v_2)=$ $\min\{\infty$，$C(S,v_2)-X(S,v_2)\}=\min\{\infty$，$11-5\}=$

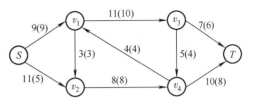

图 6-18　使某些弧饱和的初始流量图

6，故点 v_2 标记为（S^+，6），表明由点 S 到点 v_2 可增加 6 单位流量，点 v_2 成为已标记、未检查的点。无指向点 S 的支路，故点 S 为已标记、已检查的点。

对点 v_2 进行检查。先看由其出发的弧（v_2，v_4），为饱和弧，不标记；再看流向点 v_2 的弧（v_1，v_2），因 $X(v_1,v_2)>0$，则 $\varepsilon(v_1)=\min\{\varepsilon(v_2)$，$X(v_1,v_2)\}=\min\{6,3\}=3$，所以点 v_1 标记为（v_1^-，3），表明点 v_1 可以少向点 v_2 提供 3 个单位流量。点 v_2 成为已标记、已检查的点，点 v_1 成为已标记、未检查的点。

再继续检查点 v_1，流出弧（v_1，v_3）未饱和，点 v_3 标记为（v_1^+，1），成为已标记、未检查的点；流入弧（v_4，v_1）有流量，故点 v_4 标记为（v_1^-，3），点 v_4 成为已标记、未检查的点。

对点 v_3 和点 v_4 进行检查：流出弧（v_3，T）、（v_4，T）未饱和，选其一进行标记或同时标记均可。本题中选择同时标记，则点 T 标记为（v_3^+，1）和（v_4^+，2）。点 v_3 和点 v_4 检查完毕。

点 T 有两个标记意味着有两条可选线路给点 T 增运物资。若经由点 v_3 到点 T 可增运量为 1；若经由点 v_4 到点 T 可增运量为 2。为提高搜索效率，选择经由点 v_4 给点 T 增运，增运量为 2。

寻找扩充线路的网络图的标记过程如图 6-19 所示。

（3）确定扩充线路和扩充量。

按标记反向追踪，可知扩充线路为 $T\to v_4\to v_1\to v_2\to S$，按弧的方向，在箭线上标出扩充值，如图 6-20 所示。

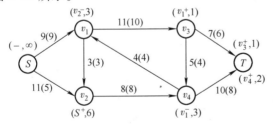

图 6-19　寻找扩充线路的网络图的标记过程

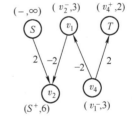

图 6-20　扩充线路

由图 6-20 可见，扩充量为 $\varepsilon^*(j)=\min\{\varepsilon(j)\}=\min\{2,3,3,6\}=2$。扩充后的网络图如图 6-21 所示。

把扩充后的可行流再按上述步骤继续扩充。

（4）给点 S 标记为（$-$，∞）。

（5）对点 S 进行检查。检查由点 S 出发的弧（S，v_1）和（S，v_2）。因（S，v_1）为饱和弧，故点 v_1 不标记。（S，v_2）为不饱和弧，则点 v_2 标记为（S^+，$\varepsilon(v_2)$），$\varepsilon(v_2)=\min$

$\{\infty, C(S, v_2) - X(S, v_2)\} = \min\{\infty, 11-7\} = 4$，故点 v_2 标记为（S^+，4），表明由点 S 到点 v_2 可增加 4 单位流量，点 v_2 成为已标记、未检查的点。无指向点 S 的支路，故点 S 为已标记、已检查的点。

对点 v_2 进行检查。先看由其出发的弧（v_2，v_4），已饱和；再看流向点 v_2 的弧（v_1，v_2），因 $X(v_1, v_2) = 1$，$\varepsilon(v_1) = \min\{\varepsilon(v_2)$，$X(v_1, v_2)\} = \min\{4, 1\} = 1$，所以点 v_1 标记为（v_2^-，1），表明点 v_1 可以少向点 v_2 提供 1 个单位流量。点 v_2 成为已标记、已检查的点，点 v_1 成为已标记、未检查的点。

对点 v_1 进行检查。先看由其出发的弧（v_1，v_3），弧（v_1，v_3）有流量未饱和，故点 v_3 标记为（v_1^+，1）；再看流向点 v_1 的弧（v_4，v_1），因 $X(v_4, v_1) = 2$，$\varepsilon(v_4) = \min\{\varepsilon(v_1)$，$X(v_4, v_1)\} = \min\{1, 2\} = 1$，所以点 v_4 标记为（v_1^-，1），表明点 v_4 可以少向点 v_1 提供 1 个单位流量。点 v_1 成为已标记、已检查的点，点 v_3、v_4 成为已标记、未检查的点。

对点 v_3 进行检查。流出弧（v_3，T）有流量未饱和，故点 T 标记为（v_3^+，1）；流出弧（v_3，v_4）有流量未饱和，但 v_4 是已标记点，故无须再次标记。

对点 v_4 进行检查。流出弧（v_4，T）已饱和，故无须标记。

再次寻找扩充路线的网络图的标记过程如图 6-22 所示。

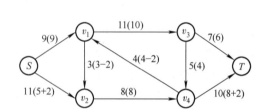

图 6-21　扩充后的网络图（一）

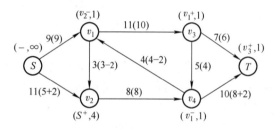

图 6-22　再次寻找扩充线路的网络图的标记过程

（6）确定扩充路线和扩充量。按标记反向追踪，可知扩充线路为 $T \to V_3 \to V_1 \to V_2 \to S$，按弧的方向，在箭线上标出扩充值，如图 6-23 所示。

由图 6-23 可见，扩充量为 $\varepsilon^*(j) = \min\{\varepsilon(j)\} = \min\{1, 1, 1, 4\} = 1$。扩充后的网络图如图 6-24 所示。

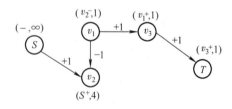

图 6-23　再次扩充的线路图

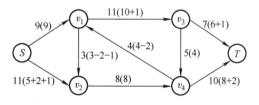

图 6-24　扩充后的网络图（二）

把扩充后的可行流，再按上述步骤继续扩充。

（7）给点 S 标记为（-，∞）。

（8）对点 S 进行检查。检查由点 S 出发的弧（S，v_1）和（S，v_2）。因（S，v_1）为饱和弧，故点 v_1 不标记。（S，v_2）为不饱和弧，则点 v_2 标记为（S^+，$\varepsilon(v_2)$），$\varepsilon(v_2) = \min$

$\{\infty , C(S, v_2) - X(S, v_2)\} = \min\{\infty , 11-8\} = 3$，故点 v_2 标记为 $(S^+, 3)$，表明由点 S 到点 v_2 可增加 3 单位流量，点 v_2 成为已标记、未检查的点。无指向点 S 的支路，故点 S 为已标记、已检查的点。

对点 v_2 进行检查。先看由其出发的弧 (v_2, v_4)，已饱和；再看流向点 v_2 的弧 (v_1, v_2)，因 $X(v_1, v_2) = 0$，所以点 v_1 不标记。标记进行不下去，即得到最大流，如图 6-25 所示。此时也找到了该网络的最小割集 $\{(S, v_1), (v_2, v_4)\}$，割集容量 17 即为整个网络的最大运量，即最大流量为 17。

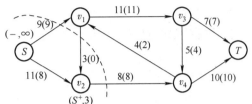

图 6-25 再次寻找扩充线路的网络图

该公路网的最大流量为 17。即该公路网每天最多只能运出的砂石数量为 17。如欲提高该公路网的运输能力，需要提高最小割集的容量，即提高弧 (S, v_1)、(v_2, v_4) 的容量。也就是说，欲提高整个网络的运力，需对弧 (S, v_1)、(v_2, v_4) 的容量进行扩充才可以。因最后计算是在点 S、点 v_2 停止的，故由点 S、点 v_2 出发的弧是"瓶颈"。

6.5.4 几种特殊情况的处理

1. 多源点、多汇点的处理

实践中经常有多个源点和多个汇点的情况，而最大流问题要求只有一个源点和一个汇点。故可引入超源点和超汇点。超源点就是虚拟的源点，它与所有源点均有弧相连，其容许流量为各源点容许的流量；超汇点是虚拟的汇点，它与所有汇点均有弧相连，其容许流量为各汇点容许的流量。这就将多源点和多汇点转化为单源点、单汇点了。

【例 6-6】 有三个发电站（节点 v_1、v_2、v_3），发电能力分别是 55MW、40MW、70MW，经电力网可把电力输送到城市 8 和城市 9。电网的输送能力如图 6-26a 所示。求三个发电站输送到城市 8 和城市 9 的最大电力。

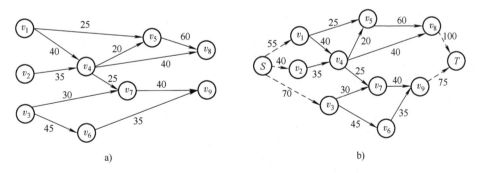

图 6-26 网络图（四）

解 本题中有三个源点，两个汇点，需要引入超源点和超汇点。引入超源点和超汇点的结果如图 6-26b 所示。因为三个发电站 v_1、v_2、v_3 的发电能力分别是 55MW、40MW、70MW，所以弧 (S, v_1)、(S, v_2)、(S, v_3) 上的容量分别为 55、40、70。汇点 T 是汇集了城市 8 和城市 9 的运量，故弧 (v_8, T) 的容量为弧 (v_5, v_8)、弧 (v_4, v_8) 上的容量之和100。同理，弧（v_9，T）上的容量为弧（v_7，v_9）、弧（v_6，v_9）上的容量之和75。

在引入超源点和超汇点之后，再用标记法寻找由点 S 至点 T 的最大流量，即三个发电站输送到城市 8 和城市 9 的最大电力。

标记过程略。

应用标记法得到三个发电站输送到城市 8 和城市 9 的最大电力为155。

2. 顶点有容量网络的处理

网络中的一些顶点具有容量，即点 v_i 具有一个容量 $C(v_i)$，要求流进 v_i 的总容量不超过 $C(v_i)$。例如码头、车站、仓库的存储能力和吞吐能力有限等。这类点具有容量的问题可以化成弧具有容量的问题来解决。具体做法是：把点 v_i 变成两个点 v_i' 和 v_i''，并增加一段弧 (v_i', v_i'')，令其容量为 $C(v_i) = C(v_i', v_i'')$。而把指向点 v_i 的弧变为指向点 v_i'，把由点 v_i 出发的弧改为由点 v_i'' 出发，如图 6-27 所示。

假设例 6-6 中点 v_7 有容量限制 50，则可以对图 6-26a 进行改造，把点 v_7 改造两个点 v_7' 和 v_7''，弧上的容量为 50，如图 6-28 所示。

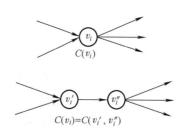

图 6-27　有容量顶点的处理方法

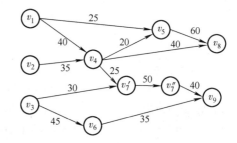

图 6-28　网络图（五）

6.6 最小费用最大流问题

在最大流问题的基础上，如果考虑每条弧上的运输费用，则是最小费用最大流问题。

对图 $D(V,A,C)$，最小费用最大流问题的数学描述为

约束条件：

$$0 \leqslant X(i,j) \leqslant C(i,j)$$

$$\sum_{j \in S(i)} X(i,j) - \sum_{j \in R(i)} X(j,i) = \begin{cases} f, & i = S \\ 0, & i \neq S, i \neq T \\ -f, & i = T \end{cases}$$

$$F = f^*, f^* \text{ 为最大流}$$

使

$$\sum_i \sum_j d(i,j)X(i,j) \to \min$$

用求网络最短路径的方法（贝尔曼 – 福特算法）可解决该问题。其求解的基本思路是：以单位费用为网络的权值，求出由点 S 到点 T 的最短路径（称为最小费用链），让其饱和；再寻找另一条费用增加最少的路径，再让其饱和，直至找不到由点 S 到点 T 的路径为止，即求得该网络的最小费用最大流。其做法为：

（1）以费用为权值，求出最短路径，并让其饱和，形成初始方案。

（2）为寻找另一条费用增加最少的路径，需构造一个新网络，该网络的顶点仍为原网络的各顶点，而每条弧（i, j）都变成方向相反的两条弧，弧长定义为

$$l(i,j) = \begin{cases} d(i,j), & \text{当 } X(i,j) < C(i,j) \text{时} \\ \infty, & \text{当 } X(i,j) = C(i,j) \text{时} \end{cases}$$

$$l(j,i) = \begin{cases} -d(i,j), & \text{当 } X(i,j) > 0 \text{时} \\ \infty, & \text{当 } X(i,j) = 0 \text{时} \end{cases}$$

上式的含义是：如果弧上有流量且饱和，因其不能再有流量通过，故去掉正向弧，因其可减少流量，故应加上反向弧；如有流量且不饱和，因其尚可通过流量或减少流量，故保留正向弧，同时加上反向弧；如果无流量，只保留正向弧。反向弧的费用为 $-d(i,j)$。

（3）求新网络由点 S 到点 T 的最短路径，即费用增加最小的路径，使其饱和，就完成了对初始方案的一次扩充。重复上述步骤，直至找不到由点 S 到点 T 的最短路径为止，即得到最小费用最大流。

【例6-7】　某工地与采砂场间道路的容许流量为 $C(i, j)$，单位运价为 $d(i,j)$，工地与采砂场之间的网络如图6-29所示（弧上左边的数字为运输物资的单位费用 $d(i,j)$，右边的数字为线路容量 $C(i,j)$），现需确定怎样运输才能使运输的砂料最多且运费最省。

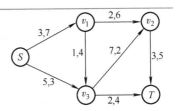

图6-29　工地与采砂场道路容量及单位运价图

解　第一步，首先将图6-29拆分成两个图，分别表示代表该网络的单位运费和线路容量，如图6-30a和图6-30b所示。

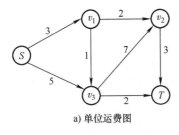 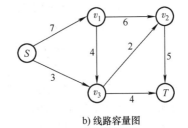

a) 单位运费图　　　　b) 线路容量图

图6-30　网络图（六）

用最短路径法，依据单位运费图6-30a，以 $d(i,j)$ 为弧长确定由点 S 到点 T 的最短路径（最小费用链）为 $S-v_1-v_3-T$，路长为6，即初始运送线路为 $S-v_1-v_3-T$，如图6-31a所示。

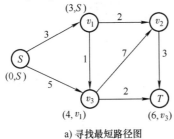 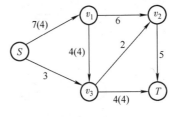

a) 寻找最短路径图　　　　b) 实际运量图

图6-31　网络图（七）

使 $S - v_1 - v_3 - T$ 这条链的运量达到最大，则运量（流量）为
$$\min\{C(S,v_1),\ C(v_1,v_3),\ C(v_3,T)\} = 4$$
如图 6-31b 所示。

初始方案为
$$X(S,v_1) = X(v_1,v_3) = X(v_3,T) = 4$$

第二步，在图 6-31a 的基础上进行改造，依据式（6-1），对上一步寻找到的最小费用链 $S - v_1 - v_3 - T$ 进行调整。因为弧 (v_1,v_3)、(v_3,T) 均已饱和，故去掉正向弧 (v_1,v_3)、(v_3,T)，加上反向弧 (v_3,v_1)、(T,v_3)；而弧 (S,v_1) 有流量未饱和，正向仍可增加运量，同时也可以减少运量，故保留正向弧 (S,v_1)，同时加上反向弧 (v_1,S)，形成新网络，如图 6-32a 所示。

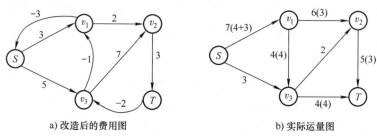

a) 改造后的费用图　　　　　b) 实际运量图

图 6-32　网络图（八）

第三步，对图 6-32a 用最短路径法求出由点 S 到点 T 的最短路径，得出最小费用链。最小费用链为 $S - v_1 - v_2 - T$，路长（单位费用）为 8

使 $S - v_1 - v_2 - T$ 这条费用链的运量达到最大，则流量为
$$\min\{C(S,v_1) - X(S,v_1), C(v_1,v_2), C(v_2,T)\} = 3$$
得新方案为
$$X(S,v_1) = 4 + 3 = 7, X(v_1,v_2) = X(v_2,T) = 3$$
如图 6-32b 所示。

第四步，对费用图 6-32a 进行改造。由于最小费用链 $S - v_1 - v_2 - T$ 中弧 (S,v_1) 饱和，故去掉正向弧 (S,v_1)，加上反向弧 (v_1,S)；弧有流量未饱和，正向仍可增加运量，同时也可以减少运量，故保留正向弧 (v_1,v_2)、(v_2,T)，同时加上反向弧 (v_2,v_1)、(T,v_2)，形成新网络，如图 6-33a 所示。

对图 6-33a 用最短路径法求出由点 S 到点 T 的最短路径，得出最小费用链。最小费用链为 $S - v_3 - v_1 - v_2 - T$，路长为 9，且这条费用链的运量达到最大。

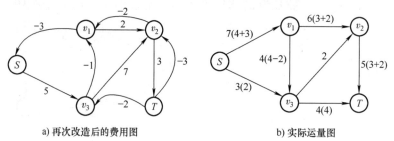

a) 再次改造后的费用图　　　　　b) 实际运量图

图 6-33　网络图（九）

则流量为 $\min\{C(S,v_3), X(v_1,v_3), C(v_1,v_2) - X(v_1,v_2),$
$C(v_2,T) - X(v_2,T)\} = \{3,4,6-3,5-3\} = 2$。其中，弧
(v_1, v_3) 为一反向流量，说明该段弧上的正向流量减少，
才能得到最小费用链。此时实际运量如图 6-33b 所示。

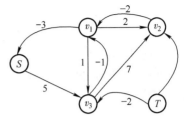

图 6-34　再次改造后的费用图

第五步，在此方案基础上，对费用链 $S - v_3 - v_1 - v_2 - T$ 进行改造，得到新网络图，如图 6-34 所示。可以看到，
已经不能再找到由点 S 至点 T 的最短路径，由点 S 到点 T
的最短路径为 ∞，点 S 至点 T 已经不能增运物资，故已经找到最小费用最大流，运算结束。

最大流量为 $f^* = 5 + 4 = 9$。

最小费用为 $6 \times 4 + 8 \times 3 + 9 \times 2 = 66$。

运送方案为 $X(S,v_1) = 7$，$X(S,v_3) = 2$，$X(v_1,v_3) = 2$，$X(v_1,v_2) = 3$，$(v_2,T) = 5$，$X(v_3,T) = 4$，$X(v_3,v_2) = 0$，如图 6-33b 所示。

由计算可知，该采砂场共可运出砂料 9 单位，最小费用为 66。

从各步求最小费用链的过程可见，每一步计算的值，均是本次网络的最小值，又是在上次最小费用链的决策上增加最少的，因此所得结果一定是最小费用；在每次计算中，又均使最小费用链饱和，最终一定由于某些边只存在逆向边，求不出最小费用链，而物资也无法流向点 T，故计算结果一定是最小费用最大流。

6.7　图论问题的 LINGO 程序

1. 图 6-8 的 LINGO 程序

Model：

Sets：

sites/1..4/：；

Roads(sites,sites)/1,2 1,3 2,4 3,2 3,4/：w,x；

Endsets

Data：

W = 6,2,4,1,8；

Enddata

N = @ size(sites)；! the number of sites；! 计算集 sites 的个数，编写的目的是提高程序的通用性；

Min = @ sum(roads：w * x)；

@ for(sites(i) | i#ne#1#and#i#ne#n：

@ sum(roads(i,j)：x(i,j)) = @ sum(roads(j,i)：x(j,i)))；! 当 $i \neq 1$，$i \neq n$ 的情形，即最短路径中间点的约束条件；

@ sum(roads(i,j) | i#eq#1：x(i,j)) = 1；! 最短路径中 $i = 1$ 的情况，即最短路径中起点的情况；

End

2. 例 6-3 图 6-9a 所示最短路径问题的 LINGO 程序

对于无向图，采用邻接矩阵和赋权矩阵的方法编写。

Model：

Sets：

sites/1..8/:;

Roads(sites,sites):p,w,x;

Endsets

Data：

P = 0 1 0 0 1 0 0 0

    0 0 1 1 0 0 0 0

    0 1 0 1 0 0 0 1

    0 1 1 0 1 0 1 0

    0 0 0 1 0 1 0 0

    0 0 0 0 1 0 1 0

    0 0 0 1 0 1 0 1

    0 0 1 0 0 0 1 0;！邻接矩阵 p，起点 v1 至其他各点按单向计算，其余边按双向计算；

W = 0 5 0 0 9 0 0 0

    0 0 8 6 0 0 0 0

    0 8 0 3 0 0 0 4

    0 6 3 0 4 0 4 0

    0 0 0 4 0 4 0 0

    0 0 0 0 4 0 4 0

    0 0 0 4 0 4 0 3

    0 0 4 0 0 0 3 0 ;

Enddata

N = @ size(sites);！ the number of sites;

Min = @ sum(roads:w * x);

@ for(sites(i) | i#ne#1#and#i#ne#n:

@ sum(roads(i,j):p(i,j) * x(i,j)) = @ sum(roads(j,i):p(j,i) * x(j,i)));！ 当 i≠1，i≠n的情形，即最短路径中间点的约束条件；

@ sum(sites(j):p(1,j) * x(1,j)) = 1;

End

3. 例 6-4 设备更新问题的 LINGO 程序

Model：

Sets：

sites/1..6/:;

Roads(sites,sites)/1,2 1,3 1,4 1,5 1,6 2,3 2,4 2,5 2,6 3,4 3,5 3,6 4,5 4,6 5,6/:w,x;

Endsets

Data：

W = 1.8,2.5,3.4,4.6,6.5,

    1.8,2.5,3.4,4.6,

    1.9,2.6,3.5,

    1.9,2.6,

    2.0;

Enddata

N = @ size(sites) ;! the number of sites;

Min = @ sum(roads:w * x) ;

@ for(sites(i) | i#ne#1#and#i#ne#n:

@ sum(roads(i,j) :x(i,j)) = @ sum(roads(j,i) :x(j,i))) ;! 当 $i \neq 1, i \neq n$ 的情形，即最短路径中间点的约束条件;

@ sum(roads(i,j) | i#eq#1 :x(i,j)) = 1;

End

4. 例 6-5 最大流问题的 LINGO 程序

Model:

Sets:

sites/s,1,2,3,4,t/: ;

Roads(sites,sites) /s,1 s,2 1,2 1,3 2,4 3,4 3,t 4,1 4,t/:w,f;

Endsets

Data:

W = 9 11 3 11 8 5 7 4 10;

Enddata

Max = flow;

@ for(sites(i) | i#ne#1#and#i#ne#@ size(sites) :

@ sum(roads(i,j) :f(i,j)) - @ sum(roads(j,i) :f(j,i)) = 0) ;

@ sum(roads(i,j) | i#eq#1 :f(i,j)) = flow;

@ for(roads: @ bnd(0,f,w)) ;

End

5. 例 6-7 最小费用最大流的 LINGO 程序

Model:

Sets:

sites/s,1,2,3,t/:f;

Roads(sites,sites) /s,1 s,3 1,2 1,3 2,t 3,2 3,t /:c,x,d;

Endsets

Data:

f = 9 0 0 0 -9;

c = 7 3 6 4 5 2 4;

d = 3 5 2 1 3 7 2 ;

Enddata

Min = @ sum(roads(i,j) :x(i,j) * d(i,j)) ;

@ for(sites(i) | i#ne#1#and#i#ne#@ size(sites) :

@ sum(roads(i,j) :x(i,j)) - @ sum(roads(j,i) :x(j,i)) = f) ;

@ sum(roads(i,j) | i#eq#1 :x(i,j)) = f(1) ;

@ for(roads: @ bnd(0,x,c)) ;

End

【思考题】

1. 总结一笔画图、最小部分树、网络最短路径、网络最大流、网络最小费用最大流各种方法的区别。

2. 如果你是一名导游，应采用哪些基本理论为游客安排行程？

3. 为你所生活的城市设计出一条能够游遍所有景区的路线，使总距离最短。

4. 说明欧拉定律并指出其应用。

5. 奇偶点图上作业法中为什么规定：重复边长度之和小于等于所在圈长的一半时，方案是最优的？

6. 简述最小部分树定理，并举例说明定理的应用。

7. 如何求最大部分树？

8. 简述最短路径问题的求解思路。

9. 最短路径问题中生成法的标记与意义是什么？

10. 说明车载 GPS 在导航时采用的主要方法？有什么不足？应如何改进？

11. 简述网络最大流算法的基本思想和基本步骤。

12. 最大流问题是一个特殊的线性规划问题，具体说明这个问题中的变量、目标函数和约束条件各是什么？

13. 简述最小费用最大流问题的求解思路。

【练习题】

1. 求图 6-35 中各图的最小部分树和最大部分树。

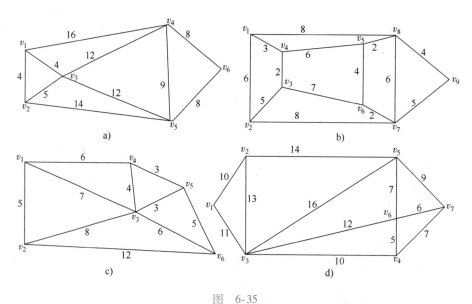

图 6-35

2. 如图 6-36 所示，某奶站在 v_1 处办公，每天送奶员需要给居住在各个街区的用户送牛奶。问送奶员应如何安排路线，使其给所有用户送完牛奶返回奶站所走的路程最短？

3. 列表找出图 6-37 的所有点 S 到点 T 的割集，确定其容量，并找出该图的最大流量。

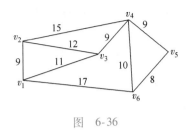

图　6-36

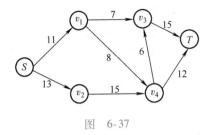

图　6-37

4. 用狄克斯特拉算法求出图 6-38 中点 S 到点 T 的最短路径。

5. 采用贝尔曼 – 福特算法求出图 6-39 中点 S 到各点的最短路径。

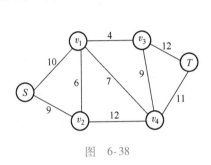

图　6-38

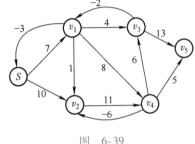

图　6-39

6. 图 6-40 为一网络最大流问题，其中弧上的数字为容量，括号内的数字为流量。

（1）在空白的括号内填上数字，使之构成一个可行流。

（2）对可行流进行判断、调整，求该图的最大流量。

7. 如图 6-41 所示，从三个生产基地经公路将货物运至两个经销中心，中间要经过四个中转站。图中弧旁数字为各条公路的最大运输能力（单位为 t/h），求从生产基地每小时能运送到经销中心的最大流量。

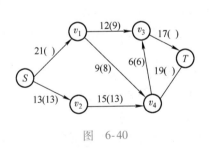

图　6-40

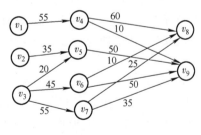

图　6-41

8. 图 6-42 所求为最小费用最大流问题，弧上左边的数字表示单位物资运费 $d(i, j)$，右边的数字表示该路的允许流量 $C(i, j)$，求该图的最小费用最大流。

9. 某工地值班人员每天需对所管辖的范围进行巡视，其巡视路线如图 6-43 所示，如何确定最优巡视路线？

10. 某工地道路网如图 6-43 所示，工地值班员准备从 v_1 点出发去 v_9 点，怎样走，距离最近？

11. 采用贝尔曼 – 福特算法求图 6-44 中点 v_1 到各点的最短路径。

12. 图 6-45 为网络最大流问题，其中弧上的数字为容量，用标记法找出 $S—T$ 的最大流。

13. 某塑钢厂 S 与建筑工地 T 间道路的容许流量为 $C(i, j)$，单位运价为 $d(i, j)$，塑钢厂 S 与建筑工地 T 之间的网络如图6-46所示（弧中左边的数字为运输物资的单位费用 $d(i, j)$，右边的数字为线路容量 $C(i, j)$，现需确定怎样运输才能使塑钢厂 S 运到建筑工地 T 的塑钢最多且运费最省？

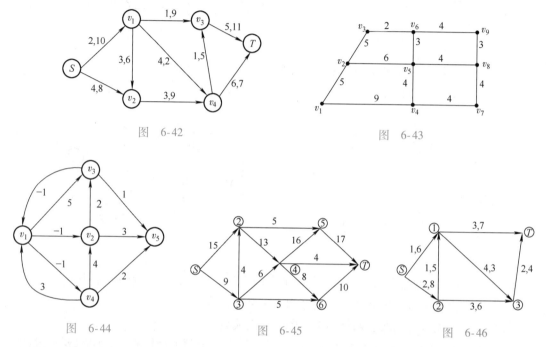

图 6-42　　　　　　　　　　图 6-43

图 6-44　　　　　图 6-45　　　　　图 6-46

14. 有六台机床，用 x_1，x_2，…，x_6 表示，现有六个零件需要加工，用 y_1，y_2，…，y_6 表示。其中机床 x_1 可加工零件 y_1；机床 x_2 可加工零件 y_1、y_2；机床 x_3 可加工零件 y_1、y_2、y_3；机床 x_4 可加工零件 y_2；机床 x_5 可加工零件 y_2、y_3、y_4；机床 x_6 可加工零件 y_2、y_5、y_6。现要求制订加工方案，使一台机床只加工一个零件，一个零件只在一台机床上加工，要求尽可能多地安排零件的加工。试将该问题化为网络最大流问题，求出能满足上述条件的加工方案。

15. 某建筑公司一季度需完成四项施工任务，其中第一项任务工期为 1～2 月共两个月，总计需2000 元；第二项任务工期为 1～3 月共三个月，总计需1500 元；第三项任务工期为 2～3 月，共两个月，总计需 3000 元；第四项任务工期为 1～3 月，共三个月，总计需 2500 元。该公司每月可用资金为 3000 元，但在任意一项任务上投入的资金数不能超过 1000 元。问该建筑公司要想按期完成上述四项任务应如何合理安排资金？试将此问题化为网络最大流问题进行求解。

16. 为了维护社会治安，公安系统相关部门需要日夜安排治安巡逻。某派出所辖区的街道巡逻路线示意图如图6-47 所示，派出所位于 v_1 处，图中的数字表示街道的长度（单位：百米）。巡逻车从派出所出发巡逻后回到派出所，问如何设计巡逻路线，使每条街道至少巡逻一次，且所巡逻的总路程最短？

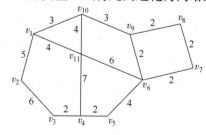

图 6-47

第 7 章

动 态 规 划

学习要点

1. 掌握动态规划的基本概念；
2. 掌握动态规划的最优性定理和最优性原理；
3. 掌握动态规划的逆序递推算法；
4. 熟悉动态规划的应用。

提高科学决策能力方法论

面对国内艰巨任务和国际复杂形势，如何提升科学决策能力，成为摆在年轻干部面前一项十分紧迫的课题。提高科学决策能力绝非一朝一夕之功，必须始终以心怀国之大者的格局视野和坚持长期主义的战略思维，树立科学决策意识，健全决策机制，完善决策方式，规范决策程序，强化决策责任，锤炼过硬的决策本领、决策素养，做发展的主人、时间的朋友。

因势而谋，应势而动，顺势而为。

站位决定高度，视野决定格局。领导干部想问题、做决策要有全局意识和战略眼光，胸怀大局，把握大势，着眼大事，做到因势而谋，应势而动，顺势而为，看远一步，想深一层，练就透过迷雾见光明的本领，确保决策有高度、有广度、有深度。一定要对国之大者心中有数，既要看到当前面临的复杂严峻形势，也要看到战略发展机遇，多打大算盘、算大账，少打小算盘、算小账，善于把地区和部门的工作融入党和国家事业大棋局，做到既为一域争光，更为全局添彩；既立足当前补短板、打基础，又着眼长远谋思路、强优势。

心中有民，务实为民，造福于民。

坚持把实现好、维护好、发展好最广大人民群众的根本利益作为决策的出发点和落脚点，时刻牢记为谁决策、站在谁的立场上决策，心中有民，务实为民，造福于民，将人民至上的理念落实到每一项具体决策和工作中。树立正确的群众观、权力观、政绩观，善于换位思考，设身处地为群众着想、替百姓分忧，在涉及人民根本利益、切身利益和身边利益的实际问题上，敢于迎难而上，拿出真招实策，真正做到立身不忘做人之本，为民不移公仆之心，用权不谋一己之私。

科学思维，科学素养，科学方法。

坚持深入学习，增强综合能力和驾驭能力，当好专业的行家里手，不断提升科学决策能力和素养，在不断拓宽看待问题的视野、提升解决问题的层次中，为科学决策提供支撑。运用科学思维、科学素养、科学方法，深入研究面临的新情况、新问题，找准痛点堵点，分清急难险重，厘清机遇所在、优势所在、问题所在、潜力所在，捋出一揽子重点事项、难事急事、民生实事。综合分析决策可能产生的正面作用和负面效应，看事情是否值得做、是否符合实际等。全面权衡、科学决断，在权衡利弊中趋利避害、理性抉择，做到谋定而后动、厚积而薄发。

（资料来源：《领导决策信息》2020 年第 42 期）

7.1 动态规划的基本原理

动态规划（Dynamic Programming）是解决多阶段决策过程最优化问题的一种数学方法。该方法是由美国数学家贝尔曼（Bellman）等人在 20 世纪 50 年代提出的。动态规划的一个显著特点在于具有明确的阶段性，整个系统按某种方式可分为若干个不同的阶段（子阶段），在每一个阶段有若干种不同的方案可供选择。系统最优决策问题要求在系统每个阶段可提供的多种方案（决策）中选择一个恰当的方案（决策），使整个系统达到最优的效果。动态规划依据最优化原理，成功解决了最短路径、装载规划、库存管理、物流网络规划、资源分配、生产过程最优化、作业排序、设备更新等许多实际问题。一些用线性规划、非线性规划处理有困难的问题，往往可以用动态规划来求解。

在经济管理决策中，有些管理决策问题可以按时间顺序或空间演变划分为相互联系的多个阶段，呈现出明显的阶段性，在每一个阶段都需要做出决策，从而使整个过程达到最好的活动效果。同时，每个阶段决策的选择不是任意确定的，它依赖于当前面临的状态，又影响未来的状态发展。各个阶段的决策确定后，组成一个决策序列，从而形成整个过程具有前后关联的链状结构的多阶段决策过程，称为序贯决策过程。于是，每当面对动态规划问题时，均首先把这类决策问题分解成几个相互联系的阶段，每个阶段即为一个子决策问题。此类把一个问题看作一个前后关联，具有明显阶段性的决策过程就称为多阶段决策问题，如图 7-1 所示。

图 7-1　多阶段决策问题

多阶段决策问题一般可以按时间顺序划分阶段。决策依赖于当前的状态，又随即影响未来的状态转移，一个决策序列就是在变化的状态中产生出来的，然后从可行方案中选择最优或满意的方案的过程，也具有一定的"动态"含义，所以把这种方法称为动态规划法。但是，一些与时间没有关系的静态规划问题，只要人为地引入"时间"因素，也可把它看作多阶段决策问题，即可用动态规划法去处理。另外如物流运输配送的最短路问题，可以按空间顺序划分阶段。

现以路径选择问题为例，说明动态规划的基本概念。

某供应商要从其所在地 s_1 运输一批货物到某公司所在地 s_T，两公司之间要经过出口港、进口港和其他城市，其中出口港与进口港各有三种选择，城市有两种选择，选择不同路线所经过的距离不同，s_1 与三个出口港之间的距离分别是 3、5、5；到达第一个出口港再去往三个进口港的距离分别为 8、5、4；经过第二个出口港，去到三个进口港，距离分别是 5、4、5；经过第三个出口港去往三个进口港，距离分别是 6、2、6；如此继续，可得到网络，如图 7-2 所示。

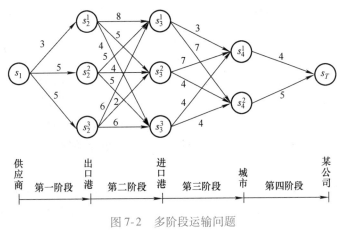

图 7-2　多阶段运输问题

由图 7-2 可见，四个阶段的运输线路可形成多种方案，在众多方案中选择最短线路的过程是复杂的。采用动态规划法可使处理过程简化。

7.1.1　动态规划的基本概念

1. 阶段与阶段变量

一个问题可根据空间和时间的特点划分成 n 个阶段，并依次进行决策，描述所划分的阶段的变量称为阶段变量，用 k 表示。上例中按照空间序列可分为四个阶段。第一阶段 $k=1$，从供应商到出口港；第二阶段 $k=2$，从出口港到进口港；第三阶段 $k=3$，从进口港到城市；第四阶段 $k=4$，从城市到某公司。

2. 状态与状态变量

每个阶段开始所处的自然状况或客观条件称为状态，状态是当前的状况或前段决策的结果，是通过本阶段决策欲改变的对象。系统在 k 阶段的状态用 s_k 描述，称为状态变量。通常每个阶段均有多个状态，如第 k 阶段有 m 个状态，记为 $s_k = \{1, 2, \cdots, m\}$。上例中第一阶段有一个状态，称为初始状态；第二、第三阶段各有三个状态；第四阶段有两个状态。n 个阶段的问题通常有 $n+1$ 个状态，如制定运输计划中，第四阶段末，即第五年初的状态为 s_5，它是第五阶段决策的结果。

状态变量不仅包括位置等自然条件和客观条件，有时还可能包括速度等说明系统特征的量，但无论是用什么量描述，都必须满足无后效性条件，即某阶段的状态给定后，该阶段之后的决策只与该状态相关，而与以前的决策与状态无关。如开始指定运输计划时，只以现状为基础，而与以前的决策和状态无关，以前的决策和状态对当前决策的影响均反映在现状之中。虽然实践中要分析现状、存在的问题、以前的决策等，但主要目的是总结经验、找出解决问题的办法，为更好地制定决策方案服务。

3. 决策与决策变量

决策是指系统处于 s_k 状态，通过决定或选择使系统由 s_k 状态进入下一阶段某状态 s_{k+1}

的控制过程，在动态最优控制中又称为控制。通常用 $u_k(s_k)$ 表示在 s_k 状态采取的决策，称为决策变量。在第 k 阶段从 s_k 状态出发的所有决策集合称为允许决策集合，以 $D_k(s_k)$ 表示。

4. 策略和后部子策略

从第一阶段 s_1 开始到最后阶段 s_n 状态为止，将每个阶段的决策 $u_k(s_k)(k=1,2,\cdots,n)$ 连接起来所构成的决策序列称为策略或全策略，记为

$$P_{1,n}(s_1) = \{u_1(s_1), u_2(s_2),\cdots,u_k(s_k),\cdots,u_n(s_n)\}$$

如果不是从 s_1 状态开始，而是从第 k 阶段的 s_k 状态开始，至最后阶段 s_n 状态为止，则将由 s_k 状态开始至 s_n 状态为止的策略序列称为后部子策略，记为

$$P_{k,n}(s_k) = \{u_k(s_k),u_{k+1}(s_{k+1}),\cdots,u_n(s_n)\}$$

可见，它是策略 $P_{1,n}(s_1)$ 的一个子策略，且是后部的子策略。

5. 状态转移方程

系统处于 s_k 状态，通过决策 $u_k(s_k)$ 进入 s_{k+1} 状态，描述系统由 s_k 状态向 s_{k+1} 状态转移的方程叫状态转移方程。状态方程记为 $s_{k+1} = T(s_k, u_k)$。

6. 指标函数与最优指标值函数

衡量决策质量的指标称为指标函数。它是由状态和决策确定的，第 k 阶段的指标函数记为 $V_k(s_k, u_k)$，自 k 阶段开始的后部子过程的指标函数为

$$V_{k,n} = V_{k,n}(s_k,u_k;s_{k+1},u_{k+1};\cdots;s_n,u_n) \ (k=1,2,\cdots,n)$$

当 $k=1$ 时，$V_{1,n}$ 为全过程指标函数。

常用的指标函数有累加型和累乘型两种。累加型指标函数的描述形式为

$$V_{1,n}(s_1,u_1,s_2,u_2,\cdots,s_n,u_n) = \sum_{k=1}^{n} V_k(s_k,u_k)$$

累乘型指标函数的描述形式为

$$V_{1,n}(s_1,u_1,s_2,u_2,\cdots,s_n,u_n) = \prod_{k=1}^{n} V_k(s_k,u_k)$$

指标函数的最优值是状态的函数，称为最优指标值函数。自 k 阶段开始的后部子过程的最优指标值函数记为

$$f_k(s_k) = \operatorname*{opt}_{v_k,\cdots,v_n} V_{k,n}(s_k,u_k,s_{k+1},u_{k+1},\cdots,s_n,u_n)$$

当 $k=1$ 时，$f_1(s_1)$ 则是全过程的最优指标值函数。

7.1.2 最优性定理与最优性原理

1. 动态规划的最优性定理

动态规划的最优性定理可描述为：有 n 个阶段的多阶段决策问题，阶段变量为 $k=1,2,\cdots,n$，允许策略 $P_{1,n}^*(u_1^*,u_2^*,\cdots,u_n^*)$ 为最优策略的充分且必要条件是：对任意一个 k，$1 < k < n$，$s_1 \in S_1$，有

$$V_{1,n}(s_1,p_{1,n}^*) = \max_{p_{1,k-1}\in P_{1,k-1}(s_1)} \text{或} \min \left\{ V_{1,k-1}(s_1,p_{1,k-1}) + \max_{p_{k,n}\in P_{k,n}(s_k)} \text{或} \min V_{k,n}(\widetilde{s}_k,p_{k,n}) \right\}$$

式中，$p_{1,n}^*$ 为最优策略；$\tilde{s}_k$ 为后部最优状态序列。

该式的含义是：整体最优策略的指标值函数是后部最优子策略的指标值与前部策略指标函数之和的最优值。整体的最优策略是后部最优子策略与前部策略总体的最优策略。

2. 动态规划的最优性原理

动态规划的最优性原理是求解动态规划的必要条件。其描述为："作为整个过程的最优策略具有这样的性质，即无论过去的状态和决策如何，对前面的决策所形成的当前状态而言，余下的诸决策必须构成最优策略。"有 n 个阶段的多阶段决策问题，阶段变量为 $k=1$，2，$\cdots$，n，s_1 为初始状态，如果 $\tilde{s}_k(k=1，2，\cdots，n)$ 和 $p_{1,n}^*$ 为最优状态序列和最优控制序列，则无论 s_k 以及前 k 阶段的决策如何，后部子策略对 $\tilde{s}_k$ 而言，均是最优策略。通俗地说就是：如果存在最优策略，它的后部子策略总是最优的。

显然，动态规划的最优性原理是动态规划的最优性定理的推论，动态规划的最优性定理给出了动态规划寻找最优策略的思想，动态规划的最优性原理给出了动态规划寻找最优策略的方法。

7.2 动态规划基本方程计算法

7.2.1 动态规划基本方程

根据动态规划的最优性定理和最优性原理，可推导出求解动态规划最优策略的一般方法。现以离散系统为例说明动态规划的一般方法。

设可分段的离散系统，阶段数为 n，状态为 $s_k(k=1，2，\cdots，n+1)$，$u_k(k=1，2，\cdots，n)$ 为 k 阶段的决策，如果其指标函数为累加型：

$$V_{1,n}(s_1,u_1,s_2,u_2,\cdots,s_n,u_n) = \sum_{k=1}^{n} V_k(s_k,u_k)$$

则动态规划模型可描述为

$$\max(\min)f_1(s_1) = \sum_{k=1}^{n} V_k(s_k,u_k)$$

$$\text{s. t. } s_{k+1} = T(s_k,u_k) \ (k=1,2,\cdots,n-1,n)$$

按动态规划的最优性原理和最优性定理，上述模型的求解过程可描述为

$$f_k(s_k) = \max(\min)\{V_k(s_k,u_k)+f_{k+1}(s_{k+1})\} \quad (k=n,n-1,\cdots,2,1)$$

当已知 $f_{k+1}(s_{k+1})$ 时，即可求出 k 阶段的最优指标值 $f_k(s_k)$，求出 $f_k(s_k)$ 后，按式 $f_{k-1}(s_{k-1}) = \max(\min)\{V_{k-1}(s_{k-1},u_{k-1})+f_k(s_k)\}$，即可求出 $k-1$ 阶段的最优指标值 $f_{k-1}(s_{k-1})$，依次类推就可求出 $f_1(s_1)$，即求出系统的最优指标值和相对应的决策。将决策连接起来就得到最优策略。

整个递推过程是由已知 $f_{k+1}(s_{k+1})$ 开始的，故将其称为边界条件，由此得出动态规划递推公式的一般形式：

$$f_k(s_k) = \max(\min)\{V_k(s_k,u_k)+f_{k+1}(s_{k+1})\} \quad (k=n,n-1,\cdots,2,1)$$
$$f_{n+1}(s_{n+1}) = 0$$

该公式又称动态规划基本方程。

由于每个阶段有若干个状态，各阶段的状态数又各不相同，故该方程中，当 s_k 有 m 个状态、s_{k+1} 有 n 个状态时，$f_k(s_k)$ 为 m 维向量，$f_{n+1}(s_{n+1})$ 为 n 维向量，$V_k(s_k，u_k)$ 为 k 阶段第 i 状态采取第 k 决策时的指标函数，它是一个 $m \times n$ 的矩阵。

如果指标函数为累乘型，只需将式中的"＋"号改为"×"号即可，道理是相同的，如下面的公式所示：

$$f_k(s_k) = \max(\min)\{V_k(s_k,u_k)f_{k+1}(s_{k+1})\} \quad (k=n,n-1,\cdots,2,1)$$
$$f_{n+1}(s_{n+1}) = 1$$

7.2.2　逆序递推算法

动态规划基本方程是根据最优性定理和最优性原理建立的一般递推方程。其计算过程的基本特点是从后部子过程开始向前逐步推进，因此这种算法称为逆序算法。将递推公式的一般形式按问题的要求具体化，则可形成具体的递推公式。

现以 7.1 节中路径选择问题为例，说明逆序递推算法。

设终点状态的指标函数值为 0，即 $f_5(s_5)=0$。

当 $k=4$ 时，该阶段有两个状态，每个状态只有一个决策，故第四阶段的最优指标值为
$$f_4(s_4^1) = \min\{4+0\} = 4, \ x_4^*(s_4^1) = s_T$$
$$f_4(s_4^2) = \min\{5+0\} = 5, \ x_4^*(s_4^2) = s_T$$

当 $k=3$ 时，该阶段有三个状态，每个状态有两个决策，故第三阶段后部的最优指标值为

$$f_3(s_3^1) = \min\begin{Bmatrix} 3+4 \\ 7+5 \end{Bmatrix} = 7, \ x_3^*(s_3^1) = s_4^1$$

$$f_3(s_3^2) = \min\begin{Bmatrix} 7+4 \\ 4+5 \end{Bmatrix} = 9, \ x_3^*(s_3^2) = s_4^2$$

$$f_3(s_3^3) = \min\begin{Bmatrix} 4+4 \\ 4+5 \end{Bmatrix} = 8, \ x_3^*(s_3^3) = s_4^1$$

当 $k=2$ 时，该阶段有三个状态，每个状态有三个决策，故第二阶段后部的最优指标值为

$$f_2(s_2^1) = \min\begin{Bmatrix} 8 & + & 7 \\ 5 & + & 9 \\ 4 & + & 8 \end{Bmatrix} = 12, x_2^*(s_2^1) = s_3^3$$

$$f_2(s_2^2) = \min\begin{Bmatrix} 5 & + & 7 \\ 4 & + & 9 \\ 5 & + & 8 \end{Bmatrix} = 12, x_2^*(s_2^2) = s_3^1$$

$$f_2(s_2^3) = \min\begin{Bmatrix} 6 & + & 7 \\ 2 & + & 9 \\ 6 & + & 8 \end{Bmatrix} = 11, x_2^*(s_2^3) = s_3^2$$

当 $k=1$ 时，该阶段只有一个状态，该状态有三个决策，故第一阶段后部的最优指标值，即整体的最优指标值为

$$f_1(s_1) = \min \begin{Bmatrix} 3 + 12 \\ 5 + 12 \\ 5 + 11 \end{Bmatrix} = 15, \quad x_1^*(s_1) = s_2^1$$

由于出发位置是确知的，从 s_1 到 s_T 的最短路为 $s_1 \rightarrow s_2^1 \rightarrow s_3^3 \rightarrow s_4^1 \rightarrow s_T$，这时总路长为 15。

7.3 连续型动态规划的求解与应用

无论是连续问题还是离散问题，动态规划解决问题的前提条件是：可将问题划分成阶段，并能构建多阶段模型，将其变为静态问题，采用单阶段决策方法解决。如果不能满足该条件，就需采用动态最优化方法解决，具体方法详见控制理论方面的论著。本节主要介绍连续型动态规划的主要应用领域及求解方法。

所谓连续型动态规划，是指决策变量取连续值的动态规划问题。其计算方法是利用动态规划最优性定理与最优性原理，在确定后部子过程最优值指标时采用微分求极值的方法。

7.3.1 生产计划问题

【例 7-1】 某水泥厂第 k 季度的生产量为 x_k，生产费用为 ax_k^2，其各季度需求量为 y_k，则第 k 季度库存的增加量为 $x_k - y_k = \Delta s_k$，若单位产品的存储费用为 b，则第 $k+1$ 季度的库存将由下式决定：

$$s_{k+1} = s_k + \Delta s_k = s_k + x_k - y_k$$

若使一年中生产量等于需求量，年初和年末的库存不变，均为 0，则

$$s_1 = 0, \quad s_5 = 0^{\ominus}$$

现欲确定全年的最优生产计划，使之既能完成全年销售任务，又使生产费用和存储费用之和最小。

解 该问题可划分成四个阶段，每个阶段的生产量为决策变量，库存量为状态变量。

该问题的模型如下：

$$\min V = \sum_{k=1}^{4} (ax_k^2 + bs_k)$$

$$\text{s. t.} \begin{cases} s_{k+1} = s_k + x_k - y_k \\ s_1 = 0, \quad s_5 = 0 \end{cases}$$

以上模型即为生产计划系统的最优控制模型。

现假设 $a = 0.005$，$b = 1$，各季度需求量见表 7-1，则指标函数的具体形式为

$$\min V = \sum_{k=1}^{4} (0.005x_k^2 + s_k)$$

式中，x_k 为决策变量；s_k 为状态变量。

表 7-1 水泥厂各季度需求量

季度	1	2	3	4
需求量 V_k	300	400	400	1000

$\ominus$ s_5 为下年初，本年第四季度末。

状态转移方程为

$$s_{k+1} = s_k + x_k - y_k$$

按照动态规划基本方程，采用逆序递推算法应从第四季度开始求解，确定该阶段的最优决策。其通式为

$$V_k(s_k) = \min\{0.005x_k^2 + s_k + V_{k+1}^*(s_{k+1})\}$$
$$s_{k+1} = s_k + x_k - y_k (k = 4, 3, 2, 1)$$

（1）当 $k = 4$ 时，有

$$V_4(s_4) = \min\{0.005x_4^2 + s_4 + V_5(s_5)\}$$
$$s_5 = s_4 + x_4 - y_4$$

因为已知 $s_5 = 0$，$V_5(s_5) = 0$，将已知数据代入，最优决策为

$$x_4^* = 1000 - s_4$$

将其代入 $V_4(s_4)$，得

$$V_4(s_4) = \min\{0.005(1000 - s_4)^2 + s_4\}$$
$$V_4^*(s_4) = 0.005s_4^2 - 9s_4 + 5000$$

（2）当 $k = 3$ 时，有

$$V_3(s_3) = \min\{0.005x_3^2 + s_3 + V_4^*(s_4)\}$$
$$= \min\{0.005x_3^2 + s_3 + 0.005s_4^2 - 9s_4 + 5000\}$$
$$s_4 = s_3 + x_3 - y_3 = s_3 + x_3 - 400$$

将 s_4 代入 $V_3(s_3)$，得

$$V_3(s_3) = \min\{0.005x_3^2 + s_3 + 0.005(s_3 + x_3 - 400)^2 - 9(s_3 + x_3 - 400) + 5000\}$$

选择适当的 x_3^* 可使右边大括号内函数取最小值，故应用微分方法可求出 x_3^*：

$$\frac{\mathrm{d}\{\cdot\}^{\ominus}}{\mathrm{d}x_3} = 0.02x_3 + 0.01s_3 - 13$$
$$x_3^* = 650 - 0.5s_3^*$$

二阶导数大于零，说明 x_3^* 是最小值。代入 $V_3(s_3)$，得

$$V_3^*(s_3) = 5175 - 5.5s_3 + 0.0025s_3^2$$

（3）当 $k = 2$ 时，有

$$V_2(s_2) = \min\{0.005x_2^2 + s_2 + V_3^*(s_3)\}$$
$$= \min\{0.005x_2^2 + s_2 + 5175 - 5.5s_3 + 0.0025s_3^2\}$$
$$s_3 = s_2 + x_2 - y_2 = s_2 + x_2 - 400$$

$$V_2(s_2) = \min\{0.005x_2^2 + s_2 + 5175 - 5.5(s_2 + x_2 - 400) + 0.0025(s_2 + x_2 - 400)^2\}$$

同 $k = 3$ 时一样，令 $\dfrac{\mathrm{d}\{\cdot\}}{\mathrm{d}x_2} = 0$，得到该阶段的最优决策 x_2^*：

$$\frac{\mathrm{d}\{\cdot\}}{\mathrm{d}x_2} = 0.015x_2 + 0.005s_2 - 7.5 = 0$$

$$x_2^* = 500 - \frac{1}{3}s_2$$

$\ominus$　$\{\cdot\}$ 表示 $V_3(s_3)$ 式中大括号内的表达式，以后遇该符号，均为相同含义。

二阶导数大于零，说明 x_2^* 为最小值，代入 $V_2(s_2)$，得

$$V_2^*(s_2) = 5900 - 4s_2 + \frac{0.005}{3}s_2^2$$

（4）当 $k=1$ 时，

$$V_1(s_1) = \min\left\{0.005x_1^2 + s_1 + V_2^*(s_2)\right\} = \min\left\{0.005x_1^2 + 5900 - 4s_2 + \frac{0.005}{3}s_2^2\right\}$$

$$s_2 = s_1 + x_1 - y_1 = s_1 + x_1 - 300 = x_1 - 300$$

代入 $V_1(s_1)$，得

$$V_1(s_1) = \min\left\{0.005x_1^2 + 5900 - 4(x_1 - 300) + \frac{0.005}{3}(x_1 - 300)^2\right\}$$

$$\frac{\mathrm{d}\{\,\cdot\,\}}{\mathrm{d}x_1} = 0.01x_1 - 4 + \frac{0.01}{3}(x_1 - 300) = \frac{0.04}{3}x_1 - 5 = 0$$

$$x_1^* = 375$$

代入 $V_1(s_1) = 6312.5$，由方程 $s_{k+1} = s_k + x_k - y_k$ 可求出 s_k。

因为 $s_1^* = 0$，$x_1^* = 375$，所以

$$s_2^* = s_1^* + x_1^* - y_1 = 0 + 375 - 300 = 75$$

$$x_2^* = 500 - \frac{1}{3}s_2^* = 475$$

$$s_3^* = s_2^* + x_2^* - y_2 = 75 + 475 - 400 = 150$$

$$x_3^* = 650 - 0.5s_3^* = 575$$

$$s_4^* = s_3^* + x_3^* - 400 = 150 + 575 - 400 = 325$$

$$x_4^* = 1000 - s_4^* = 1000 - 325 = 675$$

因此得出最优生产计划为：第一季度生产 375，第二季度生产 475，第三季度生产 575，第四季度生产 675，可使总费用最低为 6312.5。

如果各季度均按订货量安排生产，虽然可减少产品的存货费用，但总费用却增加 737.5，因这时生产总费用为 7050。

该问题为连续型动态规划问题，利用动态最优化原理将其变成多阶段问题，并使其转化为单一阶段决策问题去解决，可使计算简化。

如果初始库存和期末库存不为零，可采用相同的方法去求解。如初始库存为 300，期末库存为零，则第一季度生产 300，第二季度生产 400，第三季度生产 500，第四季度生产 600，总费用最低为 5300。如初始库存为零，期末库存为 200，则第一季度生产 425，第二季度生产 525，第三季度生产 625，第四季度生产 725，总费用最低为 7712.5。

7.3.2 资源配置问题

实践中存在投资、原材料、设备分配等资源配置问题。这类问题经过适当处理，也可转化为多阶段决策问题，并用动态规划方法解决。

假设某集团有一笔资金用于集团内企业的投资，设企业数为 m 个，资金总量为 c，向每

个企业的投资额为 x_i，每个企业投资的效益函数为 $g_i(x)$，现需确定如何分配资金，才能使集团的总收益最大。

该问题可用下述模型解决：

$$\max Z = \sum g_i(x)$$

$$\text{s. t.} \begin{cases} \sum x_i = c \\ x_i \geqslant 0 \end{cases}$$

如果 $g_i(x)$ 为非线性函数，则为非线性规划问题；如果 $g_i(x)$ 为线性函数，则为线性规划问题。但也可以采用动态规划方法解决。其思路如下：

将 x_i 作为决策变量，将剩余的资金作为状态变量，则有传递函数

$$s_{k+1} = s_k - x_k$$

当 $k=1$ 时，$s_k = c$。

该式的含义是：当分配 x_1 给一个企业时，剩余的资金量为 $s_2 = c - x_1$，当再将资金 x_2 分配给第二个企业时，剩余的资金量为 $s_3 = s_2 - x_2$，以此类推，直至分配完毕。

分配是按效益最大进行的，因此指标函数为

$$\max V = \sum g_i(x)$$

基本方程（递推方程）为

$$V_k(s_k) = \max_{0 \leqslant x_k \leqslant s_k} \{g_k(x_k) + V_{k+1}(s_{k+1})\}, \quad k = n-1, \cdots, 1$$

$$V_n(s_n) = \max_{x_n = s_n} g_n(x_n)$$

这样就可将该类问题转化为分阶段的决策问题。

【例7-2】 某公司准备用10亿元资金投入甲、乙、丙三个子公司，各子公司的效益函数分别为：$g_1(x_1) = 5x_1$，$g_2(x_2) = 9x_2$，$g_3(x_3) = 2x_3^2$。如何分配资金才能使公司总经济效益最大？

解 建立的非线性模型为

$$\max Z = \sum g_k(x_k)$$

$$\text{s. t.} \begin{cases} x_1 + x_2 + x_3 = 10 \\ x_1, x_2, x_3 \geqslant 0 \end{cases}$$

用动态规划法求解该问题，将其分为三个阶段，指标函数为

$$V_k(s_k) = \sum g_k(x_k)$$

传递函数为

$$s_{k+1} = s_k - x_k$$

递推公式为

$$V_k(s_k) = \max_{0 \leqslant x_k \leqslant s_k} \{g_k(x_k) + V_{k+1}(s_{k+1})\}$$

（1）当 $k=3$ 时，$V_3(s_3) = \max_{0 \leqslant x_3 \leqslant s_3} \{g_3(x_3) + V_4(s_4)\} = \max_{0 \leqslant x_3 \leqslant s_3} \{2x_3^2 + V_4(s_4)\}$。

因为 $V_4(s_4) = 0$，$s_4 = 0$，$s_4 = s_3 - x_3$，所以有 $x_3^* = s_3$，代入上式得

$$V_3^*(s_3) = 2s_3^2$$

（2）当 $k=2$ 时，$V_2(s_2) = \max\limits_{0 \leqslant x_2 \leqslant s_2} \{g_2(x_2) + V_3^*(s_3)\} = \max\limits_{0 \leqslant x_2 \leqslant s_2} \{9x_2 + 2s_3^2\}$。

因为 $s_3 = s_2 - x_2$，故有

$$V_2(s_2) = \max\limits_{0 \leqslant x_2 \leqslant s_2} \{9x_2 + 2(s_2 - x_2)^2\}$$

求 $V_2(s_2)$ 的最优值，令 $\dfrac{\mathrm{d}\{\cdot\}}{\mathrm{d}x_2} = 0$，$x_2^* = s_2 - \dfrac{9}{4}$ 且 $\dfrac{\mathrm{d}^2\{\cdot\}}{\mathrm{d}^2 x_2} = 4 > 0$，$x_2^*$ 是极小值点，极大值只可能在 $[0, s_2]$ 端点取得，将其代入 $V_2(s_2)$，得 $V_2(0) = 2s_2^2$，$V_2(s_2) = 9s_2$，当 $V_2(0) = V_2(s_2)$ 时，解得 $s_2 = 9/2$。

当 $s_2 > 9/2$ 时，$V_2(0) > V_2(s_2)$，此时 $x_2^* = 0$；当 $s_2 < 9/2$ 时，$V_2(0) < V_2(s_2)$，此时 $x_2^* = s_2$。

（3）当 $k=1$ 时，$V_1(s_1) = \max\limits_{0 \leqslant x_1 \leqslant s_1} \{g_1(x_1) + V_2^*(s_2)\}$。

当 $V_2^*(s_2) = 9s_2$ 时，$s_1 = 10$，$V_1(10) = \max\limits_{0 \leqslant x_1 \leqslant 10} \{5x_1 + 9s_2\}$，因为 $s_2 = s_1 - x_1$，故有

$$V_1(10) = \max\limits_{0 \leqslant x_1 \leqslant 10} \{5x_1 + 9s_1 - 9x_1\} = \max\limits_{0 \leqslant x_1 \leqslant 10} \{9s_1 - 4x_1\}$$

当 $x_1^* = 0$ 时，$V_1(10) = 9s_1$，但此时 $s_2 = s_1 - x_1 = 10 - 0 = 10 > 9/2$，与 $s_2 < 9/2$ 矛盾，所以舍去。

当 $V_2^*(0) = 2s_2^2$ 时，$s_1 = 10$，$V_1(10) = \max\limits_{0 \leqslant x_1 \leqslant 10} \{5x_1 + 2s_2^2\}$，因为 $s_2 = s_1 - x_1$，故有

$$V_1(10) = \max\limits_{0 \leqslant x_1 \leqslant 10} \{5x_1 + 2(s_1 - x_1)^2\}$$

求 $V_1(s_1)$ 的最优值，令 $\dfrac{\mathrm{d}\{\cdot\}}{\mathrm{d}x_1} = 0$，$x_1^* = s_1 - 5/4$ 且 $\dfrac{\mathrm{d}^2\{\cdot\}}{\mathrm{d}^2 x_1} = 4 > 0$，$x_1^*$ 是极小值点，极大值只可能在 $[0, 10]$ 端点取得，比较两个端点，当 $x_1 = 0$ 时，$V_1(10) = 5 \times 0 + 2 \times (10 - 0)^2 = 200$；当 $x_1 = 10$ 时，$V_1(10) = 5 \times 10 + 2 \times (10 - 10)^2 = 50$，所以 $x_1^* = 0$。

再由状态转移方程顺推 $s_2 = s_1 - x_1^* = 10 - 0 = 10$，因为 $s_2 > 9/2$，所以 $x_2^* = 0$，$s_3 = s_2 - x_2^* = 10 - 0 = 10$。

因此 $x_3^* = s_3 - 10$，最优投资方案为全部资金投于第三个项目，可获得最大收益 200 万元。该结果与求解非线性规划的结果是相同的。

7.4 离散型动态规划的求解与应用

离散型动态规划是指决策变量取离散值的动态规划，一些连续型动态规划也可以通过改造构建成离散型动态规划问题。

7.4.1 资源配置问题

【例 7-3】 某公司有四台设备，准备分配给三个小组，各小组获得该设备后预测可创造的利润见表 7-2，应如何分配设备，可使获利最大？

表 7-2　各小组盈利性预测

小组	设备台数				
	0	1	2	3	4
G_1	0	4	6	7	8
G_2	0	5	7	8	9
G_3	0	3	6	9	10

解　（1）模型建立。该问题可分为三个阶段，将三个小组看作三个阶段，即阶段变量 $k = 1$，2，3。

第 k 阶段初尚未被分配出去的设备是其决策的起点，则状态变量 s_k 表示第 k 阶段初可分配的设备台数，$s_k \geq 0$，且初始状态已知，$s_1 = 4$。

决策变量 x_k 表示第 k 阶段分配给小组 G_k 的设备台数，允许决策集合 $x_k(s_k) = \{0 \leq x_k \leq s_k\}$。

状态转移方程为 $s_{k+1} = s_k - x_k$。

阶段指标 $v_k(s_k, x_k)$ 表示第 k 阶段从 s_k 台设备中分配给第 k 小组 x_k 台设备的阶段效益。

最优指标函数 $f_k(s_k)$ 表示第 k 阶段从 s_k 开始到最后阶段采用最优分配策略取得的最大收益，递推方程函数式为：

基本方程：$f_k(s_k) = \max\{v_k(s_k, x_k) + f_{k+1}(s_{k+1})\}$。

边界条件：$f_4(s_4) = 0$。

（2）逆序求解。

当 $k = 3$ 时，见表 7-3。

表 7-3　第三阶段设备分配的最佳指标值

s_3	$v_3(s_3, x_3) + f_4(s_4)$					$f_3(s_3)$	x_3^*
	0	1	2	3	4		
0	0 + 0	—				0	0
1	0 + 0	3 + 0	—			3	1
2	0 + 0	3 + 0	6 + 0	—		6	2
3	0 + 0	3 + 0	6 + 0	9 + 0		9	3
4	0 + 0	3 + 0	6 + 0	9 + 0	10 + 0	10	4

当 $k = 2$ 时，见表 7-4。

表 7-4　第二阶段设备分配的最佳指标值

s_2	$v_2(s_2, x_2) + f_3(s_3)$					$f_2(s_2)$	x_2^*
	0	1	2	3	4		
0	0 + 0	—	—	—	—	0	0
1	0 + 3	5 + 0	—	—	—	5	1
2	0 + 6	5 + 3	7 + 0	—	—	8	2
3	0 + 9	5 + 6	7 + 3	8 + 0	—	11	1
4	0 + 10	5 + 9	7 + 6	8 + 3	9 + 0	14	1

当 $k=1$ 时，见表 7-5。

表 7-5 第一阶段设备分配的最佳指标值

| s_1 | $v_1(s_1,x_1)+f_2(s_2)$ | | | | | $f_1(s_1)$ | x_1^* |
	0	1	2	3	4		
4	0+14	4+11	6+8	7+5	8+0	15	1

顺序递推，得出结论：G_1 小组 1 台，G_2 小组 1 台，G_3 小组 2 台，这个方案能得到最高的总盈利 15 万元。

7.4.2 背包问题

背包问题是一种特殊的整数规划问题。在一个可携带物品重量限度一定的背包中如何放入不同重量的物品，使得背包中放入物品的价值最大。问题的具体表述如下：设可携带物品重量的限度为 a，n 种物品可供选择，这 n 种物品的编号为 1，2，$\cdots$，n。已知第 i 种物品每件重量为 w_i，其价值是携带数量 x_i 的函数 $C_i(x_i)$。问题的数学模型为

$$\max V = \sum_{i=1}^{n} C(x_i)$$

$$\text{s. t.} \begin{cases} \sum_{i=1}^{n} w_i x_i \leqslant a \\ x_i \geqslant 0 \text{ 且为整数}, i = 1,2,\cdots,n \end{cases}$$

如果 $C(x_i)$ 为线性函数，则该问题就是整数线性规划问题；如果 $C(x_i)$ 为非线性函数，则该问题就是整数非线性规划问题。该问题可转化成多阶段决策问题，用动态规划方法解决。现举例说明这类问题的求解思路。

【例 7-4】 设有三种物品，每种物品的数量无限，其重量和价值见表 7-6。现有一个可装载重量为 $w=5\text{kg}$ 的背包。试问：各种物品应各取多少件放入背包，方可使背包中的所有物品总价值最高？

表 7-6 各种物品的重量和价值

物品	A	B	C
单件重量 w_i（kg/件）	2	3	1
单件价值 C_i（元/件）	60	80	40

解 此问题为背包问题。设第 i 种物品取 x_i 件放入背包，背包中的物品总价值记为 z，则有数学模型：

$$\max Z = 60x_1 + 80x_2 + 40x_3$$

$$\text{s. t.} \begin{cases} 2x_1 + 3x_2 + x_3 \leqslant 5 \\ x_i \geqslant 0 \text{ 且为整数}, i = 1,2,3 \end{cases}$$

建立如下动态规划数学模型（由阶段图 7-3 及六个要素组成）：

（1）阶段 n：物品。

（2）状态 s_n：$s_1 = \{5\}$，$s_2 = s_1 - w_1 x_1$，

$$\xrightarrow{\quad} \text{物品A} \xrightarrow{\quad} \text{物品B} \xrightarrow{\quad} \text{物品C}$$

图 7-3 阶段图

$s_3 = s_2 - w_2 x_2$。

（3）决策 x_n：$0 \leqslant x_1 \leqslant \dfrac{s_1}{w_1}$，$0 \leqslant x_2 \leqslant \dfrac{s_2}{w_2}$，$0 \leqslant x_3 \leqslant \dfrac{s_3}{w_3}$。

装入的物品件数 $x_1 = \{0,1,2\}$，$x_2 = \{0,1\}$，$x_3 = \{0,1,2,3,5\}$。

（4）状态转移方程：$s_{n+1} = s_n - w_n x_n$。

（5）阶段指标函数（价值）：$r_1(x_1) = 60 x_1$，$r_2(x_2) = 80 x_2$，$r_3(x_3) = 40 x_3$。

（6）指标递推方程：

$$f_n^*(s_n) = \max_{0 \leqslant x_n \leqslant s_n/w_n} \left[r_n(x_n) + f_{n+1}^*(s_{n+1}) \right] \quad (n = 3,2,1)$$

$$f_4^*(s_4) = 0$$

下面利用表格进行计算，从最后一个阶段开始。

当 $n = 3$ 时，$x_3 = s_3/w_3 = s_3$，且为整数，计算过程见表7-7。

表7-7　计算过程（一）

s_3	$f_3(s_3) = r_3(x_3) + f_4^*(s_4)$					$f_3^*(s_3)$	x_3^*
	0	1	2	3	5		
0	0					0	0
1	0	40				40	1
2	0	40	80			80	2
3	0	40	80	120		120	3
5	0	40	80	120	200	200	5

当 $n = 2$ 时，$x_2 \leqslant s_2/w_2 = s_2/3$，且为整数，$s_3 = s_2 - w_2 x_2$，计算过程见表7-8。

表7-8　计算过程（二）

s_2	$f_2(s_2) = r_2(x_2) + f_3^*(s_3)$		$f_2^*(s_2)$	x_2^*
	0	1		
1	$0 + 40 = 40$		40	0
3	$0 + 120 = 120$	$80 + 0 = 80$	120	0
5	$0 + 200 = 200$	$80 + 80 = 160$	200	0

当 $n = 1$ 时，$x_1 \leqslant s_1/w_1 = s_1/2$，且为整数，$s_2 = s_1 - w_1 x_1$，计算过程见表7-9。

表7-9　计算过程（三）

s_1	$f_1(s_1) = r_1(x_1) + f_2^*(s_2)$			$f_1^*(s_1)$	x_1^*
	0	1	2		
5	$0 + 200 = 200$	$60 + 120 = 180$	$120 + 40 = 160$	200	0

由此可知：$s_1 = 5$，$x_1^* = 0$。

$$s_2 = s_1 - w_1 x_1^* = 5 - 2 \times 0 = 5, \quad x_2^* = 0$$

$$s_3 = s_2 - w_2 x_2^* = 5 - 3 \times 0 = 5, \quad x_3^* = 5$$

则最优策略为 $x^* = \{ x_1^*, x_2^*, x_3^* \} = \{0,0,5\}$，$Z^* = f_1^*(s_1) = 200$。

应取 A 物品 0 件，B 物品 0 件，C 物品 5 件放入背包，才能使背包中的所有物品总价值最高，为 200 元。

7.4.3 随机性采购问题

实践中，状态的转移具有不确定的特点，它按照某种概率分布取值，这类多阶段决策问题是随机决策问题。动态规划方法可解决这种多阶段随机决策问题。

【例 7-5】 某建筑公司在近五周内采购一种材料，估计在未来五周内价格有所波动，已测得其浮动价格和相应概率见表 7-10。试求在哪一周以什么价格购入材料，能够使采购价格的数学期望值最小，并求出期望值。

表 7-10 材料价格变动范围及概率

材料价格	概率
400	0.3
500	0.3
600	0.4

解 该问题可分为五个阶段，每周为一个阶段，$k = 1, 2, \cdots, 5$；设每周的价格为状态，状态变量为 s_k，该周价格的期望值为 $\bar{s}_k$；决策变量为 0-1 变量 x_k，当决定采购时，$x_k = 1$，否则 $x_k = 0$；$V_k(s_k)$ 为第 k 周开始至第五周的指标值函数。

在进行决策时，基本思想是：如果当周采购的价格低于下周的预测值（期望值），则当周应采购，否则当周不采购；如果第五周未采购，则无论价格贵贱，均须采购，否则将影响生产。按此思想，建立的逆序递推公式为

$$V_k(s_k) = \min\{s_k, \bar{s}_k\}, \quad V_5(s_5) = s_5, \quad \bar{s}_k = \sum_{i=1}^{3} P_i V_{k+1}(s_{k+1})$$

（1）当 $k = 5$ 时，$V_5(s_5) = s_5$，故

$$V_5(400) = 400, \quad V_5(500) = 500, \quad V_5(600) = 600$$

（2）当 $k = 4$ 时，$\bar{s}_4 = 0.3 V_5(400) + 0.3 V_5(500) + 0.4 V_5(600) = 510$，故

$$V_4(s_4) = \min\{s_4, \bar{s}_4\} = \min\{s_4, 510\} = \begin{cases} 400, & \text{当 } s_4 = 400 \text{ 时}, \ x_4 = 1 \\ 500, & \text{当 } s_4 = 500 \text{ 时}, \ x_4 = 1 \\ 510, & \text{当 } s_4 = 600 \text{ 时}, \ x_4 = 0 \end{cases}$$

本周决策是当价格为 400 或 500 时采购。

（3）当 $k = 3$ 时，$\bar{s}_3 = 0.3 V_4(400) + 0.3 V_4(500) + 0.4 V_4(600) = 0.3 \times 400 + 0.3 \times 500 + 0.4 \times 510 = 474$，故

$$V_3(s_3) = \min\{s_3, 474\} = \begin{cases} 400, & \text{当 } s_3 = 400 \text{ 时}, \ x_3 = 1 \\ 474, & \text{当 } s_3 = 500 \text{ 或 } 600 \text{ 时}, \ x_3 = 0 \end{cases}$$

本周决策是当价格为 400 时采购。

（4）当 $k = 2$ 时，$\bar{s}_2 = 0.3 V_3(400) + 0.3 V_3(500) + 0.4 V_3(600) = 0.3 \times 400 + 0.3 \times 474 + 0.4 \times 474 = 451.8$，故

$$V_2(s_2) = \min\{s_2, 451.8\} = \begin{cases} 400, & \text{当 } s_2 = 400 \text{ 时，} x_2 = 1 \\ 451.8, & \text{当 } s_2 = 500 \text{ 或 } 600 \text{ 时，} x_2 = 0 \end{cases}$$

本周决策是当价格为 400 时采购。

（5）当 $k = 1$ 时，$\bar{s}_1 = 0.3 V_2(400) + 0.3 V_2(500) + 0.4 V_2(600) = 0.3 \times 400 + 0.3 \times 451.8 + 0.4 \times 451.8 = 436.26$，故

$$V_1(s_1) = \min\{s_1, 436.26\} = \begin{cases} 400, & \text{当 } s_1 = 400 \text{ 时，} x_1 = 1 \\ 436.26, & \text{当 } s_1 = 500 \text{ 或 } 600 \text{ 时，} x_1 = 0 \end{cases}$$

本周决策是当价格为 400 时采购。

本例中，第一周、第二周、第三周，当价格为 400 时采购，否则等待；第四周，当价格为 400 和 500 时采购，否则不采购；第五周时，无论价格为多少，均需采购。按上述策略采购该原料时的价格期望值为

$$E(s) = 400 \times 0.3 \times (1 + 0.7 + 0.7^2 + 0.7^3 - 0.3 \times 0.7^3 + 0.7^4) +$$
$$500 \times 0.3 \times (0.7^3 - 0.3 \times 0.7^3 + 0.7^4) + 600 \times 0.4 \times (0.7^4 - 0.3 \times 0.7^3)$$
$$= 400 \times 0.80106 + 500 \times 0.14406 + 600 \times 0.05488 = 425.382$$

该计算的含义是：

（1）价格为 400 时，五周均可做采购决策，但第一周只有 0.3 的可能选择该价格；第二周做采购决策的前提是在第一周未选择 400 价格的条件下（概率为 0.7），第二周选择该价格；第三周是在第一、二周均未选择 400 价格的条件下（概率为 0.7^2），第三周选择该价格；到第四周，价格为 400 和 500 时选择采购，它是在前三周均未选择 400 价格的条件下（概率为 0.7^3），扣除本周选择 500 的可能性（概率为 0.3×0.7^3）；第五周是在前四周均未做 400 采购决策的条件下（概率为 0.7^4）选择该价格。故选择 400 采购的概率为 0.80106。

（2）价格为 500 时，只有第四、五周可做该价格采购决策。第四周，价格为 400 和 500 时均可选择采购，它是在前三周均未选择 500 价格的条件下（概率为 0.7^3），扣除本周选择 400 的可能性（概率为 0.3×0.7^3）；第五周是在前四周均未做 500 采购决策的条件下（概率为 0.7^4）选择该价格。故选择 500 采购的概率为 0.14406。

（3）价格为 600 时，只有第五周可做采购决策，它是在前四周均未选择 400 价格的条件下（概率为 0.7^4），扣除第四周选择了 500 价格的可能性（概率为 0.3×0.7^3），故选择 600 采购价格的概率为 0.05488。

（4）三种价格选择的概率之和为 0.80106 + 0.14406 + 0.05488 = 1。

7.5 软件求解动态规划

动态规划求解的迭代过程是比较复杂的，用 LINGO 软件来求解动态规划问题可以提升效率，但使用前要把问题进行转化。

为了完成模型的转化，有必要对最短路径问题的本质进行探讨。最短路径问题用数学语言来表示就变成了如下问题：给定 n 个点 $v_i(i = 1, 2, \cdots, n)$ 组成集合 $\{v_i\}$，由集合中任一点

v_i 到另一点 v_j 的距离用 d_{ij} 表示，两点之间没有路则设 $d_{ij} = \infty$，显然 $d_{ii} = 0$。指定出发点为 v_1，终点为 v_n，求从点 v_1 到点 v_n 的最短路线。将以下例题进行转化。

【例7-6】 供应商要从其所在地 s_1 运输一批货物到某公司所在地 s_T，两公司中间有一个如图7-4所示的运输网络，路线中间的节点表示要经过的港口和城市，路线上的数字表示两地间的距离，试求一条运输路径，使所走距离最短。

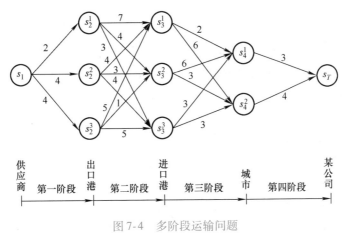

图7-4 多阶段运输问题

解 （1）描述点。图7-4中，城市和节点的对应关系见表7-11。

表7-11 城市和节点的对应关系

城市	s_1	s_2^1	s_2^2	s_2^3	s_3^1	s_3^3	s_3^3	s_4^1	s_4^2	s_T
节点	v_1	v_2	v_3	v_4	v_5	v_6	v_7	v_8	v_9	v_{10}

（2）确定 n，可知 $n = 10$。

（3）确定 d_{ij}，见表7-12，空白处为 ∞。

表7-12 各节点距离

节点	v_1	v_2	v_3	v_4	v_5	v_6	v_7	v_8	v_9	v_{10}
v_1	0	2	4	4						
v_2		0			7	4	∞			
v_3			0		4	3	4			
v_4				0	5	1	5			
v_5					0			2	6	
v_6						0		6	3	
v_7							0	3	3	
v_8								0		3
v_9									0	4
v_{10}										0

（4）递推方程。在这里，定义 $f(i)$ 是由点 v_i 出发至终点 v_n 的最短路程，则有

$$\begin{cases} f(i) = \min_{j} \{ d_{ij} + f(j) \} & (i = 1, 2, \cdots, n-1) \\ f(n) = 0 \end{cases}$$

这是一个简单的函数递推方程，逆序求解用 LINGO 可以很方便地解决。

第一步，在 LINGO 的命令窗口中输入此动态规划的模型，程序的源代码如下：

```
Model：
Data：
  n = 10;                ! 定义城市的个数;
Enddata
Sets：
    v/1..n/:f;           ! n 个城市的结构类型名为 v，包含 n 个成员;
                         ! 结构变量是 f，即 f(1)，…，f(n)，其中 f(i) 表示从城市 i 到
城市 n 的最短路径;
    Link(v,v)/
        1,2   1,3   1,4
        2,5   2,6   2,7
        3,5   3,6   3,7
        4,5   4,6   4,7
        5,8   5,9
        6,8   6,9
        7,8   7,9
        8,10
        9,10
        /:d,P;           ! Link 类型中有 n * n 个成员，分别表示两城市之间是否直接相
连，表示城市 1 和城市 2 直接相连，则用"1，2"来表示，以此类推。d (i，j) 将表示城
市 i 到城市 j 的距离，P (i，j) 表示城市 i 到城市 j 的路径;
    Endsets
Data：
    d = 2   4   4
        7   4   3
        4   3   4
        5   1   5
        2   6
        6   3
        3   3
        3
        4;
Enddata
f(@SIZE(v)) = 0;         ! @SIZE(v)等于 n,计算到城市 n 的最短路，则城市 n 到城
```

市 n 的距离或费用是 0；

@ FOR(v(i)|i#LT#@ SIZE(v)：

f(i) = @ MIN(Link(i,j):d(i,j) + f(j)))；！城市 i 到城市 n 最短距离一定是与 i 相连的所有城市 i 到城市 n 的最短距离 f(j) 与城市 i 到城市 j 直接距离 d(i，j) 之和的最小值；

@ FOR(Link(i,j)：

P(i,j) = @ if(f(i)#eq#d(i,j) + f(j),1,0))；

    End

然后，可以单击 File 菜单下的 Save，将模型保存，供以后使用。

第二步，单击 LINGO 菜单下的 Solve 菜单项，对模型进行求解。结果见表 7-13。

表 7-13　LINGO 求解城市间最短距离

Variable	Value	Variable	Value	Variable	Value
f(1)	11.000000	P(1,2)	1.000000	P(4,6)	1.000000
f(2)	9.000000	P(1,3)	0.000000	P(4,7)	0.000000
f(3)	9.000000	P(1,4)	0.000000	P(5,8)	1.000000
f(4)	8.000000	P(2,5)	0.000000	P(5,9)	0.000000
f(5)	5.000000	P(2,6)	0.000000	P(6,8)	0.000000
f(6)	7.000000	P(2,7)	1.000000	P(6,9)	1.000000
f(7)	6.000000	P(3,5)	1.000000	P(7,8)	1.000000
f(8)	3.000000	P(3,6)	0.000000	P(7,9)	0.000000
f(9)	4.000000	P(3,7)	0.000000	P(8,10)	1.000000
f(10)	0.000000	P(4,5)	0.000000	P(9,10)	1.000000

第三步，对结果进行分析，得出结论。第一，f(1),f(2),…,f(10) 分别显示了从点 v_1，v_2,…,v_9,v_{10} 到终点 v_{10} 的最短距离。可以看出，从始点到终点的最短距离是 11，与手工求解结果一样。第二，d(i，j) 显示的是 v_i 到 v_j 的直接距离，这些值是在模型初始化时设定的，表 7-13 中未列出。第三，P(i，j) 显示的是从点 v_i 到终点的最短路径中是否经过 v_j 的路径，如 P(1，2) = 1.000000 表示从点 v_1 到终点的最短路径要经过 v_2，而 P(1，3) = P(1，4) = 0.000000 表示从点 v_1 到终点的最短路径不经过 v_3、v_4。注意这里的某点 v_i 不一定是始点。由此追踪路径可以得

$$v_1 \rightarrow v_2 \rightarrow v_7 \rightarrow v_8 \rightarrow v_{10}$$

$$v_3 \rightarrow v_5 \rightarrow v_8 \rightarrow v_{10}$$

$$v_4 \rightarrow v_6 \rightarrow v_9 \rightarrow v_{10}$$

【思考题】

1. 试述多阶段决策问题。

2. 试述动态规划方法中阶段、状态、决策和策略、状态转移方程、指标函数概念的含义。

3. 试述动态规划方法的基本思想与最优化原理，概括建立动态规划模型的基本步骤。

4. 试述动态规划中逆序求解思路。

5. 动态规划与静态规划有哪些共同点和本质区别？

6. 说明动态规划求解非线性规划的优缺点。

7. 试举例子论述动态规划模型在经济管理中的应用。

【练习题】

1. 用动态规划方法求解图 7-5 所示的从 s_1 到 s_T 的最短路线及其长度，再用狄克斯特拉法求解并比较求解结果。

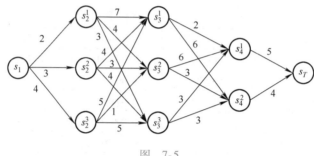

图 7-5

2. 用动态规划方法求解下列非线性规划问题：

（1） $\max Z = x_1 x_2^2 x_3$

s. t. $\begin{cases} x_1 + x_2 + x_3 = 6 \\ x_i \geq 0 \quad (i = 1, 2, 3) \end{cases}$

（2） $\max Z = x_1^2 + 2x_2^2 + x_3^2 - 4(x_1 + x_2 + x_3)$

s. t. $\begin{cases} x_1 + x_2 + x_3 = 9 \\ x_i \geq 0 \quad (i = 1, 2, 3) \end{cases}$

（3） $\max Z = x_1 x_2 x_3$

s. t. $\begin{cases} x_1 + 5x_2 + 2x_3 \leq 18 \\ x_i \geq 0 \quad (i = 1, 2, 3) \end{cases}$

（4） $\max Z = 4x_1^2 - x_2^2 + 2x_3^2 + 18$

s. t. $\begin{cases} 3x_1 + 2x_2 + x_3 \leq 9 \\ x_i \geq 0 \quad (i = 1, 2, 3) \end{cases}$

3. 超市选址问题：某大型超市集团拟在某城市设三个超市，可选择的区域为城南、城西、城东，根据前期的市场调查和咨询结果，在不同区域设置不同数量的超市，每天的营业额见表 7-14。问这三个超市应如何分布，才能使总的营业额最大？

表 7-14　城南、城西、城东每天的营业额　　　　　　　　　　单位：万元

区域	超市数量		
	1	2	3
城南	22	32	45
城西	18	28	33
城东	20	34	46

4. 某公司拟拨出 50 万元对所属三家工厂进行技术改造。若以 10 万元为最小分割单位，各厂收益与投资的关系见表 7-15。要求公司系统分析组判断，对这三家工厂如何分配这 50 万元，才能使收益达到最大？

表 7-15 各厂收益与投资的关系

投资额（10 万元）	工厂 1 收益（万元）	工厂 2 收益（万元）	工厂 3 收益（万元）
0	0	0	0
1	4.5	2.0	5.0
2	7.0	4.5	7.0
3	9.0	7.5	8.0
4	10.5	11.0	10.0
5	12.0	15.0	13.0

5. 某公司需要在近五周内采购一批原料，估计在未来五周内价格有波动，其浮动价格和概率（可能性）见表 7-16。试求各周以什么价格购入，使采购价格最为合理？使支出的数学期望值最小。

表 7-16 原料浮动价格和概率

单价（千元/t）	概率
18	0.4
16	0.3
14	0.3

6. 有一辆最大货运量为 10t 的卡车，用以装载三种货物，每种货物的单位重量及相应单位价值见表 7-17。应如何装载可使总价值最大？

表 7-17 货物单位重量及相应单位价值

货物编号（i）	1	2	3
单位重量/t	3	4	5
单位价值（c_i）	4	5	6

7. 某工厂有 100 台机器，拟分为四个周期使用，在每一周期有两种生产任务。根据经验，把机器 x_1 台投入第一种生产任务，则在一个生产周期中将有 1/3 机器作废；余下的机器全部投入第二种生产任务，则有 1/10 机器作废。如果完成第一种生产任务每台机器可收益 10，完成第二种生产任务每台机器可收益 7。问怎样分配机器，使总收益最大？

8. 某公司有四台设备，准备生产甲、乙、丙三种产品，每种产品获得设备后预计可创造的利润见表 7-18，应如何分配设备才能使企业获得利润最多？

表 7-18 产品生产利润表

产品	设备台数				
	0	1	2	3	4
甲	0	2	4	5	6
乙	0	3	5	6	7
丙	0	1	4	7	8

9. 某公司需要在未来四周内采购一批原材料，估计在未来四周内价格会有一定波动。假设价格波动具有 60 元、70 元、80 元和 90 元四种状态，其概率分别为 0.2、0.3、0.4 和 0.1。试确定该公司的最佳采购计划，以使期望采购成本最小。

第 8 章

对 策 分 析

学习要点

1. 掌握对策分析的基本要素；
2. 掌握二人有限零和对策的分析方法；
3. 掌握二人有限非零和对策的分析方法。

在漫漫人类历史上，我们可以看到形形色色的竞争现象。处于竞争对立的双方，总是千方百计地谋求对自己有利的策略。《三国演义》中，曹操在赤壁之战中大败而逃。当逃到一个岔路口时，面前有两条路，一条是比较平整的大道，另一条则是崎岖的小道华容道。曹操令人上山观望，得知大道并无动静，而华容道上却有数处狼烟，于是当即决定从华容道出逃，最终却落入了关羽的埋伏。这是一个典型的对策论案例，曹操与诸葛亮双方在较量过程中对对方的心思及所用的招数进行揣测推理，对对方下一步可能怎样行动进行推理，根据对方的步骤思量对策，力求出其不意地战胜对方。这个故事也启示我们，每当遇到困难时，不要一成不变，要开动脑筋想办法解决问题。

思考：

1. 在这个故事中，曹操和诸葛亮各有几种可能的行动策略？分别是什么？
2. 曹操和诸葛亮分别选择的策略是否最优？

8.1 对策论概述

对策论又被称为博弈论，它的研究对象是具有竞争活动能力的参与人进行的竞争活动。这种活动的特点是竞争结果纯粹依赖于竞争双方的主观能动作用和所采取的策略。对策论运用数学方法研究竞争者不同行为策略之间的相互影响，预测竞争对手的策略，并确定己方的优化策略。对策论研究的范围很广泛，从简单的掷骰子、下棋到两军对垒、企业竞争与合作，都是对策论研究的范畴。

对策论的思想古已有之，中国古代的《孙子兵法》就被视为最早的一部博弈论著作，但到了 20 世纪，人们才开始从理论层面围绕对策论进行严格的讨论。1928 年，冯·诺依曼证明了对策论的基本原理，从而宣告了对策论的正式诞生。1944 年，冯·诺依曼和摩根斯坦共著的划时代巨著《博弈论与经济行为》将二人博弈推广到 n 人博弈结构，并将对策论系统地应用于经济领域，从而奠定了这一学科的基础和理论体系。1951 年，约翰·福布斯·纳什（John Forbes Nash Jr）利用不动点定理证明了均衡点的存在，给出了纳什均衡的概念和均衡存在定理，为博弈论的一般化奠定了坚实的基础。此后在众多学者的研究推动下，对策论逐渐发展成一门较完善的学科。

8.1.1 对策行为与对策论

在日常生活中，经常会看到一些相互之间具有斗争或竞争性质的行为，从下棋、打牌、体育比赛到两军对垒、企业竞争。竞争的双方都力图选取对自己最有利的策略，千方百计去战胜对手。我国古代齐王与田忌赛马的故事，就是一个典型的对策问题。战国时期齐王和田忌赛马，各从自己的上等马、中等马、下等马中选出一匹进行比赛，每输一局，输银千两。齐王的马都比田忌的马好，但田忌的谋士出了一个主意，让田忌的下等马与齐王的上等马比赛，而用上等马和中等马分别与齐王的中等马和下等马比赛，这样田忌非但没输，反而赢银千两。由这个故事可知，每个局中人所采取的策略是非常重要的。

具有斗争或竞争性质的行为称为对策行为，也称为博弈。在这类行为中，参加斗争或竞争的各方各自具有不同的目标和利益。为了达到各自的目标和利益，各方必须考虑对手的各种可能的行动方案，并力图选取对自己最有利或最合理的方案。对策论就是研究在对策行为中，斗争各方是否存在最有利或最合理的行动方案，以及如何找到最有利或最合理行动方案的数学理论和方法。

8.1.2 对策问题的基本要素

1. 局中人

在一个对策行为（或一局对策）中，有权决定自己行动方案的对策参加者称为局中人。一般要求一个对策中至少要有两个局中人。有两个局中人的对策问题为二人对策，有多个局中人的对策问题为多人对策。田忌赛马就是一个二人对策问题，齐王和田忌就是参与对策的两个局中人。

2. 策略和策略集

一局对策中，可供局中人选择的一个实际可行的完整行动方案称为一个策略。策略可以是只含有一步行动的行动方案，如石头、剪刀、布，也可以是由多步行动组成的方案。在"田忌赛马"的例子中，参加双方的每个策略中都含有三个行动步骤，如用上、中、下表示以上等马、中等马、下等马分别进行参赛的一个次序，这就是一个完整的行动方案，即为一个策略。

通常，一个局中人至少要有两个以上的策略可供选择，把局中人的策略全体称为策略集合。如对于参加二人对策的齐王和田忌，都有策略集 $S = \{$上中下、上下中、中下上、中上下、下中上、下上中$\}$，齐王的策略"上中下"和田忌的策略"下上中"分别是各自策略集中的一个策略。

3. 局势

当每个局中人从各自策略集合中选择一个策略而组成的策略组称为一个局势。如局中人

Ⅰ和局中人Ⅱ的对局中，$S_1 = \{\alpha_1, \alpha_2, \cdots, \alpha_m\}$ 和 $S_2 = \{\beta_1, \beta_2, \cdots, \beta_n\}$，$\alpha_i$ $(i = 1, 2, \cdots,$ $m)$、β_j $(j = 1, 2, \cdots, n)$ 分别表示局中人Ⅰ和局中人Ⅱ的一个策略，则 (α_i, β_j) 表示一个局势。在田忌赛马的故事中，齐王选择的"上中下"策略与田忌选择的"下上中"策略构成了一个局势（上中下，下上中）。

4. 支付矩阵

当一个局势出现后，对策的结果也就确定了，此时局中人将得到相应的收益或损失。支付是指局中人选定某策略后，在相应局势下得到的收益值（损失值），又称损益值、赢得值或效用值。对于局势 (α_i, β_j)，局中人Ⅰ的损益值可用 $a_1(\alpha_i, \beta_j)$ 表示，局中人Ⅱ的损益值可用 $a_2(\alpha_i, \beta_j)$ 表示。显然，损益值是局势的函数。对应所有局势的损益值可以组成一个矩阵，即为支付矩阵。"田忌赛马"中，齐王可能选择的六个策略与田忌的六个策略一共可以组成 36 个局势，齐王的支付矩阵见表 8-1。

表 8-1　齐王的支付矩阵

齐王的策略	田忌的策略					
	β_1：上中下	β_2：上下中	β_3：中上下	β_4：中下上	β_5：下中上	β_6：下上中
α_1：上中下	3	1	1	1	1	−1
α_2：上下中	1	3	1	1	−1	1
α_3：中上下	1	−1	3	1	1	1
α_4：中下上	−1	1	1	3	1	1
α_5：下中上	1	1	−1	1	3	1
α_6：下上中	1	1	1	−1	1	3

8.1.3　对策的分类

根据局中人、策略与策略集、局势、支付矩阵等的差别，对策问题可分为各种类型，其分类如图 8-1 所示。

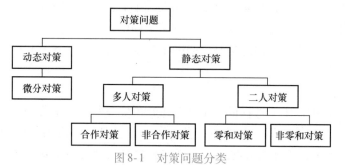

图 8-1　对策问题分类

本章将着重介绍二人有限零和对策以及二人有限非零和对策的基本内容。

8.2　二人有限零和对策

8.2.1　基本概念

二人有限零和对策是指只有两个参加对策的局中人，每个局中人都只有有限个策略可供选择。在任一局势下，两个局中人的损益值之和总是等于零，双方的利益是激烈对抗的，一方的所得即为另一方的所失。

给定局中人 I、局中人 II，局中人 I 共有 m 种策略，其策略集为 $S_1 = \{\alpha_1, \alpha_2, \cdots, \alpha_m\}$，$\alpha_i$ 表示局中人 I 的一个策略；局中人 II 共有 n 种策略，其策略集为 $S_2 = \{\beta_1, \beta_2, \cdots, \beta_n\}$，$\beta_j$ 表示若局中人 II 的一个策略。若局中人 I 采用第 i 种策略，若局中人 II 采用第 j 种策略，就构成了一个局势 (α_i, β_j)，这样的局势共有 $m \times n$ 个。对任一局势 (α_i, β_j)，记局中人 I 的收益值为 a_{ij}，则局中人 I 的支付矩阵为

$$
A = \begin{pmatrix}
a_{11} & a_{12} & \cdots & a_{1n} \\
a_{21} & a_{22} & \cdots & a_{2n} \\
\vdots & \vdots & & \vdots \\
a_{m1} & a_{m2} & \cdots & a_{mn}
\end{pmatrix}
$$

由于对策为零和对策，故局中人 II 的支付矩阵就是 $-A^{\mathrm{T}}$。

当局中人 I、局中人 II 和策略集 S_1、策略集 S_2 及局中人 I 的支付矩阵 A 确定后，一个矩阵对策也就给定了。通常，将一个矩阵对策记成 $G = \{I, II; S_1, S_2; A\}$ 或 $G = \{S_1, S_2; A\}$。

"田忌赛马"是一个矩阵策略。其中

齐王的策略集：$S_1 = \{\alpha_1, \alpha_2, \alpha_3, \alpha_4, \alpha_5, \alpha_6\}$

田忌的策略集：$S_2 = \{\beta_1, \beta_2, \beta_3, \beta_4, \beta_5, \beta_6\}$

齐王的支付矩阵：

$$
A = \begin{pmatrix}
3 & 1 & 1 & 1 & 1 & -1 \\
1 & 3 & 1 & 1 & -1 & 1 \\
1 & -1 & 3 & 1 & 1 & 1 \\
-1 & 1 & 1 & 3 & 1 & 1 \\
1 & 1 & -1 & 1 & 3 & 1 \\
1 & 1 & 1 & -1 & 1 & 3
\end{pmatrix}
$$

8.2.2 纯策略对策模型

人们称 $G = \{S_1, S_2; A\}$ 为一个纯策略对策模型，其中局中人 I、局中人 II 的策略集合分别为 $S_1 = \{\alpha_1, \alpha_2, \cdots, \alpha_m\}$ 和 $S_2 = \{\beta_1, \beta_2, \cdots, \beta_n\}$，局中人 I 的支付矩阵为 $A = (a_{ij})_{m \times n}$。

1. 纯策略分析

对策中，双方局中人都将确定自己的最佳策略，其实质也是一个决策过程。因此每个局中人首先要对自己的每个策略（行动方案）按某个准则进行评价，在对策中还要充分考虑对方的策略选择所造成的影响，其实际是一种竞争性决策。

局中人 I 认为，当自己选择 α_i 策略时，对方必然选择对自己最不利的策略，即让自己损益值最小的策略，因此局中人 I 对每个策略 α_i 的评价值为 $f(\alpha_i)$。

$$
\alpha_i \xleftarrow{\text{评价}} f(\alpha_i) = \min_j a_{ij}
$$

因此局中人 I 选择的策略模型为

$$\alpha_i^* \leftarrow \max_i f(\alpha_i) = \max_i \min_j a_{ij} = V_{\max}$$

同样，局中人 II 认为，自己选择策略 β_j 时，局中人 I 会选择对自己最不利的策略，即让局中人 I 获得最大收益的策略。因此，他对策略 β_j 的评价值 $g(\beta_j)$ 为

$$\beta_j \xleftarrow{\text{评价}} g(\beta_j) = \max_i a_{ij}$$

因此局中人 II 确定策略的决策模型为

$$\beta_j^* \leftarrow \min_j g(\beta_j) = \min_j \max_i a_{ij} = V_{\min}$$

2. 最优纯策略与鞍点

当矩阵对策模型给定后，各局中人面临的问题便是如何选取对自己最有利的纯策略，以谋取最大的收益（或最少损失）。对于一般矩阵对策，有如下定义：

> **【定义 8-1】** 设 $G = \{S_1, S_2; A\}$ 为矩阵对策。其中
> $$S_1 = \{\alpha_1, \alpha_2, \cdots, \alpha_m\}, S_2 = \{\beta_1, \beta_2, \cdots, \beta_n\}, A = (a_{ij})_{m \times n}$$
> 若等式
> $$\max_i \min_j a_{ij} = \min_j \max_i a_{ij} = a_{i^*j^*} \tag{8-1}$$
> 成立，记 $V_G = a_{i^*j^*}$，则称 V_G 为对策 G 的值，称使式（8-1）成立的纯局势 $(\alpha_{i^*}, \beta_{j^*})$ 为 G 在纯策略下的解（或平衡局势），α_{i^*} 与 β_{j^*} 分别称为局中人 I、局中人 II 的最优纯策略。

由定义 8-1 可知，在矩阵对策中，如果最优纯策略存在，两个局中人都采取最优纯策略才是理智的行动。

【例 8-1】 求解矩阵对策 $G = \{S_1, S_2; A\}$，其中

$$A = \begin{pmatrix} -7 & 1 & -8 \\ 6 & 2 & 4 \\ 16 & -1 & -9 \\ -3 & 0 & 5 \end{pmatrix}$$

解 根据矩阵 A，得表 8-2。

表 8-2 支付矩阵

行	列			$\min_j a_{ij}$
	β_1	β_2	β_3	
α_1	-7	1	-8	-8
α_2	6	2	4	2*
α_3	16	-1	-9	-9
α_4	-3	0	5	-3
$\max_i a_{ij}$	16	2*	5	

于是

$$\max_i \min_j a_{ij} = \min_j \max_i a_{ij} = a_{22} = 2$$

由定义 8-1，$V_G = 2$，G 的解为 (α_2, β_2)，α_2 与 β_2 分别是局中人 I 和局中人 II 的最优纯

策略。

从例 8-1 可以看出，矩阵 A 的元素 a_{22} 既是其所在行的最小元素，又是其所在列的最大元素，即

$$a_{i2} \leqslant a_{22} \leqslant a_{2j} \quad (i = 1,2,3,4; j = 1,2,3)$$

将这一事实推广到一般矩阵对策，可得如下定理。

【定理 8-1】 矩阵对策 $G = \{S_1, S_2; A\}$ 在纯策略意义下有解的充分必要条件是存在纯局势 $(\alpha_{i^*}, \beta_{j^*})$ 使得对一切 $i = 1, \cdots, m; j = 1, \cdots, n$，均有

$$a_{ij^*} \leqslant a_{i^*j^*} \leqslant a_{i^*j} \tag{8-2}$$

为了便于对更广泛的对策情形进行分析，现引进关于二元函数鞍点的概念。

【定义 8-2】 设 $f(x,y)$ 为一个定义在 $x \in A$ 及 $y \in B$ 上的实值函数，如果存在 $x^* \in A$，$y^* \in B$，使得对一切 $x \in A$ 和 $y \in B$，有

$$f(x,y^*) \leqslant f(x^*,y^*) \leqslant f(x^*,y) \tag{8-3}$$

则称 (x^*, y^*) 为函数 f 的一个鞍点。

由定义 8-2 及定理 8-1 可知，矩阵对策 G 在纯策略意义下有解，且 $V_G = a_{i^*j^*}$ 的充要条件是：$a_{i^*j^*}$ 是矩阵 A 的一个鞍点，即 A 中存在元素 $a_{i^*j^*}$ 是其所在行中最小的同时又是其所在列中最大的。在对策论中，矩阵 A 的鞍点也称为对策的鞍点。

关于定理 8-1 中式（8-2）的直观解释是如果 $a_{i^*j^*}$ 既是矩阵 $A = (a_{ij})_{m \times n}$ 中第 i^* 行的最小值，又是 A 中第 j^* 列的最大值，则 $a_{i^*j^*}$ 即为对策的值，且 $(\alpha_{i^*}, \beta_{j^*})$ 就是对策的解。其对策意义是一个平衡局势 $(\alpha_{i^*}, \beta_{j^*})$ 应具有这样的性质，当局中人 I 选取了纯策略 α_{i^*} 后，局中人 II 为了使其所失最少，只有选择纯策略 β_{j^*}，否则就可能失得更多；反之，当局中人 II 选取了纯策略 β_{j^*} 后，局中人 I 为了得到最大的赢得也只能选取纯策略 α_{i^*}，否则就会赢得更少。双方的竞争在局势 $(\alpha_{i^*}, \beta_{j^*})$ 下达到了一个平衡状态。

【例 8-2】 求对策的解。设矩阵对策 $G = \{S_1, S_2; A\}$，其中 $S_1 = \{\alpha_1, \alpha_2, \alpha_3, \alpha_4\}$，$S_2 = \{\beta_1, \beta_2, \beta_3, \beta_4\}$，支付矩阵为

$$A = \begin{pmatrix} 6 & 5 & 6 & 5 \\ 3 & 4 & -1 & 2 \\ 8 & 5 & 7 & 5 \\ 0 & 2 & 6 & 2 \end{pmatrix}$$

解 直接在 A 提供的支付矩阵上计算，有

$$
\begin{array}{cccccc}
 & \beta_1 & \beta_2 & \beta_3 & \beta_4 & \min \\
\alpha_1 & 6 & 5 & 6 & 5 & 5^* \\
\alpha_2 & 3 & 4 & -1 & 2 & -1 \\
\alpha_3 & 8 & 5 & 7 & 5 & 5^* \\
\alpha_4 & 0 & 2 & 6 & 2 & 0 \\
\max & 8 & 5^* & 7 & 5^* &
\end{array}
$$

$$\max_i \min_j a_{ij} = \min_j \max_i a_{ij} = a_{i^*j^*} = 5$$

其中

$$i^* = 1,3; \quad j^* = 2,4$$

故 (α_1, β_2)、(α_1, β_4)、(α_3, β_2)、(α_3, β_4) 四个局势都是对策的解，且 $V_G = 5$。

由例8-2可知，一般矩阵对策的解可以是非唯一的。当解为非唯一时，解之间的关系具有下面两条性质：

性质8-1 无差别性。即若 $(\alpha_{i_1}, \beta_{j_1})$ 和 $(\alpha_{i_2}, \beta_{j_2})$ 是对策 G 的两个解，则 $a_{i_1j_1} = a_{i_2j_2}$。

性质8-2 可交换性。即若 $(\alpha_{i_1}, \beta_{j_1})$ 和 $(\alpha_{i_2}, \beta_{j_2})$ 是对策 G 的两个解，则 $(\alpha_{i_1}, \beta_{j_2})$ 和 $(\alpha_{i_2}, \beta_{j_1})$ 也是解。

这两条性质表明，矩阵对策的解不必是唯一的，但对策的值是唯一的。即当局中人 I 采用构成解的最优纯策略时，能保证他的损益值 V_G 不依赖于对方的纯策略。

3. 优超原理

对于一个对策 $G = \{S_1, S_2; A\}$，对 $\alpha_k \in S_1$ 至少存在一个策略 $\alpha_i \in S_1$，满足

$$a_{ij} \geq a_{kj} \quad (j = 1, \cdots, n)$$

称 α_k 为局中人 I 的一个劣策略。因为在任何情况下，策略 α_i 都优于策略 α_k，则在对策分析中可不考虑 α_k，且可从策略集 S_1 中取消它。同时，可在支付矩阵 A 中删去第 k 行支付值。同样对局中人 II 也如此，若策略 β_j 与 β_k，满足

$$\beta_{ij} \leq \beta_{ik} \quad (i = 1, \cdots, m)$$

认为策略 β_j 优于 β_k，可从 S_2 中删去 β_k，并从 A 矩阵中删去第 k 列支付值。用此方法来降低支付矩阵的阶数，从而简化问题，称此为优超原理。

【例8-3】 利用优超原理求解下列对策：

$$\begin{array}{c} & \beta_1 & \beta_2 & \beta_3 \\ \alpha_1 \\ \alpha_2 \\ \alpha_3 \end{array} \begin{pmatrix} -1 & 0 & 2 \\ 5 & 4 & 6 \\ 2 & 5 & 6 \end{pmatrix}$$

解 首先利用优超原理将上述矩阵对策降维。

$$\begin{pmatrix} -1 & 0 & 2 \\ 5 & 4 & 6 \\ 2 & 5 & 6 \end{pmatrix} \xrightarrow{\alpha_3 > \alpha_1} \begin{pmatrix} 5 & 4 & 6 \\ 2 & 5 & 6 \end{pmatrix} \xrightarrow{\beta_3 > \beta_2} \begin{pmatrix} 5 & 4 \\ 2 & 5 \end{pmatrix} = A$$

其中的符号"$>$"表示优于。对于 A，$\max_i \min_j a_{ij} = 4$，$\min_j \max_i a_{ij} = 5$，两者不相等，故此矩阵对策没有鞍点。

简化矩阵时还有一个有用的性质：将矩阵中的元素都加上或乘以一个非零数，所得矩阵相应的对策与原矩阵相应的对策同解，只是值要相应加上或乘以该数。

8.2.3 混合策略对策模型

1. 基本概念

在一局纯策略矩阵对策中没有鞍点，或者对策要进行多次时，任一方坚持采用一种固定的策略是不明智的。对无鞍点对策的求解要采用混合策略，混合策略就是局中人考虑以某种概率分布来选择其各个策略。

（1）混合策略。m 维概率向量 $\boldsymbol{x} = (x_1, x_2, \cdots, x_m)^{\mathrm{T}}$，$\sum\limits_{i=1}^{m} x_i = 1$，$x_i \geq 0$（$i = 1, 2, \cdots, m$）称为局中人 I 的一个混合策略，即局中人 I 选择策略 α_i 的概率为 x_i。

n 维概率向量 $\boldsymbol{y} = (y_1, y_2 \cdots, y_n)^{\mathrm{T}}$，$\sum\limits_{j=1}^{n} y_j = 1$，$y_j \geq 0$（$j = 1, 2, \cdots, n$）称为局中人 II 的一个混合策略。局中人 II 选择策略 β_j 的概率为 y_j。

（2）混合策略集合。人们称集合

$$S_1^* = \left\{ \boldsymbol{x} = (x_1, x_2, \cdots, x_m)^{\mathrm{T}} \,\Big|\, \sum_{i=1}^{m} x_i = 1, x_i \geq 0 \right\}$$ 为局中人 I 的混合策略集合；

$$S_2^* = \left\{ \boldsymbol{y} = (y_1, y_2, \cdots, y_n)^{\mathrm{T}} \,\Big|\, \sum_{j=1}^{n} y_j = 1, y_j \geq 0 \right\}$$ 为局中人 II 的混合策略集合。

（3）混合局势。当局中人 I 选择混合策略 $\boldsymbol{x}$、局中人 II 选择混合策略 $\boldsymbol{y}$ 时，称 $(\boldsymbol{x}, \boldsymbol{y})$ 为一个混合局势。

（4）收益期望值。对于一个混合局势 $(\boldsymbol{x}, \boldsymbol{y})$，用

$$E(\boldsymbol{x}, \boldsymbol{y}) = \sum_{i=1}^{m} x_i \left(\sum_{j=1}^{n} a_{ij} y_j \right) = \boldsymbol{x}^{\mathrm{T}} \boldsymbol{A} \boldsymbol{y}$$

表示局中人 I 在混合局势 $(\boldsymbol{x}, \boldsymbol{y})$ 时的收益期望值。

（5）混合策略对策模型。对于一个纯策略对策 $G = (S_1, S_2; \boldsymbol{A})$，用 $G^* = (S_1^*, S_2^*; E)$ 表示一个与之相应的混合策略矩阵对策，也称 G 的一个混合扩充。

2. 混合策略分析

混合策略对策 $G^* = (S_1^*, S_2^*; E)$ 仍然是一个竞争性决策问题。局中人在选择混合策略时，也首先要对其各混合策略进行评价，在评价时应考虑对方可能采用的混合策略。

局中人 I 选择混合策略 $\boldsymbol{x}$ 时，认为局中人 II 必采用使局中人 I 期望收益最小的混合策略 $\boldsymbol{y_x}$，所以局中人 I 对其混合策略的评价函数为

$$f(\boldsymbol{x}) = \min_{\boldsymbol{y} \in S_2^*} E(\boldsymbol{x}, \boldsymbol{y}) = \min_{\boldsymbol{y} \in S_2^*} \boldsymbol{x}^{\mathrm{T}} \boldsymbol{A} \boldsymbol{y}$$
$$f(\boldsymbol{x}) = \min_{\boldsymbol{y} \in S_2^*} E(\boldsymbol{x}, \boldsymbol{y}) = E(\boldsymbol{x}, \boldsymbol{y_x})$$

局中人 I 的策略决策模型为

$$\max_{\boldsymbol{x} \in S_1^*} f(\boldsymbol{x}) = \max_{\boldsymbol{x} \in S_1^*} \min_{\boldsymbol{y} \in S_2^*} E(\boldsymbol{x}, \boldsymbol{y}) = E(\boldsymbol{x}^*, \boldsymbol{y_x}^*) \rightarrow \boldsymbol{x}^*$$

同样，局中人 II 若采用混合策略 $\boldsymbol{y}$，认为局中人 I 必采用使局中人 I 期望收益最大的混合策略，所以局中人 II 对其混合策略的评价函数为

$$g(\boldsymbol{y}) = \max_{\boldsymbol{x} \in S_1^*} E(\boldsymbol{x}, \boldsymbol{y}) = \max_{\boldsymbol{x} \in S_1^*} \boldsymbol{x}^{\mathrm{T}} \boldsymbol{A} \boldsymbol{y}$$

$$g(\boldsymbol{y}) = \max_{\boldsymbol{x} \in S_1^*} E(\boldsymbol{x}, \boldsymbol{y}) = \max_{\boldsymbol{x} \in S_1^*} E(\boldsymbol{x_y}, \boldsymbol{y})$$

局中人 II 的策略决策模型为

$$\min_{\boldsymbol{y} \in S_2^*} g(\boldsymbol{y}) = \min_{\boldsymbol{y} \in S_2^*} \max_{\boldsymbol{x} \in S_1^*} E(\boldsymbol{x}, \boldsymbol{y}) = E(\boldsymbol{x_y^*}, \boldsymbol{y^*}) \rightarrow \boldsymbol{y^*}$$

容易证明下列定理。

【定理 8-2】 设 $G^* = (S_1^*, S_2^*; E)$ 是混合策略对策，那么必有

$$E(\boldsymbol{x_{y^*}}, \boldsymbol{y^*}) = \min_{\boldsymbol{y} \in S_2^*} \max_{\boldsymbol{x} \in S_1^*} E(\boldsymbol{x}, \boldsymbol{y}) \geq \max_{\boldsymbol{x} \in S_1^*} \min_{\boldsymbol{y} \in S_2^*} E(\boldsymbol{x}, \boldsymbol{y}) = E(\boldsymbol{x^*}, \boldsymbol{y_{x^*}})$$

3. 混合策略对策的解及基本定理

若混合策略对策 $G^* = (S_1^*, S_2^*; E)$，满足

$$E(\boldsymbol{x^*}, \boldsymbol{y_{x^*}}) = \max_{\boldsymbol{x} \in S_1^*} \min_{\boldsymbol{y} \in S_2^*} E(\boldsymbol{x}, \boldsymbol{y}) = \min_{\boldsymbol{y} \in S_2^*} \max_{\boldsymbol{x} \in S_1^*} E(\boldsymbol{x}, \boldsymbol{y}) = E(\boldsymbol{x_{y^*}}, \boldsymbol{y^*})$$

根据定理 8-1，必有 $E(\boldsymbol{x^*}, \boldsymbol{y_{x^*}}) = E(\boldsymbol{x^*}, \boldsymbol{y^*}) = E(\boldsymbol{x_{y^*}}, \boldsymbol{y^*})$，则称混合局势 $(\boldsymbol{x^*}, \boldsymbol{y^*})$ 为 G^* 的一个鞍点，$\boldsymbol{x^*}$ 为局中人 I 的最优混合策略，$\boldsymbol{y^*}$ 为局中人 II 的最优混合策略，$V = E(\boldsymbol{x^*}, \boldsymbol{y^*})$ 为混合策略对策 G^* 的值，$(\boldsymbol{x^*}, \boldsymbol{y^*})$ 为 G^* 的一个解。

和定理 8-1 类似，可给出混合策略对策 G 解存在的鞍点型充要条件。

【定理 8-3】 混合策略对策 $G^* = (S_1^*, S_2^*; E)$ 有解的充要条件是存在 $\boldsymbol{x^*} \in S_1^*$，$\boldsymbol{y^*} \in S_2^*$，使 $(\boldsymbol{x^*}, \boldsymbol{y^*})$ 为函数 $E(\boldsymbol{x}, \boldsymbol{y})$ 的鞍点，即对任意 $\boldsymbol{x} \in S_1^*$，$\boldsymbol{y} \in S_2^*$，均有

$$E(\boldsymbol{x}, \boldsymbol{y^*}) \leq E(\boldsymbol{x^*}, \boldsymbol{y^*}) \leq E(\boldsymbol{x^*}, \boldsymbol{y})$$

【定理 8-4】 设 $\boldsymbol{x^*} \in S_1^*$，$\boldsymbol{y^*} \in S_2^*$，则 $(\boldsymbol{x^*}, \boldsymbol{y^*})$ 为 G 的解的充要条件是存在数 v，使得 $\boldsymbol{x^*}$ 和 $\boldsymbol{y^*}$ 分别是式（8-4）和式（8-5）的解，且 $v = V_G$。

$$\begin{cases} \sum_i a_{ij} x_i \geq v & (j = 1, \cdots, n) \\ \sum_i x_i = 1 \\ x_i \geq 0 & (i = 1, \cdots, m) \end{cases} \tag{8-4}$$

$$\begin{cases} \sum_j a_{ij} y_j \leq v & (i = 1, \cdots, m) \\ \sum_j y_j = 1 \\ y_j \geq 0 & (j = 1, \cdots, n) \end{cases} \tag{8-5}$$

【定理 8-5】 对任一矩阵对策 $G = \{S_1, S_2; \boldsymbol{A}\}$，一定存在混合策略意义下的解。

定理 8-6 ~ 定理 8-9 进一步讨论了矩阵对策及其解的若干重要性质，这些性质在求解矩阵对策的过程中将起重要作用。

【定理8-6】 设 $(\boldsymbol{x}^*, \boldsymbol{y}^*)$ 是矩阵对策 G 的解，$v = V_G$，那么

(1) 若 $x_i^* > 0$，则 $\sum_j a_{ij} y_j^* = v$。

(2) 若 $y_j^* > 0$，则 $\sum_i a_{ij} x_i^* = v$。

(3) 若 $\sum_j a_{ij} y_j^* < v$，则 $x_i^* = 0$。

(4) 若 $\sum_i a_{ij} x_i^* > v$，则 $y_j^* = 0$。

记矩阵对策 G 的解集为 $T(G)$，下面三个定理是关于对策解集性质的主要内容。

【定理8-7】 设有两个矩阵对策：
$$G_1 = \{S_1, S_2; \boldsymbol{A}_1\}$$
$$G_2 = \{S_1, S_2; \boldsymbol{A}_2\}$$
其中 $\boldsymbol{A}_1 = (a_{ij})$，$\boldsymbol{A}_2 = (a_{ij} + L)$，$L$ 为任一常数，则有

(1) $V_{G_2} = V_{G_1} + L$。

(2) $T(G_1) = T(G_2)$。

【定理8-8】 设有两个矩阵对策：
$$G_1 = \{S_1, S_2; \boldsymbol{A}\}$$
$$G_2 = \{S_1, S_2; a\boldsymbol{A}\}$$
其中 $a > 0$ 为任一常数。则

(1) $V_{G_2} = a V_{G_1}$。

(2) $T(G_1) = T(G_2)$。

【定理8-9】 设 $G = \{S_1, S_2; \boldsymbol{A}\}$ 为一矩阵对策，且 $\boldsymbol{A} = -\boldsymbol{A}^T$ 为斜对称矩阵（亦称这种对策为对称对策）。则

(1) $V_G = 0$。

(2) $T_1(G) = T_2(G)$，其中 $T_1(G)$ 和 $T_2(G)$ 分别为局中人 I 和局中人 II 的最优策略集。

4. 混合策略对策的解法

(1) 2×2 对策的公式法。所谓 2×2 对策，是指局中人 I 的支付矩阵为 2×2 阶的，即

$$\boldsymbol{A} = \begin{pmatrix} a_{11} & a_{12} \\ a_{21} & a_{22} \end{pmatrix}$$

如果 $\boldsymbol{A}$ 有鞍点，则很快可求出各局中人的最优纯策略；如果 $\boldsymbol{A}$ 没有鞍点，则可证明各

局中人最优混合策略中的 x_i^*，y_j^* 均大于零。于是，为求最优混合策略可求下列等式方程组：

$$\begin{cases} a_{11}x_1 + a_{21}x_2 = v \\ a_{12}x_1 + a_{22}x_2 = v \\ x_1 + x_2 = 1 \end{cases} \tag{8-6}$$

$$\begin{cases} a_{11}y_1 + a_{12}y_2 = v \\ a_{21}y_1 + a_{22}y_2 = v \\ y_1 + y_2 = 1 \end{cases} \tag{8-7}$$

当矩阵 A 不存在鞍点时，可以证明上面等式方程组（8-6）和等式方程组（8-7）一定有严格非负解 $\boldsymbol{x}^* = (x_1^*, x_2^*)$ 和 $\boldsymbol{y}^* = (y_1^*, y_2^*)$。其中

$$x_1^* = \frac{a_{22} - a_{21}}{(a_{11} + a_{22}) - (a_{12} + a_{21})} \tag{8-8}$$

$$x_2^* = \frac{a_{11} - a_{12}}{(a_{11} + a_{22}) - (a_{12} + a_{21})} \tag{8-9}$$

$$y_1^* = \frac{a_{22} - a_{12}}{(a_{11} + a_{22}) - (a_{12} + a_{21})} \tag{8-10}$$

$$y_2^* = \frac{a_{11} - a_{21}}{(a_{11} + a_{22}) - (a_{12} + a_{21})} \tag{8-11}$$

$$V_G = \frac{a_{11}a_{22} - a_{12}a_{21}}{(a_{11} + a_{22}) - (a_{12} + a_{21})} \tag{8-12}$$

【例8-4】 求解矩阵对策 $G = \{S_1, S_2; A\}$，其中

$$A = \begin{pmatrix} 1 & 4 \\ 3 & 2 \end{pmatrix}$$

解 易知，A 没有鞍点。由通解式（8-8）~式（8-12）计算得到最优解为 $x^* = (1/4, 3/4)^{\mathrm{T}}$，$y^* = (1/2, 1/2)^{\mathrm{T}}$，对策值为 5/2。

（2）$2 \times n$ 或 $m \times 2$ 对策的图解法。

【例8-5】 某对策问题有局中人 I 和局中人 II，支付矩阵见表8-3，现确定最优混合策略。

表8-3 支付矩阵

局中人 I		局中人 II		II最小支付
		y_1	y_2	
		1	2	
x_1	1	11	5	5
x_2	2	8	10	8
I最大收入		11	10	

解 由表8-3可见，显然有

$$\max_i \{\min_j C_{ij}\} = 8, \qquad \min_j \{\max_i C_{ij}\} = 10$$

不存在最优纯策略。现在研究局中人Ⅰ、局中人Ⅱ应各自采取的最优混合策略。

对于这种仅有两种策略的情况，采用图解法来确定。如图8-2a所示，它的纵坐标是当局中人Ⅰ采取各种混合策略时的收益，横坐标表示所取各种混合策略的概率，即 x_i，因为当 $x_1 = 0$ 时，x_2 必定为1，同理，当 $x_2 = 0$ 时，x_1 必定为1，且 $x_1 + x_2 = 1$。图8-2a中Ⅱ（1）表示局中人Ⅱ采取第一种策略，局中人Ⅰ采取各种策略时的收益；Ⅱ（2）表示当局中人Ⅱ采取第二种策略，局中人Ⅰ采取不同混合策略时的收益。由图8-2a可知，当局中人Ⅰ采取 K 点以右的混合策略时，局中人Ⅱ为了使局中人Ⅰ得到更少的收益，必须取Ⅱ（2）的策略；当局中人Ⅰ采取 K 点以左的混合策略时，局中人Ⅱ为了使局中人Ⅰ收到最少的收益，故必采取Ⅱ（1）的策略。因此局中人Ⅰ为了得到最大的收益，一定采取 K 点所对应的混合策略。

同理，也可以得到局中人Ⅱ的最优混合策略，如图8-2b所示。当局中人Ⅱ采取 K 点左侧的策略时，局中人Ⅰ为了得到更大的收益（相对应于局中人Ⅱ的支付）而采用Ⅰ（2）的策略；而当局中人Ⅱ采取 K 点右侧的策略时，局中人Ⅰ必定采用Ⅰ（1）的策略。因此，局中人Ⅱ为了支付最小，必采取 K 点对应的混合策略。

为求出点 x、y 和对策值 V_G，分别联立线段Ⅱ（1）和Ⅱ（2）及Ⅰ（1）和Ⅰ（2）所确定的方程：

$$\begin{cases} 5x + 10(1 - x) = V_G \\ 11x + 8(1 - x) = V_G \end{cases}$$

$$\begin{cases} 8y + 10(1 - y) = V_G \\ 11y + 5(1 - y) = V_G \end{cases}$$

解得 $x = 1/4$，$y = 5/8$，$V_G = 35/4$。所以，局中人Ⅰ的最优策略为 $x^* = (1/4, 3/4)^T$，局中人Ⅱ的最优策略为 $y^* = (5/8, 3/8)^T$。

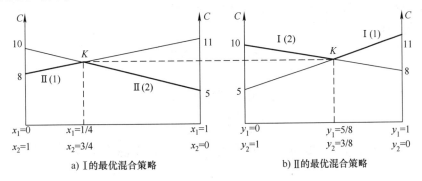

a) Ⅰ的最优混合策略　　　　　　b) Ⅱ的最优混合策略

图8-2　最优混合策略

【例8-6】　考虑矩阵对策 $G = \{S_1, S_2; A\}$，其中

$$A = \begin{pmatrix} 2 & 3 & 11 \\ 7 & 5 & 2 \end{pmatrix}$$

$$S_1 = \{\alpha_1, \alpha_2\}, \quad S_2 = \{\beta_1, \beta_2, \beta_3\}$$

解　由矩阵 A 可见，对策 G 不存在最优纯策略。现在研究局中人Ⅰ、局中人Ⅱ应各取的最优混合策略。

对于这种 2×3 的策略，同样采用图解法来确定。如图 8-3 所示，当局中人 I 选择每一策略 $(x, 1-x)^T$ 时，他的最少可能的收入为由局中人 II 选择 β_1、β_2、β_3 时所确定的三条直线

$$2x + 7(1-x) = V_G$$
$$3x + 5(1-x) = V_G$$
$$11x + 2(1-x) = V_G$$

在 x 处的纵坐标中的最小者，即如折线 $B_1BB_2B_3$ 所示。所以对局中人 I 来说，他的最优选择就是确定 x 使他的收入尽可能多，从图 8-3 可知，按最小最大原则应选择 $x = OA$，而 AB 即为对策值。为求出点 x 和对策值 V_G，可联立过 B 点的两条线段 β_2 和 β_3 所确定的方程：

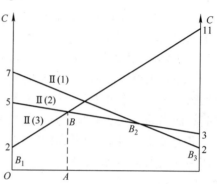

图 8-3　2×3 对策的图解法

$$\begin{cases} 3x + 5(1-x) = V_G \\ 11x + 2(1-x) = V_G \end{cases}$$

解得 $x = 3/11$，$V_G = 49/11$。所以，局中人 I 的最优策略为 $\boldsymbol{x}^* = (3/11, 8/11)^T$。此外，从图 8-3 还可以看出，局中人 II 的最优策略只由 β_2 和 β_3 组成。

事实上，若记 $\boldsymbol{y}^* = (y_1^*, y_2^*, y_3^*)^T$ 为局中人 II 的最优混合策略，则由

$$E(\boldsymbol{x}^*, 1) = 2 \times \frac{3}{11} + 7 \times \frac{8}{11} = \frac{62}{11} > \frac{49}{11} = V_G$$

$$E(\boldsymbol{x}^*, 2) = E(\boldsymbol{x}^*, 3) = V_G$$

根据定理 8-6 可知，必有 $y_1^* = 0$，$y_2^* > 0$，$y_3^* > 0$。

根据定理 8-6，可由

$$\begin{cases} 3y_2 + 11y_3 = \dfrac{49}{11} \\ 5y_2 + 2y_3 = \dfrac{49}{11} \\ y_2 + y_3 = 1 \end{cases}$$

求得 $y_2^* = 9/11$，$y_3^* = 2/11$。所以局中人 II 的最优混合策略为 $\boldsymbol{y}^* = (0, 9/11, 2/11)^T$。

（3）线性规划法。由定理 8-5 知，任一矩阵对策 $G = \{S_1, S_2; A\}$ 的求解均等价于一对互为对偶的线性规划问题，而定理 8-4 表明，对策 G 的解 $\boldsymbol{x}^*$ 和 $\boldsymbol{y}^*$ 等价于下面两个不等式组的解。

$$\begin{cases} \sum\limits_i a_{ij}x_i \geq v & (j = 1, \cdots, n) \\ \sum\limits_i x_i = 1 \\ x_i \geq 0 & (i = 1, \cdots, m) \end{cases} \tag{8-13}$$

$$\begin{cases} \sum\limits_{j} a_{ij}y_j \leqslant v & (i = 1, \cdots, m) \\ \sum\limits_{j} y_j = 1 \\ y_j \geqslant 0 & (j = 1, \cdots, n) \end{cases} \qquad (8\text{-}14)$$

由于这两组线性规划是对偶规划，因此只求解其中一个即可。

上述线性规划还有一种变形形式。

假设 $a_{ij} > 0$，如果将上述线性规划中第一个约束的两端分别同时除以 v，并令 $x_i/v = x'_i$，$y_j/v = y'_j$，则有

$\sum\limits_{i} a_{ij}x'_i \geqslant 1$，$\sum\limits_{i} x'_i = 1/v$，令 $\sum\limits_{i} x'_i = W$，可见，当 v 取最大值时，W 取最小值；

$\sum\limits_{j} a_{ij}y' \leqslant 1$，$\sum\limits_{j} y'_j = 1/v$，令 $\sum\limits_{j} y'_j = Z$，可见，当 v 取最小值时，Z 取最大值。

于是上述线性规划可转换成如下形式：

对局中人 I 有

$$\min W = \sum_{i} x'_i$$

$$\text{s. t.} \begin{cases} \sum\limits_{i} a_{ij}x'_i \geqslant 1 & (j = 1, 2, \cdots, n) \\ x'_i \geqslant 0 \end{cases} \qquad (8\text{-}15)$$

对局中人 II 有

$$\max Z = \sum_{j} y'_j$$

$$\text{s. t.} \begin{cases} \sum\limits_{j} a_{ij}y'_j \leqslant 1 & (i = 1, 2, \cdots, m) \\ y'_j \geqslant 0 \end{cases} \qquad (8\text{-}16)$$

这两个线性规划为对偶规划，只求解其中的一个就可以确定两个局中人的最优混合策略。通过最优值 W 可确定最优混合策略下的期望值 v。

需要说明的是，上述线性规划模型中假设 $a_{ij} > 0$，这与实际不符，但支付矩阵有这样的性质：支付矩阵加上一个较大的大于零的数 M，并不影响最优策略的选择。因此，当支付矩阵中有负元素时，可以加上一个大于零的数 M，使其元素均大于零。

【例 8-7】 假设一局对策，有两个局中人，局中人 I 有三种策略，局中人 II 有两种策略，支付矩阵见表 8-4，求局中人的最优策略。

表 8-4 支付矩阵（一）

局中人 II	局中人 I		min
	1	2	
1	1	−1	−1
2	−2	2	−2
3	0	1	0
max	1	2	

解 由支付矩阵可见，该对策问题不存在最优纯策略，需求最优混合策略。因该矩阵中 a_{ij} 不满足 $a_{ij} > 0$ 的条件，故该矩阵加上 3，得到新支付矩阵，见表 8-5。

表 8-5 支付矩阵（二）

局中人 II	局中人 I		min
	1 (y_1')	2 (y_2')	min
1 (x_1')	4	2	2
2 (x_2')	1	5	1
3 (x_3')	3	4	3
max	4	5	

求解问题可化成两个互为对偶的线性规划问题：

$$\min W = x_1' + x_2' + x_3'$$

$$\text{s. t.} \begin{cases} 4x_1' + x_2' + 3x_3' \geqslant 1 \\ 2x_1' + 5x_2' + 4x_3' \geqslant 1 \\ x_i' \geqslant 0 \quad (i = 1,2,3) \end{cases}$$

$$\max Z = y_1' + y_2'$$

$$\text{s. t.} \begin{cases} 4y_1' + 2y_2' \leqslant 1 \\ y_1' + 5y_2' \leqslant 1 \\ 3y_1' + 4y_2' \leqslant 1 \\ y_j' \geqslant 0 \quad (j = 1,2,3) \end{cases}$$

利用单纯形方法求解问题，迭代过程见表 8-6。

表 8-6 单纯形表

	c_j		1	1	0	0	0	θ
C_B	X_B	b	y_1'	y_2'	y_3'	y_4'	y_5'	
0	y_3'	1	[4]	2	1	0	0	1/4
0	y_4'	1	1	5	0	1	0	1
0	y_5'	1	3	4	0	0	1	1/3
	$c_j - z_j$		1	1	0	0	0	
1	y_1'	1/4	1	1/2	1/4	0	0	1/2
0	y_4'	3/4	0	9/2	−1/4	1	0	1/6
0	y_5'	1/4	0	[5/2]	−3/4	0	1	1/10
	$c_j - z_j$		0	1/2	−1/4	0	0	
1	y_1'	1/5	1	0	2/5	0	−1/5	
0	y_4'	3/10	0	0	11/10	1	−9/5	
1	y_2'	1/10	0	1	−3/10	0	2/5	
	$c_j - z_j$		0	0	−1/10	0	−1/5	

求解结果为

$$x_1' = 0.1, x_2' = 0, x_3' = 0.2, W = 0.3, y_1' = 0.2, y_2' = 0.1, Z = 0.3$$

由于 $x' = x^*/v$，$W = 1/v$，最优策略为

$$x^* = \frac{1}{0.3}(0.1, 0, 0.2) = (0.33, 0, 0.67), y^* = \frac{1}{0.3}(0.2, 0.1) = (0.67, 0.33)$$

最优混合策略下的期望值为

$$v = \frac{1}{W} - M = \frac{1}{0.3} - 3 = 0.333$$

注：如果支付矩阵太大，可先采用优超原理进行简化，再建立线性规划模型求解。

8.3 二人有限非零和对策

8.3.1 基本概念

在二人有限零和对策中，由于两个局中人Ⅰ和Ⅱ的得与失之和恰为零，故在描述问题时只需考虑局中人Ⅰ的支付矩阵 A。因此，二人有限零和对策又称为矩阵对策。而在二人的得与失之和一般不等于0的非零和情形，对问题的一般描述就必须同时考虑局中人Ⅰ的支付矩阵 A 和局中人Ⅱ的支付矩阵 B，因此，二人有限非零和对策又称为双矩阵对策。

双矩阵对策记为 $G = \{S_1, S_2; (A, B)\}$，其中 $S_1 = \{\alpha_1, \cdots, \alpha_m\}$ 为局中人Ⅰ的策略集，$S_2 = \{\beta_1, \cdots, \beta_n\}$ 为局中人Ⅱ的策略集，$A = (a_{ij})_{m \times n}$ 和 $B = (b_{ij})_{m \times n}$ 分别为局中人Ⅰ和局中人Ⅱ的支付矩阵，a_{ij} 和 b_{ij} 分别表示局中人Ⅰ和局中人Ⅱ相应于 α_i 和 β_j 的损益。

显然，当 $A + B = 0$ 时，双矩阵对策即化为矩阵对策。

我们来看两个二人有限非零和对策问题的例子。第一个是囚徒困境问题：两名囚犯Ⅰ和Ⅱ因涉嫌抢劫被捕，警方因证据不足先将二人分关两室，并宣布：若二人均不坦白，则只能因藏有枪支而被判刑2年；若有一人坦白而另一人不坦白，则坦白者无罪释放，不坦白者被判刑10年；若二人都坦白，则同判8年，见表8-7。此二人确系抢劫犯，他们该怎样抉择呢？

表8-7 囚徒困境

囚犯Ⅰ	囚犯Ⅱ	
	坦白	抵赖
坦白	(-8, -8)	(0, -10)
抵赖	(-10, 0)	(-2, -2)

第二个是智猪博弈问题：猪圈里有两头猪，一头大猪、一头小猪，猪圈的一端有一个猪食槽，另一端安装一个按钮，控制着猪食的供应。按一下按钮就会有10个单位的猪食进槽，但谁按按钮谁就需要付2个单位的成本。若大猪先到食槽，大猪吃9个单位，小猪只能吃1个单位；若同时到，大猪吃7个单位，小猪吃3个单位；若小猪先到，大猪吃5个单位，小猪吃5个单位，见表8-8。大猪和小猪该怎样抉择呢？

表8-8 智猪博弈

大猪	小猪	
	按按钮	等待
按按钮	(5, 1)	(3, 5)
等待	(9, -1)	(0, 0)

在矩阵对策中，由于局中人 I 的得就是局中人 II 的失，二人之间没有共同利益，故二人是处于完全竞争的非合作状态。但在双矩阵对策中，由于局中人 I 的得并不一定等于局中人 II 的失，二人可以同时得，故二人之间有可能合作，从而得到更多的利益。

双矩阵对策的求解一般要比矩阵对策复杂得多。本章主要介绍比较简单的 2×2 阶矩阵的情形。

8.3.2 非合作的二人有限非零和对策

1. 基本概念

非合作的双矩阵对策是竞争的双方在互相保密的条件下各自决策，以谋求最大利益的对策。像二人有限零和对策一样，也有纯策略和混合策略两种情况。

一般情况下，双矩阵对策 $G(S_1, S_2; (A, B))$，A、B 分别为局中人的支付矩阵，若存在 $a_{i^*j^*} = \min\limits_j \max\limits_i a_{ij}$，$b_{i^*j^*} = \min\limits_i \max\limits_j b_{ij}$ 且 $a_{i^*j^*} = b_{i^*j^*}$，则称局势 (S_{i^*}, S_{j^*}) 为对策 G 纯策略下的解（或称纳什均衡点），S_{i^*}，S_{j^*} 分别是局中人的最优纯策略。有时最优纯策略问题可能存在多组解。

当双矩阵对策不存在最优纯策略时，可通过制定混合策略来解决，并可仿照二人零和对策确定混合策略的方法去求解。

2. 2×2 双矩阵对策的解法

当 A 和 B 均为 2×2 阶矩阵时，可以利用较为简单的方法求解，此时相应的双矩阵对策可表示为

$$
\begin{array}{c}
\quad\quad\quad\quad\quad\quad\quad II \\
\quad\quad\quad\quad y_1 \quad\quad\quad 1 - y_1 \\
I \quad
\begin{array}{c} x_1 \\ 1 - x_1 \end{array}
\begin{pmatrix} (a_{11}, b_{11}) & (a_{12}, b_{12}) \\ (a_{21}, b_{21}) & (a_{22}, b_{22}) \end{pmatrix}
\quad (0 \leq x_1 \leq 1, 0 \leq y_1 \leq 1)
\end{array}
$$

若 (x^*, y^*) 是均衡局势，x^* 和 y^* 应分别是 $x^T A y^*$ 在 S_1^* 上和 $x^{*T} B y$ 在 S_2^* 上的极大点。而

$$
\begin{aligned}
x^T A y^* &= (x_1, 1 - x_1) \begin{pmatrix} a_{11} & a_{12} \\ a_{21} & a_{22} \end{pmatrix} \begin{pmatrix} y_1^* \\ 1 - y_1^* \end{pmatrix} \\
&= [(a_{11} - a_{12} - a_{21} + a_{22}) y_1^* - (a_{22} - a_{12})] x_1 + a_{22} + (a_{21} - a_{22}) y_1^*
\end{aligned}
$$

记

$$
A_1 = a_{11} - a_{12} - a_{21} + a_{22}
$$
$$
A_2 = a_{22} - a_{12}
$$

则使 $x^T A y^*$ 为极大值的 x_1^* 应满足

$$
x_1^* = \begin{cases} 0, & \text{当 } A_1 y_1^* - A_2 < 0 \\ [0,1] \text{ 中任意值}, & \text{当 } A_1 y_1^* - A_2 = 0 \\ 1, & \text{当 } A_1 y_1^* - A_2 > 0 \end{cases} \tag{8-17}
$$

$$
\begin{aligned}
x^{*T} B y &= (x_1^* \quad 1 - x_1^*) \begin{pmatrix} b_{11} & b_{12} \\ b_{21} & b_{22} \end{pmatrix} \begin{pmatrix} y_1 \\ 1 - y_1 \end{pmatrix} \\
&= [(b_{11} - b_{12} - b_{21} + b_{22}) x_1^* - (b_{22} - b_{21})] y_1 + b_{22} + (b_{12} - b_{22}) x_1^*
\end{aligned}
$$

记

$$B_1 = b_{11} - b_{12} - b_{21} + b_{22}$$
$$B_2 = b_{22} - b_{21}$$

则使 $x^{*\mathrm{T}}By$ 为极大值的 y_1^* 应满足

$$y_1^* = \begin{cases} 0, & \text{当 } B_1 x_1^* - B_2 < 0 \\ [0,1] \text{ 中任意值,} & \text{当 } B_1 x_1^* - B_2 = 0 \\ 1, & \text{当 } B_1 x_1^* - B_2 > 0 \end{cases} \tag{8-18}$$

根据式(8-17)和式(8-18),可在以 x_1 和 y_1 为横、纵轴的坐标系中确定出对于局中人 I 来说可能成为平衡局势的点(不妨称为 I 的解)(x_1^*, y_1) 的轨迹和对于局中人 II 来说可能成为平衡局势的点(不妨称为 II 的解)(x_1, y_1^*) 的轨迹。两轨迹的公共点即 (x_1^*, y_1^*),由此便可得到平衡局势 (x^*, y^*)。将这一分析的结果各分为九种情形(即 A_1 和 A_2、B_1 和 B_2 取各种符号时的九种条件)列于表8-9和表8-10中。

表8-9 局中人 I 的可能平衡局势点

条件序号	条件	解	图示
1	$A_1 = 0$, $A_2 = 0$	$0 \leqslant x_1 \leqslant 1$, $0 \leqslant y_1 \leqslant 1$	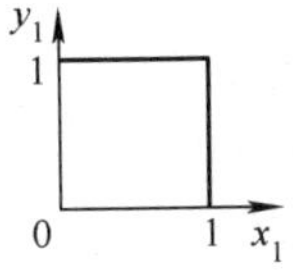
2	$A_1 = 0$, $A_2 > 0$	$x_1 = 0$, $0 \leqslant y_1 \leqslant 1$	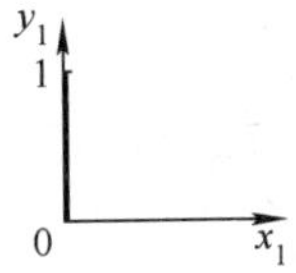
3	$A_1 = 0$, $A_2 < 0$	$x_1 = 1$, $0 \leqslant y_1 \leqslant 1$	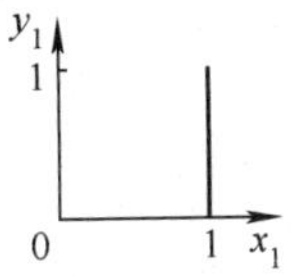
4	$A_1 > 0$, $A_2 = 0$	$x_1 = 1$, $0 \leqslant y_1 \leqslant 1$; $0 \leqslant x_1 \leqslant 1$, $y_1 = 0$	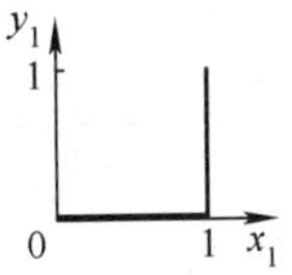
5	$A_1 < 0$, $A_2 = 0$	$x_1 = 0$, $y_1 = 0$; $0 \leqslant x_1 \leqslant 1$, $y_1 = 0$	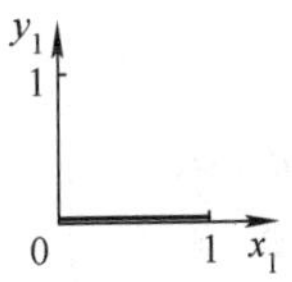

（续）

条件序号	条件	解	图示
6	$A_1 > 0$, $A_2 > 0$	$x_1 = 0$, $0 \leqslant y_1 \leqslant \dfrac{A_2}{A_1}$; $0 \leqslant x_1 \leqslant 1$, $y_1 = \dfrac{A_2}{A_1}$; $x_1 = 1$, $\dfrac{A_2}{A_1} \leqslant y_1 \leqslant 1$	
7	$A_1 < 0$, $A_2 < 0$	$x_1 = 0$, $\dfrac{A_2}{A_1} \leqslant y_1 \leqslant 1$; $0 \leqslant x_1 \leqslant 1$, $y_1 = \dfrac{A_2}{A_1}$; $x_1 = 1$, $0 \leqslant y_1 \leqslant \dfrac{A_2}{A_1}$	
8	$A_1 > 0$, $A_2 < 0$	$x_1 = 1$, $0 \leqslant y_1 \leqslant 1$	
9	$A_1 < 0$, $A_2 > 0$	$x_1 = 0$, $0 \leqslant y_1 \leqslant 1$	

表 8-10　局中人 II 的可能平衡局势点

条件序号	条件	解	图示
1	$B_1 = 0$, $B_2 = 0$	$0 \leqslant x_1 \leqslant 1$; $0 \leqslant y_1 \leqslant 1$	
2	$B_1 = 0$, $B_2 > 0$	$y_1 = 0$, $0 \leqslant x_1 \leqslant 1$	
3	$B_1 = 0$, $B_2 < 0$	$y_1 = 1$, $0 \leqslant x_1 \leqslant 1$	
4	$B_1 > 0$, $B_2 = 0$	$y_1 = 1$, $0 \leqslant x_1 \leqslant 1$; $0 \leqslant y_1 \leqslant 1$, $x_1 = 0$	

（续）

条件序号	条件	解	图示
5	$B_1 < 0$, $B_2 = 0$	$y_1 = 0$, $0 \leqslant x_1 \leqslant 1$; $0 \leqslant y_1 \leqslant 1$, $x_1 = 0$	
6	$B_1 > 0$, $B_2 > 0$	$y_1 = 0$, $0 \leqslant x_1 \leqslant \dfrac{B_2}{B_1}$; $0 \leqslant y_1 \leqslant 1$, $x_1 = \dfrac{B_2}{B_1}$; $y_1 = 1$, $\dfrac{B_2}{B_1} \leqslant x_1 \leqslant 1$	
7	$B_1 < 0$, $B_2 < 0$	$y_1 = 0$, $\dfrac{B_2}{B_1} \leqslant x_1 \leqslant 1$; $0 \leqslant y_1 \leqslant 1$, $x_1 = \dfrac{B_2}{B_1}$; $y_1 = 1$, $0 \leqslant x_1 \leqslant \dfrac{B_2}{B_1}$	
8	$B_1 > 0$, $B_2 < 0$	$y_1 = 1$, $0 \leqslant x_1 \leqslant 1$	
9	$B_1 < 0$, $B_2 > 0$	$y_1 = 0$, $0 \leqslant x_1 \leqslant 1$	

总结 2×2 阶双矩阵对策的求解步骤如下：

（1）由矩阵

$$\boldsymbol{A} = \begin{pmatrix} a_{11} & a_{12} \\ a_{21} & a_{22} \end{pmatrix}, \boldsymbol{B} = \begin{pmatrix} b_{11} & b_{12} \\ b_{21} & b_{22} \end{pmatrix}$$

计算

$$A_1 = a_{11} - a_{12} - a_{21} + a_{22}, A_2 = a_{22} - a_{12}$$
$$B_1 = b_{11} - b_{12} - b_{21} + b_{22}, B_2 = b_{22} - b_{21}$$

（2）根据 A_i 和 B_i（$i = 1$，2）的符号，由表 8-9 和表 8-10 得到局中人 I 和局中人 II 的解，其公共点即对策的解。

【例 8-8】 夫妇俩商量晚上到哪儿去消遣。丈夫喜欢去看足球比赛，而妻子喜欢去看芭蕾舞表演，夫妇二人都希望二人同往。

解 现将该问题归为一个双矩阵对策。记丈夫为局中人 I，其策略为 α_1（看芭蕾）、α_2（看足球），相应混合策略（x_1，$1 - x_1$）；妻子为局中人 II，其策略为 β_1（看足球）、β_2（看

芭蕾），相应混合策略 $(y_1, 1-y_1)$。设其得失矩阵为

$$
\begin{array}{c}
\qquad\qquad\qquad\qquad \mathbb{II} \\
\mathrm{I} \quad \begin{pmatrix} (3,1) & (-1,-1) \\ (-1,-1) & (1,3) \end{pmatrix}
\end{array}
$$

矩阵中位于第 i 行第 j 列的括号即 (a_{ij}, b_{ij})，则

$$
A = \begin{pmatrix} 3 & -1 \\ -1 & 1 \end{pmatrix}, B = \begin{pmatrix} 1 & -1 \\ -1 & 3 \end{pmatrix}
$$

$$
A_1 = 3 - (-1) - (-1) + 1 = 6, A_2 = 1 - (-1) = 2, \frac{A_2}{A_1} = \frac{1}{3}
$$

$$
B_1 = 1 - (-1) - (-1) + 3 = 6, B_2 = 3 + 1 = 4, \frac{B_2}{B_1} = \frac{2}{3}
$$

丈夫的解为

$$
x_1 = 0, \quad 0 \leqslant y_1 \leqslant \frac{1}{3}
$$

$$
0 \leqslant x_1 \leqslant 1, \quad y_1 = \frac{1}{3}
$$

$$
x_1 = 1, \quad \frac{1}{3} \leqslant y_1 \leqslant 1
$$

妻子的解为

$$
y_1 = 0, \quad 0 \leqslant x_1 \leqslant \frac{2}{3}
$$

$$
0 \leqslant y_1 \leqslant 1, \quad x_1 = \frac{2}{3}
$$

$$
y_1 = 1, \quad \frac{2}{3} \leqslant x_1 \leqslant 1
$$

公共点有三个：A $(0, 0)$，B $(2/3, 1/3)$，C $(1, 1)$，如图 8-4 所示。

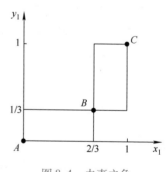

图 8-4　夫妻之争

点 A 相应于平衡局势 $(\boldsymbol{x}^*, \boldsymbol{y}^*) = ((0,1)^{\mathrm{T}}, (0,1)^{\mathrm{T}})$，即二人同去看芭蕾，相应的得失值 $(U^*, V^*) = (\boldsymbol{x}^{*\mathrm{T}} A \boldsymbol{y}^*, \boldsymbol{x}^{*\mathrm{T}} B \boldsymbol{y}^*) = (1,3)$，丈夫得失值为 1，妻子得失值为 3，妻子得到最大的满足。

点 B 相应于平衡局势 $(\boldsymbol{x}^*, \boldsymbol{y}^*) = ((2/3, 1/3)^{\mathrm{T}}, (1/3, 2/3)^{\mathrm{T}})$，相应的得失值 $(U^*, V^*) = (1/3, 1/3)$，二人在此混合策略下的满意度得到了均衡，但却都有所降低。

点 C 相应于平衡局势 $(\boldsymbol{x}^*, \boldsymbol{y}^*) = ((1,0)^{\mathrm{T}}, (1,0)^{\mathrm{T}})$，即二人同去看足球，相应得失值 $(U^*, V^*) = (3,1)$，丈夫得失值为 3，妻子得失值为 1，丈夫得到最大的满足。

由此例可以看到，双矩阵对策的不同的解可以对应于不同的值，这一点与矩阵对策不同。

8.3.3　合作的二人有限非零和对策

合作对策是局中人经过协商来协调自己的策略，通过合作实现共同利益最大化的对策。该问题主要研究目的不是局中人对策略的选择，而是研究如何进行合作的机制。

局中人通过合作获得最大利益的机制包括以下问题：

（1）如何合作形成联盟，使联盟获得的利益最大，并超过各自不合作时的收益。

（2）联盟收益如何在各成员间合理分配。

（3）如何保证联盟的稳定性。

合作对策非常复杂，本节主要通过简单的例子，介绍合作的二人有限非零和对策。

【例 8-9】　两个企业生产同类产品，产品价格分别为 P_I 和 P_{II}，其需求函数分别为 $Q_I = 36 - 6P_I + 3P_{II}$，$Q_{II} = 36 - 6P_{II} + 3P_I$；为了得到最大利润，各自的价格应定为多少？假设两企业的固定成本均为 60，且不存在变动成本，当两企业建立价格联盟，统一将价格定为 6 时，能多得多少利润？试分析这种价格联盟的稳定性。

解　（1）由需求函数 $Q_I = 36 - 6P_I + 3P_{II}$，$Q_{II} = 36 - 6P_{II} + 3P_I$ 可得出利润最大时两企业价格之间的关系为 $P_I = 3 + 0.25P_{II}$ 和 $P_{II} = 3 + 0.25P_I$，求解该方程组，如图 8-5 所示，得出均衡价格为 $P_I = P_{II} = 4$。

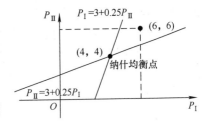

图 8-5　纳什均衡与合作均衡

（2）当两家产品定价处于价格均衡点时，可得到需求为 $Q_I = Q_{II} = 24$，则两个企业利润相同，为 $24 \times 4 - 60 = 36$。

当两家企业建立价格联盟，定价为 6 时，可得到需求为 $Q_I = Q_{II} = 18$，则两个企业利润为 $18 \times 6 - 60 = 48$，相较于之前利润增长了 12，这是双赢的局面。

但如果企业 I 遵守价格协议，而企业 II 背信弃义，不遵守协议，将价格降至 4，其销售量将增至 $Q_{II} = 36 - 6 \times 4 + 3 \times 6 = 30$，利润上升到 60；而企业 I 销量将下降至 $Q_I = 36 - 6 \times 6 + 3 \times 4 = 12$，利润下降到 12。此时，背信弃义者将获得更大利润，而遵守价格协议者却吃了亏。因此，这种联盟是不稳定的，两个企业均存在为追求利益而失信的可能，最终导致联盟的破坏。

【思考题】

1. 说明对策论应用的前提条件是什么。

2. 试述组成对策模型的三个基本要素及各要素的含义。

3. 什么是二人有限零和对策的最优纯策略？

4. 什么是二人有限零和对策的混合策略？如何确定混合策略？

5. 说明策略、纯策略、混合策略的联系与区别。

6. 判断下列说法是否正确：

（1）矩阵对策中，如果最优解要求一个局中人采取纯策略，则另一个局中人也必须采取纯策略。　　　　　　　　　　　　　　　　　　　　　　　（　　）

（2）矩阵对策中当局势达到平衡时，任何一方单方面改变自己的策略（纯策略或混合策略）将意味着自己更少的赢得或更大的损失。　　　　　　　　　　　　　（　　）

（3）任何矩阵对策一定存在混合策略意义下的解，并可以通过求解两个互为对偶的线性规划问题得到。　　　　　　　　　　　　　　　　　　　　　　　　　　（　　）

（4）矩阵对策的对策值相当于进行若干次对策后局中人 I 的平均损益值或局中人 II 的平均损益值。　　　　　　　　　　　　　　　　　　　　　　　　　　　　（　　）

7. 说明对策问题的线性规划解法的原理。

【练习题】

1. 甲、乙两个游戏者在互不知道的情况下，同时伸出 1、2、3、4 或 5 个指头，用 M 表示两人伸出的指头总和。当 M 为偶数时，乙付给甲 M 元；若 M 为奇数，甲付给乙 M 元。列出甲的支付矩阵。

2. 两个小孩玩"剪刀-石头-布"游戏，建立支付矩阵并帮助他们选择策略。

3. 甲乙两人玩扑克牌花色游戏，游戏规定：由甲每次从四种花色的牌中拿出一张牌给乙猜，如果猜对花色，则甲付给乙三个小石子；若乙猜不对，则乙付给甲一个石子，试求解这个对策问题，即这两个小孩各应该采取什么对策。

4. 在下列矩阵中确定 m、n 的取值范围，使得该矩阵在（a_2，b_2）交叉处存在鞍点。

$$(1)\quad \begin{array}{c} \\ a_1 \\ a_2 \\ a_3 \end{array} \begin{array}{ccc} b_1 & b_2 & b_3 \\ \begin{pmatrix} 2 & m & 6 \\ n & 5 & 9 \\ 7 & 2 & 3 \end{pmatrix} \end{array} \qquad (2)\quad \begin{array}{c} \\ a_1 \\ a_2 \\ a_3 \end{array} \begin{array}{ccc} b_1 & b_2 & b_3 \\ \begin{pmatrix} 2 & 5 & 8 \\ 10 & 7 & m \\ 4 & n & 6 \end{pmatrix} \end{array}$$

5. 下面矩阵为局中人 A、B 对策时 A 的支付矩阵。什么条件下矩阵 $\begin{pmatrix} 0 & a & b \\ -a & 0 & c \\ -b & -c & 0 \end{pmatrix}$ 对角线上三个元素分别为鞍点？

6. 已知甲、乙二人对策时对甲的支付矩阵如下，求双方各自的最优策略及对策值。

$$(1)\begin{pmatrix} -1 & 15 & -4 \\ 1 & 4 & 8 \\ -7 & 1 & 2 \end{pmatrix} \qquad (2)\begin{pmatrix} 4 & 4 & 2 \\ 6 & 8 & 8 \\ 4 & 2 & 12 \end{pmatrix}$$

$$(3)\begin{pmatrix} 4 & 2 & 8 \\ 4 & 0 & 6 \\ -2 & -4 & 0 \end{pmatrix} \qquad (4)\begin{pmatrix} 3 & -2 & -1 \\ 5 & 6 & 4 \\ 7 & 4 & 3 \end{pmatrix}$$

$$(5)\begin{pmatrix} 2 & -1 & 0 & 3 \\ 1 & 0 & 3 & 2 \\ -3 & -2 & -1 & 4 \end{pmatrix} \quad (6)\begin{pmatrix} 0 & 4 & 1 & 3 \\ -1 & 3 & 0 & 2 \\ -1 & -1 & 4 & 1 \end{pmatrix}$$

7. 利用优超原则求解下列矩阵对策。

$$(1)\begin{pmatrix} 4 & 6 & 9 & 7 \\ 0 & -2 & -3 & 1 \end{pmatrix} \qquad (2)\begin{pmatrix} 4 & 3 \\ 2 & 1 \\ -1 & 2 \end{pmatrix}$$

$$(3) \begin{pmatrix} -2 & 2 & 0 & 1 \\ -4 & -1 & 2 & -2 \\ 0 & 1 & -2 & 1 \\ -2 & -1 & 3 & 1 \end{pmatrix} \qquad (4) \begin{pmatrix} 3 & 4 & 0 & 3 & 0 \\ 7 & 3 & 9 & 5 & 9 \\ 5 & 0 & 2 & 5 & 9 \\ 4 & 6 & 8 & 7 & 6 \\ 6 & 0 & 8 & 8 & 3 \end{pmatrix}$$

8. 下列矩阵为局中人 A、B 对策时 A 的支付矩阵，先尽可能按优超原则简化，再用图解法求解。

$$(1) \begin{pmatrix} 1 & -3 & 5 & -7 & 9 \\ -2 & 4 & -6 & 8 & -10 \end{pmatrix} \qquad (2) \begin{pmatrix} 2 & 4 & 0 & -2 \\ 4 & 8 & 2 & 6 \\ -4 & -2 & -2 & 0 \\ -2 & 0 & 4 & 2 \end{pmatrix}$$

9. 用线性规划方法求解下列对策问题。

$$(1) \begin{pmatrix} 3 & -1 & -3 \\ -3 & 3 & -1 \\ -4 & -3 & 3 \end{pmatrix} \qquad (2) \begin{pmatrix} 3 & -2 & 4 \\ -1 & 4 & 2 \\ 2 & 2 & 6 \end{pmatrix}$$

10. 甲、乙二人各有 1 角、5 分、2 分硬币各一枚。在双方互不知道的情况下各出一枚硬币，并规定当和为奇数时，甲赢得乙所出硬币；当和为偶数时，乙赢得甲所出硬币。试据此列出二人零和对策的模型，并判断该项游戏对双方是否公平合理。试说明理由。

第 9 章

系 统 决 策

学习要点

1. 理解决策的基本要素；
2. 掌握风险决策的条件和决策方法；
3. 掌握不确定决策的条件和决策方法；
4. 理解效用理论及应用；
5. 掌握目标规划模型的建立方法。

苦练内功，理性决策

当前，需要政府解决的公共领域的问题变得更加复杂，政府所面临的决策环境、决策任务、决策要求以及技术手段等也在发生深刻变化，这些都对决策者的能力与素质提出了新的更高要求。决策者要切实做到：苦练内功，理性决策；善用外脑，开门决策；于法有据，依法决策；技术赋能，智能决策。

苦练内功，理性决策。

首先，树立正确的价值观。反映在决策领域，则应培育领导干部"五个敢于"的精神，既要做到"不畏浮云遮望眼"，又要有担当和作为。

其次，坚持战略，辩证思维。当前，利益关系复杂、充满不确定性的决策特点，决定了以往简单、线性的思维模式将难以适应形势发展的需要。必须清除决策认知和实践层面的各种障碍，坚持战略思维和辩证思维，准确把握当前发展的阶段特征，围绕决策问题处理好当前与长远、重点与非重点、统一性与差异性、公共善与个体善的关系，在权衡利弊中趋利避害、做出理性抉择。

再次，提升领导干部自身的能力素质。重点是通过持续的政治理论学习、专业理论学习、通识教育学习（如人工智能通识教育）和实践探索，不断增强领导干部适应、学习和决策能力。

（资料来源：孔祥利. 决策者提升决策能力的主要着力点 [N]. 学习时报，2019-01-28）

9.1　决策分析的基本问题

诺贝尔奖获得者西蒙认为，管理就是决策。他认为，决策是对稀有资源备选分配方案进行选择排序的过程。

最优化方法一般针对确定型输入和输出的系统。然而，很多系统都受随机因素的干扰，朴素的决策思想自古就有，决策者根据自己的经验、知识和智慧，考虑随机因素进行主观判断和逻辑判断，进而做出决策，以达到预期的目的。这种以经验为基础的决策称为经验决策。

科学的决策不同于经验决策。它是在对系统进行科学分析的基础上，运用科学的思维方法，采用科学的决策技术做出有科学依据决策的过程。随着生产和科学技术的发展，越来越要求决策者在瞬息万变的条件下，对复杂问题迅速做出判断，对不同类型的决策问题，有一套科学的决策原则、程序和相应的方法。决策的重要性不言自明，轻则关系个人利益，重则牵动企业国家。本章着重介绍决策过程中经常使用的决策技术。

9.1.1 决策分析的基本概念

（1）决策。决策是指在一定的条件下，根据系统的状态，在可采取的各种策略中，依据系统目标选取一个最优策略并付诸实施的过程。

（2）决策目标。决策目标是指决策者希望达到的状态，工作努力的目的。一般而言，在管理决策中，决策者追求的是利益最大化。

（3）决策准则。决策准则是指决策判断的标准，备选方案的有效性度量。

（4）决策属性。决策属性是指决策方案的性能、质量参数、特征和约束，用于评价其达到目标的程度和水平。

（5）决策过程。任何科学决策的形成都必须执行科学的决策程序，确定决策目标，开展调查研究，搜集相关的信息资料，利用预测技术，预测未来可能情况，拟订各种可行方案，通过可行性研究进行方案评估，依据决策准则进行方案选择，进而实施方案，并将反馈意见发送回决策者。

9.1.2 决策的基本要素

一般来说，任何决策问题都由以下五个基本要素组成：

（1）决策者。决策者可以是一个人，也可能是一个群体。因为决策总是面向未来的，而未来总有一些不确定因素会给决策带来一定的风险。而不同的决策者面对风险的态度不同，对同一问题所做决策也可能不同。

（2）可供决策的方案。为了实现预定的目标，可以采取几种不同的行动，这个因素是决策者可以控制的，称为行动方案，简称方案。方案的拟订包含对决策环境的深入分析和对未来行动的通盘谋划，备选方案一般有两个或两个以上。

（3）自然状态。在一个决策问题中，无论采取哪种行动，都面临不同的自然环境和客观环境。决策环境可能出现的状态称为自然状态，简称状态。自然状态是不以决策者的意志为转移的，决策者没有能力控制它，但可以去推测它、识别它。

（4）决策准则。决策准则就是比较、选择方案时的判断标准和评价规则。

（5）结局。各方案在各种可能的自然状态下产生的结果。决策的结果可能是收益也可能是损失，统称为损益值。损益值应该是可测度或可预估的。

9.1.3 决策分类

决策按不同的标准有不同的分类。

（1）按决策涉及和影响范围分类，决策可分为战略决策、策略决策和战术决策。其中，战略决策属于企业最高层次决策，是关系全局性、方向性和根本性的决策，企业的长期发展规划、生产规模与市场开拓选择等属于该类决策；策略决策属于中层决策，是为保证战略决策目标的实现，各个管理系统进行的决策，如企业人力资源管理、物流系统决策等；战术决策也叫执行决策，属于基层决策，主要根据策略决策的要求对实际日常生产中执行行为方案的选择，是局部性的、暂时性的决策，如企业为提高日常工作的效率，对流水线节拍的确定，对产品质检标准的确定，或对零件是否外包的决策。

（2）按状态空间分类，决策可分为确定型决策、非确定型决策两种。其中，确定型决策面对的环境完全确定，问题的未来发展只有一种确定的结果。非确定型决策指未来各种自然状态具有不确定性，又分为两类，当决策者对未来状态完全无法确定，称为完全不确定型，后文简称不确定决策；当未来状态发生的概率已知时，可以用概率来表示随机性状态，称为风险型决策。

（3）按决策的结构分类，决策可分为程序化决策、非程序化决策和半程序化决策三种。三者的区别见表9-1。

表9-1 程序化决策、非程序化决策和半程序化决策的区别

决策类型	传统方法	现代方法
程序化	现有的规章制度	运筹学、管理信息系统（MIS）
非程序化	经验、直觉	灰色系统、模糊数学等方法
半程序化	经验、应急创新能力	人工智能、风险应变能力

（4）按描述问题的方法分类，决策可分为定性决策与定量决策。描述决策对象的指标均可量化，可用数学模型来表示的决策叫作定量决策，反之，为定性决策。两者均不可少，互为补充。在实际工作中，人们越来越倾向于将定性问题定量化来描述求解问题。

（5）按目标的数量分类，决策可分为单目标决策和多目标决策。在单目标决策中，目标唯一，求最优值；而在多目标决策中，有多个目标，各目标值之间可能存在冲突，不可能全部最优，必然要进行目标排序或赋权，求出满意解或均衡解。

（6）按决策过程的连续性分类，决策可分为单级（静态）决策和序贯（动态）决策。序贯决策处理多个连续时间的决策问题，前后时间段的决策相互影响，总体决策不是各时间段的简单叠加。动态规划属于动态决策分析方法。

（7）按决策者数量分类，决策可分为个人决策和群决策。群决策中出现的所有决策均需进行集结、整合。

9.2 风险型决策

9.2.1 风险型决策的特征

所谓风险型决策，是指在不确定因素概率已知的情况下，无论选择哪种决策都要承担一

定风险的决策。这种决策通常具有以下特征：

（1）决策者有明确的决策目标。

（2）有两种以上决策者无法控制的不确定因素。

（3）有两个以上方案可供决策者选择。

（4）可估计出不同方案在各种不确定因素下的损益值。

（5）可估计出各种不确定因素出现的概率。

【例9-1】 某建筑公司在组织施工时，由气象部门得到降水状况预报为：0.3的概率为无雨，0.6的概率为小雨，0.1的概率为大雨。现该公司准备了三套生产安排方案：A_1、A_2和A_3，需要在收益最大的目标下进行决策。三种方案与三种天气所对应的损益（收益）矩阵见表9-2。

表9-2 某建筑公司的收益矩阵

方案	因素		
	无雨（$P=0.3$）	小雨（$P=0.6$）	大雨（$P=0.1$）
A_1	160	80	-100
A_2	120	100	70
A_3	100	90	80

解 该问题有明确的决策目标，即收益最大；有三种决策者无法控制的不确定因素，即三种可能发生的自然状态：无雨、小雨和大雨；有三种方案可供决策者选择：A_1、A_2和A_3；可估计出不同方案在无雨、小雨和大雨下的损益值；可估计出无雨、小雨和大雨出现的概率分别是0.3、0.6和0.1。因此例9-1是典型的风险型决策问题。

9.2.2 收益矩阵法

风险决策的主要方法是收益矩阵法。收益矩阵法是决策过程中采用损益矩阵的形式。所谓损益矩阵，是以决策方案为主栏、各种不确定因素为宾栏、各方案与各不确定因素对应的损益为元素的矩阵。其一般形式见表9-3，P_i（$i=1，2，\cdots，m$）表示相应的概率。

表9-3 损益矩阵

方案	因素			
	θ_1（P_1）	θ_2（P_2）	$\cdots$	θ_m（P_m）
A_1	a_{11}	a_{12}	$\cdots$	a_{1m}
A_2	a_{21}	a_{22}	$\cdots$	a_{2m}
$\vdots$	$\vdots$	$\vdots$		$\vdots$
A_n	a_{n1}	a_{n2}	$\cdots$	a_{nm}

以例9-1为例，说明收益矩阵法的求解步骤。

解 用损益矩阵采用期望值法以收益最大为目标进行决策的步骤如下：

（1）按 $E(A_i) = \sum a_{ij} P_j$ 计算出各方案的期望值 $E(A_i)$。

$$E(A_1) = 160 \times 0.3 + 80 \times 0.6 + (-100) \times 0.1 = 86$$

$$E(A_2) = 120 \times 0.3 + 100 \times 0.6 + 70 \times 0.1 = 103$$

$$E(A_3) = 100 \times 0.3 + 90 \times 0.6 + 80 \times 0.1 = 92$$

（2）选 $\max\{E(A_i)\}$ 所对应的方案作为决策方案。$\max\{86,103,92\} = 103$，对应于 A_2 方

案，故选 A_2 方案为决策方案。

该方法尚可用效用理论将损益矩阵元素用效用代替，以体现决策者的价值观。

损益矩阵法可用决策树法代替，决策树法可以解决分阶段决策问题。这类问题用损益矩阵法求解比较复杂和麻烦。

9.2.3 决策树

风险型决策可以借助一种决策树图形做出。它不仅能处理单阶段决策问题，而且可以有效地解决一些多阶段决策问题。

1. 决策树的结构

决策树是一种由节点和分支构成的由左向右横向展开的树状图形。

（1）节点。决策树中的节点可分为下列三种：

1）决策节点通常用方块□表示。决策节点连接方案分支，在决策节点做取舍，选方案。

2）状态节点通常用圆形○表示。状态节点连接状态分支或概率分支，在状态节点旁计算期望值。

3）结局节点通常用三角形△表示。它表示一个方案在一个自然状态下的结局。

（2）分支。决策树中的边称为分支，分支分为两类。

1）方案分支由决策节点引出若干分支，每个分支表示一个方案，称方案分支。

2）状态分支由状态节点引出若干分支，每个分支表示一个方案，称状态分支或概率分支。

2. 利用决策树进行决策的步骤

（1）绘制决策树。

（2）自右至左计算各个方案的期望值，将计算结果标在方案分支右端状态节点旁。

（3）根据各方案期望值大小进行选择，删去收益期望值小或者损失值大的方案分支。这个过程称为"剪枝"，所保留下来的分支即为最优方案。

3. 实例

（1）单阶段决策问题

以例9-1为例，画出决策树进行决策，如图9-1所示。

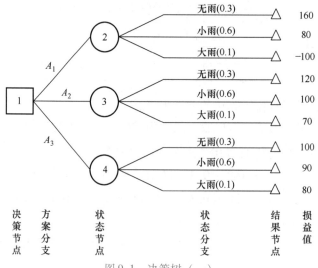

图 9-1　决策树（一）

方案分支 A_1 的期望值即右端状态节点 2 的期望值，记为

$$E(2) = 160 \times 0.3 + 80 \times 0.6 + (-100) \times 0.1 = 86$$

同理可得

$$E(3) = 120 \times 0.3 + 100 \times 0.6 + 70 \times 0.1 = 103$$

$$E(4) = 100 \times 0.3 + 90 \times 0.6 + 80 \times 0.1 = 92$$

在决策节点 1 进行比较选择，$E(3)$ 最大，因此剪去 A_1、A_3 分支，剩余 A_2 分支即为最优方案。

（2）多阶段决策问题

【例 9-2】　某公司为建一工厂制定了两个方案：一个方案是一次性完成建设大厂；另一个方案是分两步走，先建个小厂，三年后再考虑是否进行扩建。假设资源条件约束无特殊要求，公司有关部门已有如下资料：

（1）销售部门提供了市场需求预测，见表 9-4。

表 9-4　市场需求预测

十年预测		概率
前三年需求量	后七年需求量	
高	高	0.5
高	低	0.2
低	低	0.3
低	高	0

（2）基建、生产、财务部门提供了成本效益预测：建大厂投资 320 万元，建小厂投 150 万元，建小厂再扩充规模投资 240 万元。三种建厂方案在市场需求量高和市场需求量低的情况下，每年的收益值见表 9-5。公司该怎样决策才能使十年内总收益最大？

表 9-5　每年的收益值　　　　　　　　　　单位：万元

方案	收益	
	需求量高	需求量低
建大厂	120	30
建小厂	60	50
建小厂再扩建	90	25

解　这个问题是一个二阶段决策问题。第一阶段需确定是建大厂还是建小厂；若第一阶段选择建小厂时，三年后需决定是否要扩建小厂。使用决策树方法来处理这个问题。

（1）根据资料计算各方案下的收益值和未来各种市场状态的出现概率。

首先，计算收益值，见表 9-6。

表 9-6　十年收益值　　　　　　　　　　单位：万元

方案	十年收益		
	前三年高需求 后七年高需求 (0.5)	前三年高需求 后七年低需求 (0.2)	前三年低需求 后七年低需求 (0.3)
建大厂 （投资 320）	$120 \times 10 = 1200$	$120 \times 3 + 30 \times 7 = 570$	$30 \times 10 = 300$

（续）

方案		十年收益		
		前三年高需求 后七年高需求 (0.5)	前三年高需求 后七年低需求 (0.2)	前三年低需求 后七年低需求 (0.3)
先建小厂 （投资150）	三年后 （扩建投资240万）	$60 \times 3 + 90 \times 7 = 810$	$60 \times 3 + 25 \times 7 = 355$	$50 \times 3 + 25 \times 7 = 325$
	三年后 （不扩建）	$60 \times 10 = 600$	$60 \times 3 + 50 \times 7 = 530$	$50 \times 10 = 500$

然后，计算十年期内各种市场状态出现的概率。

P（前三年高需求）$=P$（前三年高需求且后七年高需求）$+P$（前三年高需求且后七年低需求）$=0.5+0.2=0.7$。

由事件间的互斥性得

$$P（前三年低需求）=0.3$$

再由条件概率公式可得

$$P（后七年高需求 \mid 前三年高需求）= \frac{0.5}{0.7} = 0.71$$

$$P（后七年低需求 \mid 前三年高需求）= 1 - 0.71 = 0.29$$

$$P（后七年低需求 \mid 前三年低需求）= \frac{0.3}{0.3} = 1$$

（2）绘制决策树，如图9-2所示。

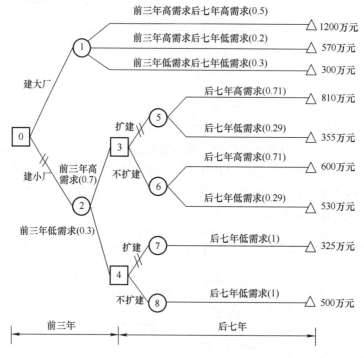

图9-2　决策树（二）

（3）计算各方案分支（右端状态节点）的收益期望值，并在各决策节点对方案分支进行剪枝。

计算决策节点5和节点6的收益期望值：

$$E(5) = [810 \times 0.71 + 355 \times 0.29 - (240 + 150)] \text{万元} = 288.05 \text{万元}$$

$$E(6) = (600 \times 0.71 + 530 \times 0.29 - 150) \text{万元} = 429.7 \text{万元}$$

在决策节点3处应把扩建分支剪去。

计算节点7和节点8的收益期望值：

$$E(7) = [325 - (240 + 150)] \text{万元} = -65 \text{万元}$$

$$E(8) = (500 - 150) \text{万元} = 350 \text{万元}$$

在决策节点4处应把扩建分支剪去。

计算节点1的收益期望值：

$$E(1) = (1200 \times 0.5 + 570 \times 0.2 + 300 \times 0.3 - 320) \text{万元} = 484 \text{万元}$$

计算节点2的收益期望值：

$$E(2) = (429.7 \times 0.7 + 350 \times 0.3) \text{万元} = 405.79 \text{万元}$$

经比较后，在决策节点0处将建小厂分支剪去，即应选择建大厂方案最为有利。

9.2.4 贝叶斯决策

在风险型决策中，对自然状态出现概率估计的正确程度会直接影响到决策中收益期望值。为了更好地进行决策，在条件许可的情况下，往往需要进一步补充新信息。补充信息可以通过进一步调查、试验、咨询得到，而为了获得这些补充信息需支付一定费用。获得信息后，可根据这些补充信息修正原先对自然状态下出现概率的估计值，并利用修正的概率分布重新进行决策。由于这种概率修正主要根据概率论中的贝叶斯定理进行，故称这种决策为贝叶斯决策。

贝叶斯决策通常可以分为三步进行。

1. 先验分析

决策者首先根据资料及经验对各自然状态出现的概率做出估计，称为先验概率，然后依据先验概率分布及期望值准则做出决策，选择出最优方案，并得出相应最优期望值，记为 EMV^*（先）。

首先估计自然状态 θ_i 出现概率为 $P(\theta_i)(i = 1, 2, \cdots, m)$，$u_{ij}$ 为方案 d_j 在 θ_i 状态下的收益值。根据期望值准则，计算各方案的收益期望值：

$$E(d_j) = \sum_{i=1}^{m} p(\theta_i) u_{ij} \quad (j = 1, 2, 3, \cdots, n)$$

相应最优决策方案及最优期望值为

$$\max_j E(d_j) = E(d_k) = \text{EMV}^*（先）$$

2. 预验分析

在补充新信息前，先对补充信息是否合算做出分析，从而决定是否补充新信息。

信息在于它能提高决策的最大期望收益值，但是如果为获得信息所花费的费用超过它所能提高的期望收益值，这种补充信息是不合算的。所有信息中最好、最理想的信息自然是完全可靠、准确的信息，即这种信息预报某自然状态出现，则在实际中必定出现这种自然状态，这种信息称为完全信息。在预验分析中，首先估算出完全信息的价值（任何信息的价值均不会超过完全信息的价值），并以它为一个标准。如果补充信息费用远远小于完全信息的价值，则可认为这种补充信息是合算的。反之，如果补充的信息费用接近甚至超过完全信息的价值，则可认为这种补充信息是不合算的。

当完全信息预报出现 θ_k 状态时，问题变为确定型决策问题。最优方案由下式确定：

$$\max_j \{u_{kj}\}$$

在完全信息下，决策所能获得的最大收益期望值为

$$EPPI = \sum_{k=1}^{m} p(\theta_k) \max_j \{u_{kj}\}$$

显然 EPPI 与 EMV^*（先）之间的差额就是得到了完全信息而使期望收益增加的部分。这个值被称为该问题的完全信息价值，简记为 EVPI。

$$EVPI = EPPI - EMV^*（先）$$

需要指出，十分完善的信息是很难得到的，有时甚至根本无法获得完全信息。因此，算出的完全信息价值，常常只作为支付信息费用的一个上限，也是决定是否有必要进一步获取情报信息的依据。

3. 后验分析

根据获得的新信息，对先验概率分布进行修正，得到后验概率分布，在此基础上做出决策，并计算出补充信息的价值。

后验分析工作由补充新信息、计算修正概率、重新决策、计算补充信息的价值四部分组成。

（1）补充新信息。补充新信息一般是通过对 x_1，x_2，$\cdots$，x_s 共 s 个状态的调查、试验，预报其中哪一个将出现，同时通过资料获取条件概率 $P(x_j \mid \theta_i)$，即实际出现自然状态 θ_i 而预报 x_j 的概率。

（2）计算修正概率。在已知先验概率 $P(\theta_j)(j=1,2,\cdots,m)$ 及条件概率 $P(x_i \mid \theta_j)$（$i = 1$，2，$\cdots$，s；$j=1$，2，$\cdots$，m）的基础上，利用贝叶斯公式可计算出修正概率，即后验概率：

$$P(\theta_j \mid x_i) = \frac{P(\theta_j)P(x_i \mid \theta_j)}{\sum_{j=1}^{m} P(\theta_j)P(x_i \mid \theta_j)}$$

（3）重新决策。根据已得的后验概率，可预先做出决策的框架。假设补充信息预报将出现 x_k 状态，则使用后验修正概率分布 $P(\theta_j \mid x_k)(j=1,2,\cdots,m)$，计算各方案的期望收益值，并依期望值准则进行决策，得

$$E(d_j \mid x_k) = \sum_{j=1}^{m} P(\theta_j \mid x_k) u_{jk} \quad (j = 1,2,\cdots,m; k = 1,2,\cdots,s)$$

$$\max E(d_j \mid x_k) = E(d_{jk} \mid x_k)$$

选择 d_{jk} 为预报 x_k 时的最优方案，相应最大期望收益值记为

$$E(x_k) = E(d_{jk} \mid x_k)$$

一旦得到补充信息预报，即可按上述方式决策。

（4）计算补充信息价值。根据已计算出的补充信息预报各状态出现的概率 $P(x_i)$（$i =$

1，2，…，s)，可计算出后验分析中的最大期望收益值：

$$\text{EMV}^*(\text{后}) = \sum_{i=1}^{s} P(x_i) E(x_i)$$

显然，获得补充信息后，期望收益值增加了 $\text{EMV}^*(\text{后}) - \text{EMV}^*(\text{先})$，即补充信息的价值。由此，可将补充信息的价值与获得信息所付出的代价进行对比，从而做出正确决策。

应当指出的是，补充信息通常具有不确定性，因而，这样的信息是不完全的，或说不是绝对准确的，也称为抽样信息。因此，与完全信息相比，补充信息价值不会大于完全信息价值。

【例9-3】 某工程项目按合同应在四个月内完工，其施工费用与工程完工期有关。假定天气是影响工程能否按期完工的决定因素。如果天气好，工程能按时完工，施工单位可获利6万元；如果天气不好，不能按时完工，施工单位将被罚款2万元；若不施工就要损失窝工费4千元。根据过去的经验，在计划施工期内天气好的可能性为40%。为了更好地掌握天气情况，可请气象中心做进一步的天气预报，并提供同一时期天气预报的资料，这需支付信息资料费0.09万元。从提供的资料中可知，气象中心对好天气预报的准确性为80%，对坏天气预报的准确性为90%。问该如何进行决策？

解 采用贝叶斯决策方法。

（1）先验分析。根据已有资料做出决策损益表，见表9-7。

表9-7 决策损益表

方案	收益（万元）	
	好天气 θ_1 (0.4)	坏天气 θ_2 (0.6)
施工 d_1	6	-2
不施工 d_2	-0.4	-0.4

根据收益矩阵法得出 $E(d_1) = 1.2$，$E(d_2) = -0.4$，相应最大期望收益值 EMV^*（先）$= 1.2$ 万元。

（2）预验分析。计算完全信息下最大期望收益值 EPPI 和完全信息的价值 EVPI，得

$$\text{EPPI} = [0.4 \times 6 + 0.6 \times (-0.4)] \text{万元} = 2.16 \text{万元}$$

$$\text{EVPI} = (2.16 - 1.2) \text{万元} = 0.96 \text{万元}$$

而信息资料费 $0.09 \ll 0.96$，所以初步认为请气象中心提供信息和资料是合算的。

（3）后验分析。

1）补充信息。气象中心将提供预报此时期内两种天气状态 x_1（好天气）、x_2（坏天气）将会出现哪一种状态。

从气象中心提供的同期天气资料可得知条件概率：

天气好且预报天气也好的概率 $P(x_1 | \theta_1) = 0.8$；

天气好且预报天气不好的概率 $P(x_2 | \theta_1) = 0.2$；

天气坏而预报天气好的概率 $P(x_1 | \theta_2) = 0.1$；

天气坏而预报天气也坏的概率 $P(x_2 | \theta_2) = 0.9$。

2）计算后验概率分布。根据全概率公式和贝叶斯公式，可计算下列后验概率。预报天

气好与天气坏的概率分别为

$$P(x_1) = P(\theta_1)P(x_1|\theta_1) + P(\theta_2)P(x_1|\theta_2) = 0.4 \times 0.8 + 0.6 \times 0.1 = 0.38$$

$$P(x_2) = P(\theta_1)P(x_2|\theta_1) + P(\theta_2)P(x_2|\theta_2) = 0.4 \times 0.2 + 0.6 \times 0.9 = 0.62$$

预报天气好且天气实际也好的概率为

$$P(\theta_1|x_1) = \frac{P(\theta_1)P(x_1|\theta_1)}{P(x_1)} = \frac{0.4 \times 0.8}{0.38} \approx 0.84$$

预报天气好而天气实际不好的概率为

$$P(\theta_2|x_1) = \frac{P(\theta_2)P(x_1|\theta_2)}{P(x_1)} = \frac{0.6 \times 0.1}{0.38} \approx 0.16$$

预报天气不好而实际天气好的概率为

$$P(\theta_1|x_2) = \frac{P(\theta_1)P(x_2|\theta_1)}{P(x_2)} = \frac{0.4 \times 0.2}{0.62} \approx 0.13$$

预报天气不好而实际也不好的概率为

$$P(\theta_2|x_2) = \frac{P(\theta_2)P(x_2|\theta_2)}{P(x_2)} = \frac{0.6 \times 0.9}{0.62} \approx 0.87$$

上述计算也可用表格形式进行，见表9-8。

表9-8　联合概率和后验概率的计算

$P(\theta_j)$	$P(x_i|\theta_j)$		$P(x_i \cap \theta_j)$		$P(\theta_j|x_i)$	
	x_1	x_2	x_1	x_2	x_1	x_2
θ_1 (0.4)	0.8	0.2	0.32	0.08	0.84	0.13
θ_2 (0.6)	0.1	0.9	0.06	0.54	0.16	0.87

$$P(x_1) = 0.38, \quad P(x_2) = 0.62$$

3）后验决策。若气象中心预报天气好（x_1），则每个方案的最大期望收益值为

$$E(d_1|x_1) = [0.84 \times 6 + 0.16 \times (-2)] 万元 = 4.72 万元$$

$$E(d_2|x_1) = [0.84 \times (-0.4) + 0.16 \times (-0.4)] 万元 = -0.4 万元$$

选择 d_1 即施工的方案，相应在预报 x_1 时的最大期望收益值为

$$E(x_1) = 4.72 万元$$

若气象中心预报天气不好（x_2），则每个方案的最大期望收益值为

$$E(d_1|x_2) = [0.13 \times 6 + 0.87 \times (-2)] 万元 = -0.96 万元$$

$$E(d_2|x_2) = [0.13 \times (-0.4) + 0.87 \times (-0.4)] 万元 = -0.4 万元$$

选择 d_2 即不施工的方案，相应在预报 x_2 时的最大期望收益值为

$$E(x_2) = -0.4 万元$$

4）计算补充信息价值。在有气象中心补充信息及资料条件下，后验决策的最大期望收益值为

$$\text{EMV}^*(后) = P(x_1)E(x_1) + P(x_2)E(x_2) = [0.38 \times 4.72 + 0.62 \times (-0.4)] 万元$$
$$= 1.5456 万元$$

气象中心提供补充信息的价值为

$$\text{EMV}^*(后) - \text{EMV}^*(先) = (1.5456 - 1.2) 万元 = 0.3456 万元$$

通过计算可知，花费了信息费0.09万元，提高了决策期望收益0.3456万元，这种花费是值得的，这也验证了预验分析中的判断。

9.2.5 效用值准则

期望值法完全依据客观条件进行决策。但由于决策者所处的地位不同、决策角度以及价值观念不同，对同一问题通常会做出不同的决策。

图9-3所示的决策树，如按期望值法应选择A方案，期望值是16000元。

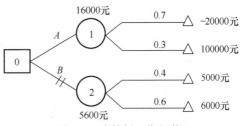

图9-3 决策树（期望值）

这样不是得到100000元的利润，就是亏损20000元，而且亏损20000元的可能性很大。对一个资本雄厚的决策者来说，可以选A方案；但对一个资本有限的决策者来说，虽然他渴望得到100000元的利润，但却承受不了20000元亏损的打击，因此它只能选择旱涝保收的B方案。

这就说明，决策者在决策过程中要依据自己的价值准则进行决策，要把自己的实际情况和科学方法相结合。而费用价值期望不能反映决策者的主观意志和对风险的态度，为了在决策中反映决策者的"价值观"和对风险的态度，可把费用、价值等指标转换为"效用"。

效用是同一期望值在不同决策者心目中的价值，是决策者价值观念的反映，是一定时期，在一定条件下，决策者对某一期望值在心目中满意程度的衡量尺度，是反映决策者对风险态度的数量指标。

每个决策者都有自己的"效用"函数，"效用"函数用曲线表示，称为效用曲线。

图9-3所示的决策树，可利用效用值得到图9-4所示的决策树。再用期望值法即可得出符合资本少的人的利益方案，因此这种方法体现了决策者的主观价值。

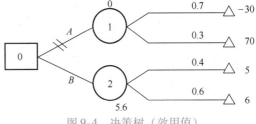

图9-4 决策树（效用值）

确定效用曲线是不容易的，它是随时间和条件、决策者而不同的，故只能在自己多年经验的基础上，采用自己认为合适的"效用"曲线。

通常假定效用值是一个相对值，如假定决策者最偏好、最倾向、最愿意事物（方案）的效用值为1；而最不喜欢、最不倾向、最不愿意的事物的效用值为0（当然也可假定效用值在0~100之间，等等）。确定效用曲线的方法主要是对比提问法。

设决策者面临两个可选择的方案A_1和A_2，其中A_1表示他可无风险地得到一笔收益x，A_2表示他可以概率P得到收益y，以$1-P$得到收益z，其中$z>x>y$或$y \leqslant x \leqslant z$。设$U(x)$表示收益$x$的效用值，则当决策者认为方案$A_1$和方案$A_2$等价时，应有

$$PU(y) + (1 - P)U(z) = U(x)$$

上式中意味着决策者认为x的效用值等价于y和z的效用的期望值。由于式中有x、y、z、P共四个变量，若其中三个确定后，即可通过向决策者提问得到第四个变量值。

在实际计算中，经常取$P=0.5$，固定y、z值，利用下面的公式求得x的值。

$$0.5U(y) + 0.5U(z) = U(x)$$

将 y、z 的值改变三次，分别提问三次得到相应的 x 值，即可得到效用曲线上的三个点，再加上当收益最差时效用为 0 和收益最好时效用为 1 这两个点，实际上已得到效用曲线上的五个点。根据这五个点可画出效用曲线的大致图形。

以下分别记 x^* 和 x^0 为所有可能结果中决策者认为最有利和最不利的结果，即有

$$U(x^*) = 1, U(x^0) = 0$$

【例9-4】 构造一个效用函数，已知所有可能收益的区间为 $[-100, 200]$，单位为元，即 $x^* = 200$，$x^0 = -100$，故 $U(200) = 1$，$U(-100) = 0$。现用"五点法"确定效用曲线上其他三个点。

（1）请决策者在"A_1：稳获 x 元"和"A_2：以 50% 的机会获得 200 元和 50% 的机会损失 100 元"这两个方案间进行比较。假设当 $x = 0$ 时决策者认为方案 A_1 和 A_2 等价，则有

$$0.5U(200) + 0.5U(-100) = U(0) = 0.5 \times 1 + 0.5 \times 0 = 0.5$$

（2）请决策者在"A_1：稳获 x 元"和"A_2：以 50% 的机会获得 0 元和 50% 的机会损失 100 元"这两个方案间进行比较。假设当 $x = -60$ 时决策者认为方案 A_1 和 A_2 等价，则有

$$0.5U(0) + 0.5U(-100) = U(-60) = 0.5 \times 0.5 + 0.5 \times 0 = 0.25$$

（3）请决策者在"A_1：稳获 x 元"和"A_2：以 50% 的机会获得 200 元和 50% 的机会得到 0 元"这两个方案间进行比较。假设当 $x = 80$ 时决策者认为方案 A_1 和 A_2 等价，则有

$$0.5U(200) + 0.5U(0) = U(80) = 0.5 \times 1 + 0.5 \times 0.5 = 0.75$$

这样，便确定了当收益为 -100 元、-60 元、0 元、80 元、200 元时效用值分别为 0、0.25、0.5、0.75、1。据此可画出该效用曲线的大致图形，如图 9-5 所示。

决策者的效用曲线可分为三种类型，如图 9-6 所示。不同类型的效用曲线反映决策者对风险的不同态度。Ⅰ 型曲线反映出决策者是规避风险、谨慎从事的保守型决策者。这种类型的决策者对收益反应较迟缓，而对损失则比较敏感。Ⅲ 型曲线反映的决策者的特点正好相反，他宁愿选择带有风险下的期望收益，是一种不怕风险、谋求大利、乐于进取的决策者。Ⅱ 型曲线反映的是一种中间型决策者。这类决策者严格按照期望收益准则选择方案。其效用曲线是线性的，称这类决策者是风险中性的决策者。

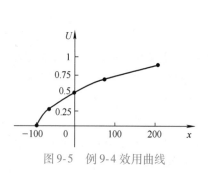

图 9-5　例 9-4 效用曲线

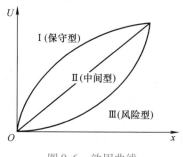

图 9-6　效用曲线

虽然不同的人对待风险的态度不同，但是，他们可能主要属于以上三种决策类型。但对某一个人来说，在不同的时间和条件下，他对风险的态度有可能也会发生变化。例如，有的人在起初对较小的收益不太有兴趣，但随着收益的进一步增加，吸引力就会逐步增大，从而引起他对风险的态度发生变化。可是当达到某一目标后，他的要求得到了满足，就可能变得

不愿承担风险了。然而，当收益的继续增加使他可望达到一个更高的目标时，他又可能不顾冒更大的风险去争取，如此等等。因此，上述三种情况只是三种典型，某一决策者可能兼有三种类型。

9.3 不确定决策

不确定决策与风险型决策的区别仅在于对不确定因素的发生概率不能做出估计。因此这种决策有完全的不确定性，故称不确定决策。这种决策方法也是从损益矩阵出发的，不同的是损益矩阵中没有概率一行，其一般形式见表9-9。

表9-9 损益矩阵

方案	因素					
	θ_1	θ_2	...	θ_j	...	θ_m
A_1	C_{11}	C_{12}	...	C_{1j}	...	C_{1m}
A_2	C_{21}	C_{22}	...	C_{2j}	...	C_{2m}
⋮	⋮	⋮		⋮		⋮
A_i	C_{i1}	C_{i2}	...	C_{ij}	...	C_{im}
⋮	⋮	⋮		⋮		⋮
A_n	C_{n1}	C_{n2}	...	C_{nj}	...	C_{nm}

根据不同要求，决策者可采用如下决策方法和原则进行决策。

例如，例9-1中不确定因素概率未知时的损益矩阵见表9-10。

表9-10 例9-1中不确定因素概率未知时的损益矩阵

方案	因素		
	无雨	小雨	大雨
A_1	160	80	-100
A_2	120	100	70
A_3	100	90	80

9.3.1 小中取大法则

小中取大法则的思想是从各种方案在最不利的条件下的收益中选取收益最大的一个方案。即

$$\max_A \left\{ \min_\theta \left\{ C(A_i, \theta_j) \right\} \right\}$$

也就是在最不利的条件下得到一个最大的收益。如例9-1中，假设无气象资料，如果选 A_1 方案，则最坏结果是损失100万元；如果选 A_2 方案，则最坏收益是70万元；如果选 A_3 方案，则最坏收益是80万元，即

$$\min\{160,80,-100\} = -100$$
$$\min\{120,100,70\} = 70$$
$$\min\{100,90,80\} = 80$$

在三者中选最大者：$\max\{-100,70,80\} = 80$，因此应选 A_3 方案。

在损益矩阵上直接进行计算，见表9-11。

表 9-11　小中取大法则计算表

方案	因素			本方案中最小收益 $\min C\ (A_i,\ \theta_j)$
	无雨 θ_1	小雨 θ_2	大雨 θ_3	
A_1	160	80	-100	-100
A_2	120	100	70	70
A_3	100	90	80	80
各方案中选最大 $\max\{\min C(A_i,\theta_j)\}$				80

这种方法是保守的、悲观的，却是最可靠的。因此，该原则一般适用于可靠性要求较高的决策，如预测洪水、地震等，目的是留有充分的余地，减少损失。

9.3.2　大中取大法则

大中取大法则与小中取大法则正好相反，它的主导思想是宁可承担最大损失的风险，也要为达到最大收益而冒险，因此，它总是在一切如意的情况下进行决策的。其方法是在各种方案中选出最大收益，然后再从中选择最大值，该值所对应的方案即是决策方案。

用数学语言可描述为

$$\max_{A}\ \max_{\theta}\{C(A_i,\theta_j)\}$$

其计算见表 9-12。

表 9-12　大中取大法则计算表

方案	因素			本方案中最大收益 $\max C\ (A_i,\ \theta_j)$
	无雨 θ_1	小雨 θ_2	大雨 θ_3	
A_1	160	80	-100	160
A_2	120	100	70	120
A_3	100	90	80	100
$\max\{\max C(A_i,\theta_j)\}$				160

这种方法选择 A_1 方案。可见，如果实现此方案，可得到最大收益。但这种决策方法带有很大的冒险性，不是收获最大，就是损失最大，因此，不适于可靠性要求高的决策。

9.3.3　折中法

折中法是上述两种方法的折中。它的思想是把连接每一方案的最大值点和最小值点的直线分成比例线段，用比例系数的变动来确定其收益，然后在所有方案的收益中选择收益值最大的方案。

现在简单介绍一种线段方程的表示方法。

线段 ab 上任一点 L，可用下式表示：

$$\alpha a + (1-\alpha)b = L \quad (0 \leqslant \alpha \leqslant 1)$$

比例系数 α 把线段分成两段，分点为 L。当 $\alpha = 0$ 时，分点 L 在 b 点上；当 $\alpha = 1$ 时，则分点 L 在 a 点上；如果 $0 < \alpha < 1$，则分点 L 在线段 ab 上。

根据这个道理，依下式确定每一方案的收益值供决策：

$$H_i = \alpha V_{大} + (1-\alpha)V_{小}(0 \leqslant \alpha \leqslant 1)$$

式中，H_i 为供决策的方案收益；$V_{大}$ 为该方案中的最大收益；

$V_{小}$ 为该方案中的最小收益；α 为比例系数。

因此，前述中如选 $\alpha = 0.7$，则

$$H_1 = 0.7 \times 160 + 0.3 \times (-100) = 82$$

$$H_2 = 0.7 \times 120 + 0.3 \times 70 = 105$$

$$H_3 = 0.7 \times 100 + 0.3 \times 80 = 94$$

按 $\max\{H_i\} = \max\{82, 105, 94\} = 105$ 来确定方案，即确定选 A_2 方案。

如选 $\alpha = 0.1$，则

$$H_1 = 0.1 \times 160 + 0.9 \times (-100) = -74$$

$$H_2 = 0.1 \times 120 + 0.9 \times 70 = 75$$

$$H_3 = 0.1 \times 100 + 0.9 \times 80 = 82$$

$\max\{H_i\} = \max\{-74, 75, 82\} = 82$，应选择 A_3 方案。

由该方法可见，当 $\alpha = 0$ 时，是小中取大法；当 $\alpha = 1$ 时，是大中取大法。因此，上述两种方法都是这种方法的特例。折中法也是一种特殊的平均法，当 α 选 0.5 时，就是最大值与最小值的平均值。可见 α 的选择是重要的，它体现出决策者的冒险程度。

9.3.4 平均值法

平均值法是用每一方案收益的算术平均值作为该方案供决策的收益值，然后再取其最大值作为决策方案。该方法实质上是把各种收益出现的概率视为相等，因此又称为等概率法。该方法按下式计算：

$$\max\left\{\frac{1}{n}\sum_{j=1}^{n} C(A_i, \theta_j)\right\} \quad (i = 1, 2, \cdots, m)$$

例9-1中：

$$\frac{1}{3} \times \left[160 + 80 + (-100)\right] = 46.67$$

$$\frac{1}{3} \times (120 + 100 + 70) = 96.67$$

$$\frac{1}{3} \times (100 + 90 + 80) = 90$$

可见，按此法应选 A_2 方案。

9.3.5 最小后悔值法

顾名思义，最小后悔值法就是在方案选择之后，在客观情况与主观愿望相违背时，使后悔最小的一种方法。为了达到后悔最小的目的，假定每种方案的最大收益是理想的，如果没选择该方案将后悔，则后悔的数值是其他方案与本方案最大收益的差，所选的方案应是在每种方案中最大的后悔值中选择最小的，即后悔值最小，故该方法又称最大最小法，是一种较保守且可靠的方法。

该方法的步骤是：

（1）将损益矩阵 $\{C_{ij}\}$ 转化为后悔值矩阵 $\{b_{ij}\}$。

（2）按 $\max\limits_{j}\{b_{ij}\}$ 选最大后悔值。

（3）按 $\min\limits_{i}\left\{\max\limits_{j}\{b_{ij}\}\right\}$ 选最小后悔值。

例 9-1 中用最小后悔值法计算结果见表 9-13，结果选择 A_2 方案。

表 9-13　最小后悔值法计算表

方案	天气			最大后悔值
	无雨 θ_1	小雨 θ_2	大雨 θ_3	
A_1	$160 - 160 = 0$	$100 - 80 = 20$	$80 + 100 = 180$	180
A_2	$160 - 120 = 40$	$100 - 100 = 0$	$80 - 70 = 10$	40
A_3	$160 - 100 = 60$	$100 - 90 = 10$	$80 - 80 = 0$	60
最小后悔值				40

以上介绍的是几种常用的不确定型决策方法，因决策者的出发点不同，问题的性质不同，选择方法也不同，得出的决策也不同，收到的效果自然也不相同。故在选用这些方法时，不能死搬硬套某种方法，应该领会各种方法的思想，依据实际情况，通过分析社会及自然条件去决策。对于一些有特殊要求的事件，要特别慎重考虑，要充分地估计最不利的因素，而使意外的损失最小。决策问题是一个政策性很强、涉及面很广的问题，绝不能掉以轻心，草率从事。在能够收集到资料的情况下，要尽力把材料收集齐全且采用数理统计和分析的方法去处理，一般能收到比较满意的结果。

这里需要特别强调的是，上级决策与自己决策相矛盾的时候，要服从上级决策，并反映自己的意见。这主要是因为领导考虑的是全局决策，局部看来可行的决策全局不一定可行，因此局部必须服从全局，才会使整个系统达到最优，这也正是系统工程处理问题的出发点。

9.4　多目标决策

在生产与生活中，经常需要对多个目标（指标）的方案、计划、设计进行判断。例如设计一个住宅方案，既要建筑功能强大，平面空间布局合理，采光、通风效果好，又要社会消耗低；又如选择新厂的厂址，除了要考虑产品运费、生产成本、原料运输成本等经济指标，还要考虑对环境的污染等社会因素。只有对各种因素的指标进行综合衡量后，才能做出合理的决策。这类依据多个目标进行决策的问题称为多目标决策问题。以前介绍的 AHP 法既是一种确定权数的方法，也是一种依据权数进行决策的多目标决策方法。

9.4.1　多目标决策的基本概念

一般情况下，评价系统的各种目标都是从不同侧面反映系统的，很难用其中一个指标来代替其他指标。因此，这类问题一般无最优解可取。故在处理多目标问题时，多采用非劣解和选优解两个概念。

1. 非劣解和选优解

非劣解也称有效解，《决策科学辞典》中对其定义为，在决策方案空间中具有非劣性质的解。即指在可行方案集中再也找不到一个各目标的属性值都不劣于 A 方案，而且至少有一个目标属性比 A 优的方案，那么方案 A 就是非劣解。在多目标决策中，一般很难找到使所有目标都达到绝对最优的解，因而"最优"概念在多目标决策中无法完全适应，必须引入具有更广泛意义的非劣解概念来阐述多目标决策问题。在多目标决策问题中没有最优解，但通常有一个以上的非劣解。对有限方案的多目标决策问题，非劣解可以用优势原则产生；对无限方案的多目标决策问题，非劣解可以用加权法、拉格朗日法等求解。

2. 选优解的确定

多目标决策都是由分析过程和决定过程两部分组成的。确定非劣解的过程是决策的分析过程，而在非劣解中选择选优解是决策的决定过程。分析过程一般由分析者（系统分析人员）完成，而决定过程都是由决策者（领导者）来完成。虽然两个阶段可明显地分开，但分析者必须提供足够的信息供领导决策才能得到更好的效果。一般采用如下方法：

（1）决策者和分析者共同商定出一种方法和原则，按此原则和方法直接求选优解。

（2）分析者只提供非劣解，由决策者决定选优解。

（3）决策者和分析者不断相互交换意见，不断改进非劣解，直到最后得出决策者满意的选优解为止。

第一种方法简单明了，只要确定了原则，问题就解决了，但原则的确定不是十分容易的事情。

第三种方法是比较可取的方法，然而需要做深入细致的思想工作和相互协调的分析工作，使分析者和决策者意见逐步趋于一致。这种方法决策的时间较长。

9.4.2 多目标决策的具体方法

上面介绍了处理多目标决策问题的基本原则，但在处理具体问题时，必须根据这些原则再加上一些数学方法，才能使多目标决策问题定量化，才能更有利于决策。现介绍几种常用的多目标决策的定量方法。

1. 化多目标为单目标法

在多目标问题中求出满足全部目标且使其都最优的 X^* 是不可能的。然而利用一些数学方法，经过一定的处理，变多目标为单目标，就可利用所学过的处理单目标最优化的方法去解决。

基于这种思想，根据问题的不同性质，采用不同的方法，即可把复杂的多目标问题化为单目标问题。

（1）加权平均和法。

1）λ – 法。当目标函数 $f_1(x)$，$f_2(x)$，$\cdots$，$f_n(x)$ 都要求最小（或最大）时，可引入加权乘子构成新的目标函数：

$$\min V(x) = \sum_{i=1}^{n} \lambda_i f_i(x)$$

加权乘子 λ_i 的确定直接影响到决策的结果，因此，选择 λ_i 要有充分的经验或用统计调查的方法得出。一般常采用 AHP 法、德尔菲法、评分法、比率法等。

该方法在使用中要求各目标的数量级差别不大（一般不超过 10^3）和量纲相同，所形成的新目标要有一定的经济意义和物理意义。

2）α – 法。对于有 m 个目标 $f_1(x)$，$\cdots$，$f_m(x)$ 的情况，不妨设其中 $f_1(x)$，$\cdots$，$f_k(x)$ 要求最小化，而 $f_{k+1}(x)$，$\cdots$，$f_m(x)$ 要求最大化，这时可构成下列新目标函数。

$$\max_{x \in \mathbf{R}} U(x) = \max_{x \in \mathbf{R}} \left\{ - \sum_{j=1}^{k} \alpha_j f_j(x) + \sum_{j=k+1}^{m} \alpha_j f_j(x) \right\}$$

（2）数学规划法。这种方法需对各目标进行重要性排序，然后再从中选择一个最重要的目标 $f_1(x)$，使它满足最大或最小，而使其他所有目标满足 $f'_i \leqslant f_i(x) \leqslant f''_i$，从而构成了一个以重要目标 $f_1(x)$ 为单目标，以其余目标为约束的一个数学规划问题，即

$$\begin{cases} \max \quad f_1(x) \\ \text{s.t.} \quad f'_i \leqslant f_i(x) \leqslant f''_i \quad (i = 2, 3, \cdots, n) \end{cases}$$

例如，某构件公司生产两种混凝土产品，现要制订生产计划，考虑利润、加班时间、劳动生产率、能源消耗等多目标因素。在拟订生产计划时，可以把上述指标化成以利润为主指标，对其他指标都给予一定限制的数学规划问题，从而可得到如下数学规划：

$$\text{s.t.} \begin{cases} \max \quad f_1(x) & \text{（目标利润最高）} \\ f_2(x) \leqslant b_1 & \text{（加班时间小于规定值）} \\ f_3(x) \geqslant b_2 & \text{（劳动生产率高于一定值）} \\ f_4(x) \leqslant b_3 & \text{（能源消耗低于一定水平）} \\ \vdots \\ \boldsymbol{AX} = \boldsymbol{b} & \text{（原问题约束）} \end{cases}$$

这种方法的优点是不受各目标数量级和量纲的影响，求解后就可以得到一个比较理想的决策方案。

（3）预期目标法。这种方法的基本思想是为所有目标确定一个预期达到的目标值 f_i^*，做出的决策与该值越接近越好，如完全符合此目标，则是最优解；如不符合，则以离差平方和的大小来衡量其偏离预期值的程度，从而把目标函数 $f_1(X), f_2(X), \cdots, f_n(X)$ 化成

$$\min V(X) = \sum_{i=1}^{n} \left[f_i(X) - f_i^* \right]^2$$

按这种思想还可根据目标的重要程度采用加权的方法，即

$$\min V(X) = \sum_{i=1}^{n} \lambda_i \left[f_i(X) - f_i^* \right]^2$$

这种方法又称为加权平方和法。

该方法适用各目标的预期目标 f_i^* 和 $f_i(X)$ 的差值相差不大时，如果相差太大，一些目标的平方可能不起作用，导致忽略某些目标，得出错误的结论。

现举例说明预期目标法求解多目标问题。

【例 9-5】 评价某智慧城市的四个方面指标分别为智慧政务、智慧交通、智慧医疗和智慧服务。假设智慧政务函数为 $f_1(x) = 3x$，智慧服务函数为 $f_2(x) = 5x$，智慧医疗函数为 $f_3(x) = x$，智慧交通函数为 $f_3(x) = 2x$。先假设智慧政务目标得分为 3，智慧服务为 20，智慧医疗为 2，智慧交通为 6，则 $x = 1$，$x = 4$，$x = 2$，$x = 3$，可分别使各自的目标达到预期值。可见，不存在使四个指标同时达到预期值的 x，不存在最优解。故利用预期目标法建立评价函数：

$$\min V(x) = \sum_{i=1}^{4} \left[f_i(x) - f_i^* \right]^2 = (3x - 3)^2 + (5x - 20)^2 + (x - 2)^2 + (2x - 6)^2$$

求 $V(x)$ 的极小值：

$$\frac{\partial V(x)}{\partial x} = 6(3x - 3) + 10(5x - 20) + 2(x - 2) + 4(2x - 6) = 78x - 246 = 0$$

$$x = 3.154, f_1(x) = 9.462, f_2(x) = 15.77, f_3(x) = 3.154, f_4(x) = 6.308$$

则 $x = 3.154$ 即是该问题的选优解。

如果将每个单目标的最优值作为预期目标，该方法则叫作理想点法。

【例9-6】 某建筑公司木制品厂，生产两种产品，一种粗制品，一种精制品，精制品供出口，以求外汇，因此产量越多越好，两种产品用料相同，均为 $1m^3$/件，但精制品却是粗制品用工量的 2 倍（粗制品用工量为一工日），精制品单价为 0.4 千元，粗制品为 0.3 千元，该厂现有木材 $400m^3$，工时 500h，现工厂领导要求产值越高越好，且出口越多越好，应如何安排生产？

解 首先建立该问题的目标函数。令 x_1、x_2 分别为两种产品产量，则模型为

$$\max f_1(x) = 0.4x_1 + 0.3x_2$$

$$\max f_2(x) = x_1$$

$$\text{s. t.} \begin{cases} x_1 + x_2 \leq 400 \\ 2x_1 + x_2 \leq 500 \\ x_1 \geq 0, x_2 \geq 0 \end{cases}$$

现分别求出对应于每个目标函数的最优值，并以此最优值作为预期值。

先按模型

$$\max f_1(x) = 0.4x_1 + 0.3x_2$$

$$\text{s. t.} \begin{cases} x_1 + x_2 \leq 400 \\ 2x_1 + x_2 \leq 500 \\ x_1 \geq 0, x_2 \geq 0 \end{cases}$$

求得

$$x_1 = 100, x_2 = 300, f_1^0 = 130 \text{ 千元}$$

再按模型

$$\max f_2(x) = x_1$$

$$\text{s. t.} \begin{cases} x_1 + x_2 \leq 400 \\ 2x_1 + x_2 \leq 500 \\ x_1 \geq 0, x_2 \geq 0 \end{cases}$$

求得

$$x_1 = 250 \text{ 件}, x_2 = 0, f_1^0 = 250 \text{ 个}$$

以这两个最优值为预期值，建立新的目标函数 $V(x)$：

$$\min V(x) = [(0.4x_1 + 0.3x_2) - 130]^2 + (x_1 - 250)^2$$

这就把两个目标的问题化成了单目标问题。求解单目标有约束的非线性规划问题：

$$\min V(x) = [(0.4x_1 + 0.3x_2) - 130]^2 + (x_1 - 250)^2$$

$$\text{s. t.} \begin{cases} x_1 + x_2 \leq 400 \\ 2x_1 + x_2 \leq 500 \\ x_1 \geq 0, x_2 \geq 0 \end{cases}$$

即可得到尽量充分利用原材料和工时的最优解。应用罚函数法得 $x_1 = 244$ 件，$x_2 = 12$ 件；

$f_1 = 101.2$ 千元，$f_2 = 244$ 个。

这种把多目标化成单目标方法的几何解释是，以预期值为圆心的空间球体到可行集面的最小距离即是目标值，切点就是该问题的解。二维情况如图9-7所示。这是因为新目标函数是一个球的方程的缘故。

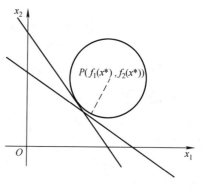

$f_1^*(x)$ 和 $f_2^*(x)$ 是两个预期值，而 V 则是以 $f_1^*(x)$、$f_2^*(x)$ 为圆心和以 $f_1(x)$、$f_2(x)$ 为变量的圆，因此，在等 V 线上交于可行区边缘的点则是问题的解。同理，也可将该道理推广到三维以至 n 维空间。

图9-7　二维情况

（4）费用效果分析法。通常情况下，系统目标 $f_1(x)$，…，$f_n(x)$ 可分为两大类，一类是费用型目标，如成本、费用等；一类是效果型目标，如利润、产值等。不失一般性，设前 m 个目标为费用型目标，后 $n-m$ 个为效果型目标，若前者以 $C(x)$ 表示，后者以 $\mu(x)$ 表示，从经济效益最大的角度研究，则把最小的费用得到最大的效果作为评价系统的主要指标。

如用绝对效益指标，可将该多目标问题化作如下单目标：

$$\max V(x) = \mu(x) - C(x) = \sum_{i=m+1}^{n} f_i(x) - \sum_{j=1}^{m} f_j(x)$$

如用相对效益指标，可得如下单目标：

$$\max V(x) = \frac{\mu(x)}{C(x)} = \frac{\sum_{i=m+1}^{n} f_i(x)}{\sum_{j=1}^{m} f_j(x)}$$

（5）满意度法。若系统有多个目标，且每个目标都可确定上、下界 $f_i^H(X)$ 和 $f_i^L(X)$，$f_i^H(X)$ 是希望达到的目标；$f_i^H(X)$ 和 $f_i^L(X)$ 的差表示该目标允许变动的范围，该范围越小，说明越靠近所追求的目标。用数学描述可表示为

$$\min f_i^H(X) - f_i^L(X)$$

$f_i(X)$ 与 $f_i^L(X)$ 的差表示实际目标值与下界的变动范围，该范围越大，表明该范围越靠近所追求的目标。用数学描述可表示为

$$\max f_i(X) - f_i^L(X)$$

这样，按费歇尔原则可定义目标的满意度 λ_i：

若对所有目标来说可采用总满意度 $\lambda_i = \dfrac{f_i(X) - f_i^L(X)}{f_i^H(X) - f_i^L(X)}$ 最大作为决策，故可将多目标化为单目标：

$$\max V(X) = \sum_{i=1}^{m} \lambda_i = \sum_{i=1}^{m} \frac{f_i(X) - f_i^L(X)}{f_i^H(X) - f_i^L(X)}$$

同时增加如下约束：

$$f_i^L(X) \leqslant f_i(X) \leqslant f_i^H(X)$$

若对一些系统，一些目标达到 $f_i^H(X)$，另一些目标达 $f_i^L(X)$ 会影响系统正常运行，这时

各目标需同等满意度，该情况可令 $\lambda_1 = \lambda_2 = \cdots = \lambda_n = \lambda$，上述方法即变为同等满意度法。

因为 $$\lambda_i = \frac{f_i(X) - f_i^{\mathrm{L}}(X)}{f_i^{\mathrm{H}}(X) - f_i^{\mathrm{L}}(X)}$$

所以 $$f_i(X) - f_i^{\mathrm{L}}(X) = \lambda[f_i^{\mathrm{H}}(X) - f_i^{\mathrm{L}}(X)]$$

则多目标问题化为

$$\max \quad \lambda$$
$$\text{s. t.} \begin{cases} f_i(X) - f_i^{\mathrm{L}}(X) = \lambda[f_i^{\mathrm{H}}(X) - f_i^{\mathrm{L}}(X)] \\ \lambda \geq 0 \end{cases}$$

如果对某一目标的满意程度有特殊要求，则可单独设置该目标的满意度约束。

（6）功效系数法。设 m 个目标 $f_1(x)$，$\cdots$，$f_m(x)$，其中 k 个目标要求实现最大，k 个目标要求实现最小，其余的目标是过大不行，过小也不行。对于这些目标 $f_i(x)$ 分别给以一定的功效系数（即评分）d_i，d_i 是在 $[0, 1]$ 之间的某一数。当目标最满意时，取 $d_i = 1$；当目标最差时，$d_i = 0$。描述 d_i 与 $f_i(x)$ 的关系，称为功效函数，表示为 $d_i = F_i(f_i)$。对于不同类型的目标选用不同类型的功效函数。

Ⅰ型：f_i 越大，d_i 也越大；f_i 越小，d_i 也越小。

Ⅱ型：f_i 越小，d_i 越大；f_i 越大，d_i 越小。

Ⅲ型：当 f_i 取适当值时，d_i 最大；而 f_i 取偏值（即过大或过小）时，d_i 变小。

不同目标函数和功效系数之间的变化关系如图9-8所示。

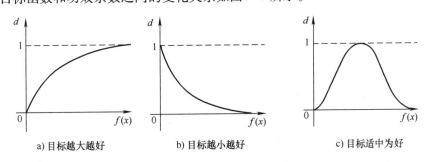

图 9-8　不同目标函数和功效系数的变化关系

有了功效函数后，对每个目标都可对应为相应的功效系数。目标值可转换为功效系数。当给定一组 x，即可以得到一组相应的 d，根据各目标的 d 值构成评价函数（几何平均数）：

$$\max D = \sqrt[p]{d_1 d_2 \cdots d_p} = D(x)$$

式中，p 是目标函数种类数（或个数）。

当 $D = 1$ 时，所有的目标函数都处在最满意的情况；当 $D = 0$ 时则相反。因此，由不同的 x 值即可确定不同的 D 值，得到不同的满意程度，进而反映出目标的不同功效来。作为一个综合的目标 D，我们总是要求它越大越好，因此逐步调整变量，则可使 D 达到最大值，从而达到多目标决策的目的。这样定义还有一个好处，即一个方案中只要有一个目标值太差，如 $d_i = 0$，就会使 $D = 0$，从而不会采用这个方案。

把多目标化为单目标的方法多用于方案的评价和选择，然而在企业的经营管理中也有很大的实用价值。在衡量一个企业经营管理水平的时候，往往由于目标多而无法互相比较，因此在评价过程中经常把多目标化为单目标，以更客观地反映各企业经营效果的差别，使得评价工作有所依据。因此应深入理解这种方法的本质，以更有效地进行企业间或企业内的经营管理，进行系统的评价。

2. 目标分层法

在多目标问题中，每个目标的重要性是各不相同的，在处理多目标问题的时候，首先要分清各目标的重要性。目标重要性的划分随问题的不同而不同，如有的企业以产量为主要目标，有的企业以成本为主要目标等。有时候，目标重要性的划分要由一定的历史时期的一定任务而定。但不论怎样，各种目标总可根据其重要性的不同而划分成不同的层次。因此，根据目标可划分层次的特点，得到一种解决多目标问题的方法，这种方法叫作目标分层法。

目标分层法的主要思想是：把所有的目标按其重要性的顺序排列起来，然后求出第一位重要目标的最优解集合 R_1，在此 R_1 集合中再求第二位重要目标的最优解集合 R_2，依次做下去，直到把全部目标求完为止，则满足最后一个目标的最优解，就是该多目标问题的解。

这种思想用数学语言表述如下：

设已按重要性排好顺序的目标 $f_1(X)$，$f_2(X)$，$\cdots$，$f_n(X)$

可按
$$f_1(X^{(1)}) = \min f_1(X), \qquad X \in R_0$$
$$f_2(X^{(2)}) = \min f_2(X), \qquad X \in R_1$$
$$R_1 = \{X | f_1(X^{(1)}) = \min f_1(X)\}, \qquad X \in R_0$$
$$\vdots$$

其通式为
$$f_n(X^{(n)}) = \min f_n(X), X \in R_{n-1}$$
$$R_{n-1} = \{X | f_{n-1}(X^{(i)}) = \min f_{n-1}(X)\}, X \in R_{n-1} \quad (i=1,2,\cdots,n)$$

求满足 $f_n(X^{(n)}) = \min f_n(X)$ 的解 $X^{(n)}$，则为多目标问题 $f_i(X)(i=1,2,\cdots,n)$ 的解。

这种方法的几何解释如图 9-9 所示，即第一位重要目标在 R_0 范围内求解后得到 R_1 集；而第二位目标在 R_1 集合中求解后，得到 R_2 集；依此类推，最后收缩到中间的最优点，可见它是对所有目标都基本可以满足的解，即是该多目标问题的解。

采用这种方法时，如果出现前面目标的解集 R_i 是一个点集或空集，后面的目标就无法在其中求解，因此，这时不能应用此法。为了适应这种情况，在数学

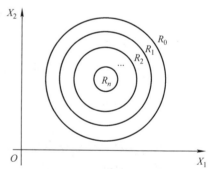

图 9-9 目标分层法示意图

上采用了"宽容"的方法。所谓"宽容"的方法，就是将 R_i 在适当的范围内加以"宽容"，"宽容"就是把 R_i 的范围适当扩大，使 R_i 集由点集或空集变成一个小的"大范围"。范围的大小，主要依赖宽容量 δ 的大小。

9.5 目标规划法

上述各种化多目标为单目标的方法均有其适用的条件，如受量纲、数量级等限制，其中一些方法还会使原来的线性目标变成非线性目标，使求解变得复杂。因此，人们探索出一种

克服上述缺点的化多目标为单目标方法——目标规划法。目标规划法也是一种化多目标为单目标的方法，但与其他化多目标为单目标的方法不同，它不受量纲、数量级等条件的限制，也不会使原线性多目标问题变为非线性问题，使求解简化。同时，该方法可更接近管理者决策的实际，因此得到了广泛的应用。

9.5.1 目标规划模型

管理者在决策之前往往先制定一些原则，然后按原则进行决策。仔细分析这些原则会发现，各项原则之间可能存在矛盾，可能与资源相冲突，要实现最优化是不可能的。但问题总是要解决的，既然达不到最优，就应寻找最大限度地"满足"原则要求的方案作为决策，使管理者达到"最大的"满意。

目标规划法是求一组变量的值，在一组资源约束和目标约束下，实现管理目标与实际目标之间的偏差最小的一种方法。应用目标规划法解决多目标决策问题时，首先要建立目标规划模型。目标规划模型由变量、约束和目标函数组成，其模型结构如下：

（1）变量。目标规划模型中的变量除决策变量外还有偏差变量：d^+、d^-。正偏差变量 d^+ 表示决策值超过目标值的部分，负偏差变量 d^- 表示决策值未达到目标值的部分，因决策值不可能既超过目标值，同时又达不到目标值，因此恒有 $d^+ \geqslant 0$、$d^- \geqslant 0$ 和 $d^+ \cdot d^- = 0$。

（2）约束。目标规划模型中约束分为目标约束、绝对约束和非负约束三种。绝对约束又称资源约束，是指问题必须严格满足的条件；目标约束是将多个管理目标引入偏差变量后当作约束条件处理的约束。约束的一般形式为

$$\sum_j C_{ij} x_j + d_i^- - d_i^+ = g_i \quad (i = 1, 2, \cdots)$$

式中，g_i 为第 i 个目标约束的目标值；C_{ij} 为目标约束中决策变量的系数；d^+、d^- 为以目标值 g_i 为标准而设置的偏差变量。

一般情况下，如果可以肯定知道约束条件为"$\leqslant$"时，需引入 d^-，约束条件为"$\geqslant$"时，需引入 d^+，这与建立线性规划标准型中引入松弛变量是相同的道理，但多目标决策问题很难准确地知道约束条件的属性，故一般情况下均同时引入 d^- 和 d^+。

建立约束需注意的问题是：

1）对于绝对约束，g_i 为资源限制值，上式中不加入偏差变量 d^+、d^-。

2）非负约束是指偏差变量和决策变量非负，即 $d^+ \geqslant 0$，$d^- \geqslant 0$，$x_j \geqslant 0$。

3）在目标规划约束中，凡已列入目标约束的资源约束，不应再列入资源约束。

4）如果有明显的目标要求，可在 d^+ 和 d^- 中只选一个。

（3）目标函数。目标规划模型中的目标函数是求管理目标与实际实现目标的偏差最小。由于目标规划模型是解决多目标决策问题的，因此不能简单地对各管理目标偏差求和，必须按管理目标的重要性确定优先权因子 P_n 和权数 w_k。

优先权因子是针对不同层次的管理目标设置的，对有 n 个管理目标的系统，有

$$P_1 \gg P_2 \gg \cdots \gg P_n$$

其中，"$\gg$"符号表示远远大于的意思，是按目标分层法的思想，在第一目标实现的基础上再考虑第二目标，依次类推。

权数 w_k 是为同一层次中的管理子目标设置的。在同一层次管理目标中可能有多个管理

子目标，为区分这些管理子目标的重要程度，以 w_k 作为权数（不一定要求 $\sum_k w_k = 1$）。

目标规划模型的目标函数是通过在目标约束中引入的偏差变量描述的，但应选取正负偏差中的哪一个作为目标函数，需考虑管理目标的要求。一般遵循下列原则：

（1）要求目标准确实现。此时只有负偏差、正偏差均最小才体现管理目标要求，因此应将二者均列入目标函数。

$$Z_{\min} = d_i^+ + d_i^-$$

（2）要求目标只能超过。负偏差越小越能体现这一管理目标要求，因此应将负偏差列入目标函数。

$$Z_{\min} = d_i^-$$

（3）要求目标不能突破。正偏差越小越可体现这一管理要求，因此应将正偏差列入目标函数。

$$Z_{\min} = d_i^+$$

综上所述，目标规划模型的目标函数是由优先权因子、权数和偏差变量组成的，其一般形式为

$$Z_{\min} = \sum_k P_k(w_1 d_i^+ + w_2 d_i^-)$$

9.5.2 目标规划应用举例

【例 9-7】 某构件公司商品混凝土车间生产能力为 20t/h，每天工作 8h，现有 2 个施工现场分别需要商品混凝土 A 150t，商品混凝土 B 100t，两种混凝土的构成、单位利润及企业所拥有的原料见表 9-14，现管理部门提出以下要求：

表 9-14 混凝土构成、单位利润及原料拥有量表

项目	A	B	拥有资源
水泥/t	0.30	0.25	50
砂石/t	0.55	0.65	130
单位利润（元）	100	80	

（1）充分利用生产能力。

（2）加班不超过 2h。

（3）产量尽量满足两工地需求。

（4）力争实现利润 2 万元/天。

解 试建立目标规划模型，拟订一个满意的生产计划。

（1）设 x_1、x_2 分别为两种商品混凝土的产量。

（2）约束条件。

1）目标约束。

P_1 级：要求生产能力充分利用，即要求剩余工时越小越好。

$$x_1 + x_2 + d_1^- - d_1^+ = 160, \text{其中要求 } d_1^- \to 0$$

P_2 级：要求可以加班，但每日不超过 2h。

$$x_1 + x_2 + d_2^- - d_2^+ = 200, 其中要求 d_2^+ \to 0$$

P_3 级：两个工地需求尽量满足，但不能超过需求。

$$x_1 + d_3^- - d_3^+ = 150, 其中要求 d_3^- \to 0$$

$$x_2 + d_4^- - d_4^+ = 100, 其中要求 d_4^- \to 0$$

P_4 级：目标利润超过 2 万元。

$$100x_1 + 80x_2 + d_5^- - d_5^+ = 20000, 其中要求 d_5^- \to 0$$

2）绝对约束：

水泥需求不超过现有资源 $0.30x_1 + 0.25x_2 \leqslant 50$；

砂石需求不超过现有资源 $0.55x_1 + 0.65x_2 \leqslant 130$。

3）非负约束：

$$x_1 \geqslant 0, x_2 \geqslant 0, d_i^- \geqslant 0, d_i^+ \geqslant 0 \quad (i = 1, 2, \cdots, 5)$$

（3）目标函数。依目标约束中的要求，第三层目标中有两个子目标，其权数可依其利润多少的比例确定，即 100:80，简化为 5:4，故 $w_1 = 5$，$w_2 = 4$。故目标函数为

$$Z_{\min} = P_1 d_1^- + P_2 d_2^+ + P_3 (5d_3^- + 4d_4^-) + P_4 d_5^-$$

整理得该问题的目标规划模型为

$$Z_{\min} = P_1 d_1^- + P_2 d_2^+ + P_3 (5d_3^- + 4d_4^-) + P_4 d_5^-$$

约束为

$$x_1 + x_2 + d_1^- - d_1^+ = 160$$

$$x_1 + x_2 + d_2^- - d_2^+ = 200$$

$$x_1 + d_3^- = 150$$

$$x_1 + d_4^- = 100$$

$$100x_1 + 80x_2 + d_5^- - d_5^+ = 20000$$

$$0.30x_1 + 0.25x_2 \leqslant 50$$

$$0.55x_1 + 0.65x_2 \leqslant 130$$

$$x_1 + x_2 \leqslant 200$$

$$x_1 \geqslant 0, x_2 \geqslant 0, d_i^- \geqslant 0, d_i^+ \geqslant 0 \quad (i = 1, 2, \cdots, 5)$$

【例 9-8】 企业计划生产甲、乙两种产品，这些产品需要使用两种材料，要在两种不同设备上加工。工艺资料见表 9-15。企业怎样安排生产计划，尽可能满足下列目标：

表 9-15 工艺资料情况

资源	产品		现有资源量
	甲	乙	
材料 I	4	0	16
材料 II	0	3	12
设备 A	2	2	12
设备 B	5	3	15
产品利润（元/件）	2000	4000	

（1）力求利润指标不低于 8000 元。

（2）考虑到市场需求，甲、乙两种产品的生产量需保持 1:1 的比例。

（3）设备 A 既要求充分利用，又尽可能不加班。

（4）设备 B 必要时可以加班，但加班时间尽可能少。

（5）材料不能超用。

解　（1）设 x_1、x_2 分别为产品甲和产品乙的产量。

（2）约束条件。

1）目标约束。

P_1 级：力求利润指标不低于 8000 元，即要求负偏差越小越好。

$2000x_1 + 4000x_2 + d_1^- - d_1^+ = 8000$，其中要求 $d_1^- \to 0$

P_2 级：考虑到市场需求，甲、乙两种产品的生产量需保持 1:1 的比例。

$$x_1 - x_2 + d_2^- - d_2^+ = 0，其中要求 d_2^- + d_2^+ \to 0$$

P_3 级：设备 A 既要求充分利用，又尽可能不加班。

$$2x_1 + 2x_2 + d_3^- - d_3^+ = 12，其中要求 d_3^- + d_3^+ \to 0$$

P_4 级：设备 B 必要时可以加班，但加班时间尽可能少。

$$5x_1 + 3x_2 + d_4^- - d_4^+ = 15，其中要求 d_4^+ \to 0$$

2）绝对约束：

材料 I 需求不超过现有资源 $4x_1 \leqslant 16$；

材料 II 需求不超过现有资源 $3x_2 \leqslant 12$。

3）非负约束：

$$x_1 \geqslant 0, x_2 \geqslant 0, d_i^- \geqslant 0, d_i^+ \geqslant 0 (i = 1,2,\cdots,4)$$

（3）目标函数：

$$Z_{\min} = P_1 d_1^- + P_2(d_2^- + d_2^+) + P_3(d_3^- + d_3^+) + P_4 d_4^+$$

整理得该问题的目标规划模型为

$$Z_{\min} = P_1 d_1^- + P_2(d_2^- + d_2^+) + P_3(d_3^- + d_3^+) + P_4 d_4^+$$

约束为

$$4x_1 \leqslant 16 \tag{1}$$

$$3x_2 \leqslant 12 \tag{2}$$

$$2000x_1 + 4000x_2 + d_1^- - d_1^+ = 8000 \tag{3}$$

$$x_1 - x_2 + d_2^- - d_2^+ = 0 \tag{4}$$

$$2x_1 + 2x_2 + d_3^- - d_3^+ = 12 \tag{5}$$

$$5x_1 + 3x_2 + d_4^- - d_4^+ = 15 \tag{6}$$

$$x_1 \geqslant 0, x_2 \geqslant 0, d_i^- \geqslant 0, d_i^+ \geqslant 0 \quad (i = 1,2,3,4)$$

9.5.3　目标规划求解

1. 图解法

用图解法求解目标规划只能求解有两个变量的目标规划问题，没有多大实用价值，但它可揭示出求解目标规划的基本思想，对理解目标规划模型及求解有重要意义。现说明图解法求解目标规划的过程。

以例9-8求解为例说明图解法解题步骤。

（1）以x_1、x_2为轴画出平面直角坐标系，绝对约束（1）、绝对约束（2）对应的是如图9-10所示的矩形区域。

（2）不考虑偏差变量，将目标约束，即式（3）~式（6）画在直角坐标系的第一象限。

（3）在P_1、P_2、P_3、P_4目标中标出偏差方向，d_1^-、d_1^+，d_2^-、d_2^+，d_3^-、d_3^+，d_4^-、d_4^+。

（4）在矩形区域上，$\min d_1^-$的解在直线（3）的右上方，如图9-10的阴影部分。阴影部分中$\min(d_2^- + d_2^+)$的解在线段$\overline{AB}$上，其上$\min(d_3^- + d_3^+)$的解是点C，其后的$\min d_4^+$的解也是点C，即点C坐标（3，3）为目标规划的满意解。

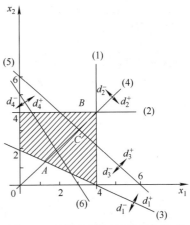

图9-10　图解法求解目标规划模型

（5）结果分析。满意的生产方案是产品甲、产品乙各生产3件。此时，$d_1^- = 0$，$d_1^+ = 10000$，完成利润18000元，超额10000元；$d_2^- = d_2^+ = 0$，满足产品比例要求；$d_3^- = d_3^+ = 0$，设备A的时间恰好用完；$d_4^- = 0$，$d_4^+ = 9$，设备B需要加班9h。

值得指出的是，管理目标的优先权因子和权数值是很重要的。如果优先权因子或权数值改变，则会改变管理目标顺序，使求解结果发生变化。这是因为目标规划法是按目标分层原理设计的，其求解是先求出第一目标的解空间，然后再在该解空间中求第二目标的解空间，依此类推最后得到问题的解。因此，采用目标规划法在建立模型时，必须严格按管理目标层次进行。

2. 用单纯形法求解目标规划

目标规划模型结构虽然有优先权因子和权数值，但与线性规划并无本质区别，因此可用单纯形法求解。在用单纯形法求解目标规划时，可将优先权因子和权数值当作偏差变量的系数处理，只在检验数一行中含有不同层次的加权因子，即

$$C_j - Z_j = \sum a_{kj} P_k \quad (j = 1, 2, \cdots, m; k = 1, 2, \cdots, k)$$

将该检验数行按优先权因子排成k行，依优先权因子的系数按判断准则逐层次判断，如果P_1层系数全为正，则判断P_2层，依次类推，直至各层次判断数均为正。其步骤如下：

（1）建立初始单纯形表，表中检验数行按优先权因子排成k行，令$k = 1$。

（2）检查该行是否存在负判断数，且对应的$k-1$行的系数为零，若有，则选其中最小者所对应的变量为进基变量，转（3），若无转（5）。

（3）按$\theta_i = \min\left\{\dfrac{b_j}{a_{ij}}\bigg| a_{ij} \geq 0\right\}$选出基变量，如果存在多个相同的$\theta_i$，则选优先权层次较高的变量为出基变量，确定旋转中心。

（4）按单纯形法进行旋转变换。

（5）当$n = k$时，计算结束，表中的解为满意解，否则$k = k + 1$，转（2）。

在求解过程中可能出现当k层判断数全为正，计算到$k+1$层时，$k+1$层判断数全为正，

而 k 层又出现负判断数的情况，这说明第 k 层目标与第 $k+1$ 层目标有冲突，当然应首先满足第 k 层。这就是（2）中选择进基变量时，规定检查判断数为负的同时对应 $k-1$ 行系数为零的道理。这也是求解目标规划的单纯形法与只根据判断数为负确定进基变量的线性规划单纯形法的不同点。

【例 9-9】 用单纯形法求解下列目标规划问题。

$$Z_{\min} = P_1(d_1^- + d_1^+) + P_2 d_3^-$$

$$\text{s. t.} \begin{cases} x_1 + 2x_2 + d_1^- - d_1^+ = 50 \\ 2x_1 + x_2 + d_2^- - d_2^+ = 40 \\ 2x_1 + 2x_2 + d_3^- - d_3^+ = 80 \\ x_1, x_2, d_i^- \geqslant 0, d_i^+ \geqslant 0 \quad (i = 1, 2, 3) \end{cases}$$

解 以 d_1^-、d_2^-、d_3^- 为基变量，求出检验数，将检验数中优先因子分离出来，每一优先级为一行，列出初始单纯形表，见表 9-16。

表 9-16 初始单纯形表

C_B	X_B	$B^{-1}b$	0 x_1	0 x_2	P_1 d_1^-	0 d_1^+	0 d_2^-	P_1 d_2^+	P_2 d_3^-	0 d_3^+	θ
P_1	d_1^-	50	1	[2]	1	−1	0	0	0	0	25
0	d_2^-	40	2	1	0	0	1	−1	0	0	40
P_2	d_3^-	80	2	2	0	0	0	0	1	−1	40
σ_j		P_1	−1	−2	0	1	0	1	0	0	
		P_2	−2	−2	0	0	0	0	0	1	

表 9-16 中，P_1 行 −2 最小，则 x_2 进基，求 θ 的最小值决定 d_1^- 出基，将第 2 列主元素化为 1，其余元素化为零，得到表 9-17。

表 9-17 单纯形表求解（一）

C_B	X_B	$B^{-1}b$	0 x_1	0 x_2	P_1 d_1^-	0 d_1^+	0 d_2^-	P_1 d_2^+	P_2 d_3^-	0 d_3^+	θ
0	x_2	25	1/2	1	1/2	−1/2	0	0	0	0	50
0	d_2^-	15	3/2	0	−1/2	1/2	1	−1	0	0	10
P_2	d_3^-	30	1	0	−1	1	0	0	1	−1	30
σ_j		P_1	0	0	1	0	0	1	0	0	
		P_2	−1	0	1	−1	0	0	0	1	

表 9-17 中 P_1 行全部检验数非负，表明第一目标已经得到优化。P_2 行存在负数，x_1 与 d_1^+ 的检验数均为 $-P_2 < 0$，则选 x_1 或 d_1^+ 进基均可，本例中选 x_1 进基，由 $\min \theta$ 原则可知，d_2^- 出基，迭代得到表 9-18。

表 9-18 单纯形表求解（二）

C_B	X_B	$B^{-1}b$	0 c	0 x_2	P_1 d_1^-	0 d_1^+	0 d_2^-	P_1 d_2^+	P_2 d_3^-	0 d_3^+	θ
0	x_2	20	0	1	2/3	−2/3	−1/3	1/3	0	0	—

（续）

	C_j		0	0	P_1	0	0	P_1	P_2	0	θ
C_B	X_B	$B^{-1}b$	c	x_2	d_1^-	d_1^+	d_2^-	d_2^+	d_3^-	d_3^+	
0	x_1	10	1	0	$-1/3$	$1/3$	$2/3$	$-2/3$	0	0	30
P_2	d_3^-	20	0	0	$-2/3$	$2/3$	$-2/3$	$2/3$	1	-1	30
σ_j		P_1	0	0	1	0	0	1	0	0	
		P_2	0	0	$2/3$	$-2/3$	$2/3$	$-2/3$	0	1	

表 9-18 中，d_1^+ 的检验数为 $-2/3P_2 < 0$，选 d_1^+ 进基。注意，此时不能选 d_2^+ 进基，因其检验数 $P_1 - 2/3P_2$ 应理解为 "大于零"，因为 P_1、P_2 是优先级的比较，比如，$-2P_1 + 5P_3$ 理解为小于零，$2P_2 - 5P_4$ 理解为大于零。由 $\min \theta$ 原则可知，选 x_1 或 d_3^- 出基均可，本例中选择 x_1 出基，迭代得到表 9-19。

表 9-19　最终单纯形表

	C_j		0	0	P_1	0	0	P_1	P_2	0	θ
C_B	X_B	$B^{-1}b$	c	x_2	d_1^-	d_1^+	d_2^-	d_2^+	d_3^-	d_3^+	
0	x_2	40	2	1	0	0	1	-1	0	0	
0	d_1^+	30	3	0	-1	1	2	-2	0	0	
P_2	d_3^-	0	-2	0	0	0	-2	2	1	-1	
σ_j		P_1	0	0	1	0	0	1	0	0	
		P_2	2	0	0	0	2	-2	0	1	

表 9-19 中，P_1 行检验数全部非负，P_2 行有一个负值检验数，即变量 d_2^+ 列的 -2，但因该列 P_1 行的检验数为 1，则 d_2^+ 的检验数应为 $P_1 - 2P_2 > 0$，所有检验数非负，得到满意解为 $x = (0, 40)^T$。

3. LINGO 软件求解目标规划方法

LINGO 软件可方便地求解线性规划，但不能求解多个目标的问题。目标规划模型虽然是单目标的，但其描述形式特殊，即 $P_1 \gg P_2 \cdots$ 如果利用目标分层原理，将目标函数按层次 P_i 分解成一系列的线性规划问题，依次去求解，即求解一系列的线性规划问题，就可求解目标规划了。对例 9-8，利用目标分层原理依次求解一系列的线性规划的目标规划，求解程序如下：

Model：！目标规划求解；

Sets：

cc/1..4/:p,z,mb;！cc 为目标层次数，p 为计算目标层次的 0-1 变量，z 为各层次的偏差最小值，mb 为计算各层次目标值的条件，即计算下一层次目标值的约束条件；

bl/1..2/:x;！决策变量；

jdys/1..2/:b;！jdys 为绝对约束数，b 为绝对约束右端项；

mbys/1..4/:g,dz,df;！mbys 为目标约束数，g 为目标约束右端项，dz 为正偏差，df 为负偏差；

jdxs(jdys,bl):a;！jdxs 为绝对约束变量系数矩阵；

mbxs(mbys,bl):c;！mbxs 为目标约束变量系数矩阵；

mbqs(cc,mbys):wz,wf;！目标函数各层次偏差变量的权数，wz 为正偏差权数，wf 为负

偏差权数;

　　Endsets

　　Data:

　　p = ？？？？;! 需人工输入各层次计算的 0 - 1 变量值;

　　mb = ？？？0;! 第一次计算均输入较大的数,表示各层次目标值均无限制,最后层次不考虑,所以选0,以后各次计算依次用前一次计算的目标值;

　　b = 16 12;! 绝对约束的右端项;

　　a = 4 0

　　　0 3;

　　g = 8000 0 12 15;

　　c = 2000 4000

　　　1　-1

　　　2　　2

　　　5　　3;

　　wz = 0 0 0 0

　　　　0 1 0 0

　　　　0 0 1 0

　　　　0 0 0 1;

　　wf = 1 0 0 0

　　　　0 1 0 0

　　　　0 0 1 0

　　　　0 0 0 0;

　　Enddata

　　Min = @ sum(cc:p * z);! 求总目标,当 p 等于层次数时,计算结束;

　　@ for(cc(i):

　　　　z(i) = @ sum(mbys(j):wz(i,j) * dz(j))

　　　　　　+ @ sum(mbys(j):wf(i,j) * df(j))

　　　　);! 求各层次目标值;

　　@ for(jdys(i):

　　　　@ sum(bl(j):a(i,j) * x(j)) < = b(i)

　　　　);! 绝对约束方程,使用中应根据模型修改 < = 号;

　　@ for(mbys(i):

　　　　@ sum(bl(j):c(i,j) * x(j))

　　　　+ df(i) - dz(i) = g(i)

　　　　);! 目标约束方程;

　　@ for(cc(i)|i#lt#@ size(cc):

　　　　@ bnd(0,z(i),mb(i))

　　　　);! 各层次目标的界限值限制;

　　End

该程序中,语句"p = ？？？？;"和"mb = ？？？0;"是人工输入语句,p 为层次计算的

0－1变量，mb 为用上层次目标值确定本层次约束条件的值，计算第一层次目标时，需输入：$p(1)=1$、$p(2)=0$、$p(3)=0$、$p(4)=0$ 和 $mb(1)=M$、$mb(2)=M$、$mb(3)=M$；第二次计算时，需输入：$p(1)=0$、$p(2)=1$、$p(3)=0$、$p(4)=0$，mb 则需按上一层次计算的结果修改，如上一层次计算的偏差最小值为 0，则 mb（1）＝0；以此类推，直至所有层次计算完为止。

@size（cc）是 LINGO 提供的集合函数，是集合 cc 中元素的个数，该函数所在语句体现了目标分层原理，是用上层次目标值确定本层次约束条件的语句。

求解结果为：

$x(1)=3$，$x(2)=3$，$z(1)=0$，$z(2)=0$，$z(3)=0$，$z(4)=9$

读者可根据自己建立的目标规划模型，修改该程序的相关参数和符号去求解问题。

多目标决策问题的求解是比较困难的，在学习多目标决策问题时，理解处理问题的思想方法是重要的，在具体求解过程中，可使用 LINGO 软件编程去求解。

【思考题】

1. 说明决策的基本要素有哪些？
2. 风险决策的特点与条件是什么？
3. 简述按决策结构分类的三种决策的区别。
4. 简述决策树的结构。
5. 简述利用决策树进行决策的步骤。
6. 简述贝叶斯决策的步骤。
7. 简述效用曲线的类型。
8. 简述不确定决策的特征。
9. 简述多目标决策的方法。
10. 简述目标规划法求解的方法。

【练习题】

1. 某公司新近研发一种新产品，考虑市场需求，现需决策是直接建大厂全面投产新产品，还是建小工厂生产该新产品试探市场反应。根据预测，该产品的市场寿命为 10 年，建大工厂的投资总额为 380 万元，建小工厂的投资总额为 240 万元，10 年内销售情况的分布状态如下：高需求的概率为 0.5，中需求的概率为 0.4，低需求的概率为 0.1。公司进行了初步的成本、产量、利润分析，可知在工厂规模和市场容量的组合下，收益情况如下：

（1）大工厂，需求高，每年获利 200 万元（规模与需求相当）。

（2）大工厂，需求中，每年获利 80 万元（规模与需求基本相当）。

（3）大工厂，需求低，每年亏损 50 万元（开工不足引起损失较大）。

（4）小工厂，需求高，每年获利 45 万元（供不应求引起销售损失较大）。

（5）小工厂，需求中，每年获利 65 万元（销售损失较小）。

（6）小工厂，需求低，每年获利 80 万元（规模与需求相当）。

试用期望值法画出决策树进行决策。

2. 某公司要举办一个展销会，会址拟选择在甲、乙、丙三地，获利情况除与会址选择有关外，还与当时的天气有关。据天气预报，在举行会议期间，天气会以晴为主，但也可能发生多云、降水等情况，其发生的概率见表9-20，预计在这三种天气状态下展销会开办的收益见表9-20，试用最大收益准则和最小损失准则进行决策。

表9-20　展销会开办的收益　　　　　　　　　　　　　　单位：万元

选址方案	晴天（0.6）	多云（0.3）	小雨（0.1）
甲地	300	250	160
乙地	280	240	190
丙地	340	220	170

3. 已知一投资者有20000元资金，可以拿出其中的10000元用于投资，有可能全部损失或第二年获利40000元。

（1）用期望值法计算当全部损失的概率最大为多少时该人投资仍然有利？

（2）如该人的效用函数为 $U(M) = \sqrt{M + 50000}$，重新计算全部损失的概率最大为多少时，该人投资仍然有利？

4. 某企业有三种方案可供选择：方案 A_1 是扩建旧工厂，提高生产能力；方案 A_2 是对原工厂进行技术改造，提高生产效率；方案 A_3 是拆除旧工厂，新建一个现代化工厂，全面提升生产能力。而未来市场可能出现该厂生产产品滞销、一般和畅销三种状态，扣除其成本后各方案在各种情况下的收益情况见表9-21。

表9-21　收益情况　　　　　　　　　　　　　　　　　单位：万元

方案	状态		
	滞销	一般	畅销
A_1	-5	18	19
A_2	5	9	12
A_3	-7	14	22

（1）试分别用小中取大法则、大中取大法则、平均值法进行决策。

（2）选用乐观系数 $\alpha = 0.7$ 进行决策，并计算当 α 为何值时，所选择的方案发生转变。

（3）将收益转化为后悔值，按最小后悔值准则进行决策。

5. 某开发公司拟为某企业承包新产品的研制与开发任务，但为得到合同必须参加投标。已知投标的准备费用为40000元，中标的可能性是40%。如果不中标，准备费用得不到补偿。如果中标，可采用两种方法进行研制开发，方法1成功的可能性为80%，费用为260000元；方法2成功的可能性为50%，费用为160000元。如果研制开发成功，该开发公司可得到500000元，如果合同中标，但未研制开发成功，则开发公司需赔偿120000元。问题是要决策：

（1）是否值得参加投标？

（2）若中标了，采用哪种方法研制开发？

6. 已知线性规划模型为

$$\max Z = 100x_1 + 50x_2$$
$$\text{s. t.} \begin{cases} 10x_1 + 16x_2 \leqslant 200 \\ 11x_1 + 2x_2 \leqslant 25 \\ x_1, x_2 \geqslant 0 \end{cases}$$

假设重新确定这个问题的目标为

P_1：Z 的值应不低于 1900；

P_2：资源 1 必须全部利用。

将此问题转化为目标规划问题，列出数学模型并用图解法求解。

7. 某企业加工产品甲和产品乙，主要经过两道工序：车工和铣工，这两种产品所消耗的工时数和工时的拥有量等相关数据见表 9-22。

表 9-22　相关数据

车间	产品		工时拥有量	单位工时费用
	甲	乙	/h	（元/h）
车工车间/（h/件）	5	6	160	15
铣工车间/（h/件）	7	8	270	12
在制品占用金（元/件）	30	45		
产品利润（元/件）	120	90		
下月市场销售预测（件）	110	90		

经研究提出下列目标：

P_1：在制品占用金少于 8800 元；

P_2：产品甲的生产量应多于 90 件；

P_3：充分利用工时；

P_4：可以加班，但每种工时的加班时间均不得超过 10h。

建立目标规划模型，并用 LINGO 软件求解。

8. 用图解法求解下列目标规划模型。

（1）$\min Z = P_1(d_1^+ + d_1^-) + P_2 d_2^-$

s. t. $\begin{cases} 10x_1 + 12x_2 + d_1^- - d_1^+ = 62.5 \\ x_1 + 2x_2 + d_2^- - d_2^+ = 10 \\ 2x_1 + x_2 \leqslant 8 \\ x_1,\ x_2,\ d_i^-,\ d_i^+ \geqslant 0 \quad (i = 1,\ 2) \end{cases}$

（2）$\min Z = P_1 d_1^- + P_2(2d_3^+ + d_2^+) + P_3 d_1^+$

s. t. $\begin{cases} 2x_1 + x_2 + d_1^- - d_1^+ = 150 \\ x_1 + d_2^- - d_2^+ = 40 \\ x_2 + d_3^- - d_3^+ = 40 \\ x_1, x_2, d_i^-, d_i^+ \geqslant 0 \quad (i = 1,2,3) \end{cases}$

（3）$\min Z = P_1 d_1^+ + P_2(d_2^+ + d_2^-) + P_3 d_3^-$

s. t. $\begin{cases} x_1 - x_2 + d_1^- - d_1^+ = 0 \\ x_1 + 2x_2 + d_2^- - d_2^+ = 10 \\ 8x_1 + 10x_2 + d_3^- - d_3^+ = 56 \\ 2x_1 + x_2 \leqslant 11 \\ x_1, x_2, d_i^-, d_i^+ \geqslant 0 \quad (i = 1,2,3) \end{cases}$

（4）$\min Z = P_1 \left(d_3^+ + d_4^+ \right) + P_2 d_1^+ + P_3 d_2^- + P_4 \left(d_3^- + 1.5 d_4^- \right)$

s. t. $\begin{cases} x_1 + x_2 + d_1^- - d_1^+ = 40 \\ x_1 + x_2 + d_2^- - d_2^+ = 100 \\ x_1 + d_3^- - d_3^+ = 30 \\ x_2 + d_4^- - d_4^+ = 15 \\ x_1, x_2, d_i^-, d_i^+ \geqslant 0 \quad (i = 1,2,3,4) \end{cases}$

9. 用单纯形法求解下列目标规划模型。

（1）$\min Z = P_1 \left(d_1^- + d_1^+ \right) + P_2 d_2^- + P_3 d_3^- + P_4 \left(5 d_3^+ + 3 d_2^+ \right)$

s. t. $\begin{cases} x_1 + x_2 + d_1^- - d_1^+ = 800 \\ 5x_1 + d_2^- - d_2^+ = 2500 \\ 3x_2 + d_3^- - d_3^+ = 1400 \\ x_1, x_2, d_i^-, d_i^+ \geqslant 0 \quad (i = 1,2,3) \end{cases}$

（2）$\min Z = P_1 d_1^- + P_2 d_2^+ + P_3 \left(5 d_3^- + 3 d_4^- \right) + P_4 d_1^+$

s. t. $\begin{cases} x_1 + x_2 + d_1^- - d_1^+ = 80 \\ x_1 + x_2 + d_2^- - d_2^+ = 90 \\ x_1 + d_3^- - d_3^+ = 70 \\ x_2 + d_4^- - d_4^+ = 45 \\ x_1, x_2, d_i^-, d_i^+ \geqslant 0 \quad (i = 1,2,3,4) \end{cases}$

10. 某石油钻探队准备在某一地区勘探石油，根据预测估计钻井出油的概率为 0.3，可以自己钻探或者出租。据以往钻井资料统计，自己钻探的钻井费为 1100 万元，自己钻井出油可收入 4100 万元；如果出租，租金为 200 万元，若有油租金再增加 100 万元。为了获得更多信息，也可以先做地震实验，再进行决策。根据历史资料，地震试验将有油区勘探为封闭构造的概率为 0.8；将无油区勘探为开放构造的概率为 0.6。地震试验费为 300 万元，是补充不完全信息付出的代价。试用决策树法进行决策。

11. 某公司有五名全职销售人员和四名兼职销售人员，全职销售人员每月工作 160h，兼职销售人员每月工作 80h。根据记录：全职销售人员每小时销售产品 A 25 个，平均每小时工资 15 元，每小时加班工资 22.5 元；兼职销售人员每小时销售产品 A 10 个，平均每小时工资 10 元，每小时加班工资 10 元。现在预测下个月产品 A 的销售量为 27500 个，若公司每周工作六天，每出售一个产品 A 获利 1.5 元。公司管理人员认为，保持稳定的上岗水平加上必要的加班，比不加班的销售情况要好，但全职销售人员如果加班过多，就会因为疲劳而造成效率下降，因此不允许每月加班超过 10 小时，在保持全体销售人员充分上岗的情况下，对全职员工要比对兼职员工加倍优先考虑，同时在尽量减少加班的情况下，对两种销售人员区别对待，权重由他们对利润的贡献而定。

请构建目标规划模型，同时用 LINGO 软件求解。

第 10 章

网络计划技术

学习要点

1. 了解网络计划技术的基本概念；
2. 掌握双代号网络图的绘制方法和基本参数的计算方法；
3. 掌握双代号网络计划的优化方法；
4. 理解计划评审技术的特点；
5. 熟悉各类项目管理软件。

超级机场航站楼的提前投运

　　"凤凰"造型的北京大兴国际机场航站楼被誉为"新世界七大奇迹"之首，是国家重大标志性工程，具有体量大、周期长、参建单位多等特点，相比于一般大型复杂项目而言，其进度管理更具有挑战性。该项目于 2014 年 12 月动工，民航局在 2018 年上半年提出"2019年 6 月 30 日竣工，2019 年 9 月 30 日开航"，项目主要参与方一致认为实现该目标形势严峻。为保证进度安排按期完成，2018 年 5 月，机场总进度管控计划编制组成立，进一步细化和深化工程进度，为各项工作的开展提供依据，相关参与主体都积极支持进度计划的编制、跟踪和调整。总进度计划的编制以总工期为目标，倒排各项关键工作节点，形成主关键线路，从而全面了解影响项目总目标的关键工作。而分关键线路由一类关系密切的工作组成，主关键线路和分关键线路呈螺旋发展，相互补充和相互制约。在总进度计划的指导下，各单位、各部门对工程进度进行合理部署、周密安排。最终，大兴机场于 2019 年 9 月 25 日顺利开航，提前五天实现投运目标。这座历经五年建设、耗资巨大的新机场的建成，充分展示了中国的基建实力和民族自信，是国家发展的新的动力源，是实现中华民族伟大复兴之路上的一颗璀璨的明星。

　　思考：

1. 什么科学方法可以保证项目进度目标的实现？
2. 关键线路和关键工作有什么作用？
3. 项目进度计划的保证与什么因素有密切关系？

10.1 网络计划技术概述

10.1.1 网络计划技术产生的背景

　　当系统决策之后，面临的问题就是制订计划和组织实施。网络计划技术就是在制订计划和组织实施过程中常用的一种管理技术和方法。它是利用网络图对计划任务的进度、费用及其组成部分之间的相互关系进行计划和控制的使系统协调运转的科学方法。

在传统的计划工作中，广泛地应用横道图计划。编制横道图计划时，是将各项生产或任务，按照完成任务的顺序和时间，画在一张具有时间坐标的表格上，并用一条带状线表示完成各项任务的起始时间、结束时间和延续时间。这种横道图可以相当有效地表达各项任务的进度安排和计划的总工期，具有直观易懂的特点。所以它对提高管理工作水平和促进生产的发展起到了重要的作用，一直沿用至今。但是，作为一种计划管理的工具，横道图的致命缺点就在于不能反映工作项目之间的相互关系。因此，随着生产技术的迅速发展，工程规模越来越大，各个生产环节之间的关系越来越复杂，利用横道图就难以使计划构成一个系统的整体，因而不能从数学的角度去分析工作之间相互制约的数量关系，以便揭示计划中的关键环节。这样当某件工作的进程提前或拖后时，就难以发现其对整个计划的影响，也就不能对此做出迅速的反应和采取有效的措施。另外，由于横道图不能实现定量分析，因而也就谈不上实现计划的最优化，从而也就妨碍了运用现代化的科学计算手段——电子计算机的应用。因此，就需要有一种新的、更好的编制计划的方法和计划的表达形式。于是，网络计划法就应运而生了。

网络计划是以网络图为基础的计划模型。它最大的优点就是能直观地反映工作项目之间的相互关系，使一项计划构成一个系统的整体，从而为实现计划的定量分析奠定了基础。对一项计划来说，要做出科学的计划，网络模型是必不可少的。

10.1.2 网络计划技术的分类

1. 按工作之间的逻辑关系和持续时间的特点分类

按工作之间的逻辑关系和持续时间的特点，网络计划技术分为肯定型网络计划技术和非肯定型网络计划技术，如图 10-1 所示。肯定型网络计划技术是指工作、工作之间的逻辑关系以及工作持续时间都肯定的网络计划。非肯定型网络计划技术是指工作、工作之间的逻辑关系以及工作持续时间三者中有一项或多项不肯定的网络计划。

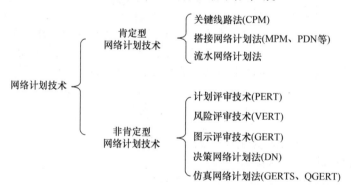

图 10-1　网络计划技术的分类

目前，在工业、农业、交通运输、基本建设及科学研究等项目中使用的网络计划技术有关键线路法（CPM）、计划评审技术（PERT）、图示评审技术（GERT）、风险评审技术（VERT）等。其中，以关键线路法和计划评审技术最为常见。

（1）关键线路法。关键线路法由 JE 克里（JE Kelly）和 MR 沃尔克（MR Walker）于 1957 年提出，用于对化工工厂的维护项目进行日程安排。该方法以网络图的形式表示各工作之间在时间和空间上的相互关系以及各工作的工期，通过时间参数的计算，确定关键线路和总工期，从而制订出系统计划并指示出系统管理的关键所在。

（2）计划评审技术。计划评审技术（Program Evaluation and Review Technique，PERT，也称计划协调技术）最早是由美国海军在计划和控制北极星导弹的研制时发展起来的。计划评审技术使原先估计的、研制北极星潜艇的时间缩短了两年。该方法用网络图来表达项目中各项活动的进度和它们之间的相互关系，在此基础上，进行网络分析和时间估计。该方法认为项目持续时间以及整个项目完成时间长短是随机的，服从某种概率分布，可以利用活动逻辑关系和项目持续时间的加权合计，即项目持续时间的数学期望计算项目时间。

关键线路法与计划评审技术既有联系又有区别。其联系是二者的网络图形和计算方法基本相似，区别见表 10-1。

表 10-1　关键线路法与计划评审技术的区别

项目	关键线路法	计划评审技术
研究对象	有经验系统	新开发系统
研究目的	完成任务的工期和关键工作	工作安排情况的评价和审查
计算方法	确定型工期	随机性工期

从研究对象看，计划评审技术主要侧重研究新开发系统，关键线路法主要用于有经验的系统。

从研究目的看，计划评审技术主要对系统计划进行评价和审查，而关键线路法主要确定完成任务的工期和关键工作。

从计算方法看，计划评审技术网络中各工作的工期具有随机性，而关键线路法是确定型工期，如果将计划评审技术网络中的随机性工期转化成确定型工期，计划评审技术网络则变为关键线路法网络，如果将确定型问题看作随机问题的特例，则关键线路法网络是计划评审技术网络在工期不受随机因素干扰时的特例。

2. 按网络计划代号的不同分类

按网络计划代号的不同，网络计划技术分为双代号网络计划和单代号网络计划。双代号网络计划，即用双代号网络图表示的网络计划，是以箭线及其两端节点的编号表示一项工作的网络图，如图 10-2 所示。单代号网络计划，是以单代号网络图表示的网络计划，以节点及其编号表示工作，以箭线表示工作之间逻辑关系的网络图，如图 10-3 所示。

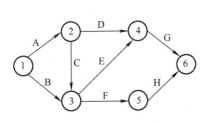

图 10-2　双代号网络图示例

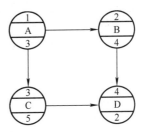

图 10-3　单代号网络图示例

3. 按网络计划目标的多少分类

按网络计划目标的多少，网络计划技术可分为单目标网络计划和多目标网络计划。只有一个终点节点的网络计划称为单目标网络计划，有多个终点节点的网络计划称为多目标网络计划。

4. 按网络计划的表达方式分类

按网络计划的表达方式，网络计划技术分为时标网络计划和非时标网络技术。以时间坐标为尺度绘制的网络计划，称为时标网络计划。不以时间坐标绘制的网络计划，称为非时标网络计划。

10.1.3 网络计划技术的特点

网络计划技术作为现代管理的方法，与传统的计划管理方法相比，能够最有效地做到统筹规划，使各个工作环节环环相扣，大大提升工作效率，受到各个国家的高度重视。网络计划技术的主要优点如下：

（1）网络计划技术利用网络图模型，能够清楚地表达各工作之间的逻辑关系，使人们可以用来对复杂项目及难度大的项目系统的制造与管理做出有序而可行的安排，从而产生良好的管理效果和经济效益。按照网络计划技术，可以将项目中看似杂乱无章的个体组成一个有机的整体，能全面而明确地反映出各项工作之间的相互依赖、相互制约的关系。

（2）通过网络图的时间参数计算，可以找出网络计划的关键工作和关键线路。计算出网络图的时间参数，可以知道各项工作的起止时间和完成时间；找出整个工作的关键工作和关键线路，等于抓住了主要矛盾，集中资源，确保进度，避免盲目施工造成浪费。

（3）利用网络计划可计算出除关键工作外其他工作的机动时间，进行资源合理分配。网络计划可以反映各项工作的机动时间，优化资源强度，支持关键工作，调整工作进程，避免资源冲突，实现降低成本，提高管理水平的目的。

（4）运用计算机辅助手段，进行绘图、计算和跟踪管理。在项目计划实施过程中，变是绝对的，不变是相对的，目标的计划值与实际值之间会产生一定的偏差，将网络计划技术与计算机结合起来，可以更加便捷、迅速地跟踪管理和调整计划。

10.1.4 网络计划技术应用的程序

网络计划技术是广泛用于工业、农业、交通运输、基本建设、国防事业及科学研究项目进行计划管理的工具，其应用应遵循系统性、协调性、动态性等基本原则，并按一定的程序进行才能收到良好效果。网络计划技术应用的一般程序见表10-2。

表10-2　网络计划技术应用的一般程序

阶　段	步　骤
1. 准备阶段	（1）确定网络计划目标 （2）调查研究 （3）工作方案设计
2. 绘制网络图	（1）项目分解 （2）逻辑关系分析 （3）绘制网络图

（续）

阶　段	步　骤
3. 时间参数计算与确定关键线路	（1）计算工作持续时间 （2）计算其他时间参数 （3）确定关键线路
4. 编制可行的网络计划	（1）检查与调整 （2）编制可行的网络计划
5. 优化并确定正式网络计划	（1）优化 （2）编制正式网络计划
6. 实施、调整与控制	（1）网络计划的贯彻 （2）检查和数据采集 （3）调整、控制
7. 结束阶段	总结分析

10.2 网络图的绘制

10.2.1 基本术语

网络计划是在网络图上标注时间参数的计划图，实质上是有时序的有向赋权图。表述关键线路法和计划评审技术的网络计划图没有本质的区别，它们的结构和术语是一样的，仅前者的时间参数是确定型的，而后者的时间参数是不确定型的，于是统一给出一套专用的术语和符号。

（1）节点（又称事项、事件或结点）。在双代号网络图中，节点表示一项工作开始或结束的瞬间，而在单代号网络图中，一个节点则表示一个工作。在网络图中，节点是箭线两端的连接点（用"○"或"□"表示）。网络图中有三个类型的节点：

1）起始节点。在网络计划图中的第一个节点称为起始节点，它只有外向箭线，表示一项工程的开始，所有箭线均从这里出发。

2）终点节点。最后一个节点称为终点节点，它只有内向箭线，表示一项工程的结束，所有的工作箭线均汇入这里。

3）中间节点。介于网络图起始节点和终点节点之间的叫中间节点，它既有内向箭线，表示前面工作的结束，又有外向箭线，表示后面工作的开始。

（2）箭线。它是网络计划图的基本组成元素。在双代号网络图中，一条箭线表示一项工作。而在单代号网络图中箭线仅表示工作间的逻辑关系，既不占用时间，也不消耗资源。箭线是一段带箭头的实射线和虚射线。

（3）工作（也称工序、活动、作业）。它是将整个项目按需要粗细程度分解成若干需要耗费时间或需要耗费其他资源的子项目或单元，是网络计划图的基本组成部分。工作又分为紧前工作和紧后工作、虚工作和平行工作。

1）紧前工作，指紧排在本工作之前的工作，且开始或完成后，才能开始本工作。

2）紧后工作，指紧排在本工作之后的工作，且本工作开始或完成后，才能做的工作。

3）虚工作，指在双代号网络计划图中，只表示相邻工作之间的逻辑关系，不占用时间和不消耗人力、资金等虚设的工作。虚工作用虚箭线表示。

4）平行工作，指可与本工作同时进行的工作。

（4）线路。线路是指网络图中从起点节点沿箭线方向顺序通过一系列箭线与节点，最后到达终点节点的通路。从网络图中可以计算出各线路的持续时间。其中有一条线路的持续时间最长线路是关键线路，或称为主要矛盾线。关键线路上的各工作为关键工作。因为它的持续时间就决定了整个项目的工期。

（5）双代号网络计划图。双代号网络计划图是由若干表示工作的箭线和节点所组成的。每一项工作用一条箭线和两个节点来表示，工作名称写在箭线上方，完成该工作所需的时间标注在箭线的下方，每个节点都编以号码，箭线前后两个节点的号码即代表该箭线所表示的工作，如图 10-4 所示。

（6）单代号网络计划图。单代号网络计划图和双代号网络计划图一样，也是由节点、箭线和代号组成。但其用节点表示工作，箭线表示工作先后完成顺序的逻辑关系。在节点中标记必需的信息，如图 10-5 所示。

图 10-4　双代号网络工作的表示方法　　　　图 10-5　单代号网络工作的表示方法

10.2.2　双代号网络图的绘制

在网络计划中，双代号网络计划和单代号网络计划的作用和原理基本相同。单代号网络图绘图简便，逻辑关系明确，便于检查和修改；而双代号网络图能够清楚地展现计划的时间进行，表示工程进度比用单代号网络图更为形象，并且在应用计算机进行计算和优化过程方面更为简便。在我国工程实践中，双代号网络计划运用较为普遍，因此本书重点讲述双代号网络计划的编制。

1. 双代号网络图工作的逻辑关系

绘制双代号网络图，对工作的逻辑关系必须正确表达，图 10-6 给出了表达工作逻辑关系的几个例子。图 10-6a 表示工作 A 的紧后工作为 B、C；图 10-6b 表示工作 C 的紧前工作是 A、B；图 10-6c 表示工作 A、B 的紧后工作是 C、D；图 10-6d 表示工作 A 的紧后工作是 C、D，工作 B 的紧后工作是 D。图 10-6d 中，用一虚工作把工作 A 和工作 D 连了起来，若没有它，活动 A、B、C、D 的这种关系就无法表达了。

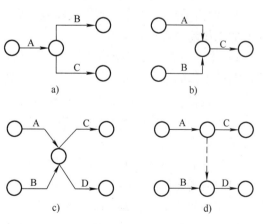

图 10-6　双代号网络图活动逻辑关系例图

2. 双代号网络图绘制规则

《工程网络计划技术规程》（JGJ/T 121—2015）中规定双代号网络图绘制的基本规则为：

（1）双代号网络图应正确表达工作之间已定的逻辑关系。

（2）双代号网络图中，不得出现回路。

（3）双代号网络图中，不得出现带双向箭头或无箭头的连线。

（4）双代号网络图中，不得出现没有箭头节点或箭尾节点的箭线。

（5）当双代号网络图的起点节点有多条外向箭线或终点节点有多条内向箭线时，对起点节点和终点节点可使用母线法绘制。

（6）绘制网络图时，箭线不宜交叉；当交叉不可避免时，可用过桥法、断线法或指向法。

（7）双代号网络图中应只有一个起点节点；在不分期完成任务的网络图中，应只有一个终点节点；其他所有节点都应是中间节点。

3. 双代号网络图的绘制程序

（1）一般绘制步骤：

第一步，进行任务分解，划分施工工作。

第二步，确定完成工作计划的所有工作及其逻辑关系。

第三步，确定各项工作的持续时间，制定详细的工作逻辑关系表。

第四步，根据工作逻辑关系表，绘制并修改网络图。

（2）具体绘制方法。当已确定好工作逻辑关系表时，按下述方法绘制双代号网络图：

1）绘制没有紧前工作的工作箭线，使它们具有相同的开始节点，以保证网络图只有一个起点节点。

2）依次绘制其他工作箭线。这些工作箭线的绘制条件是其所有紧前工作箭线都已经绘制出来。在绘制这些工作箭线时，应按以下原则进行：

① 当所要绘制的工作只有一项紧前工作时，则将该工作箭线直接画在其紧前工作箭线之后即可。

② 当所要绘制的工作有多项紧前工作时，应按以下情况分别予以考虑：

ⅰ. 对于所要绘制的工作（本工作）而言，如果在其紧前工作之中存在一项只作为本工作紧前工作的工作（即在紧前工作栏目中，该紧前工作只出现一次），则应将本工作箭线直接画在该紧前工作箭线之后，然后用虚箭线将其他紧前工作箭线的箭头节点与本工作箭线的箭尾节点分别相连，以表达它们之间的逻辑关系。

ⅱ. 对于所要绘制的工作（本工作）而言，如果在其紧前工作之中存在多项只作为本工作紧前工作的工作，应先将这些紧前工作箭线的箭头节点合并，再从合并后的节点开始，画出本工作箭线，最后用虚箭线将其他紧前工作箭线的箭头节点与本工作箭线的箭尾节点分别相连，以表示它们之间的逻辑关系。

ⅲ. 对于所要绘制的工作（本工作）而言，如果不存在情况 ⅰ 和情况 ⅱ 时，应判断本工作的所有紧前工作是否同时作为其他工作的紧前工作（即在紧前工作栏目中，这几项紧前工作是否均同时出现若干次）。如果上述条件成立，应先将这些紧前工作箭线的箭头节点合并后，再从合并后的节点开始画出本工作箭线。

iv. 对于所要绘制的工作（本工作）而言，如果既不存在情况 i 和情况 ii，也不存在情况 iii 时，则应将本工作箭线单独画在其紧前工作箭线之后的中部，然后用虚箭线将其各紧前工作箭线的箭头节点与本工作箭线的箭尾节点分别相连，以表达它们之间的逻辑关系。

3）当各项工作箭线都绘制出来之后，应合并那些没有紧后工作箭线的箭头节点，以保证网络图只有一个终点节点（多目标网络计划除外）。

4）当确认所绘制的网络图正确后，即可进行节点编号。网络图的节点编号在满足前述要求的前提下，既可采用连续的编号方法，也可采用不连续的编号方法，如 1，3，5，…或 5，10，15，…等，以避免以后增加工作时而改动整个网络图的节点编号。

以上所述是已知各项工作的紧前工作时的绘图方法，当已知各项工作的紧后工作时，也可按类似的方法进行网络图的绘制，只是其绘图顺序由前述的从左向右改为从右向左。

【例 10-1】 已知各项工作之间的逻辑关系见表 10-3，绘制双代号网络图。

表 10-3　工作逻辑关系表

工作	A	B	C	D	E	F	G	H	I
紧前工作	—	—	—	A，B	B	B，C	E，F	F	D，E，F

解　第一步，绘制没有紧前工作的工作箭线 A、工作箭线 B 和工作箭线 C，如图 10-7 所示。

第二步，绘制其他工作箭线。

（1）按前述绘制方法②中的情况 i 绘制工作箭线 D，如图 10-8a 所示。

（2）按前述绘制方法①绘制工作箭线 E，如图 10-8b 所示。

（3）按前述绘制方法②中的情况 i 绘制工作箭线 F，如图 10-8c 所示。

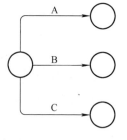

图 10-7　开始工作

（4）按前述绘制方法②中的情况 iii 绘制工作箭线 G，如图 10-8d 所示。

（5）按前述绘制方法①绘制工作箭线 H，如图 10-8e 所示。

（6）按前述绘制方法②中的情况 i 绘制工作箭线 I，如图 10-8f 所示。

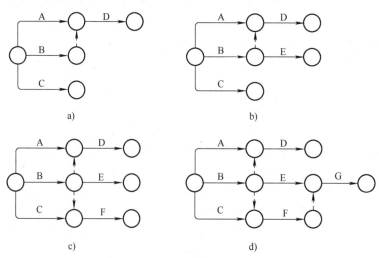

a)　　　　　　　　　　　　b)

c)　　　　　　　　　　　　d)

图 10-8　绘制过程

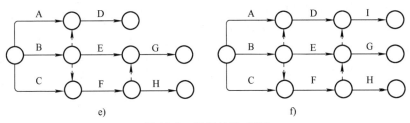

图 10-8　绘制过程（续）

第三步，合并没有紧后工作的工作箭线 G、工作箭线 I 和工作箭线 H 的箭头节点，如图 10-9 所示。

第四步，对各箭头节点进行节点编号。表 10-3 给定逻辑关系所对应的双代号网络图如图 10-10 所示。

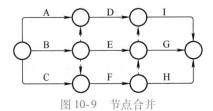

图 10-9　节点合并

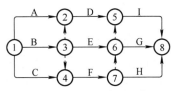

图 10-10　完整双代号网络图

提示：

（1）在刚开始学习时尽量使用虚工作表示不同工作结束的时刻，然后再简化，这样不容易出错。

（2）事项节点编号从始点到终点要从小到大编号，即工作 (i, j) 要求 $i < j$。编号不一定连续，留些间隔便于修改和增添工作。

（3）在箭线图编制过程中，容易出现的错误有以下几个：

1）在箭线图中，除起点和终点外，其间各项工作都必须前后衔接，不可有中断的缺口。例如，图 10-11 中的工作 c 不能到达整个计划的终点，所以是错误的。

2）在网络图中，如果有循环现象，将造成逻辑上的错误，致使某项工作永远无起点或终点，图 10-12 中 f、g、h、i 共四项工作形成一个循环。

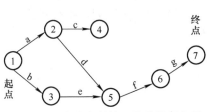

图 10-11　含有中断缺口的错误网络图

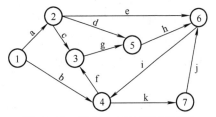

图 10-12　逻辑上有错误的网络图

10.3　关键线路法时间参数的计算

计算网络图中有关的时间参数，主要目的是找出关键线路，为网络计划的优化、调整和执行提供明确的时间概念。

图 10-13 是一个简单的网络图。从始点①到
终点⑧共有四条路线，可以分别计算出每条路线
所需的总工时。

这四条路线见表10-4。

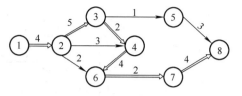

图 10-13　网络图（一）

表 10-4　图 10-13 对应的四条路线

路线	总完工期/周
①→②→③→⑤→⑧	4 + 5 + 1 + 3 = 13
①→②→④→⑥→⑦→⑧	4 + 3 + 4 + 2 + 4 = 17
①→②→⑥→⑦→⑧	4 + 2 + 2 + 4 = 12
①→②→③→④→⑥→⑦→⑧	4 + 5 + 2 + 4 + 2 + 4 = 21

可以看出，①→②→③→④→⑥→⑦→⑧所需时间最长，它表明整个任务的总完工期为
21 周。很明显，这条路线上的工作若有一个延迟，整个工期就要推迟；若某一工作能提前，
整个任务就可以提前完成。而不在这条路线上的工作对总工期则没有这种直接影响，如工作
②→⑥，可以在①→②工作开始后四周开始，最晚可以推迟到第 13 周再开工，都不影响总
完工期。通常把网络图中需时最长的路线叫作关键线路，在图中用双线画出。关键线路上的
工作称为关键工作。要想使任务按期或提前完工，就要在关键线路的关键工作上想办法。网
络图的关键线路可以通过时间参数的计算求得。

网络图的时间参数包括工作所需时间、事项最早时间、事项最迟时间，工作最早时间、
工作最迟时间及时差等。进行时间参数计算不仅可以得到关键线路，确定和控制整个任务在
正常进度下的最早完工期，而且在掌握非关键工作基础上可进行人、财、物等资源的合理安
排，进行网络计划的优化。

10.3.1　时间参数的计算

1. 事项时间参数

（1）事项的最早时间。事项 j 的最早时间用 $t_E(j)$ 表示，它表明以它为始点的各工作最
早可能开始的时间，也表示以它为终点的各工作的最早可能完成的时间，它等于从始点事项
到该事项的最长路线上所有工作的工时总和。事项最早时间可用下列递推公式，按照事项编
号以从小到大的顺序逐个计算。

设总开工事项编号为（1），则

$$t_E(1) = 0$$
$$t_E(j) = \max\{t_E(i) + t(i,j)\}$$

式中，$t_E(i)$ 为与事项 j 相邻的各紧前事项的最早时间。

设终点事项编号为 n，则终点事项的最早时间显然就是整个工程的总最早完工期，即

$$t_E(n) = 总最早完工期$$

（2）事项的最迟时间。事项 i 的最迟时间用 $t_L(i)$ 表示，它表明在不影响任务总工期条
件下，以它为始点的工作的最迟必须开始时间，或以它为终点的各工作的最迟必须完成时
间。由于一般情况下，人们都把任务的最早完成时间作为任务的"总工期"，所以事项最迟

时间的计算公式为

$$t_L(n) = 总工期（或 t_E(n)）$$
$$t_L(i) = \min_j \{ t_L(j) - t(i,j) \}$$

式中，$t_L(j)$ 为与事项 i 相邻的各紧后事项的最迟时间。

事项最迟开始时间从终点事项开始，按编号以由大至小的顺序逐个由后向前计算。

2. 工作的时间参数

（1）工作最早开始时间 ES_{i-j} 和最早完成时间 EF_{i-j} 的计算。工作 $i-j$ 的最早开始时间 ES_{i-j} 受其紧前工作 $k-i$ 的制约，并按下式计算：

$$ES_{i-j} = \max \{ ES_{k-i} + D_{k-i} \} = \max \{ EF_{k-i} \}$$

式中，ES_{k-i} 为工作 $i-j$ 各紧前工作 $k-i$ 的最早开始时间；D_{k-i} 为 $k-i$ 工作的持续时间；EF_{k-i} 为工作 $i-j$ 各紧前工作 $k-i$ 的最早完成时间，$EF_{k-i} = ES_{k-i} + D_{k-i}$。

由上式可见，如果 i 为开始节点（假设 $i=1$），令 $ES_{1-j}=0$，依据各工作的持续时间则可递推计算出全部工作的最早开始时间和最早完成时间，进而可确定任务的计算工期 T_c：

$$T_c = \max \{ EF_{i-n} \}$$

式中，EF_{i-n} 为以终点节点为箭头节点的工作的最早完成时间。

（2）工作最迟开始时间 LS_{i-j} 和最迟完成时间 LF_{i-j} 的计算。当任务在预定的最早完成时间完成时，工作 $i-j$ 的最迟完成时间受其紧后工作制约，工作 $i-j$ 的最迟完成时间 LF_{i-j} 按下式计算：

$$LF_{i-j} = \min \{ LF_{j-k} - D_{j-k} \} = \min \{ LS_{j-k} \}$$

式中，LF_{j-k} 为紧后工作 $j-k$ 的最迟完成时间；D_{j-k} 为紧后工作 $j-k$ 的持续时间；LS_{j-k} 为紧后工作 $j-k$ 的最迟开始时间，$LS_{j-k} = LF_{j-k} - D_{j-k}$。

由上式可见，如果 j 为结束节点（假设 $j=n$），令 $EF_{i-n} = T_c$ 或 $EF_{i-n} = T_p$，依据各工作的持续时间则可递推计算出全部工作的最迟开始时间和最迟完成时间。

（3）工作总时差 TF_{i-j} 的计算和关键线路。工作 $i-j$ 的总时差为该工作的机动时间，并按下式计算：

$$TF_{i-j} = LS_{i-j} - ES_{i-j} = LF_{i-j} - EF_{i-j}$$

当最终节点的 LF_{k-n} 等于计算工期 T_c 时，则

$$TF_{k-n} = LS_{k-n} - ES_{k-n} = T_p - EF_{k-n}$$

总时差最小的工作为关键工作。由开始节点至最终节点全部由关键工作组成的线路称关键线路。

（4）工作自由时差 FF_{i-j} 的计算。工作 $i-j$ 的自由时差又称单时差，是在紧后工作最早开始的情况下，仅供本工作单独使用的、不能存储的机动时间，其计算公式为

$$FF_{i-j} = ES_{j-k} - EF_{i-j}$$

工作总时差和自由时差的区别与联系可以通过图 10-14 来说明。

在图 10-14 中，工作 b 与工作 c 同为工作 a 的紧后工作。可以看出，工作 a 的自由时差不影响紧后工作的最早开工时间，而其总时差却不仅包括本工作的自由时差，而且包括了工作 b 和 c 的时差，使工作 c 失去了部分时差、工作 b 失去了全部自由机动时间。所以占用一道工作的总时差虽然不影响整个任务的最短工期，却有可能使其紧后工作失去自由机动的余地。

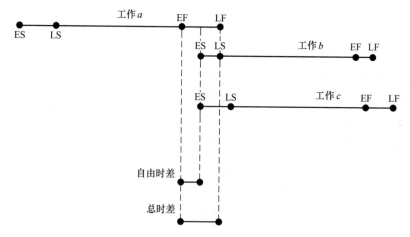

图 10-14　总时差和自由时差的区别与联系

10.3.2　时间参数的表上作业法

这里主要介绍双代号网络计划图的绘制和按工作计算时间参数的方法。以下通过例题来说明网络计划图的绘制和时间参数的计算。

【例 10-2】　开发一个新产品，需要完成的工作和先后关系、各项工作需要的时间汇总在逻辑关系表中，见表 10-5。要求编制该项目的网络计划图和计算有关参数，根据表 10-5 中数据，绘制网络图，如图 10-15 所示。

表 10-5　工作及相关参数

序号	工作代号	工作持续时间/天	紧后工作
1	A	12	B, C, D, E
2	B	9	L
3	C	2	F
4	D	4	G, H
5	E	8	H
6	F	4	L
7	G	6	K
8	H	3	L
9	K	5	L
10	L	7	无

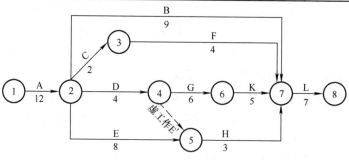

图 10-15　网络图（二）

（1）计算工作的最早开始时间 ES_{i-j} 和最早完成时间 EF_{i-j}。工作最早开始时间和最早完成时间的计算应从网络计划的起点节点开始，顺着箭线方向依次逐项计算。

1）以网络计划起点节点为开始节点的工作，当未规定其最早开始时间时，其最早开始时间设定为 0，即第一项工作的最早开始时间为 0，记作 $ES_{i-j}=0$（起始点 $i=1$），第一项工作的最早完成时间：$EF_{1-j}=ES_{1-j}+D_{1-j}$。第一项工作完成后，其紧后工作才能开始，且第一项工作的最早完成时间 EF 就是其紧后工作的最早开始时间 ES，紧后工作的最早完成时间：$EF_{i-j}=ES_{i-j}+D_{i-j}$。

2）计算其他工作的最早开始时间 ES_{i-j} 时，若一项工作有多项紧前工作，则该项工作只能在这些紧前工作都完成后才能开始。因此该项工作的最早开始时间等于其紧前工作最早完成的最大值，即 $ES_{i-j}=\max\{$紧前工作的 $EF_{i-j}\}$，或表示为 $ES_{i-j}=\max\{EF_{h-i}\}=\max\{ES_{h-i}+D_{h-i}\}$，其中 $h-i$ 为 $i-j$ 的紧前工作。

3）网络计划的计算工期等于以网络计划终点节点为完成节点的工作的最早完成时间的最大值，表示为 $T_c=\max\{EF_{i-n}\}=\max\{ES_{i-n}+D_{i-n}\}$，其中，$T_c$ 为计算工期，$i-n$ 为以终点节点为完成节点的工作。

例 10-2 的最早开始时间和最早完成时间的计算值见表 10-6。

表 10-6　时间参数计算表

工作 $i-j$	持续时间 D_{i-j}	最早开始时间 ES_{i-j}	最早完成时间 EF_{i-j}
①	②	③	④＝③＋②
A（1-2）	12	$ES_{1-2}=0$	$EF_{1-2}=ES_{1-2}+D_{1-2}=12$
B（2-7）	9	$ES_{2-7}=EF_{1-2}=12$	$EF_{2-7}=ES_{2-7}+D_{2-7}=21$
C（2-3）	2	$ES_{2-3}=EF_{1-2}=12$	$EF_{2-3}=ES_{2-3}+D_{2-3}=14$
D（2-4）	4	$ES_{2-4}=EF_{1-2}=12$	$EF_{2-4}=ES_{2-4}+D_{2-4}=16$
E（2-5）	8	$ES_{2-5}=EF_{1-2}=12$	$EF_{2-5}=ES_{2-5}+D_{2-5}=20$
E'（4-5）	0（虚工作）	$ES_{4-5}=EF_{2-4}=16$	$EF_{4-5}=ES_{4-5}+D_{4-5}=16$
F（3-7）	4	$ES_{3-7}=EF_{2-3}=14$	$EF_{3-7}=ES_{3-7}+D_{3-7}=18$
G（4-6）	6	$ES_{4-6}=EF_{2-4}=16$	$EF_{4-6}=ES_{4-6}+D_{4-6}=22$
H（5-7）	3	$ES_{5-7}=\max(EF_{2-5},\ EF_{4-5})=EF_{2-5}=20$	$EF_{5-7}=ES_{5-7}+D_{5-7}=23$
K（6-7）	5	$ES_{6-7}=EF_{4-6}=22$	$EF_{6-7}=ES_{6-7}+D_{6-7}=27$
L（7-8）	7	$ES_{7-8}=\max(EF_{2-7},\ EF_{3-7},\ EF_{6-7},EF_{5-7})$ $=EF_{6-7}=27$	$EF_{7-8}=ES_{7-8}+D_{7-8}=34$

利用双代号的特征很容易在表中确定某项工作的紧前工作和紧后工作，即凡是后续工作的箭尾代号与某项工作的箭头代号相同者，便是该项工作的紧后工作；凡是先行工作的箭头代号与某项工作的箭尾代号相同者，便是该项工作的紧前工作。在表 10-6 中首先填入①、②两列数据，然后由上往下计算 ES 与 EF。若某项工作（$i-j$）存在多个紧前工作（$h-i$）时，从中选择最大的 EF_{h-i} 进行计算，即 $ES_{i-j}=\max\{EF_{h-i}\}$，然后再计算 EF_{i-j}，如计算 ES_{7-8} 时，可从表 10-6 的④列 L（7-8）的紧前工作最早完成时间 EF_{2-7}、EF_{6-7}、EF_{5-7}、EF_{3-7} 中找到最大值，即 $EF_{6-7}=27$。将它填入表 10-6 的 L（7-8）行③列即可。

（2）计算工作的最迟完成时间 LF_{i-j} 与最迟开始时间 LS_{i-j}。工作最迟完成时间和最迟开始时间的计算应从网络计划的终点节点开始，逆着箭线方向依次进行，直到第一项工作为止。

1）以网络计划终点节点为完成节点的工作，其最迟完成时间由计划工期决定。若未规定计划工期，则计划工期（T_p）等于计算工期（T_c），即 $LF_{i-n} = T_p = T_c$，该项工作的最迟开始时间：$LS_{i-j} = LF_{i-j} - D_{i-j}$。

2）其他工作的最迟完成时间等于其紧后工作的最迟开始时间的最小值，即 $LF_{i-j} = \min\{$紧后工作的 $LS_{i-j}\}$，或表示为 $LF_{i-j} = \min\{LS_{j-k}\} = \min\{LF_{j-k} - D_{j-k}\}$，其中，$j-k$ 为 $i-j$ 的紧后工作。

在表 10-7 中由下到上进行计算，根据工期 $T_c = 34$，可知最后一项工作 L（7－8）的最迟完成时间 $LF_{7-8} = 34$，即在表 10-7 的 L（7－8）行⑤列填入 $LF_{7-8} = T_c = 34$。

表 10-7　时间参数计算

工作 $i-j$	持续时间 D_{i-j}	最迟完成时间 $LF_{i-j} = \min(LS_{j-k})$	最迟开始时间 $LS_{i-j} = LF_{i-j} - D_{i-j}$	总时差 $TF_{i-j} = LS_{i-j} - ES_{i-j}$	自由时差 $FF_{i-j} = ES_{i-k} - EF_{i-j}$
①	②	⑤	⑥ = ⑤ － ②	⑦ = ⑥ － ③	⑧
A（1－2）	12	$LF_{1-2} = LS_{2-4} = 12$	$LS_{1-2} = LF_{1-2} - 12 = 0$	0	$FF_{1-2} = ES_{2-3} - EF_{1-2} = 0$
B（2－7）	9	$LF_{2-7} = LS_{7-8} = 27$	$LS_{2-7} = LF_{2-7} - 9 = 18$	$18 - 12 = 6$	$FF_{2-7} = ES_{7-8} - EF_{2-7} = 6$
C（2－3）	2	$LF_{2-3} = LS_{3-7} = 23$	$LS_{2-3} = LF_{2-3} - 2 = 21$	$21 - 12 = 9$	$FF_{2-3} = ES_{3-7} - EF_{2-3} = 0$
D（2－4）	4	$LF_{2-4} = LS_{4-6} = 16$	$LS_{2-4} = LF_{2-4} - 4 = 12$	$12 - 12 = 0$	$FF_{2-4} = ES_{4-6} - EF_{2-6} = 0$
E（2－5）	8	$LF_{2-5} = LS_{5-7} = 24$	$LS_{2-5} = LF_{2-5} - 8 = 16$	$16 - 12 = 4$	$FF_{2-5} = ES_{5-7} - EF_{2-5} = 0$
F（3－7）	4	$LF_{3-7} = LS_{7-8} = 27$	$LS_{3-7} = LF_{3-7} - 4 = 23$	$23 - 14 = 9$	$FF_{3-7} = ES_{7-8} - EF_{3-7} = 9$
G（4－6）	6	$LF_{4-6} = LS_{6-7} = 22$	$LS_{4-6} = LF_{4-6} - 6 = 16$	$16 - 16 = 0$	$FF_{4-6} = ES_{6-7} - EF_{4-6} = 0$
H（5－7）	3	$LF_{5-7} = LS_{7-8} = 27$	$LS_{5-7} = LF_{5-7} - 3 = 24$	$24 - 20 = 4$	$FF_{5-7} = ES_{7-8} - EF_{5-7} = 4$
K（6－7）	5	$LF_{6-7} = LS_{7-8} = 27$	$LS_{6-7} = LF_{6-7} - 5 = 22$	$22 - 22 = 0$	$FF_{6-7} = ES_{7-8} - EF_{6-7} = 0$
L（7－8）	7	$LF_{7-8} = T_c = 34$	$LS_{7-8} = LF_{7-8} - 7 = 27$	$27 - 27 = 0$	$FF_{7-8} = 0$

于是可计算出 $LS_{7-8} = LF_{7-8} - D_{7-8} = 27$。由于工作 K（6－7）、H（5－7）、F（3－7）和 B（2－7）的箭尾代号与工作 L（7－8）的箭头代号相同，因此判断工作 K（6－7）、H（5－7）、F（3－7）和 B（2－7）均是 L（7－8）的紧前工作，且工作 L（7－8）是它们的唯一紧后工作，所以这 4 项工作的最迟完成时间 LF_{6-7}、LF_{5-7}、LF_{3-7}、LF_{2-7} 应等于 L（7－8）的最迟开始时间 $LS_{7-8} = 27$，将其填入表 10-7 中相应工作的⑤列即可。若一项工作有多个紧后工作，计算其最迟完成时间时应先确定其紧后工作有哪些，例如计算 LF_{1-2} 时，根据箭头代号确定出 A（1－2）的紧后工作有 B（2－7）、C（2－3）、D（2－4）和 E（2－5），对应的最迟开始时间依次是 $LS_{2-7} = 18$、$LS_{2-3} = 21$、$LS_{2-4} = 12$ 和 $LS_{2-5} = 16$。其中最小的是 12，即 $LF_{1-2} = LS_{2-4} = 12$。

（3）工作时差。

1）工作总时差 TF_{i-j}。工作总时差是指在不影响工期的前提下，工作所具有的机动时间，它等于该项工作最迟完成时间与最早完成时间之差或该项工作最迟开始时间与最早开始时间之差，即 $TF_{i-j} = LS_{i-j} - ES_{i-j}$ 或 $TF_{i-j} = LF_{i-j} - EF_{i-j}$，具体计算见表 10-7 中⑦ = ⑥ － ③的数据。

注：工作总时差往往为若干项工作共同拥有的机动时间，如工作 C（2－3）和工作 F（3－7），其工作总时差为 9，当工作 C（2－3）用去一部分机动时间后，工作 F（3－7）

的机动时间将相应地减少。

2）工作自由时差 FF_{i-j}。工作自由时差是指在不影响其紧后工作最早开始的前提下，工作所具有的机动时间。对于有紧后工作的工作，其自由时差等于该项工作的紧后工作最早开始时间减去该项工作最早完成时间所得之差的最小值，即 $FF_{i-j} = \min\{ES_{j-k} - EF_{i-j}\} = \min\{ES_{j-k} - ES_{i-j} - D_{i-j}\}$；对于无紧后工作的工作，即以网络计划终点节点为完成节点的工作，其自由时差等于计划工期与该项工作最早完成时间之差，即 $FF_{i-j} = T_p - EF_{i-j} = T_p - ES_{i-j} - D_{i-j}$，其中，$j-k$ 是 $i-j$ 的紧后工作。计算结果见表 10-7 的⑧列。工作自由时差是某项工作单独拥有的机动时间，其大小不受其他工作机动时间的影响。

10.3.3　时间参数的图上作业法

图上作业法是一种简单、明了、方便的算法，只适用于 50 个工作以下的小网络。图上作业法是把时间参数的计算结果用不同的符号标在图上，节点法将节点的时间参数标在节点上，工作法将工作的时间参数标在工作上。下面以工作法进行举例。

计算步骤为：

（1）按网络图的箭线的方向，从起始工作开始，计算各工作的 ES、EF。

（2）确定网络的计算工期 T_c。

（3）从网络图的终点节点开始，按逆箭线的方向，推算出各工作的 LS、LF。

（4）确定关键线路。

（5）计算 TF、FF。

用图上作业法标注例 10-2 的时间参数，如图 10-16 所示。

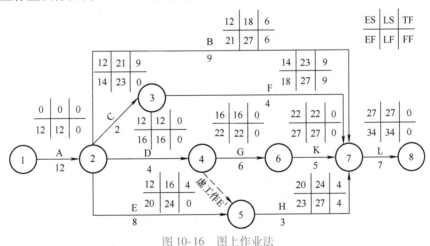

图 10-16　图上作业法

该项目的关键线路为 A→D→G→K→L，长度为 34。

10.4　CPM 网络的优化

网络优化是通过调整网络图中各工作的资源配置和持续时间或改变各工作间的流程特性，制订最优计划的过程。网络优化按目标通常可分为工期优化、费用优化和资源优化三种。

10.4.1 工期优化

1. 工期优化的概念

工期优化是在原计划工期已由网络计划分析确定的前提下，为满足一定约束条件，通过压缩工期以达到计划工期的新要求的过程。工期优化一般通过压缩关键线路的持续时间来达到其目的。这里要考虑两点：一是工期优化后，项目进度计划的总工期满足所要求的工期；二是工期优化并不是单纯缩短工期，使工期越短越好，而是要使工期尽量保持在合理工期范围内，否则将会造成项目费用的大量增加。在存在多条关键线路的情况下，一般应使各条线路的工作持续时间之和压缩到同样的数值。注意，尽量不要将关键工作改变为非关键工作，否则应对新出现的关键工作再次压缩。

2. 工期优化的步骤

项目进度计划的总工期是由网络图的关键线路和关键工作决定的，因此，网络计划工期优化要通过改变关键工作的持续时间来实现。工期优化的主要步骤如下：

（1）找出网络计划中的关键线路，并计算工期。计算工期经优化压缩后的工期称为计划工期，也就是项目完成所要求的工期。

（2）根据计划工期，求出压缩工期。其公式为：压缩工期 = 计算工期 – 计划工期，即

$$\Delta D = T_c - T_p \tag{10-1}$$

式中，ΔD 为项目压缩工期；T_c 为项目网络计划的计算工期；T_p 为项目的计划工期。

（3）选择缩短持续时间所增加费用相对较少的关键工作为优先压缩对象，并对其进行调整优化。关键线路上的所有工作都是关键工作，如何选择哪个工作开始压缩持续时间呢？一般要考虑这样几个因素：一是缩短此关键工作的持续时间所增加的费用相对较少；二是缩短工作持续时间后，对项目质量和安全影响不大；三是在现有技术力量和组织力量下，能够调整此关键工作的持续时间。

（4）对优先压缩关键工作，确定合理的压缩时间。优先压缩关键工作选定后，将其压缩到合理的工期。这里合理的工期指的是尽量保持其关键工作的地位，同时能够达到的最短工期。如压缩之后出现多条关键线路，需在各条关键线路上选一个尚可缩短工作时间的关键工作构成一个能使工期变短的组合。压缩时间的计算公式为

$$\Delta T = TW_c - TW_r \tag{10-2}$$

式中，ΔT 为关键工作的合理压缩时间；TW_c 为关键工作的持续时间；TW_r 为次关键工作的持续工期。

对优先压缩的关键工作，尽量保持其关键工作的理由是：如其一旦被压缩成非关键工作，再继续压缩其持续时间，对缩短项目工期已没有意义。如根据实际需要，必须将某一关键工作压缩成非关键工作，则应对新出现的关键工作进行压缩。

（5）上述过程，可以多次重复进行，以达到计划工期要求。如压缩一个关键工作的工期仍不能满足计划工期的要求，则按第（3）、（4）步的方法选定另一关键工作，然后压缩其持续时间，直至满足计划工期要求为止。如果将一条关键线路上所有的关键工作都压缩到合理的工期，仍不能满足计划工期要求时，可采用三个方法来处理：一是将关键线路压缩成非关键线路，然后重新找出网络计划中的关键线路，再按第（2）、（3）、（4）步的方法来优化工期；二是原网络计划的计划、组织方案不尽合理，可以重新进行修正和调整；三是计划

工期不现实，此时可对计划工期重新进行审定。对这三个方法，具体选哪一个，视现实情况而定。一般来说，按文中顺序进行选择即可，当然也可以配合使用。

在优化过程中，如出现多条关键线路，则应对各关键线路的持续时间同时压缩到同一数值，否则，不能压缩项目的总工期。

在项目实施中，要顺利地完成上述工期优化的步骤，可以采取的措施有两类：一是技术措施，依靠专业技术能力直接缩短关键工作的作业时间；二是组织措施和管理措施，充分利用非关键活动的总时差，合理调配技术力量及人力、财力、物力等各项资源，依靠先进的管理手段来缩短关键工作的作业时间。在实践中，要提高项目进度、缩短工期，这两类措施通常会配合使用。

【例 10-3】 图 10-17 为一初始项目进度计划，共包括八项工作，箭线下的第一个数字表示每项工作的正常持续时间，括号内的数字为此工作的合理工期，箭线上字母表示工作名称，数字为缩短一天会增加的费用（即直接费率），其中 B 工作不可缩短。如要求工期为 9 天，应如何调整，可在尽可能少增加费用的目标下达到要求的工期？

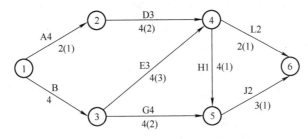

图 10-17　初始网络计划图（一）

解　该网络计划的工期优化可按以下步骤进行：

第一步，由时间参数计算可得图 10-18，正常工作时间下计算工期为 15 天，要求工期为 9 天，共需压缩工期 6 天。当前网络计划关键线路只有一条，即 B→E→H→J，使其变短工期即可变短。该条关键线路上可以缩短的工作为工作 E、工作 H 和工作 J，为使增加的费用尽可能少，考虑先压缩费用率较低的工作 H，工作 H 本身当前可压缩（4 − 1）天 = 3 天，而且当前关键线路即最长线路 B→E→H→J 比次最长线路 A→D→H→J 长（15 − 13）天 = 2 天，这一差额可由非关键工作总时差的最小值得到。

因此压缩 H 工作 2 天，工期必相应缩短 2 天，于是先压缩 H 工作 2 天。

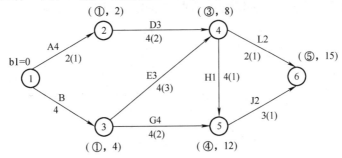

图 10-18　初始网络计划图（二）

第二步，压缩 H 工作 2 天后，网络计划的时间参数发生一定变化，如图 10-19 所示，此时的关键线路仍为 B→E→H→J，其长度即计算工期 13 天，与要求的工期还差 4 天，还需使关键线路 B→E→H→J 缩短。此步关键线路比非关键线路 A→D→H→J 长 2 天，工作 H 本身当前可压缩（2－1）天＝1 天，所以，此步可以压缩 H 工作 1 天。

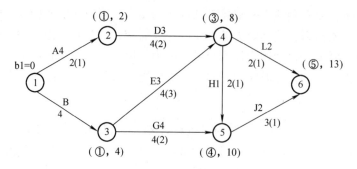

图 10-19　第一次修改后的网络计划图

第三步，压缩 H 工作 1 天后，网络计划的时间参数又发生变化，如图 10-20 所示，此时，关键线路仍为 B→E→H→J，其长度即计算工期 12 天，与要求的工期还差 3 天，还需使关键线路缩短。当前关键线路即最长线路 B→E→H→J 比次最长线路 A→D→H→J 长（12－10）天＝2 天，此时关键线路上可以压缩的工作只有工作 E 和工作 J，并且工作 J 的直接费率更低，因此压缩直接费率最低的 J 工作 2 天，工期必相应缩短 2 天，于是先压缩 J 工作 2 天。

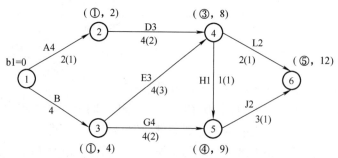

图 10-20　第二次修改后的网络计划图

第四步，压缩 J 工作 2 天后，网络计划的时间参数又发生变化，如图 10-21 所示，此时关键线路变为两条，即 B→E→H→J 和 B→E→L，其长度即计算工期均为 10 天，还需使两条关键线路同时缩短。与要求的工期还差 1 天，此时比次关键线路为 B→G→J 长（10－9）天＝1 天，本例条件非常简单，使两条关键线路同时缩短的方案只有一个，即在工作 E 上缩短 1 天。

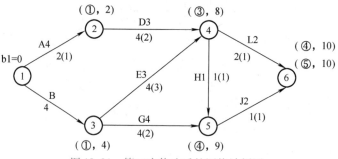

图 10-21　第三次修改后的网络计划图

第四步完成后的网络计划如图 10-22 所示，它的计算工期为 9 天，已满足要求工期，是调整后的最优方案。

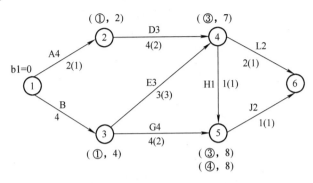

图 10-22　新的网络计划图

10.4.2　费用优化

网络计划的费用优化又称时间费用（成本）优化，是在一定条件下寻求最低费用的计划安排过程（也称最低成本日程）；或寻求实现要求工期的最低费用计划安排过程。就后者而言，前述工期优化例 10-3 也可以认为是费用优化。

在网络计划的费用优化中，费用分为直接费用和间接费用。直接费用分解到每一项工作，主要指人工、材料、机械设备等直接用于一项工作的费用，而且一般认为一项工作的直接费用在一定范围内与完成该工作的时间成反比。如图 10-23 所示，工作 (i, j) 由正常工作时间 DN_{i-j} 缩短到最短工作时间 DC_{i-j} 时，其直接费用由正常工作时间费用 CN_{i-j} 升高到最短工作时间费用 CC_{i-j}。如果这一变化可以近似为线性的，则可用一系数表示：

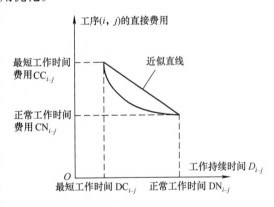

图 10-23　直接费用与工期的关系

$$q_{i-j} = \frac{CC_{i-j} - CN_{i-j}}{DN_{i-j} - DC_{i-j}}$$

它就是前面工期优化中提到的工作 (i, j) 的直接费率。

间接费用主要指与整个项目相关的管理费、合同规定的项目提前完成的奖励或拖延的罚金等，它与项目的工期成正比，简单的分析中也用一个系数即"间接费率" p 表示。注意这里的间接费用不分解到各工作，"间接费率" p 的含义是整个项目（即网络计划）的工期每提前单位时间可节约的费用。

由于每项工作的直接费用与其完成时间成反比，网络计划的总直接费用为各工作直接费用之和，故总直接费用与网络计划工期成反比，而间接费用与工期成正比，因此如图 10-24 所示，总费用有可能在某个工期 T_0 下取得最小值。费用优化中的寻求最低费用的计划安排由此而来。

寻求最低费用计划安排的分析求解方法与前述工期优化方法基本相同，但这里通过压缩关键工作时间以缩短工期只是使网络计划总费用降低的手段，因此只有当压缩关键工作时间增加的直接费用小于由此导致工期缩短而节约的间接费用时，这一"压缩"才可进行。

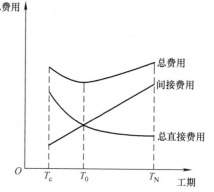

图 10-24　总费用与工期的关系

费用优化问题的已知条件与前述工期优化问题相似，也应包括：各工作 (i, j) 的紧前或紧后工作，正常工作时间 DN_{i-j}，最短工作时间 DC_{i-j}，直接费用率 q_{i-j}，或给出正常工作时间的费用 CN_{i-j} 和最短工作时间的费用 CC_{i-j}，这里显然没有工期要求，但要给出间接费用率 p。求解步骤如下：

第一步，绘制网络图，计算时间参数和关键线路，如果已知条件没有给出直接费用率 q_{i-j}，需对其计算。

第二步，确定关键线路上直接费用率最小且可缩短工作时间的关键工作为压缩对象。如果有多条关键线路，需在各条关键线路上选一个可缩短工作时间的关键工作构成一个能使工期变短的组合，在所有这些组合中确定一个所含关键工作直接费用率之和最小的组合作为压缩对象。

第三步，计算这些被压缩的工作的直接费用率之和 $\sum_{(i,j) \in I} q_{i-j} = q$，若 $q - p < 0$，说明压缩这些工作可使总费用下降，进入下一步；否则，若 $q - p > 0$，说明压缩这些工作反而使总费用上升，停止进行，当前计划即最低费用计划，或所谓最低成本日程。

第四步，确定被压缩工作的压缩时间 Δt，它由被压缩的工作自身可能压缩的时间 α 和当前最长线路（关键线路）与次最长线路的差值 β 决定，即

$$\Delta t = \min(\alpha, \beta)$$

式中，$\alpha = \min_{(i,j) \in I} (D_{i-j} - \text{DC}_{i-j})$，这里 D_{i-j} 是被压缩关键工作当前的工作时间，求解过程开始时它等于工作正常时间 DN_{i-j}。

$$\beta = \min(\text{TF}_{i-j} \mid \text{TF}_{i-j} \neq 0)$$

将被压缩工作的工作时间压缩 Δt，重新计算时间参数和关键线路，返回第二步。

应该指出，包括前述工期优化求解过程和这里的费用优化过程，是典型的逐步改进的过程，即每一步都只进行局部优化，与运输问题确定初始方案的最小成本法等类似，这样的求解过程并不能保证最终结果一定是全局最优，这里给出的方法实际上提供了一个很好的分析思路。

【例 10-4】　图 10-25 为初始网络计划图，其中箭线上第一个数字表示正常工期下的直接费用，方括号内的数字表示极限工期下的直接费用，箭线下第一个数字为正常工作时间，括号内的数字为极限工期。费用单位为"万元"，时间单位为"天"。根据项目实施单位的实际情况，假定间接费用率为 2.5 万元/天。试对其进行工期 – 费用优化，找出最小费用下的最优工期。

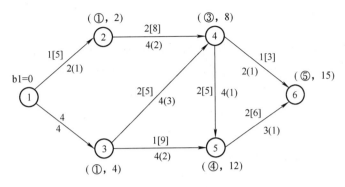

图 10-25　初始网络计划图

解　由已知可得直接费用率 q_{i-j}，见表 10-8。关键线路由 1→3→4→5→6 组成，计算工期为 15 天。

表 10-8　直接费用率表

工作	直接费用率 q_{i-j}	工作	直接费用率 q_{i-j}
1－2	4	3－5	4
1－3	—	4－5	1
2－4	3	4－6	2
3－4	3	5－6	2

计算项目初始总费用，也就是正常工期下的总费用：

$$C_0 = 直接费用 + 间接费用 = (1 + 4 + 2 + 2 + 1 + 2 + 1 + 2) 万元 +$$
$$(2.5 \times 15) 万元 = 52.5 万元$$

第一步，在关键线路 1→3→4→5→6 中选取直接费用率最低的关键工作 4－5 为优先压缩对象，其费用率为 1，且 $q-p = 1 - 2.5 = -1.5 < 0$，即关键工作 4－5 可作为优先被压缩的对象。由图 10-25 可知，工作 4－5 最多可缩短 3 天，即工作 4－5 新工时为（4-3）天 = 1 天。重新计算，此时总工期为 12 天，关键线路依然是 1→3→4→5→6。

第二步，重复以上步骤可缩短关键工作 5－6，且 $q-p = -0.5 < 0$，即可缩短工作 5－6，工作 5－6 最多可缩短 2 天，即工作 5－6 新工时为 1 天，重新计算，此时总工期为 10 天，关键线路为 1→3→4→5→6 和 1→3→4→6。

第三步，此时注意到两条关键线路应同时缩短。只有一种方案是在关键工作 3－4 上缩短 1 天，即新工时为（4-1）天 = 3 天，$p-q = 3 - 2.5 = 0.5 > 0$，说明减少工期反使总费用上升，停止进行，当前计划即最低费用计划，全部计算过程及相应的费用变化列成表 10-9。

表 10-9　全部计算过程及相应的费用变化

计算过程	工作名称	可缩短天数 /天	实际缩短天数 /天	总直接费用 （万元）	总间接费用 （万元）	总成本 （万元）	总工期 /天
0	—	—	—	15	37.5	52.5	15
1	4－5	3	3	18	30	48	12
2	5－6	2	2	22	25	47	10
3	3－4	1	1	25	22.5	47.5	9

由表 10-9 可知，最低成本日程为 10 天，总成本 47 万元。

10.4.3　资源优化

资源优化又称时间－资源优化，其主要目的是使资源对时间的分布更合理，从而提高效率，降低成本。资源优化方法的基本思路是利用非关键工作的机动时间，尤其是总时差，恰当安排其开始时间，以达到单位时间提供资源有限时使工期尽可能短或工期不变时对资源的使用更加均衡。

资源优化步骤如下：

（1）计算工程每单位时间内所需资源量。

$$\bar{\lambda} = \frac{1}{T}(\lambda_1 + \lambda_2 + \cdots + \lambda_T) = \frac{1}{T}\sum_{t=1}^{T}\lambda_t$$

式中，λ_t 为第 t 天资源需要量；T 为项目工期。

（2）制作初始进度横道表。

（3）进行资源均衡调整求出的新的进度计划。从左到右检查资源进度计划的各个时段，如某时段所需资源超过限制数量，就对该时段有关的工作进行排队编号，并按排队编号的顺序，依次给工作分配所需要的资源数。对分配不到资源的工作，就顺推到该时段后面开始。其排队规则为：以资源分配和工作进度的调整对工期的影响最小为出发点。现将工作分成几类加以研究。

第一类，在所研究的时段之前已经开始作业的工作。对这类工作应优先满足其资源需要，使之能连续地进行下去。当这类工作有多项时，要计算每项工作分配的资源，需要推移到研究的时段之后开始时，按对工期所产生的影响程度，影响大的排在前面，影响小的排在后面，若对工期影响程度相同，则每天需要资源数量多的工作排在前面，每天需要资源数量少的工作排在后面。

对工期的影响程度 ΔT 按下式计算：

$$\Delta T = 工作需要推后的天数 － 总时差$$

第二类，在所研究的时段内开始的关键工作。因为关键工作的推迟，意味着工期的延长，因此其资源应优先予以满足。当关键工作有多项时，它们的排队编号规则是：每天所需要资源数量大的排在前面，小的排在后面。

第三类，在所研究的时段内开始的非关键工作，当有多项非关键工作时，它们的排队规则是：

1）工作总时差小的排在前面，大的排在后面。

2）若两项工作的总时差相同，则每天所需要资源数大的排在前面，小的排在后面。

（4）评价工程进度计划对资源利用的均衡程度。评价一个工程进度计划对资源利用均衡程度一般以资源利用量的方差为标准，方差越小，则均衡性越好。若一个工程进度计划给定后，T 为总工期，表示第 t 时间单位对资源的需求量，$\bar{\lambda}$ 表示该进度计划下单位时间资源利用量的均值，则根据方差定义，有

$$\lambda_{\sigma^2} = \frac{1}{T}\sum_{t=1}^{T}(\lambda_t - \bar{\lambda})^2$$

【例 10-5】　设某项工程的网络计划图如图 10-26 所示。图中箭线下第一个数字为工

作时间（单位：周），第二个数字为完成该工作每周所需的劳动力数。通过计算，节点时间参数也在图 10-26 中给出，其中节点的第一个数字为该节点紧后工作最开始时间，第二个数字为此节点紧前工作最迟完成时间，该工程工期为 10 周。

现假设这项工程由一个作业组承包，全组共有 7 名劳力。问这个承包组能否在预定的工期 10 周内完成工程？各项工作进度应该如何安排才能使劳力资源均衡使用？

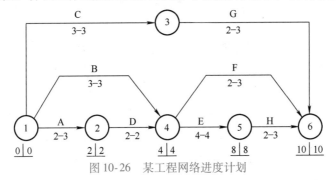

图 10-26　某工程网络进度计划

解　（1）首先，根据数据可算出完成此工程需要周数为：$\sum \lambda_i = 62$ 工作周，其中 λ_i 为完成工作所需的工作周数（周×人数）。工程每周所需劳力为

$$\bar{\lambda} = \frac{1}{T} \sum \lambda_i = \left[\frac{1}{10} \times (2 \times 3 + 3 \times 3 + 3 \times 3 + 2 \times 2 + 4 \times 4 + 2 \times 3 + 2 \times 3 + 2 \times 3)\right] 人 = 6.2 人$$

所以适当安排各项工作进程，整个工程有可能在 10 周内完成；相反，要是每周需投入劳力数超过 7 人，则不论怎样调整安排工作进度均不可能在预定工期内完成。

（2）根据网络图及时间参数做出初始进度计划，即把每项工作的开工时间都定在最可能开工时间，则可以制作出各项工作进度的横道表。表中双横线表示关键工作；单横线表示非关键工作；虚线表示在不影响工期条件下非关键工作允许的变动范围，横线上数字为工作每周所需劳力数，绘制初始进度计划，见表 10-10。

表 10-10　初始进度横道表

项目	1周	2周	3周	4周	5周	6周	7周	8周	9周	10周
A		3								
B		3								
C		3								
D			2							
E					4					
F				3						
G			3							
H									3	
劳动人数(人)	9	9	8	5	10	7	4	4	3	3

由表可知，在第 1、2、3、5 周将缺少劳力资源，第 4、6、7、8、9、10 周劳力资源将有剩余。

首先延缓工作 C 的开工时间至第三周初，这样工作 A 和工作 B 可以同时开工，而不超过劳力资源 7 人的限制，继续使用这个方法，就能得到表 10-11 所示的修订好的进度。

表 10-11　调整后的进度横道表

项目	1周	2周	3周	4周	5周	6周	7周	8周	9周	10周
A	3									
B		3								
C					3					
D			2							
E					4					
F							3			
G									3	
H									3	
劳动人数(人)	6	6	5	5	7	7	7	7	6	6

从进度计划表可以求得

$$\lambda_{\sigma^2} = \frac{1}{T}\sum_{t=1}^{T}(\lambda_t - \overline{\lambda})^2 = 1.2$$

此修订的进度计划在资源利用上有较好的均衡性。

10.5　计划评审技术

前面各节所讲的网络计划方法，都有两个特点，那就是它们各个工作之间的逻辑关系肯定是不变的，只有前面的工作完成了或达到一定程度，其紧后工作才能开始。同时每项工作也都有一个肯定的完成时间，这些都被称为肯定型网络计划方法。但实际情况却往往不都是如此"肯定"，因为有时会出现地质条件不太清楚，设备供应还不能最后落实，天气变化的情况也很难预测得准确等情况。总之，由于自然条件、施工方法或者协作关系等各方面的影响，为了应付不同情况的出现，工作之间的关系就很难最后确定，就需准备多种可能方案供临时选用。工作的持续时间常常也需根据不同情况而定出不同的时间。这样一来，工作间的逻辑关系和工作持续时间就往往受到各种随机变化条件的影响而不能确定。为了适应实际工作中的情况，满足计划编制的需要，就产生了各种不同的非肯定型网络计划方法。目前得到广泛应用的是计划评审技术和图示评审技术，前者是一种概率型的网络计划方法，后者则是一种随机型的网络计划方法。

10.5.1　计划评审技术的特点

1958 年，美国海军研制北极星导弹，有上万家企业参加，所承担的工作相互联系、相互制约，如果一个企业不能如期完成，就要影响其他企业的完成，加上研制工作所花的时间只能估计，所以整个工程的工期难以肯定。另外，还要求计划能够迅速反映不断变化的实际情况，及时调整和修订，否则计划就失去了指导作用。显然，这些都是新课题，没有现成的成功经验。为此，美国海军特种工程计划室与洛克希德系统工程部及步兹、艾伦和哈密尔顿咨询公司共同研究出一种新的计划方法——计划评审技术（PERT），它使北极星研制工作提前两年完成。为此，1962 年美国政府正式规定，凡投资超过百万美元的任务，都要采取PERT 方法进行安排。这一规定，大大促使计划 PERT 方法迅速、广泛地推广和应用。

在肯定型网络计划方法中，每项工作的持续时间往往是根据同类工作的历史资料或工时定额统计资料唯一确定出来的。但是，在大型的公路工程项目和技术复杂的桥梁工程项目中，或者在新技术、新工艺、新材料、新结构和新设备等工程项目中，尽管其中各工作之间的逻辑关系是确定的，但各项工作的持续时间是非确定的，或者因为工作的影响因素太多而不便确定。计划评审技术却能很好地适应这种情况。计划评审技术在编制大型复杂工程项目计划和安排，控制、优化工程进度中越来越显示出其作用。

计划评审技术的基本分析方法是利用概率统计理论，对那些不能确定其持续时间的工作先估计出三种互不相同的时间，求出它的加权平均持续时间或期望持续时间，然后按关键线路（CPM）的方法，进行时间参数分析和计算，然后根据概率分布规律确定各种时间参数所出现的概率，从而对计划实现的可能性做出客观预测。

1. 计划评审技术的几点假设

按照研究与开发性工程项目的特点，计划评审技术有以下几点假设：

（1）每项工程都可分解为有限数量的工作，这些工作是互相独立的，各自具有明确的内容和起止界限。

（2）每项工作的持续时间是计划评审技术网络中的独立随机变量，具有一定的概率分布和统计特征。

（3）关键线路上具有足够的工作，中心极限定理可用于工程工期的概率计算。

在制订计划评审技术网络计划之前，最重要的是确定每项工作的持续时间及其概率分布，通常希望所选择的概率密度函数具有以下几个特点：

1）必须具有一定的分布区间 (a, b)，在此区间内的概率密度始终取正值。

2）在区间 (a, b) 内其概率密度应具有单峰特性，并且这种单峰分布在区间 (a, b) 内可以是对称的，也可以是不对称的。

因为这样选择的分布比较符合持续时间的实际分布特点。完成一项有不确定工作内容的工作所持续的时间总有上下限和可能性最大的工期。实际上符合以上特点的概率分布有多种选择，在计划评审技术网络中选择正态分布作为工作持续时间的概率分布。

2. 三种时间估计值

计划评审技术网络计划中某些或全部工作的持续时间是事先不能确定的，若估计一个完成日期，又无把握，心中没数，而且网络中这样的工作很多，甚至全部都是这样的工作，那么分析结果可能与实际情况相差很远。为了搞清楚工作持续时间的概率分布，可借助于一定的数学工具，但需要进行大量的计算。为了简化起见，在制订计划评审技术网络计划时，需要首先估计出工作的三种互不相同的持续时间，称为三点估计方法。

（1）最短估计时间 a，指在最有利的工作条件下，完成该项工作所需要的时间。也是最短推断时间和最理想的估计时间，因此也称为乐观时间。

（2）最可能时间 m，指在正常工作条件下，完成该项工作所需要的时间。它是在同样条件下，多次进行某一工作时，完成机会最多的估计时间。

（3）最长估计时间 b，指在最不利的工作条件下，完成该项工作所需要的时间，也称为悲观时间。一般认为，悲观时间包括施工活动正常的耽误和延误时间，比如施工开始阶段由于配合不好造成的进度拖延时间以及其他窝工现象所浪费的时间等，但不包括由不可预料的非常事件而造成的停工时间。非常事件主要包括自然灾害、政治事件等。

以上三种工作时间的估计可以根据有经验的专业人员的判断。不过更好的估计方法是参照类似工作的定额标准，结合新工作的复杂程度，对其三种工作时间进行恰当的估计。

上述三种时间的估计，是某一随机过程概率分布的三个有代表性的数，即上限 b、下限 a 和峰值位置 m，如图 10-27 所示。

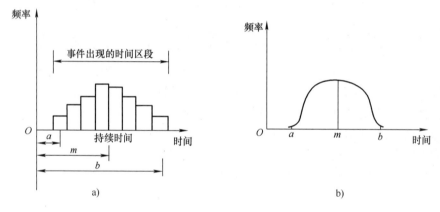

图 10-27　三点时间估计

这种频率分布的主要特点是，所有可能的时间估计值均位于 a 和 b 之间。如果此过程进行若干次，可以观察到与不同时间估计值相对应的出现频率，如图 10-27a 所示的离散型时间频率分布图。如果将这一过程进行无限多次，则图 10-27a 所示的出现频率将趋于一条连续的频率分布曲线。按照概率论的中心极限定理，可以认为这条曲线服从于正态分布，实际实现的时间值以一定的概率位于 a 和 b 边界之间，如图 10-27b 所示。

3. 工作持续时间的期望值 $\overline{D}$ 和方差 σ^2

期望值描述了持续时间随机变量的取值中心，有了期望值就可以进行计划评审技术网络计划时间参数的计算。由图 10-27 可以看出，在最乐观时间和最悲观时间的概率最小，而在最可能时间的概率最大，如果把 a、b、m "等权"地加以平均是不恰当的，所以应采用加权平均法求工作持续时间的期望值。

根据我国著名数学家华罗庚教授的论述，在这种分布中，当假定 m 的可能性两倍于 a 和 b 的可能性时，则 m 与 a 的加权平均值为 $(a+2m)/3$；m 与 b 的加权平均值为 $(2m+b)/3$。$(a+2m)/3$ 和 $(2m+b)/3$ 各有一半实现的可能性，则两者的平均值为三点估计持续时间的期望值，可用下式表达：

$$\overline{D} = \frac{1}{2}\left(\frac{a+2m}{3} + \frac{b+2m}{3}\right) = \frac{a+4m+b}{6} \tag{10-3}$$

求出工作持续时间的期望值后，就可把非肯定型问题化为肯定型问题。

例如，有一持续时间 D_1 的三点估计值 a、m、b 分别为 10 天、18 天、20 天，则其持续时间的期望值由式（10-3）得 $\overline{D}_1 = (10 + 4 \times 18 + 20)$ 天/6 = 17 天；另有一持续时间 D_2 的三点估计值 a、m、b 分别为 5 天、18 天、25 天，则其持续时间的期望值为 $\overline{D}_2 = (5 + 4 \times 18 + 25)$ 天/6 = 17 天。

这样两个持续时间的期望值都是 17 天，但 a、m、b 各不相同，此时需用期望值的方差或均方差来衡量这种时间分布的离散程度，即不肯定性。期望值的方差用 σ^2 表示，其计算公式为

$$\sigma^2 = \frac{1}{2}\left[\left(\frac{a+4m+b}{6} - \frac{a+2m}{3}\right)^2 + \left(\frac{a+4m+b}{6} - \frac{2m+b}{3}\right)^2\right] = \left(\frac{b-a}{6}\right)^2 \tag{10-4}$$

均方差（标准离差）是方差的正平方根，用 σ 表示，其计算公式为

$$\sigma = \sqrt{\sigma^2} = \frac{b-a}{6} \tag{10-5}$$

当 σ^2 数值较小时，表示持续时间概率分布的离散程度较小，说明估计时间具有较大的肯定性和代表性；当 σ^2 数值较大时，表示持续时间概率分布的离散程度较大，说明估计时间具有较大的不确定性。

上面例子中两个持续时间期望值的方差，按式（10-4）计算分别为

$$\sigma_1^2 = \left(\frac{20-10}{6}\right)^2 = 2.778, \quad \sigma_2^2 = \left(\frac{25-5}{6}\right)^2 = 11.111$$

由此可知，尽管持续时间的数学期望 $\overline{D}_1$ 与 $\overline{D}_2$ 的值相同，但 $\overline{D}_1$ 比 $\overline{D}_2$ 的肯定性要大。

10.5.2　计划评审技术网络图的绘制

计划评审技术网络图的绘制和关键线路法网络图的绘制类似，步骤如下：

（1）编制工作一览表。根据计划进度的控制需要，确定项目分解的粗细程度，将项目分解为网络计划的基本组成单元，并确定它们之间的先后顺序和相互关系，编制出工作一览表，作为绘制网络图的原始依据。

（2）估计各工作的持续时间，并算出其期望值和方差。

（3）确定计划及各个阶段的预定实现时间。预定实现时间是根据计划中各个阶段的进度目标确定的时间，也可理解为规定性的计划时间，如合同规定的工程验收时间、指令性的交接时间等。当没有明确的阶段目标时，一般采用工作的最迟完成时间作为预定实现时间。

（4）依据各工作间的先后关系，绘制出网络图。

表 10-12 为某工程的各项工作名称、代号及各项工作之间的相互关系等数据。

表 10-12　某工程的有关资料

工作名称	紧前工作	紧后工作	估计时间			持续时间均值 $\overline{D}$	方差 σ^2
			a	m	b		
A	—	B, C, D	7	7	7	7	0
B	A	E	8	10	15	10.5	1.36

（续）

工作名称	紧前工作	紧后工作	估计时间			持续时间均值 $\overline{D}$	方差 σ^2
			a	m	b		
C	A	F	10	11	18	12	1.78
D	A	—	7	10	13	10	1
E	B	G	6	7	11	7.5	0.69
F	C	—	9	10	23	12	5.44
G	E	—	4	5	6	5	0.11

根据表 10-12 绘制出网络图，如图 10-28 所示，箭线下方为三个估计时间。

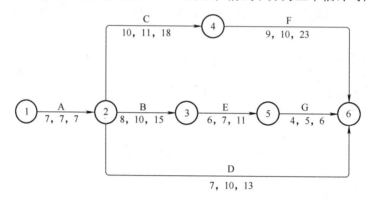

图 10-28　带时间的网络图

10.5.3　计划评审技术网络计划时间参数计算

由于工作持续时间估计的随机性，因此整个计划评审技术网络计划时间参数的计算结果也存在着某些不确定的因素，即需要计算时间参数的期望值，同时也要计算相应的方差。在计算时，可假设整个分布近似地服从正态分布。到达某一节点的线路上的工作越多，则这一正态分布假定就越精确，因为这时正负偏态分布更易于互相抵消。

计划评审技术网络计划一般按节点计算法计算时间参数。时间参数有节点最早时间及方差、节点最迟时间及方差、节点时差及实现概率、节点在规定期限完成的概率、计划的期望工期与方差及计划完成的概率等。

（1）节点最早时间及方差。因计划评审技术网络图与关键线路法网络图时间参数的计算原理相同，则节点最早时间的计算由网络图起点节点开始沿箭线方向逐个节点计算至终点节点。即节点最早时间 ET 与其方差 σ^2（ET）计算公式为

$$\begin{cases} \mathrm{ET}_1 = 0 \\ \sigma^2(\mathrm{ET}_1) = 0 \end{cases} \tag{10-6}$$

式中，ET_1 为节点 1 的最早时间；$\sigma^2(\mathrm{ET}_1)$ 为节点 1 最早时间的方差。

$$\begin{cases} \mathrm{ET}_j = \max\{\mathrm{ET}_i + \overline{D}_{i-j}\} \\ \sigma^2(\mathrm{ET}_j) = \sigma^2(\mathrm{ET}_i) + \sigma^2(\overline{D}_{i-j}) \end{cases} \tag{10-7}$$

式中，ET_i、ET_j 为节点 i、j 的最早时间；$\overline{D}_{i-j}$ 为工作 $i-j$ 持续时间的期望值；$\sigma^2(\mathrm{ET}_i)$ 为节

点 i 最早时间的方差；$\sigma^2(\mathrm{ET}_j)$ 为节点 j 最早时间的方差；$\sigma^2(\overline{D}_{i-j})$ 为工作 $i-j$ 持续时间期望值的方差。

（2）节点最迟时间及方差。节点最迟时间计算由网络图终点节点开始逆箭线方向逐个节点计算至起点节点。

如有规定的要求工期 T_r 时，则网络图终点节点 n 的最迟时间 LT_n 等于 T_r；无要求工期时，则终点节点的最迟时间取其最早时间，即

$$\begin{cases} \mathrm{LT}_n = \mathrm{ET}_n \\ \sigma^2(\mathrm{LT}_n) = 0 \end{cases} \tag{10-8}$$

式中，LT_n 为节点 n 的最迟时间；ET_n 为节点 n 的最早时间；$\sigma^2(\mathrm{LT}_n)$ 为节点 n 最迟时间的方差。

$$\begin{cases} \mathrm{LT}_i = \min\{\mathrm{LT}_i - \overline{D}_{i-j}\} \\ \sigma^2(\mathrm{LT}_i) = \sigma^2(\mathrm{LT}_j) + \sigma^2(\overline{D}_{i-j}) \end{cases} \tag{10-9}$$

式中，LT_i 为节点 i 的最迟时间；$\overline{D}_{i-j}$ 为工作 $i-j$ 持续时间的期望值；$\sigma^2(\mathrm{LT}_i)$ 为节点 i 最迟时间的方差；$\sigma^2(\mathrm{LT}_j)$ 为节点 j 最迟时间的方差；$\sigma^2(\overline{D}_{i-j})$ 为工作 $i-j$ 持续时间期望值的方差。

（3）节点时差及实现概率。节点时间变动的范围称为节点时差，其值等于节点最早时间与最迟时间之差，用 TF 表示，即

$$\begin{cases} \mathrm{TF}_i = \mathrm{LT}_i - \mathrm{ET}_i \\ \sigma^2(\mathrm{TF}_i) = \sigma^2(\mathrm{LT}_i) + \sigma^2(\mathrm{ET}_i) \end{cases} \tag{10-10}$$

式中，TF_i 为节点 i 的时差；LT_i 为节点 i 的最迟时间；ET_i 为节点 i 的最早时间；$\sigma^2(\mathrm{TF}_i)$ 为节点 i 时差的方差；$\sigma^2(\mathrm{LT}_i)$ 为节点 i 最迟时间的方差；$\sigma^2(\mathrm{ET}_i)$ 为节点 i 最早时间的方差。

在计划评审技术网络计划中，$\mathrm{TF}=0$ 的节点称为关键节点，关键节点及其顺序关系箭线组成关键线路，这与关键线路法网络计划类似。不同之处在于计划评审技术网络计划中时差是一个随机变量，计算所得的 TF 是一个期望值，因此可以根据 TF 及其方差 $\sigma^2（\mathrm{TF}）$ 估计节点完成的概率，步骤如下：

首先，根据式（10-11）求出正态分布偏移值 Z_i 后，查表 10-13，得出节点实现概率 P_i。

$$Z_i = \frac{\mathrm{TF}_i}{\sigma(\mathrm{TF}_i)} = \frac{\mathrm{LT}_i - \mathrm{ET}_i}{\sqrt{\sigma^2(\mathrm{LT}_i) + \sigma^2(\mathrm{ET}_i)}} \tag{10-11}$$

式中，TF_i 为节点 i 的时差；LT_i 为节点 i 的最迟时间；ET_i 为节点 i 的最早时间；$\sigma^2(\mathrm{TF}_i)$ 为节点 i 时差的方差；$\sigma^2(\mathrm{LT}_i)$ 为节点 i 最迟时间的方差；$\sigma^2(\mathrm{ET}_i)$ 为节点 i 最早时间的方差。

（4）节点在规定期限完成的概率。有时某一节点 k 的完成期限在网络计划编制以前已有规定，如桥梁工程施工中，基础工程必须在汛期到来以前完成，以便继续进行其他部分施工。在这种情况下，必须求出该节点完成的最早时间 ET_k 与规定期限 TP_k 之间的关系，当 $\mathrm{ET}_k < \mathrm{TP}_k$ 时，自然易于保证按期或提前完成；当 $\mathrm{ET}_k > \mathrm{TP}_k$ 时，则需要估计保证该节点在规定期限完成的概率 P_k。

为求保证节点 k 在 TP_k 期限内完成的概率，首先根据式（10-12）计算正态分布的偏离

值 Z_k，然后查表 10-13，得出节点在规定工期 TP_k 完成的概率 P_k。

$$Z_k = \frac{\mathrm{TP}_k - \mathrm{ET}_k}{\sqrt{\sigma^2(\mathrm{ET}_k)}} \tag{10-12}$$

式中，TP_k 为节点 k 的指定工期；ET_k 为节点 k 的最早时间；$\sigma^2(\mathrm{ET}_k)$ 为节点 k 最早时间的方差。

（5）计划的期望工期与方差及计划完成的概率。

1）计划的期望工期与方差。计算计划的期望工期与一般肯定型网络计划求总工期的方法一样，即网络计划关键线路上所有持续时间的期望值 $\overline{D}$ 和方差 σ^2 的总和为计划的期望工期 T_E 与期望工期的方差 σ_E^2。

$$T_\mathrm{E} = \sum_{CP} \overline{D}_i \tag{10-13}$$

$$\sigma_\mathrm{E}^2 = \sum_{CP} \sigma_i^2 \tag{10-14}$$

由于计划的期望工期 T_E 是通过各项工作持续时间的期望值求得的，所以 T_E 也为随机变量。为了判断它的肯定程度，还需计算期望工期的方差 σ_E^2，值得注意的是，当网络计划存在两条及以上关键线路时，计划期望工期的方差应在多条关键线路的方差中取最大值。

例如，某项目网络计划各工作的三个持续时间估计值如图 10-29 所示。

按式（10-3）和式（10-4）分别计算工作持续时间的期望值 $\overline{D}$ 和方差 σ^2，结果如图 10-30 所示。图中箭线下数字为 $\overline{D}$，箭线下括号内数字为 σ^2。

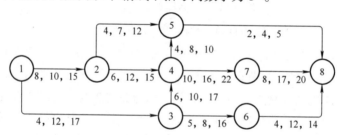

图 10-29　带三个时间参数的网络图

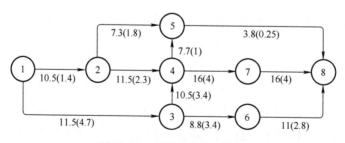

图 10-30　计算之后的网络图

由图 10-30 可知，该网络计划有两条关键线路，即第 I 条①→②→④→⑦→⑧和第 II 条①→③→④→⑦→⑧。根据式（10-13）和式（10-14）分别计算期望工期 T_E 与期望工期的方差 σ_E^2。

关键线路 I：$T_\mathrm{E} = 10.5 + 11.5 + 16 + 16 = 54$
$$\sigma_\mathrm{E}^2 = 1.4 + 2.3 + 4 + 4 = 11.7$$

关键线路Ⅱ：$T_E = 11.5 + 10.5 + 16 + 16 = 54$

$$\sigma_E^2 = 4.7 + 3.4 + 4 + 4 = 16.1$$

关键线路Ⅰ和关键线路Ⅱ虽然长度相等，但它们的肯定程度不相同，因此该网络计划期望工期的方差应为 16.1。

2）计划按期完成的概率。工程项目的工期决定于关键线路上的持续时间的总和。由于每项工作的持续时间都是一个随机变量，于是工程总工期是由一系列随机变量组成的，它本身是一个随机变量。由中心极限定理可知，无论每项随机变量属于何种概率分布，它们在随机变量总和的分布中起很微小的作用，且数目越多，其作用将会越来越微小。可以证明，这些随机变量的总和近似地服从正态分布。

若令工程的规定工期为 T_r，则实现规定工期的概率可以根据式（10-15）计算正态分布的偏离值 Z_r，通过查标准正态分布概率表（表 10-13），得出在规定工期完工的概率 $P(Z_r)$。

$$Z_r = \frac{T_r - T_E}{\sigma_E} \tag{10-15}$$

式中，T_r 为规定工期；T_E 为计划的期望工期；σ_E 为计划期望工期的标准差。

反之，如果预先给定了概率 $P(Z_r)$，由表 10-13 可查出概率系数 Z，从而可以计算出所需的指令工期 T_r，即由式（10-15）得

$$T_r = T_E + Z_r \sigma_E \tag{10-16}$$

表 10-13 标准正态分布概率表（节录）

Z	P	Z	P	Z	P	Z	P
−3.0	0.0014	−1.4	0.0808	+0.2	0.5793	+1.8	0.9641
−2.9	0.0019	−1.3	0.0968	+0.3	0.6179	+1.9	0.9713
−2.8	0.0026	−1.2	0.1151	+0.4	0.6554	+2.0	0.9772
−2.7	0.0035	−1.1	0.1357	+0.5	0.6915	+2.1	0.9821
−2.6	0.0047	−1.0	0.1587	+0.6	0.7257	+2.2	0.9861
−2.5	0.0062	−0.9	0.1841	+0.7	0.7580	+2.3	0.9893
−2.4	0.0082	−0.8	0.2119	+0.8	0.7881	+2.4	0.9918
−2.3	0.0107	−0.7	0.2420	+0.9	0.8159	+2.5	0.9938
−2.2	0.0139	−0.6	0.2743	+1.0	0.8413	+2.6	0.9953
−2.1	0.0179	−0.5	0.3446	+1.1	0.8643	+2.7	0.9965
−2.0	0.0228	−0.4	0.2743	+1.2	0.8849	+2.8	0.9974
−1.9	0.0287	−0.3	0.3821	+1.3	0.9032	+2.9	0.9981
−1.8	0.0359	−0.2	0.3446	+1.4	0.9192	+3.0	0.9987
−1.7	0.0446	−0.1	0.4207	+1.5	0.9332	+3.1	0.9990
−1.6	0.0548	0.0	0.500	+1.6	0.945	+3.2	0.993
−1.5	0.0668	+0.1	0.538	+1.7	0.9554	+3.3	0.9995

【例 10-6】 以图 10-28 所示网络计划为例，计算节点时间参数，分析规定工期 34 完成的概率及要求计划完成概率达 90% 时的指令工期。

（1）计算节点最早时间及方差：

$$ET_1 = 0, \sigma^2(ET_1) = 0$$

$$ET_2 = 0 + 7 = 7, \sigma^2(ET_2) = 0 + 0 = 0$$

$$ET_3 = 7 + 10.5 = 17.5, \sigma^2(ET_3) = 0 + 1.36 = 1.36$$

$$ET_4 = 7 + 12 = 19, \sigma^2(ET_4) = 0 + 1.78 = 1.78$$

$$ET_5 = 17.5 + 7.5 = 25, \sigma^2(ET_5) = 1.36 + 0.69 = 2.05$$

$$ET_6 = \max\{25 + 5, 19 + 12, 7 + 10\} = 31$$

$$\sigma^2(ET_6) = \sigma^2(ET_4) + \sigma^2_{4-6} = 1.78 + 5.44 = 7.22$$

（2）计算节点最迟时间及方差：

$$LT_6 = ET_6 = 31, \sigma^2(LT_6) = 0$$

$$LT_5 = 31 - 5 = 26, \sigma^2(LT_5) = 0 + 0.11 = 0.11$$

$$LT_4 = 31 - 12 = 19, \sigma^2(LT_4) = 0 + 5.44 = 5.44$$

$$LT_3 = 26 - 7.5 = 18.5, \sigma^2(LT_3) = 0.11 + 0.69 = 0.8$$

$$LT_2 = \min\{31 - 10, 19 - 12, 18.5 - 10.5\} = 7$$

$$\sigma^2(LT_2) = \sigma^2(LT_4) + \sigma^2_{2-4} = 5.44 + 1.78 = 7.22$$

$$LT_1 = 7 - 7 = 0, \sigma^2(LT_1) = 7.22 + 0 = 7.22$$

（3）计算节点时差及其方差：

$$TF_1 = 0 - 0 = 0, \sigma^2(TF_1) = 0 + 7.22 = 7.22$$

$$TF_2 = 7 - 7 = 0, \sigma^2(TF_2) = 0 + 7.22 = 7.22$$

$$TF_3 = 18.5 - 17.5 = 1, \sigma^2(TF_3) = 1.36 + 0.8 = 2.16$$

$$TF_4 = 19 - 19 = 0, \sigma^2(TF_4) = 1.78 + 5.44 = 7.22$$

$$TF_5 = 26 - 25 = 1, \sigma^2(TF_5) = 2.05 + 0.11 = 2.16$$

$$TF_6 = 31 - 31 = 0, \sigma^2(TF_6) = 7.22 + 0 = 7.22$$

计算结果也可以直接标注在计划评审技术网络图上，如图 10-31 所示。

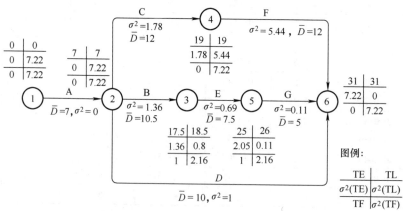

图 10-31　某工程计划评审技术网络计划时间参数计算结果

（4）确定关键节点和关键线路。关键节点是：①、②、④、⑥；利用关键节点找出的关键线路是：①→②→④→⑥。

（5）求规定工期 34 天完成的概率。

$$Z = \frac{34 - 31}{\sqrt{7.22}} = 1.12$$

查表 10-13，得 $P = 86.8\%$。

（6）求完成概率为 90% 时的指令工期。要求计划完成的概率为 90%，即 $P(Z) = 0.9$，查表 10-13，得 $Z = 1.28$，由式（10-16）计算指令工期 T_r，得

$$T_r = T_E + Z_r\sigma_E = 31 + 1.28 \times 2.687 = 34.44$$

即要求完成计划的可能性达 90%，则规定的要求工期应为 34.44。

10.6 项目管理软件简介

自 1982 年第一个基于 PC 的项目管理软件出现至今，项目管理软件已经历了 20 多年的发展历程。据统计，目前国内外正在使用的项目管理软件已有 2000 多种，限于篇幅，本章只介绍几种国内外较为流行的综合进度控制管理软件。

10.6.1 P6 软件介绍

P6 是 Primavera Project Management 6.0 的简称，是由美国 Primavera 公司推出的一款多用户、多组件的企业项目管理软件。该软件以赢得值管理（简称 EVM）技术为核心技术，具有进度时间安排与资源控制功能，支持多层项目分层结构以及角色与技能导向的资源安排，可以记录实际数据、自定义视图和数据，对整个项目进度进行全方位把控。P6 软件不仅支持 SQL 数据库，而且支持 Oracle 数据库，可以实现项目费用、进度和资源的统一协调管理。

P6 支持多用户管理，通常将整个项目进行工作分解结构（WBS）分解，包括企业项目结构（EPS）和组织分解结构（OBS）。在项目实施过程中可以将整个项目的责任人和层次区分明确，使得各用户可以同时协调管理。

P6 软件有单项目模式与多项目模式。在多项目模式下，大多数功能与单项目模式下相同，例如，活动表、活动网络、甘特图、调度、应用实际、调配资源、风险、阈值、问题、跟踪、报告功能等。而基准线、日历、活动代码、工作产品和文档以及 OBS 功能与单项目模式下略有不同，例如，当在多项目模式下保存基准时，基准将保存到 EPS 节点中的所有项目，但不保存到节点本身。在多项目模式下，还可以将项目的日历、活动代码以及工作产品和文档分配给项目元素。此外，还可以将 OBS 元素分配给项目中的 WBS 元素或定义 EPS 层次结构中不同项目中活动之间的关系。

在多项目模式下，所有项目所属的元素遵循一个简单的规则，即拥有该元素的项目是唯一可以使用该元素的项目。元素处理通用规则如下：

（1）项目级活动代码。在多项目模式下打开时，所有项目所属的活动代码都包含在各自的项目中。活动代码类型按项目分组，可以添加、编辑或删除项目级活动代码，并将其分配给各自项目中的活动。

（2）项目级报告。所有全局报告和所有针对开放项目的项目报告均可用。使用项目作为过滤器可获得该项目所拥有的报告。

（3）项目级日历。当项目单独打开或以多项目模式打开时，所有项目级日历都包含在相应的项目中。在多项目模式下，布局按项目分组，可以添加、编辑或删除项目级日历，并

将其分配给各自项目中的活动。

（4）默认项目。如果在"项目"窗口中打开多个项目，但是布局未按项目分组，则可以在执行调度、调配或其他启动的功能时选择要使用的默认项目。

（5）风险、问题和阈值。附加的按项目分组项目可在多项目模式下使用。如果插入新的风险、问题或阈值，同时无法确定添加新记录的项目，则使用默认项目。但是可以通过从不同的项目中选择 WBS 元素来更改项目所有权。

（6）文件。文件总是按项目分组，一个项目的文档不允许移动到另一个项目的文档层次结构中。

（7）活动。如果要添加新活动，并且在当前分组的上下文中未提供新活动应添加的项目，那么活动将添加到默认项目中。

（8）活动布局。项目级元素与全局元素相似，所有项目级元素（如活动代码）都可用于列、分组、过滤器、对话框等。

10.6.2　Microsoft Project

由 Microsoft 公司推出的 Microsoft Project 是到目前为止在全世界范围内应用最为广泛、以进度计划为核心的项目管理软件。Microsoft Project 可以帮助项目管理人员编制进度计划、管理资源的分配、生成费用预算，也可以绘制商务图表，形成图文并茂的报告。

借助 Microsoft Project 和其他辅助工具，可以满足一般要求不是很高的项目管理的需求。但如果项目比较复杂，或对项目管理的要求很高，那么该软件很难让人满意。这主要是由于该软件在处理复杂项目的管理方面还存在一些不足。例如，资源层次划分上的不足、费用管理方面的功能太弱等，但就其市场定位和低廉的价格来说，Microsoft Project 还是一款不错的项目管理软件。

该软件的典型功能特点如下：

（1）进度计划管理。Microsoft Project 为项目的进度计划管理提供了完备的工具，用户可以根据自己的习惯和项目的具体要求采用"自上而下"或者"自下而上"的方式安排整个工程项目。

（2）资源管理。Microsoft Project 为项目资源管理提供了适度、灵活的工具，用户可以方便地定义和输入资源，可以采用软件提供的各种手段观察资源的基本情况和使用状况，同时还提供了解决资源冲突的手段。

（3）费用管理。Microsoft Project 为项目管理工作提供了简单的费用管理工具，可以帮助用户实现简单的费用管理。

（4）突出的易学易用性，完备的帮助文档。Microsoft Project 是迄今为止易用性最好的项目管理软件之一，其操作界面和操作风格与大多数人平时使用的 Microsoft Office 软件中的 Word、Excel 完全一致。对中国用户来说，该软件具有很大吸引力的一个重要原因是，在所有引进的国外项目管理软件当中，只有该软件实现了"从内到外"的"完全"汉化，包括帮助文档的整体汉化。

（5）强大的扩展能力，与其他相关产品的融合能力。作为 Microsoft Office 的一员，Microsoft Project 也内置了 Visual Basic for Application（VBA）。VBA 是 Microsoft 公司开发的交互式应用程序宏语言，用户可以将 VBA 作为工具进行二次开发，一方面可以帮助用户实现日常工作的自动化，另一方面还可以开发该软件没有提供的功能；此外，用户可以依靠 Microsoft Project 与 Office 家族其他软件的紧密联系，将项目数据输出到 Word 中生成项目报告，输出到 Excel 中生成电子表格文件或图形，输出到 PowerPoint 中生成项目演示文件，还可以将 Microsoft Project 的项目文件直接存为 Access 数据库文件，实现与项目管理信息系统的直接对接。

10.6.3　梦龙智能项目管理集成系统

梦龙智能项目管理集成系统是国内软件公司开发的项目管理软件。该系统由智能项目管理动态控制、建设项目投资控制系统、机具设备管理、合同管理与动态控制、材料管理系统、图纸管理系统和安全管理系统组成，可对工程项目进行全方位的管理。

该软件的典型特点包括：

（1）灵活方便的作图功能。可以在计算机屏幕上直接制作网络图，还可以采用文本输入方式制作网络图，包括双代号输入法、紧前关系输入法和紧后关系输入法。

（2）瞬间即可生成流水网络。

（3）方便实用的网络图分级管理功能（子网络功能）。可以根据工程的实际情况分为多级网络，使不同的管理层对应不同级别的网络，实现分级网络管理。

（4）利用前锋线功能实现对工程的动态控制。

（5）资源费用优化控制。可以将资源按人工、材料、施工机械分开管理，可按不同属性进行分布，还可根据定额分别计算出人工费用、材料费用、施工机械费用及总费用；资源可按不同种类管理，可自定义名称，通过网络可制作出各种资源的分布曲线及报表；对资源及数据可进行优化计算；根据不同分布曲线可分别制订用工计划、机具安排计划、材料供应计划及费用投资计划等。

（6）综合控制功能。提供了合同及图纸等工程信息的管理，并内置了针对这些信息的自动预警体系。

（7）支持双代号网络。

10.6.4　Welcom Open Plan 项目管理软件

与前面介绍的 p6 类似，Welcom 公司的 Open Plan 也是一个企业级的项目管理软件。其操作界面如图 10-32 所示。

该软件特点如下：

（1）进度计划管理。Open Plan 采用自上而下的方式分解工程，拥有无限级别的子工程，每个作业都可无限分解成子网络，这一特点为大型、复杂工程项目的多级网络计划的编制和控制提供了便利；此外，其作业数目不限，同时提供了最多 256 位宽度的作业编码和作业分类码，为工程项目的多层次、多角度管理提供了可能，使得用户可以很方便地实现这些编码与工程信息管理系统中其他子系统的编码直接对接。

（2）资源管理与资源优化。资源分解结构（RBS）可结构化地定义数目无限的资源，包括资源群、技能资源、驱控资源以及通常资源、消费品、消耗品；拥有资源强度非线性曲线、流动资源计划。

在资源优化方面拥有独特的资源优化算法，四个级别的资源优化程序，与 P3 一样，

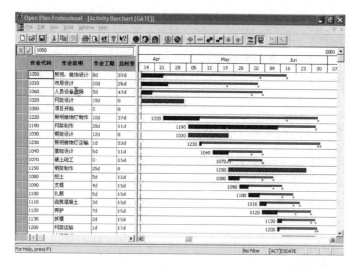

图 10-32　Open Plan 操作界面

Open Plan 可以通过对作业的分解、延伸和压缩进行资源优化。Open Plan 可同时优化无限数目的资源。

（3）项目管理模板。Open Plan 中的项目专家功能提供了几十种基于美国项目管理学会（PMI）专业标准的管理模板，用户可以使用或自定义管理模板，建立 C/SCSC（费用/进度控制系统标准）或 ISO（国际标准化组织）标准，帮助用户自动应用项目标准和规程进行工作，例如每月工程状态报告、变更管理报告等。

（4）风险分析。Open Plan 集成了风险分析和模拟工具，可以直接使用进度计划数据计算最早时间、最晚时间和时差的标准差和作业危机程度指标，不需要再另行输入数据。

（5）开放的数据结构。Open Plan 全面支持 OLE2.0，与 Excel 等 Office 应用软件可进行复制和粘贴；工程数据文件可保存为通用的数据库，如 Microsoft Access、Oracle、Microsoft SQL Server、Sybase 以及 FoxPro 的 DBF 数据库；用户还可以修改库结构，增加自己的字段并定义计算公式。

【思考题】

1. 双代号网络图的构成及绘制原则是什么？
2. 双代号网络图时间参数如何计算？
3. 网络优化包括哪些内容？其基本原理是什么？
4. 计划评审技术网络图中各工作的持续时间有哪三种估计？其期望值和方差如何计算？
5. 计划评审技术网络时间参数及节点在规定期限完成的概率如何计算？

【练习题】

1. 关于双代号网络计划的说法，正确的有（　　　）。
A. 可能没有关键线路
B. 至少有一条关键线路
C. 在计划工期等于计算工期时，关键工作为总时差为零的工作

D. 在网络计划执行工程中，关键线路不能转移

E. 由关键节点组成的线路，就是关键线路

2. 某网络计划中，工作 A 的紧后工作是 B 和 C，工作 B 的最迟开始时间是 14，最早开始时间是 10；工作 C 的最迟完成时间是 16，最早完成时间是 14；工作 A 与工作 B 和工作 C 的间隔时间均为 5 天，工作 A 的总时差为（　　　）天。

A. 3　　　　　　　B. 7　　　　　　　C. 8　　　　　　　D. 10

3. 关于网络计划关键线路的说法，正确的有（　　　）。

A. 单代号网络计划中由关键工作组成的线路

B. 总持续时间最长的线路

C. 总持续时间最短的线路

D. 双代号网络计划中由关键工作连成的线路

4. 已知某分部工程中各工作的逻辑关系和持续时间见表 10-14，请据此绘制该分部工程工作的双代号网络计划图。

表　10-14

工作名称	A	B	C	D	E	G	H
紧前工作	—	—	A	A	A，B	C	E
持续时间/天	2	3	3	4	3	4	2

5. 某工程项目经过项目结构分解（PBS），分解为八个工作，工作间的逻辑关系及每项工作的持续时间见表 10-15，请绘制单代号网络计划图。

表　10-15

工作名称	A	B	C	D	E	F	G	H
紧前工作	—	—	A	A	B，C	B，C	D，E	D，E，F
持续时间/天	1	5	3	2	6	4	5	2

6. 已知某工程中各工作的逻辑关系和持续时间见表 10-16，请据此绘制该工作的网络计划图，并计算其时间参数，指出其关键线路。

表　10-16

工作名称	A	B	C	D	E	F	G	H
紧前工作	—	—	B	B	A，C	A，C	D，E，F	D，F
持续时间/天	4	2	3	3	5	6	3	5

7. 某项工程各工作的工期、最短工期及费用情况如图 10-33 所示，图中箭线上字母表示工作名称，数字表示赶工一天所增加的费用（即"直接费率"），箭线下第一位数字表示正常工期，括号内数字表示该工作的最短工期，如果要求工期为 12 天，应如何调整可在尽可能少增加费用的情况下达到要求工期？

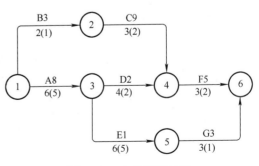

图 10-33　初始网络计划

8. 根据表 10-17 绘制双代号网络图，假定间接费率为 1000 元/天，并对其进行工期 – 费用优化，找出费用最小要求下的最优工期。

表 10-17

工作名称		A	B	C	D	E	F	G	H	I
紧前工作		—	A	A	C	B	C	D	E, F	G, H
工时 /天	正常	8	4	10	2	6		4	7	3
	赶工	6	3	6	2	5	2	3	4	4
直接费 用（元）	正常	4000	2000	6000	500	5000	3000	1000	8000	5000
	赶工	5000	2800	6600	500	5200	3200	1700	11600	5800

9. 某工程网络计划如图 10-34 所示，图中箭线下的第一个数字为工作时间（单位：天），第二个数字为完成该工作每天所需劳动力数，由此计算各项工作进度应如何安排才能使劳动力资源均衡使用。

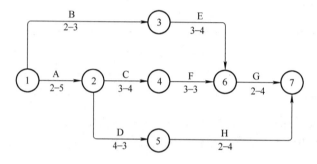

图 10-34　工作时间及员工需求网络图

10. 某工程项目的施工网络计划如图 10-35 所示，箭线下面的三个数字分别为最短估计时间、最可能估计时间、最长估计时间。试计算完成这一计划的期望工期及方差；在 23 天内完成节点⑤以前所有工作的概率；该项目计划 60 天完成的概率；如果要求完成计划的概率达到 95%，则指令工期应规定为多少天？

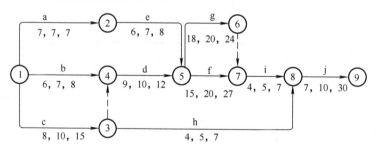

图 10-35　施工网络计划

第11章

随机服务系统（排队论）

学习要点

1. 熟悉服务系统的组成及特性；
2. 熟悉定长系统消除排队的计算；
3. 熟悉生灭过程及稳态方程；
4. 熟悉单服务台系统和多服务台系统评价指标及计算；
5. 熟悉服务系统优化方法。

案 例 导 读

　　管理排队在某种意义上成为企业获取服务满意、加大竞争优势的一种营销措施。除了运用传统的运营管理手段来解决服务中特有的排队等待现象，还必须高度重视采用心理认知的方法来更好地为顾客服务，两者配合的目的即是——让顾客心甘情愿并且舒服愉快地等待。

　　排队等待（Waiting – in – Line）是人们接受服务过程中所经历的一个特有现象，它在人们的生活中经常出现，几乎不可避免。每个人都或多或少地经历过排队等待，如超市购物后排队等待结账，到银行排队等待取钱，到发廊等待理发等。据有关资料估计，美国人每年要花370亿h用于等待，平均每人150h。

　　几乎没有人喜欢等待，等待意味着时间的浪费、效率的低下，也不可避免地使人感到烦躁和沮丧。消费者等待的时间越长，他们也就越不满意。随着产品同质化的趋势越来越明显，服务越来越成为让消费者满意、获取消费者忠诚的筹码。而这意味着服务系统的服务员要多、工作效率要高，其结果是服务费用增加，使经济效益降低。

　　因此，如何设计和运行一个服务系统，使其对顾客来说达到满意的服务效果，而对服务机构来说又能取得最好的经济效益，就是一个很有实际意义的优化问题。排队论正是研究排队现象、解决排队服务系统优化问题的理论工具。

　　思考：

1. 如何评价一个服务系统？
2. 随机服务系统的组成部分及各自特征是什么？
3. 为什么随机服务系统理论又称为排队论？

11.1 随机服务系统的组成和特性

排队现象普遍存在于生产和生活中，如乘公交车、看病挂号、汽车修理、通过路口的车辆等都会形成排队现象。将等待服务的对象称为"顾客"，将提供服务的设备或人员称为服务机构（服务台或服务员），将由顾客和服务机构组成的系统称为服务系统。服务系统运行的特点是：①顾客按自身需求进入系统，服务机构无法控制，具有随机性；②服务机构的服务随顾客条件的差异而不同，也具有随机性；③服务机构是由系统设计决定，具有相对的稳定性。由此造成了系统状态的随机性，顾客排队和服务机构闲置成为不可避免的现象。为强调随机性，故称随机服务系统，由于人们更关注排队，故又称排队系统。

为解决随机服务系统的规划设计和运营管理问题，随机服务系统理论（又称排队论）应运而生，并逐渐发展成为一门科学。

随机服务系统理论是由一些数学公式和它们相互之间的关系所组成，这些数学公式使人们可以求出排队系统的数量指标，这些数量指标刻画了排队系统运行的优劣情况。其中一些重要的数量指标包括：

（1）系统里没有顾客的概率，即所有服务设施空闲的概率，记为 p_0。

（2）排队的平均长度，即排队的平均顾客数记为 L_q。

（3）在系统里的平均顾客数，它包括排队的顾客数和正在被服务的顾客数，记为 L_s。

（4）一位顾客花在排队上的平均时间，记为 W_q。

（5）一位顾客花在系统里的平均逗留时间，包括排队的时间和被服务的时间，记为 W_s。

（6）在系统里正好有 n 个顾客的概率，这 n 个顾客包括排队的和正在被服务的顾客，记为 p_n。

随机服务系统均由输入过程、排队规则和服务过程三部分组成。

11.1.1 输入过程及特性

输入过程是指顾客进入系统的过程。包括顾客源、顾客到来方式和顾客相继到达的数量或时间间隔的概率分布等。顾客源有有限顾客源和无限顾客源两种；顾客到来方式有成批到达和单个到达两种；顾客相继到达的数量或时间间隔的概率分布有定长输入、泊松输入（负指数输入）、爱尔朗输入、一般输入等。

1. 定长输入及特征

顾客按确定的时间间隔到达系统的输入过程称为定长输入。它是一种确定型输入，是随机服务系统的特例。如果系统每隔时间 a 到达一名顾客，则单位时间到达的顾客数为 $1/a$。正常生产的流水线均属此种输入。

2. 泊松输入及特征

在单位时间到达系统的顾客的数量服从泊松分布的输入叫泊松输入，又称简单流。

泊松输入是满足以下条件的输入流：

（1）平稳性：对充分小的 Δt，在时间区 $[t, t+\Delta t)$ 内有一位顾客到达的概率与区间起点 t 无关，约与 Δt 成正比，即 $P_1(\Delta t) = \lambda t$。

（2）无后效性：不相交区间内到达的顾客数是相互独立的。

（3）普通性：在任一时刻不能同时到达两位顾客。

（4）有限性：在任意有限的区间内不能恒无顾客到达。

泊松输入的密度函数为

$$P_k(t) = e^{-\lambda t}\frac{(\lambda t)^k}{k!} \quad (k = 1,2,\cdots) \tag{11-1}$$

式中，λ 为大于零的常数，又称输入强度，是单位时间内到达的顾客数量的平均值，是随机变量 t 的数学期望：

$$E(t) = \sum_{k=1}^{\infty} kP_k(t) = \sum_{k=1}^{\infty} k\frac{(\lambda t)^k}{k!}e^{-\lambda t} = \lambda t e^{-\lambda t}e^{\lambda t} = \lambda t$$

泊松输入的顾客到达是离散的，但时间却是连续的，也就是时间间隔服从负指数分布，其概率密度为 $\lambda e^{-\lambda t}$，其数学期望为

$$E(t) = \int_0^{\infty} t\lambda e^{-\lambda t}dt = \int_0^{\infty} - tde^{-\lambda t} = \frac{1}{\lambda}$$

所以在简单流输入时，顾客到达的平均时间间隔为 $1/\lambda$。

3. 爱尔朗输入

爱尔朗输入是在 t 时间内到达 k 位顾客的概率服从爱尔朗分布，其概率密度为

$$P_k(t) = \frac{\mu k(\mu kt)^{k-1}}{(k-1)!}e^{-\mu kt}, \ t > 0 \tag{11-2}$$

数学期望为

$$E(t) = \frac{1}{\mu}$$

爱尔朗分布还存在于这样一类排队系统中：有 k 个串联的服务员，每个服务员的服务时间相互独立，服从相同的负指数分布（参数为 μk），当一位顾客依次通过 k 个服务员总共需要的服务时间就服从 k 阶爱尔朗分布。当 $k=1$ 时，它即成为负指数输入。当 $k=\infty$ 时，即为确定型输入。

4. 一般输入

顾客在时间 t 内到达的概率服从任意的分布 $A(t)$ [（$A(t)$ 为任意函数）]，这种输入叫一般输入。上述四种输入中，前三种输入都是第四种输入的特例。

11. 1. 2　排队规则及特性

排队规则是指到达的顾客按怎样规定的次序等候服务。如上车按到达的先后次序，出库的物资按先到先出或后到先出的顺序等，不同类型的服务系统都有自己规定的排队规则。

1. 损失制

损失制是当顾客到达时，若所有服务台均被占用，则该顾客就随即离去的制度。如电话系统就属于损失制，当电话拨号后出现忙音，顾客不愿等待而主动挂断电话，如要再打，就需重新拨号，这种排队规则即为损失制。

2. 排队制（等待制）

排队制是指顾客到达时，若所有服务机构均被占用，他们就排队等待服务的制度。其排队方式有以下几种：

（1）单服务台。

1）先到先服务：按到达的时间顺序进行排队，这种排队方式是通常遇到的大多数情况。

2）后到先服务：按到达的时间顺序由后向前服务。如仓库中码放的钢材，后放上去的会被先领走；通信卫星最后收到的信息往往最有用，必须先处理。

3）随机服务：当服务台有空时，在顾客中按随机原则挑选一位顾客服务。

4）优先权服务：当服务员有空时，优先对某位顾客服务或服务员中断服务而让位于有优先权的顾客。如老人、儿童优先进站，危重病人优先就诊等均属于此种规则。

（2）多服务台。当系统有 n 个服务台时，排队形式可有多种。常见的是在每个服务台前排成一队或排成公共一队。当服务台有空时，按顺序进行服务。

3. 混合制

（1）排队长度（队长）有限。当顾客到达时，若队长大于规定长度则离去；若小于等于规定长度则排队。系统不存在超过队长的状态。如医院挂号已满，就不再排队了。

（2）等待时间有限。顾客在队中排队等待超过时间 t 时，则离去。

11.1.3 服务机构及特性

服务机构是指同一时刻有多少设备或人员可提供服务，即可同时接待几位顾客。如医院有几位医生看病、几位修理工去处理出故障的设备等都构成了服务机构。医生处理病人、修理工修理机器的时间等就是服务机构对顾客的服务时间。

1. 定长服务

每位顾客的服务时间一定，且为 a，此时服务时间的密度函数为

$$A(t) = \begin{cases} 1, & t \geqslant a \\ 0, & t < a \end{cases} \tag{11-3}$$

如流水线上相同的工件，加工时间是相同的，即属定长服务。非高峰期运行的地铁在每个站台上下客的时间也是一定的。

2. 负指数服务

每个顾客的服务时间相互独立，具有相同的负指数分布，其密度函数为

$$A(t) = \begin{cases} \mu e^{-\mu t}, & t \geqslant 0 \\ 0, & t < 0 \end{cases} \tag{11-4}$$

式中，μ 是一个大于零的常数，为单位时间服务的顾客数，$1/\mu$ 为平均服务时间。

3. 爱尔朗服务

每位顾客的服务时间具有相同的爱尔朗分布，其密度为

$$A(t) = \frac{k\mu (k\mu t)^{k-1}}{(k-1)!} e^{-k\mu t}, t \geqslant 0, \mu > 0 \tag{11-5}$$

当 $k = 1$ 时，为负指数服务；当 $k = \infty$ 时，为定长服务。μ 为单位时间服务的顾客数，$1/\mu$ 为平均服务时间。

4. 一般分布

所有顾客服务时间是相互独立的，其密度函数 $A(t)$ 是 t 的任意函数。

研究一个随机服务系统，必须首先确定输入和服务服从哪种分布。实践中一般先收集、

整理历史资料，确定经验分布，然后再用统计学方法（如 χ^2 检验法）确定符合哪种理论分布。

11.1.4　服务系统分类的表示法

为了一目了然地分清服务系统的种类，肯德尔提出以"□/□/□"表示的三要素标记法，其中，第一位表示到达规律，即输入类型；第二位表示服务类型；第三位表示服务台个数，如图 11-1 所示。

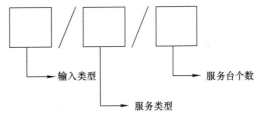

图 11-1　服务系统表示法

前两位由以下符号表示：

D：表示定长输入和定长服务；

M：表示泊松输入和负指数服务；

G：表示一般输入和一般服务；

E_k：表示爱尔朗输入和爱尔朗服务。

服务台个数以数字表示。

如 M/M/3，表示泊松输入、负指数服务、三个服务台的随机服务系统；

M/G/1 表示泊松输入、一般服务、一个服务台的随机服务系统；

M/D/1 表示泊松输入、服务时间为固定长度、一个服务台的随机服务系统。

1971 年，在关于排队论符号标准化会议上，决定将肯德尔符号扩充成为

$$X/Y/Z/A/B/C$$

其中前三项意义不变，而 A 处填写系统容量限制 N，B 处填写顾客源数目 m，C 处填写服务规则，如先到先服务 FCFS，后到先服务 LCFS，具有优先权的服务 PS 等，并约定如略去后三项，即指 $X/Y/Z/\infty/\infty/FCFS$ 的情形。

例如，$M/M/1/\infty/6/FCFS$ 表示泊松输入、负指数服务、单服务台、最大顾客源为 6 的随机服务系统；$M/M/2/4/\infty$ 表示泊松输入、负指数服务、2 个服务台、系统容量为 4 的随机服务系统。

11.2　定长服务系统

如果服务系统的顾客到达时间和服务时间都是定长的，则该系统叫定长或确定型服务系统，它是随机服务系统的一个特例。

这种系统，当顾客到达时间大于服务时间，服务台有空闲；当顾客到达时间等于服务时间，服务台没有空闲；当顾客到达时间小于服务时间，服务台没有空闲，且排队长度将无限地增加。

本节主要研究当顾客到达时间大于服务时间，而且在预先已有顾客排队的情况下，何时才能消除排队。

例如，某生产线的某工位，每隔 32min 到达一个部件，加工该部件需 20min，且在上班前已有 A、B、C 三个部件等候加工，在上班后多长时间到达的部件才能直接进行加工。

显然，上班后要先加工已排队的部件，而在加工过程中，部件继续到达，因此排队要继

续。由于部件到来的时间大于服务时间，终有一个部件到来时不需排队，而从该部件到达以后再到达的部件就不需排队了。现用图 11-2 来分析该系统。

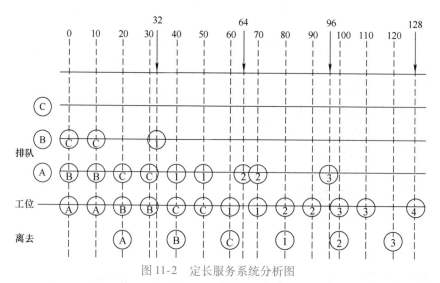

图 11-2　定长服务系统分析图

由图 11-2 可见，在上班前已有 A、B、C 三个部件等候加工，开工后新的部件①、②、③分别于第 32 分钟、64 分钟、96 分钟到达，但由于工位上有正在加工的部件，需排队等待。虽然当第④个部件于 128 分钟到达时，可不必排队而直接进入工位进行加工，但需注意在第 120 分钟时第③个部件已加工完成离开工位，加工工位是"空"的——"虚席以待"，此时只要有新部件到来即不需排队而直接进入工位，且该部件以后再到达的部件就再也无须排队了，这以后的状态称为稳定状态。

从上面的分析可得出服务系统消除预先排队状况的一般规律。

如果定长服务系统预先有 i 位顾客排队，顾客到达时间间隔为 a，服务时间为 b，且 $a > b$，经过 T 时间后可消除排队，A 为在 T 时间内到达的新顾客数，则

$$T = (A + i)b \tag{11-6}$$
$$T \leq (A + 1)a \tag{11-7}$$

式（11-6）为消除排队的服务时间，式（11-7）为消除排队的到达时间。

解此不等式组，得

$$(A + i)b \leq (A + 1)a, \quad A \geq \frac{ib - a}{a - b}$$

因为到达的顾客数 A 必须是整数，故

$$A(t) = \begin{cases} \dfrac{ib - a}{a - b}, & \text{当} \dfrac{ib - a}{a - b} \text{为整数时} \\[2mm] \left[\dfrac{ib - a}{a - b}\right] + 1, & \text{当} \dfrac{ib - a}{a - b} \text{为非整数时} \\[2mm] 0, & \text{当} ib < a \text{时} \end{cases} \tag{11-8}$$

【例 11-1】　生产线的某工位，每隔 32min 到达一个部件，加工该部件需 20min，且在上班前已有三个部件等候加工，在上班后多长时间到达的部件才能直接进行加工？

解　已知 $a=32$，$b=20$，$i=3$，则

$$\frac{ib-a}{a-b} = \frac{3 \times 20 - 32}{32 - 20} = \frac{60 - 32}{12} = \frac{28}{12} = 2.333$$

则

$$A = [2.333] + 1 = 2 + 1 = 3$$

$$T = (A+i)b = (3+3) \times 20 = 120$$

即新到达三个部件、120min 后消除排队，计算结果与图 11-2 的结果是一致的。

11.3　生灭过程

11.3.1　生灭过程定义

丹麦数学家爱尔朗把封闭系统热分子的扩散比作电话系统电话呼叫的生灭。一次呼叫，相当于热分子透进封闭系统，而一次呼叫的结束，则好像热分子从封闭系统中扩散出来。这样把热力学系统统计平衡模型借用过来而建立了电话呼叫的统计平衡模型。根据这种统计平衡的假设，呼叫的"生"和"灭"，使系统的状态改变，从而得出下述生灭过程。它是处理随机服务系统的基础。

假设一个系统有有限个状态 0，1，$\cdots$，k 或可数个状态 0，1，$\cdots$，$N(t)$，为系统所处的状态，在任一时刻 t，系统处于 i 状态，则在 $[t, t+\Delta t)$ 内，系统由 i 状态转移到 $i+1$ 状态的概率为 $\lambda_i \Delta t + O(\Delta t)$，而由 i 状态转移到 $i-1$ 状态的概率为 $\mu_i \Delta t + O(\Delta t)$（$\lambda_i$、$\mu_i$ 均为大于零的常数），并在 $(t, t+\Delta t)$ 内，发生两次或两次以上转移的概率为 $O(\Delta t)$，这一系统随时间变化的过程就是生灭过程。图 11-3 即是生灭过程状态转移示意图。

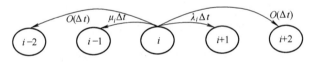

图 11-3　生灭过程状态转移示意图

11.3.2　生灭过程微分方程

以生灭过程为基础可描述服务系统动态变化的规律。

由图 11-4 可见，$p_i(t)(i=1,2,\cdots)$ 为系统在 t 时刻处于 i 状态的概率，系统在 $t+\Delta t$ 时刻处在 i 状态的概率 $p_i(t+\Delta t)$ 由四部分组成：

（1）系统在 t 时刻处在 i 状态，在 $t+\Delta t$ 时刻仍处在 i 状态的概率 $p_i'(t+\Delta t)$，其计算公式为

$$p_i'(t + \Delta t) = p_i(t)[1 - (\mu_i \Delta t + O(\Delta t))][1 - (\lambda_i \Delta t + O(\Delta t))]$$

式中，$p_i(t)$ 为系统在 t 时刻处在 i 状态的概率；$1 - (\lambda_i \Delta t + O(\Delta t))$ 为系统在 $t+\Delta t$ 时刻不转移到 $i+1$ 状态的概率；$1 - (\mu_i \Delta t + O(\Delta t))$ 为不转移到 $i-1$ 状态的概率。

略去无穷小项得

$$p'_i(t + \Delta t) = p_i(t)[1 - \mu_i \Delta t - \lambda_i \Delta t]$$

（2）系统在 t 时刻处在 $i-1$ 状态，在 $t + \Delta t$ 时刻转移到 i 状态的概率 $p''_i(t + \Delta t)$，其计算公式为

$$p''_i(t + \Delta t) = p_{i-1}(t)[1 - (\mu_{i-1}\Delta t + O(\Delta t))][\lambda_{i-1}\Delta t + O(\Delta t)]$$

式中，$p_{i-1}(t)$ 为系统在 t 时刻处在 $i-1$ 状态的概率；$1 - (\mu_{i-1}\Delta t + O(\Delta t))$ 为不转移到其他状态的概率；$\lambda_{i-1}\Delta t + O(\Delta t)$ 为在 $t + \Delta t$ 时刻转移到 i 状态的概率。

略去无穷小项，得

$$p''_i(t + \Delta t) = p_{i-1}(t)\lambda_{i-1}\Delta t$$

（3）系统在 t 时刻处在 $i+1$ 状态的概率为 $p_{i+1}(t)$，在 $t + \Delta t$ 时刻转移到 i 状态的概率 $p'''_i(t + \Delta t)$。同理可得

$$p'''_i(t + \Delta t) = p_{i+1}(t)\mu_{i+1}\Delta t$$

（4）由所有其他状态转来的概率。由生灭过程定义可知，由所有其他状态转来的概率为无穷小，故忽略不计。

由全概率公式知，由此四种状态构成的 i 状态的概率为

$$p_i(t + \Delta t) = p_i(t)(1 - \mu_i\Delta t - \lambda_i\Delta t) + p_{i-1}(t)\lambda_{i-1}\Delta t + p_{i+1}(t)\mu_{i+1}\Delta t$$

移项后同除以 Δt，并令 $\Delta t \to 0$，得

$$\frac{\mathrm{d}p_i(t)}{\mathrm{d}t} = p_{i-1}(t)\lambda_{i-1} - p_i(t)(\lambda_i + \mu_i) + p_{i+1}(t)\mu_{i+1} \quad (i = 0, 1, \cdots) \tag{11-9a}$$

在有限情况下，有

$$\frac{\mathrm{d}p_i(t)}{\mathrm{d}t} = -\lambda_0 p_0(t) + p_1(t)\mu_1 \quad (i = 0) \tag{11-9b}$$

$$\frac{\mathrm{d}p_i(t)}{\mathrm{d}t} = -\lambda_{k-1}p_{k-1}(t) + p_k(t)\mu_k \quad (i = k) \tag{11-9c}$$

式（11-9b）、式（11-9c）是系统处在首、尾状态，向前或向后转移的可能性为零的缘故。

式（11-9）叫作生灭过程的微分方程，也叫状态方程，它反映了系统的动态特性。

11.3.3　生灭过程稳态方程

生灭过程 $N(t)$ 在某状态的概率随着时间的增大而趋于稳定，即 $\lim\limits_{t \to \infty} p_i(t) = p_j > 0$，这就是生灭过程的极限定理。

当极限 $\lim\limits_{t \to \infty} p_j(t)$ 存在时，常将其当作任一时刻系统处于 j 状态的概率。因此，应用生灭过程的稳态形式来考察生灭过程，则有 $\mathrm{d}p_i(t)/\mathrm{d}t = 0$，从而式（11-9）可写成

$$\lambda_{i-1}p_{i-1} + \mu_{i-1}p_{i-1} - (\lambda_i + \mu_i)p_i = 0 \quad (0 < i < k) \tag{11-10a}$$

$$\mu_1 p_1 - \lambda_0 p_0 = 0 \quad (i = 0) \tag{11-10b}$$

$$\lambda_{k-1}p_{k-1} - \lambda_k p_k = 0 \quad (i = k) \tag{11-10c}$$

$$p_0 + p_1 + \cdots + p_k = 1 \tag{11-10d}$$

式（11-10a）~ 式（11-10d）称为生灭过程的稳态方程。因前三个方程是线性相关的，故引入式（11-10d）。

求解方程式（11-10a）~式(11-10d)，即可得系统处于各种状态的概率。

因为 $i=k$ 是可数状态的特殊形式，除包括 $i=1,2,\cdots,k$ 外还包括一些项，即

$$\begin{cases} \lambda_{i-1}p_{i-1} + \mu_{i-1}p_{i-1} - (\lambda_i + \mu_i)p_i = 0 & (i>0) \\ \mu_1 p_1 - \lambda_0 p_0 = 0 & (i=0) \\ p_0 + p_1 + \cdots + p_k + \cdots = 1 \end{cases} \tag{11-11}$$

解此方程组，很明显，当 $i=0$ 时，由式（11-10b）知

$$p_1 = \frac{\lambda_0}{\mu_1}p_0$$

当 $i=1$ 时，由式（11-11）知

$$p_2 = \frac{\lambda_0\lambda_1}{\mu_1\mu_2}p_0$$

依此类推，可得到

$$p_3 = \frac{\lambda_0\lambda_1\lambda_2}{\mu_1\mu_2\mu_3}p_0, \cdots, p_k = \frac{\lambda_0\lambda_1\cdots\lambda_{k-1}}{\mu_1\mu_2\cdots\mu_k}p_0 \tag{11-12}$$

因为

$$p_0 + p_1 + \cdots + p_k + \cdots = 1$$

所以

$$p_0\left(1 + \frac{\lambda_0}{\mu_1} + \frac{\lambda_0\lambda_1}{\mu_1\mu_2} + \cdots + \frac{\lambda_0\lambda_1\cdots\lambda_{k-1}}{\mu_1\mu_2\cdots\mu_k} + \cdots\right) = 1$$

$$p_0 = \frac{1}{1 + \dfrac{\lambda_0}{\mu_1} + \dfrac{\lambda_0\lambda_1}{\mu_1\mu_2} + \cdots + \dfrac{\lambda_0\lambda_1\cdots\lambda_{k-1}}{\mu_1\mu_2\cdots\mu_k} + \cdots} = \frac{1}{1 + \displaystyle\sum_{j=1}^{\infty} \dfrac{\lambda_{j-1}\lambda_{j-2}\cdots\lambda_0}{\mu_j\mu_{j-1}\cdots\mu_1}} \tag{11-13}$$

因为 $i=k$ 为系统有有限个状态，是可数状态的特殊形式，则

$$p_0 = \frac{1}{1 + \displaystyle\sum_{j=1}^{k} \dfrac{\lambda_{j-1}\lambda_{j-2}\cdots\lambda_0}{\mu_j\mu_{j-1}\cdots\mu_1}} \tag{11-14}$$

当 $\lambda_{j-1}/\mu_j < 1$ 时，p_0 的分母是收敛的，因此，可求出 p_0，当 p_0 求出后，按式（11-12）即可求出其余的各种状态了。

11.4　泊松输入、负指数分布服务系统分析

本节主要研究泊松输入、负指数服务的单服务台系统和多服务台系统。

11.4.1　单服务台系统（M/M/1）

单服务台系统按顾客源和系统容量可分为顾客源无限、系统容量无限制的标准单服务台系统（M/M/1/∞/∞），顾客源有限、系统容量无限制系统（M/M/1/∞/m）和顾客源无限、系统容量有限制系统（M/M/1/N/∞）等类型。

1. 标准单服务台系统（M/M/1/∞/∞）

标准单服务台系统（M/M/1/∞/∞）有可数个状态，且单位时间平均到达的顾客数为 λ，单位时间平均服务顾客数为 μ，根据生灭过程可以得图 11-5 所示的系统状态图。

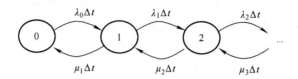

图 11-5　标准单服务台系统状态图

由于输入是简单流，故由输入而产生的由一个状态向另一个状态转移的概率是相同的，即 $\lambda_0 = \lambda_1 = \lambda_2 = \cdots = \lambda$。又由于是单服务台，故由服务而产生的由一个状态转移到另一个状态的概率也是相同的，即 $\mu_0 = \mu_1 = \mu_2 = \cdots = \mu$。

假设 $\lambda < \mu$，且令 $\lambda/\mu = \rho$ 即服务强度，式（11-12）得

$$p_1 = \frac{\lambda}{\mu}p_0 = \rho p_0, p_2 = \frac{\lambda^2}{\mu^2}p_0 = \rho^2 p_0, \cdots, p_k = \rho^k p_0$$

因为
$$p_0 + p_1 + \cdots + p_k + \cdots = 1$$
所以

$$p_0 + \rho p_0 + \cdots + \rho^k p_0 + \cdots = 1, \quad p_0 = \frac{1}{1 + \rho + \rho^2 + \cdots + \rho^k + \cdots}$$

由于 $1 + \rho + \rho^2 + \cdots + \rho^k + \cdots$ 是以 ρ 为公比的等比级数，且 $\rho < 1$，故

$$1 + \rho + \rho^2 + \cdots + \rho^k + \cdots = \frac{1}{1 - \rho}$$

所以

$$p_0 = 1 - \rho, p_1 = \rho(1 - \rho), p_2 = \rho^2(1 - \rho), \cdots \tag{11-15}$$

标准单服务台系统（M/M/1/∞/∞）的评价指标有：

（1）系统处在各种状态的概率 p_i。该指标可说明系统的忙闲程度，也可使顾客了解进入系统被服务的各种可能性。

$$p_0 = 1 - \rho, p_1 = \rho(1 - \rho), p_2 = \rho^2(1 - \rho), \cdots, p_k = \rho^k(1 - \rho)$$

（2）系统中的平均顾客数 L_s。平均顾客数是指系统中顾客的平均人数，其中包括正在被服务的顾客，是顾客和顾客出现概率的加权平均数。它可为系统分析和设计人员提供改进系统等信息。

$$L_s = \sum_{k=0}^{\infty} kp_k = 0p_0 + 1p_1 + 2p_2 + \cdots + kp_k + \cdots = \frac{\rho}{1 - \rho} = \frac{\lambda}{\mu - \lambda} \tag{11-16}$$

（3）平均排队的顾客数 L_q。该指标为在队列中排队的顾客数，不包括正在被服务的顾客。在系统平均顾客数 L_s 中去掉被服务顾客的平均数量即为平均排队的顾客数：

$$L_q = L_s - L \tag{11-17}$$

被服务顾客的平均数 L 不是系统有排队时正在接受服务的顾客数（服务台数），而是被服务顾客及其概率的加权平均数：

$$L = 0p_0 + 1p_1 + \cdots + 1p_k + \cdots = p_1 + p_2 + \cdots + p_k + \cdots = 1 - p_0 = 1 - (1 - \rho) = \frac{\lambda}{\mu} \tag{11-18}$$

故

$$L_q = L_s - L = \frac{\lambda}{\mu - \lambda} - \frac{\lambda}{\mu} = \frac{\lambda^2}{\mu(\mu - \lambda)} = \frac{\rho\lambda}{\mu - \lambda} = \frac{\rho^2}{1 - \rho} \qquad (11-19)$$

该指标可为系统分析和设计者提供队长情况，以决定是否需要改善服务以及提供排队场地等信息。

（4）顾客在系统中的平均停留时间 W_s。因为 $1/\lambda$ 表示了每到达一个顾客的平均时间间隔，L_s 是系统中平均顾客数，因此，平均停留时间为

$$W_s = \frac{L_s}{\lambda} = \frac{1}{\mu - \lambda} \qquad (11-20)$$

（5）顾客在队列中的平均排队时间 W_q。顾客的平均排队时间

$$W_q = W_s - \frac{1}{\mu} = \frac{\rho}{\mu - \lambda} \qquad (11-21)$$

上述指标间有如下关系：

$$L_s = \lambda W_s, L_q = \lambda W_q$$

$$W_s = W_q + \frac{1}{\mu}, L_s = L_q + \frac{\lambda}{\mu}$$

上面这组公式也称为李特尔（Little）公式。

（6）系统中多于 k 个顾客的概率。这项指标是用于判断系统中出现 k 个以上顾客的可能性，是系统管理人员在出现 k 个以上顾客时应采取应急措施的依据。

系统中出现多于 k 个顾客的概率按下式计算：

$$L(n > k) = 1 - (p_0 + p_1 + p_2 + p_3 + \cdots + p_k)$$

$$= 1 - (1 - \rho) - \rho(1 - \rho) - \cdots - \rho^k(1 - \rho) = \rho^{k+1} = \left(\frac{\lambda}{\mu}\right)^{k+1}$$

$$(11-22)$$

（7）顾客在系统中停留的时间超过 T_0 的概率。当顾客在系统中停留时间太长（超过 T_0）而得不到服务时，可能离去而影响系统的效益。计算公式如下：

$$p(T > T_0) = e^{-\mu(1 - \frac{\lambda}{\mu})T_0} \qquad (11-23)$$

【例 11-2】 某工地仅有一辆装卸吊车，运输物料的卡车到达过程为泊松流，平均每天四辆，装卸时间服从负指数分布，每天平均可装卸十辆，试评价该系统。

解 此为标准单服务台系统（M/M/1/∞/∞），其中 $\lambda = 4$ 辆/天，$\mu = 10$ 辆/天，则服务强度

$$\rho = \frac{\lambda}{\mu} = \frac{4}{10} = 0.4$$

系统处在各种状态的概率 p_i 为

$$p_0 = 1 - \rho = 0.6, p_1 = \rho(1 - \rho) = 0.24$$

$$p_2 = \rho^2(1 - \rho) = 0.096, p_3 = \rho^3(1 - \rho) = 0.0384, \cdots$$

上述计算表明卡车进入该系统，有 60% 的可能不排队，排一辆车的可能是 24%，排两辆车的可能是 9.6%，……

（1）系统中的平均卡车数 L_s。

$$L_s = \frac{\rho}{1 - \rho} = \frac{0.4}{1 - 0.4} 辆 = 0.67 辆$$

（2）平均排队的卡车数 L_q。

$$L_q = \frac{\rho\lambda}{\mu - \lambda} = \frac{0.4 \times 4}{10 - 4} 辆 = 0.267 辆$$

（3）每辆卡车在工地的平均停留时间 W_s。

$$W_s = \frac{L_s}{\lambda} = \frac{0.67}{4} 天 = 0.168 天 = 4h$$

说明装料卡车自进入工地到离开，大约需要 4h。

（4）卡车在队列中的平均排队等待时间 W_q。

$$W_q = \frac{\rho}{\mu - \lambda} = \frac{0.4}{10 - 4} 天 = \frac{1}{15} 天 = 1.6h$$

（5）系统中多于 k 辆卡车的概率。

$$L(n > 0) = \rho^1 = 0.4$$
$$L(n > 1) = \rho^2 = 0.16$$
$$L(n > 2) = \rho^3 = 0.064$$
$$\vdots$$

（6）卡车在系统中停留的时间超过 4h 的概率。

4h 即 1/6 天，有

$$p(T > T_0) = e^{-\mu\left(1 - \frac{\lambda}{\mu}\right)T_0} = e^{-10 \times (1 - 0.4)/6} = e^{-1} = 0.368$$

2. 顾客源有限、系统容量无限制系统（M/M/1/∞/m）

该系统与标准单服务台系统的区别在于：系统只有 $m+1$ 个状态；在顾客源无限时，λ 为全体顾客的平均到达率，即单位时间内平均到达的顾客数，而在顾客源有限时，λ 为每个顾客的平均到达率，即单位时间内每个顾客到达数为 λ，系统状态图如图 11-6 所示。

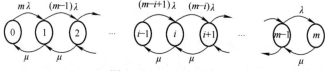

图 11-6　系统状态图

按式（11-10a）～式(11-10d)，系统状态概率的稳态方程为

$$\begin{cases} m\lambda p_0 = \mu p_1 \\ (m - i + 1)\lambda p_{i-1} + \mu p_{i+1} = [(m - i)\lambda + \mu]p_i \quad (i = 1, 2, \cdots, m - 1) \\ \mu p_m = \lambda p_{m-1} \end{cases} \quad (11\text{-}24)$$

求解得

$$p_0 = \frac{1}{\displaystyle\sum_{i=0}^{m} \frac{m!}{(m - i)!}\rho^i}, \quad p_i = \frac{m!}{(m - i)!}\rho^i p_0 \quad (1 \leq i \leq m)$$

主要评价指标为

$$L_s = m - \frac{\mu}{\lambda}(1 - p_0) \tag{11-25}$$

$$L_q = m - \frac{(\lambda + \mu)(1 - p_0)}{\lambda} = L_s - (1 - p_0) \tag{11-26}$$

$$W_s = \frac{m}{\mu(1 - p_0)} - \frac{1}{\lambda} \tag{11-27}$$

$$W_q = W_s - \frac{1}{\mu} \tag{11-28}$$

【例 11-3】　某车间有五台机器，每台机器的连续运转时间服从泊松分布，平均连续运行时间为 15min。有一位修理工，每次修理时间服从负指数分布，平均每次 12min。求：

（1）修理工空闲的概率。

（2）五台机器都出故障的概率。

（3）出故障的平均机器台数。

（4）等待修理的平均机器台数。

（5）平均停工时间。

（6）平均等待修理时间。

（7）评价这个系统的运行状况。

解　已知 $m = 5$，$\lambda = 4$ 台/h，$\mu = 5$ 台/h，则服务强度为

$$\rho = \frac{\lambda}{\mu} = \frac{4}{5} = 0.8$$

（1）修理工空闲的概率为

$$
\begin{aligned}
p_0 &= \frac{1}{\sum\limits_{i=0}^{m} \dfrac{m!}{(m-i)!}\rho^i} \\
&= \frac{1}{\dfrac{5!}{5!} \times 0.8^0 + \dfrac{5!}{4!} \times 0.8^1 + \dfrac{5!}{3!} \times 0.8^2 + \dfrac{5!}{2!} \times 0.8^3 + \dfrac{5!}{1!} \times 0.8^4 + \dfrac{5!}{0!} \times 0.8^5} \\
&= \frac{1}{1 + 4 + 12.8 + 30.72 + 49.152 + 39.3216} \\
&= 0.0073
\end{aligned}
$$

（2）五台机器都出故障的概率为

$$p_5 = \frac{m!}{(m-5)!}\rho^5 p_0 = \frac{5!}{(5-5)!} \times 0.8^5 \times 0.0073 = 0.287$$

（3）出故障的平均机器台数为

$$L_s = m - \frac{\mu}{\lambda}(1 - p_0) = \left[5 - \frac{5}{4} \times (1 - 0.0073)\right] 台 = 3.759 台$$

（4）等待修理的平均机器台数为

$$L_q = L_s - (1 - p_0) = [3.759 - (1 - 0.0073)] 台 = 2.766 台$$

（5）平均停工时间为

$$W_s = \frac{m}{\mu(1 - p_0)} - \frac{1}{\lambda} = \left[\frac{5}{5 \times (1 - 0.0073)} - \frac{1}{4}\right] h = 0.7574 h = 45.44 min$$

（6）平均等待修理时间为

$$W_q = W_s - \frac{1}{\mu} = 0.5574\text{h} = 33.44\text{min}$$

（7）对这个系统的运行状况评价如下：

机器停工时间过长，修理工几乎没有空闲时间，应当提高服务率以减少修理时间或增加修理工。

3. 顾客源无限、系统容量有限制系统（M/M/1/N/∞）

该系统与标准单服务台系统的区别在于：系统只有 $N+1$ 个状态；当到达顾客超过 N 个时，将被拒绝进入系统。

该问题稳态方程与标准单服务台系统相似，不同点在于将系统的状态由无限变为有限，即将 $p_0 + p_1 + \cdots + p_k + \cdots = 1$ 改为 $p_0 + p_1 + \cdots + p_k = 1$。

对于有限队长为 k 的单服务台系统，它的输入与输出可用下式描述：

$$\lambda_i = \begin{cases} \lambda, & \text{当 } i = 1, 2, \cdots, k \text{ 时} \\ 0, & \text{当 } i = k+1, k+2, \cdots \text{ 时} \end{cases}$$

$$\mu_i = \begin{cases} \mu, & \text{当 } i = 1, 2, \cdots, k \text{ 时} \\ 0, & \text{当 } i = k+1, k+2, \cdots \text{ 时} \end{cases}$$

对它的分析仍以生灭过程的稳态解为基础，由式（11-14）得

（1）各种状态下的概率为

$$p_0 = \frac{1}{1 + \sum\limits_{i=1}^{k} \left(\frac{\lambda}{\mu}\right)^i} = \frac{1 - \frac{\lambda}{\mu}}{1 - \left(\frac{\lambda}{\mu}\right)^{k+1}} = \frac{1 - \rho}{1 - \rho^{k+1}} \tag{11-29}$$

$$p_i = \left(\frac{\lambda}{\mu}\right)^i p_0 = p_0 \rho^i, i \leqslant k \tag{11-30}$$

（2）系统中顾客的平均数 L_s 为

$$L_s = \frac{\lambda}{\mu - \lambda} - \frac{(k+1)\left(\frac{\lambda}{\mu}\right)^{k+1}}{1 - \left(\frac{\lambda}{\mu}\right)^{k+1}} = \frac{\rho}{1 - \rho} - \frac{(k+1)\rho^{k+1}}{1 - \rho^{k+1}} \tag{11-31}$$

（3）平均排队的顾客数 L_q 为

$$L_q = L_s - L = L_s - (1 - p_0) \tag{11-32}$$

（4）系统有效输入 λ_e 如下：

当到达顾客数超过系统所允许的顾客容量 k 时，则顾客离去，这将造成损失，这种系统也称为损失制系统。在计算 L_q 时，不能用公式 $L_q = L_s - \lambda/\mu$，必须引入有效输入系数 λ_e 对其修正，即 $L_q = L_s - \lambda_e/\mu$，故得

$$\lambda_e = \mu(L_s - L_q) = \mu\{L_s - [L_s - (1 - p_0)]\} = \mu(1 - p_0) \tag{11-33}$$

该系统的 λ 可能大于 μ，即 $\lambda/\mu > 1$，由于采用了损失制仍能在一定的时间内完成任务。

（5）顾客在系统中的平均停留时间 W_s 为

$$W_s = \frac{L_s}{\lambda_e} \tag{11-34}$$

（6）顾客在队列中的平均排队时间 W_q 为

$$W_q = W_s - \frac{1}{\mu} \tag{11-35}$$

（7）损失率如下：

因队长有限而排不上队的顾客即是系统的损失，故损失率为系统容量为 k 时的概率。

$$p_k = \left(\frac{\lambda}{\mu}\right)^k p_0 = \rho^k p_0 \tag{11-36}$$

【例 11-4】 某工厂有一个半成品加工操作间，内设一个半成品加工操作台和可存放四个待加工半成品的场地。已知半成品按平均每天四个的泊松过程到达该操作间，而完成该半成品加工的必要时间服从平均每个需 1/6 天的负指数分布。若半成品到达操作间时操作间内已没有场地存放，则要运往其他加工厂。求：

（1）半成品到达后不用等待就可以加工的概率以及有效到达率。

（2）加工操作间的半成品平均数量以及等待加工的平均数量。

（3）半成品来加工操作间一次平均花费的时间及平均等待的时间。

（4）半成品到后因客满而离去的概率。

（5）再增加一个半成品加工操作台可减少的顾客损失率。

解 这是一个顾客源无限、系统容量有限制系统（M/M/1/N/∞），其中 $N = 4 + 1 = 5$，$\lambda = 4$ 件/天，$\mu = 6$ 件/天，则服务强度为

$$\rho = \frac{\lambda}{\mu} = \frac{4}{6} = \frac{2}{3}$$

（1）半成品到达后不用等待就可以加工的概率以及有效到达率为

$$p_0 = \frac{1-\rho}{1-\rho^{k+1}} = \frac{1-\frac{2}{3}}{1-\left(\frac{2}{3}\right)^6} = 0.365$$

$$\lambda_e = \mu(1-p_0) = 6 \times (1-0.3654) = 3.808$$

（2）加工操作间的半成品平均数量以及等待加工的平均数量为

$$L_s = \frac{\rho}{1-\rho} - \frac{(k+1)\rho^{k+1}}{1-\rho^{k+1}} = \left[\frac{\frac{2}{3}}{1-\frac{2}{3}} - \frac{6\times\left(\frac{2}{3}\right)^6}{1-\left(\frac{2}{3}\right)^6}\right]件 = 1.423\ 件$$

$$L_q = L_s - (1-p_0) = [1.423 - (1-0.365)]件 = 0.788\ 件$$

（3）半成品来加工操作间一次平均花费的时间及平均等待的时间为

$$W_s = \frac{L_s}{\lambda_e} = \frac{1.423}{3.808}天 = 0.374\ 天$$

$$W_q = W_s - \frac{1}{\mu} = \left(0.374 - \frac{1}{6}\right)天 = 0.207\ 天$$

（4）半成品到后因客满而离去的概率为

$$p_5 = \rho^5 p_0 = \left(\frac{2}{3}\right)^5 \times 0.365 = 0.048$$

（5）再增加一个半成品加工操作台可减少的顾客损失率如下：

因为
$$p_6 = \rho^6 p_0 = \left(\frac{2}{3}\right)^6 \times 0.365 = 0.032$$

则
$$p_6 - p_5 = 0.032 - 0.048 = -0.016$$

即再增加一个加工操作台可以降低 1.6% 的顾客损失率。

11.4.2　多服务台系统（M/M/S）

1. 标准多服务台系统（M/M/S/∞/∞）评价指标

多服务台和单服务台的差别只在于服务情况不同，其输入与单服务台相同，而服务要分为两种情况；一种是当系统中顾客少于服务台个数；另一种是系统中顾客等于或大于服务台个数（见图 11-7）。

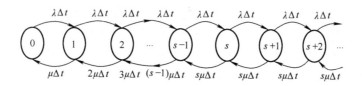

图 11-7　多服务台系统状态图

当顾客数小于服务台个数时，所有进入系统的顾客立刻被服务，所以当有 s 个服务台时，在 s 状态以前各状态，单位时间服务的顾客数为 μ，2μ，3μ，$\cdots$，$(s-1)\mu$，只有在 s 状态以后，全部服务台均被占用，在单位时间内服务的顾客数为 $s\mu$。即整个机构的平均服务率为 $\begin{cases} n\mu, & \text{当 } n < s \\ s\mu, & \text{当 } n \geqslant s \end{cases}$。令 $\rho = \lambda/(s\mu)$，当 $\lambda/(s\mu) < 1$ 时才不会排成无限的队列，称它为这个系统的服务强度或服务机构的平均利用率。

这样，按生灭过程的稳态解就可以确定各种评价指标。

（1）各种状态下的概率 p 如下：

$$p_1 = \frac{\lambda_0}{\mu_1}p_0, p_2 = \frac{\lambda_0\lambda_1}{\mu_1\mu_2}p_0 = \frac{\lambda^2}{2\mu^2}p_0, p_3 = \frac{\lambda^3}{2\times3\mu^3}p_0, \cdots$$

$$p_s = \frac{\lambda^s}{s!\mu^s}p_0, p_{s+1} = \frac{\lambda_s}{\mu_{s+1}}p_s = \frac{\lambda^{s+1}}{ss!\mu^{s+1}}p_0, p_{s+2} = \frac{\lambda^{s+2}}{s^2s!\mu^{s+2}}p_0, \cdots$$

由于 $\sum\limits_{i=0}^{\infty} p_i = 1$，得

$$p_0\left[\sum_{n=0}^{s-1}\frac{1}{n!}\left(\frac{\lambda}{\mu}\right)^n + \frac{1}{s!}\left(\frac{\lambda}{\mu}\right)^s\left(\frac{1}{1-\dfrac{\lambda}{\mu s}}\right)\right] = 1$$

则
$$p_0 = \frac{1}{\displaystyle\sum_{n=0}^{s-1}\frac{1}{n!}\left(\frac{\lambda}{\mu}\right)^n + \frac{1}{s!}\left(\frac{\lambda}{\mu}\right)^s\left(\dfrac{1}{1-\dfrac{\lambda}{\mu s}}\right)} \tag{11-37}$$

当 p_0 求出后，各状态下的概率 p_1，p_2，$\cdots$，p_s，$p_{s+1}\cdots$ 即可求了。

（2）顾客到来需排队的概率。这是求全部服务台已被占满，即大于或等于服务台个数的顾客到来的概率。

$$p(n \geqslant s) = \sum_{n=s}^{\infty} p_n = \frac{\lambda^s}{s! \mu^s} p_0 + \frac{\lambda^{s+1}}{ss! \mu^{s+1}} p_0 + \cdots$$

$$= p_0 \frac{\lambda^s}{s! \mu^s} \left(1 + \frac{\lambda}{s\mu} + \frac{\lambda}{s^2 \mu^2} + \cdots \right) = \frac{p_0}{1 - \frac{\lambda}{s\mu}} \frac{1}{s!} \left(\frac{\lambda}{\mu} \right)^s \tag{11-38}$$

（3）平均排队的顾客数。这是求系统中服务台全部被占用需要等待服务而纯排队的顾客数，它是超过服务台的顾客数和其对应的概率的加权平均数：

$$L_q = \sum_{k=0}^{\infty} k p_{s+k} = 1 p_{s+1} + 2 p_{s+2} + 3 p_{s+3} + \cdots = \frac{p_0 \lambda^{s+1}}{ss! \mu^{s+1}} \frac{1}{\left(1 - \frac{\lambda}{s\mu} \right)^2} \tag{11-39}$$

（4）系统中平均顾客数 L_s 为

$$L_s = L_q + \frac{\lambda}{\mu} \tag{11-40}$$

（5）每个顾客在系统中平均停留时间 W_s 及在队列中平均等待时间 W_q 如下：

平均停留时间及平均等待时间仍由李特尔公式求得：

$$W_s = \frac{L_s}{\lambda} \quad W_q = \frac{L_q}{\lambda} \tag{11-41}$$

并且

$$W_s = W_q + \frac{1}{\mu}$$

（6）顾客在系统中停留时间大于 T_0 的概率为

$$p(t > T_0) = e^{-\mu T_0} \left\{ 1 + \frac{\left(\frac{\lambda}{\mu} \right)^s p_0 \left[1 - e^{-\mu T_0} \left(s - 1 - \frac{\lambda}{\mu} \right) \right]}{s! \left(1 - \frac{\lambda}{s\mu} \right) \left(s - 1 - \frac{\lambda}{\mu} \right)} \right\} \tag{11-42}$$

【例 11-5】　某医院急诊室有两位主治医生可同时诊治病人，且平均服务率相同，诊治时间均服从指数分布，每个病人平均需要 15min，病人按泊松分布到达，平均每小时到达三人。试分析该系统的工作情况。

解　这属于多服务台系统，即 M/M/2 系统，故有

$$\lambda = 3 \text{ 人 /h}, \mu = \frac{60}{15} = 4 \text{ 人 /h}, s = 2$$

（1）病人到达后不用等待就可诊治的概率 p_0 为

$$p_0 = \frac{1}{\sum_{n=0}^{s-1} \frac{1}{n!} \left(\frac{\lambda}{\mu} \right)^n + \frac{1}{s!} \left(\frac{\lambda}{\mu} \right)^s \left(\frac{1}{1 - \frac{\lambda}{\mu s}} \right)}$$

$$= \left[1 + 0.75 + \frac{0.75^2}{2! \times (1 - 0.375)} \right]^{-1} = \frac{1}{2.2} \approx 0.455$$

（2）平均排队的病人数 L_q 为

$$L_q = \frac{p_0 \lambda^{s+1}}{ss!\mu^{s+1}} \frac{1}{\left(1 - \frac{\lambda}{s\mu}\right)^2} = \frac{\frac{1}{2.2} \times 0.75^3}{2 \times 2! \times \left(1 - \frac{0.75}{2}\right)^2} \text{人} \approx 0.123 \text{人}$$

（3）诊室内的平均病人数 L_s 为

$$L_s = L_q + \frac{\lambda}{\mu} = (0.123 + 0.75) \text{人} = 0.873 \text{人}$$

（4）每个病人在诊室平均停留时间 W_s 为

$$W_s = \frac{L_s}{\lambda} = \frac{0.873}{3}\text{h} = 0.291\text{h} = 17.46\text{min}$$

（5）每个病人在诊室平均排队时间 W_q 为

$$W_q = \frac{L_q}{\lambda} = \frac{0.123}{3}\text{h} = 0.041\text{h} = 2.46\text{min}$$

2. 多服务台系统（M/M/S）与 s 个单服务台系统（M/M/1）比较

【例 11-6】　某银行有三个营业窗口，顾客的到达服从泊松分布，平均到达率每分钟 0.9 人，业务处理时间服从负指数分布，平均服务率 0.4 人/min。顾客进入银行通过叫号机排队等待服务。试分析该系统。

解　此为一个多服务台系统，顾客到达后，通过叫号机排成一队，依次向空闲的窗口办理业务。其排队情形如图 11-8a 所示。

已知 $\lambda = 0.9$，$\mu = 0.4$，$s = 3$，$\lambda/\mu = 2.25$，$\rho = \lambda/(s\mu) = 2.25/3 = 0.75 < 1$，符合要求的条件，代入公式得：

（1）整个银行空闲概率 p_0 为

$$p_0 = \frac{1}{\frac{2.25^0}{0!} + \frac{2.25^1}{1!} + \frac{2.25^2}{2!} + \frac{2.25^3}{3!} \times \frac{1}{1 - 2.25/3}} = 0.0748$$

（2）平均队长为

$$L_q = \frac{p_0}{3 \times 3!} \times 2.25^{3+1}\left(\frac{1}{1 - 2.25/3}\right)^2 \text{人} = 1.70 \text{人}$$

$$L_s = L_q + \frac{\lambda}{\mu} = 3.95 \text{人}$$

（3）平均等待时间和逗留时间为

$$W_q = \frac{L_q}{\lambda} = \frac{1.70}{0.9}\text{min} = 1.89\text{min}$$

$$W_s = \frac{L_s}{\lambda} = \frac{3.95}{0.9}\text{min} = 4.39\text{min}$$

（4）顾客到达后必须等待（即银行中顾客数已超三人，各服务窗口都没有空闲）的概率为

$$p(n \geq 3) = \frac{0.0748}{1 - 2.25/3} \times \frac{1}{3!} \times 2.25^3 = 0.568$$

在上例中，如果除排队方式外其他条件不变，但顾客到达后在每个窗口前各排一队，且进入队伍后竖排不换队，这就形成三个队伍，如图 11-8b 所示。此时平均到达率为

$$\lambda_1 = \lambda_2 = \lambda_3 = \frac{0.9}{3} \text{人} / \min = 0.3 \text{人} / \min$$

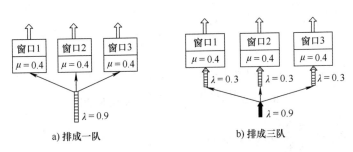

图 11-8　排队方式图

这样，原来的系统就变成了三个 M/M/1 型的子系统。按 M/M/1 型计算，并与前例比较，见表 11-1。

表 11-1　M/M/3 系统与 M/M/1 系统比较

指标	模型	
	（1）M/M/3 系统	（2）M/M/1 系统
服务台空闲的概率 p_0	0.0748	0.25（每个子系统）
顾客必须等待的概率	$P(n \geqslant 3) = 0.57$	0.75
队列平均人数 L_q（人）	1.70	2.25（每个子系统）
系统平均人数 L_s（人）	3.95	9.00（整个系统）
平均排队时间 $W_q/\min$	1.89	7.5
平均逗留时间 $W_s/\min$	4.39	10

从表 11-1 中各指标的对比可以看出（1）（单队）比（2）（三队）有显著优越性，在安排排队方式时应该注意。

由于计算 p_0 和各项指标公式很复杂，现已有专门的数值表可供使用。在各公式中 p_0 和 L_q 都是由 s 和 ρ 完全确定的，于是 $W_q \mu$ 也由 s 和 ρ 完全确定。可构造一个 $W_q \mu$ 数值表，见表 11-2，便于使用。

表 11-2　多服务台 $W_q \mu$ 的数值表

$\dfrac{\lambda}{s\mu}$	服务台数				
	$s = 1$	$s = 2$	$s = 3$	$s = 4$	$s = 5$
0.1	0.1111	0.0101	0.00	0.0002	0.0000 *
0.2	0.2500	0.0417	0.0103	0.0030	0.0010
0.3	0.4286	0.0989	0.0333	0.0132	0.0058
0.4	0.6667	0.1905	0.0784	0.0378	0.0199
0.5	1.0000	0.3333	0.1579	0.0870	0.0521
0.6	1.5000	0.5625	0.2956	0.1794	0.1181

（续）

$\dfrac{\lambda}{s\mu}$	服务台数				
	$s=1$	$s=2$	$s=3$	$s=4$	$s=5$
0.7	2.3333	0.9608	0.5470	0.3572	0.2519
0.8	4.0000	1.7778	1.0787	0.7455	0.5541
0.9	9.0000	4.2632	2.7235	1.9694	1.5250
0.95	19.0000	9.2564	6.0467	4.4571	3.5112

注：* 小于 0.00005

在上例中，已知 $s=3$，$\rho = \lambda/(s\mu)=0.75$，查表无此数行，故用线性插值法求得

$$W_q\mu = \frac{0.5470+1.0787}{2}=0.8129$$

因 $\mu=0.4$，所以 $W_q = \dfrac{0.8129}{0.4}\min = 2.03\min$

$$W_s = W_q + \frac{1}{\mu} = \left(2.03+\frac{1}{0.4}\right)\min = 4.53\min$$

$$L_q = W_q\lambda = (2.03\times0.9)\,人 = 1.83\,人$$

$$L_s = W_s\lambda = (4.53\times0.9)\,人 = 4.08\,人$$

结果和前面计算略有差异，这是由插值引起的。

11.5 随机服务系统的费用优化

11.5.1 单服务台系统优化模型

为改进单服务台系统的服务质量，只能由服务率 μ 入手，确定最佳服务率 μ^*。

设 C_s 为服务机构单位时间的费用；C_w 为每个顾客在系统中停留单位时间的费用。服务系统总成本为 C，则

$$C = C_s\mu + C_w L_q \tag{11-43}$$

将 $L_q = \lambda/(\mu-\lambda)$ 代入得

$$C = C_s\mu + C_w\frac{C_w\lambda}{\mu-\lambda} \tag{11-44}$$

由式（11-44）可见，系统总费用由两部分组成，前部分是服务费用，它与服务率成正比；后部分与服务率和到达率有关，在顾客到达规律确定的条件下，与服务率成反比，可用图 11-9 说明服务系统费用和服务率 μ 的关系。

对式（11-44）求微分即可确定最优服务率：

$$\frac{\mathrm{d}C}{\mathrm{d}\mu} = C_s - C_w\frac{\lambda}{(\mu-\lambda)^2} = 0$$

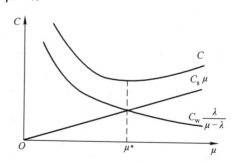

图 11-9　服务系统费用与服务率的关系

$$\mu^* = \lambda + \sqrt{\frac{C_w \lambda}{C_s}} \tag{11-45}$$

对于队长有限的 $M/M/1/\infty/N$ 系统，最优服务率由下述方程的解确定：

$$\rho^{n+1} \frac{n - (n+1)\rho + \rho^{n+1}}{(1 - \rho^{n+1})^2} = \frac{C_s}{G} \tag{11-46}$$

式中，$\rho = \lambda/\mu$；G 为单位顾客服务的收入；n 为系统中最大顾客数。

11.5.2　多服务台系统优化模型

设系统单位时间总费用为 C，则

$$C = C_s' s + C_w L \tag{11-47}$$

式中，C_s' 为每个服务台单位时间的成本。

系统单位时间总费用 C 是以 s 为变量的非线性函数，应用非线性规划即可求出 s。

由于服务台数 s 是离散变量，亦可采用边际分析法确定最佳服务台数。

C 是 s 的函数，最佳服务台数 s^*，使 $C(s^*)$ 取最小值，即

$$\begin{cases} C(s^*) \leqslant C(s^* + 1) \\ C(s^*) \leqslant C(s^* - 1) \end{cases} \tag{11-48}$$

将式（11-47）代入得

$$\begin{cases} C_s' s^* + C_w L(s^*) \leqslant C_s'(s^* + 1) + C_w L(s^* + 1) \\ C_s' s^* + C_w L(s^*) \leqslant C_s'(s^* - 1) + C_w L(s^* - 1) \end{cases}$$

化简得

$$L(s^*) - L(s^* + 1) \leqslant \frac{C_s'}{C_w} \leqslant L(s^* - 1) - L(s^*) \tag{11-49}$$

由式（11-49）可知，当依次求出 $s = 1, 2, \cdots$ 的 L 值，并计算相邻 L 值之差，则得到一系列的区间，当 C_s'/C_w 落在某区间内时，即可确定为最优的服务台个数。

现举例说明单服务台系统和多服务台系统的费用优化方法。

【例 11-7】　某砂场有甲、乙、丙三个装车小组，每小组平均 10min 装一车，而空车每小时平均到达 15 辆，采用分组作业方式，如果每小组工作 1h 需支付 10 元工资，每停工 1h，损失 10 元，该小组的工作效率应是多少才能使系统总费用最低？

已知 $\lambda = 5$ 辆/h，$C_s = 10$ 元，$C_w = 10$ 元，所以

$$\mu^* = \lambda + \sqrt{\frac{C_w}{C_s} \lambda} = \left(5 + \sqrt{\frac{10}{10} \times 5}\right) 辆 = 7.24 \ 辆$$

该小组工作效率应为每小时装 7.24 辆。

如该砂场准备改进装车设备，设计指标为：每小时可装车 48 辆，每个装车台每小时可装车 25 辆，每辆车装车成本为 4 元，车辆等待每小时平均损失 6 元，该砂场应设几个装车台才能使总费用最少？

表面上看需 2 个装车台每小时即可装 50 辆车，似乎问题很简单。现分析计算确定最佳服务台数量。

已知，$C_s' = 4$ 元，$C_w = 6$ 元，$\lambda = 48$，$\mu = 25$，$\rho = \lambda/\mu = 1.92$，设装车台个数为 s，则由

式（11-33）知

$$L_s = \frac{p_0 \lambda^{s+1}}{ss!\mu^{s+1}}\left(\frac{1}{1-\frac{\lambda}{s\mu}}\right)^2 + \frac{\lambda}{\mu} = \frac{1.92^{s+1}}{ss!}\left(\frac{1}{1-\frac{48}{s\times25}}\right)^2 p_0 + 1.92$$

其中

$$p_0 = \left[\sum_{n=0}^{s-1}\frac{1}{n!}\left(\frac{\lambda}{\mu}\right)^n + \left(\frac{1}{s!}\right)\left(\frac{\lambda}{\mu}\right)^s\left(\frac{1}{1-\frac{\lambda}{s\mu}}\right)\right]^{-1}$$

令 $s=1$，2，3，4，5，并依次代入上式，所得结果见表 11-3。

表 11-3　总费用表

装车台数 s	平均车辆数 L_s	$L(s)-L(s+1)\sim L(s-1)-L(s)$	总费用 C
1	∞		∞
2	24.490	21.845 ~ ∞	154.94
3	2.645	0.582 ~ 21.845	27.87 *
4	2.063	0.111 ~ 0.582	28.38
5	1.952		31.71

$C'_s/C_w = 4/6 = 0.667$，落在（0.582，21.845）区间内，故应设三个装车台使系统总费用最低。

【思考题】

1. 简述随机服务系统三个组成部分及其各自的特征。
2. 简述生灭过程及其在服务系统中的作用。
3. 说明服务系统分类的表示法。
4. 简述服务系统评价指标及应用。
5. 确定型服务系统如何消除排队？
6. 泊松输入的基本特点是什么？简述 λ 的经济意义。
7. 负指数服务的基本特点是什么？简述 μ 的经济意义。
8. 为什么随机服务系统理论又称排队论？

【练习题】

1. 指出下列排队系统中的顾客和服务员：
（1）自行车修理店。
（2）理发店。
（3）机场起飞的客机。
（4）十字路口等红灯的车辆。
（5）高速公路上收车辆过路费的收费站。
（6）医院挂号窗口的队伍。
（7）加油站。
2. 对 M/M/1/∞/∞ 的排队系统，根据下列表达式分别解释其含义：

　（1）λ/μ；　　　　（2）$p\,(i>0)$；　　　　（3）L_s-L_q；　　　　（4）W_q/W_s。

　3. 某车间压制工作上早、中、晚三班，而打磨工作只上白班，产品经压制工作后进入打磨工作。压制工作每 30min 生产出一个产品，而打磨一件产品仅需 5min，压制工作每班生产量为 16 件，问打磨工作上班后多长时间才能消除排队现象？

　4. 某单人理发店的顾客到达为泊松分布，平均每小时 2 人，理发时间服从负指数分布，平均需要 20min。求：

　（1）理发店空闲的概率。

　（2）店内有三个顾客的概率。

　（3）店内至少有一个顾客的概率。

　（4）店内顾客的平均数。

　（5）等待理发的顾客平均数。

　（6）顾客在店内的平均等待理发时间。

　（7）顾客在店内需消耗 20min 以上的概率。

　5. 高速公路收费处设有一个收费通道，汽车到达服从泊松分布。平均到达速率为 150 辆/h，收费用时服从负指数分布，平均收费用时为 15s/辆。求：

　（1）收费处空闲的概率。

　（2）收费处忙的概率。

　（3）系统中分别有 1 辆、2 辆、3 辆车的概率。

　（4）系统中的平均顾客数 L_s。

　（5）队列中的平均顾客数 L_q。

　（6）顾客在系统中的平均逗留时间 W_s。

　（7）顾客在队列中的平均逗留时间 W_q。

　6. 某企业全自动车间每 6 台车床配备 1 名车工负责检修工作。已知平均连续操作 30min 后需检修一次，每次检修平均 15min。连续操作时间和检修时间均服从负指标分布。试求：

　（1）6 台车床全部正常工作的概率。

　（2）6 台车床全部需要检修的概率。

　（3）需要检修的平均机器台数。

　（4）正常工作的车床台数。

　（5）等待检修的平均机器台数。

　（6）每台车床平均停工时间。

　（7）车床平均等待检修时间。

　7. 某汽车修理店只有一组清洗队，且店里最多可容纳 5 辆车，设汽车按泊松分布到达，平均每小时 4 辆车，清洗时间服从负指数分布，平均每辆车需 10min。试求：

　（1）店里的平均车辆数。

　（2）平均的排队车辆数。

　（3）车辆平均逗留时间。

　（4）车辆平均排队时间。

　（5）顾客的损失率。

　（6）顾客有效输入。

8. 顾客按平均每小时 10 人的泊松分布到达路口的汽车服务餐厅，每个顾客的服务时间服从负指数分布，平均服务时间 4min。该餐厅门前有 3 个停车位，其余的车辆在路边等待。试求：

（1）一个顾客到达时，必须在路边等待的概率是多少？

（2）一个顾客到达时，能直接进入门前停车位的概率是多少？

（3）一个顾客到达时，在开始服务之前需等待多久？

（4）该餐厅应该准备多少个停车位才能使到达的顾客至少有 95% 的概率不必在马路边等待？

9. 某工厂电话总机有 2 个接线员，处理一个电话的服务时间服从负指数分布，平均服务时间为 15s，而打入电话的间隔时间服从泊松分布，平均间隔时间为 20s。试求：

（1）2 个接线员均空闲的概率是多少？

（2）至少有 1 个接线员空闲的概率是多少？

（3）打入电话等待的概率是多少？

10. 某银行有 4 个服务窗口，顾客以平均速度 3 人/min 的泊松分布到达，所有的顾客排成一队，出纳员为顾客办理业务的时间服从平均数为 1min 的负指数分布。试求：

（1）银行内空闲时间的概率。

（2）排队等待的平均队长。

（3）银行内的平均顾客数。

（4）顾客在银行的平均逗留时间。

（5）等待服务的平均时间。

11. 某乡村汽车加油站可同时为两辆汽车加油，同时还可容纳 3 辆汽车等待，超过此限则不能等待必须离去。汽车到达间隔与加油时间均为指数分布，平均每小时到达 16 辆，平均加油时间为每辆 6min。求每辆汽车的平均逗留时间。

12. 某新建机场飞机着陆服从泊松分布，平均到达时间为 20 架/h，每次着陆需占用跑道的平均时间服从负指数分布，占用跑道时间平均为 4min。试问该机场应设置多少条跑道，使着陆飞机在空中等待的概率低于 8%？并求在这种情况下跑道的平均利用率。

13. 某邮局正在考虑开设窗口的方案，其中方案 1 是开设 2 个窗口，每人工资为 50 元/h，服务一个顾客的平均时间为两分钟；方案 2 是开设 3 个窗口，每人工资为 40 元/h，服务一个顾客的平均时间为 3min。设顾客到达服从 50 人/h 的泊松分布，服务时间服从负指数分布。估计顾客等待的成本为 50 元/h，问应采用哪一种用人方案可使总成本较小？

14. 一企业有 10 台相同的机器，每台机器运行时每小时能创造 60 元的利润，平均每台机器每小时损坏 1 次，服从泊松分布；而一个修理工修理 1 台机器需要 15min，服从负指数分布，设 1 名修理工每小时工资为 90 元。求：该企业应设置多少名修理工，使总费用为最少？

参考文献

[1] 董肇君. 系统工程与运筹学 [M]. 3 版. 北京：国防工业出版社，2011.

[2] 孙东川，朱桂龙. 系统工程基本教程 [M]. 北京：科学出版社，2010.

[3] 汪应洛. 系统工程 [M]. 5 版. 北京：机械工业出版社，2015.

[4] 谭跃进，陈英武，罗鹏程，等. 系统工程原理 [M]. 2 版. 北京：科学出版社，2017.

[5] 顾基发，寇晓东. 物理 – 事理 – 人理系统方法论 25 周年回顾：溯源、释义、比较与前瞻 [J]. 管理评论，2021，33（5）：3 – 14.

[6] 顾基发. 物理事理人理系统方法论的实践 [J]. 管理学报，2011，8（3）：317 – 322；355.

[7] 陈秉正，等. 运筹学 [M]. 5 版. 北京：清华大学出版社，2021.

[8] 周华任. 运筹学解题指导 [M]. 北京：清华大学出版社，2013.

[9] 谢家平，刘宇熹. 管理运筹学：管理科学方法 [M]. 2 版. 北京：中国人民大学出版社，2014.

[10] 谢金星，薛毅. 优化建模与 LINDO/LINGO 软件 [M]. 北京：清华大学出版社，2005.

[11] 司守奎，孙玺菁. LINGO 软件及应用 [M]. 北京：国防工业出版社，2017.

[12] 孙文瑜，朱德通，徐成贤. 运筹学基础 [M]. 北京：科学出版社，2013.

[13] 吴育华，杜纲. 管理科学基础 [M]. 天津：天津大学出版社，2001.

[14] 吴育华，杜纲. 管理科学基础 [M]. 3 版. 天津：天津大学出版社，2009.

[15] 杜纲，吴育华. 管理科学基础：学习要点、习题、案例、英汉词汇、教学课件 [M]. 天津：天津大学出版社，2006.

[16] 刘辉，龚美嘉，张雨. 基于 ISM 的建筑工人作业疲劳影响因素分析 [J]. 重庆建筑，2021（9）：23 – 24.

[17] TAHA H A. Operations research：an introduction [M]. 10th ed. New Jersey：Pearson Education Limited，2017.

[18] 韩伯棠. 管理运筹学 [M]. 4 版. 北京：高等教育出版社，2017.

[19] 马超群，兰秋军，周忠宝. 运筹学 [M]. 长沙：湖南大学出版社，2010.

[20] 董君成. 运筹学 [M]. 成都：西南财经大学出版社，2017.

[21] 熊伟. 运筹学 [M]. 3 版. 北京：机械工业出版社，2019.

[22] 吴祈宗. 运筹学 [M]. 4 版. 北京：机械工业出版社，2022.

[23] 熊义杰，曹龙. 运筹学教程 [M]. 北京：机械工业出版社，2015.

[24] 宁宣熙. 运筹学实用教程 [M]. 2 版. 北京：科学出版社，2011.

[25] 胡运权，郭耀煌，等. 运筹学教程 [M]. 4 版. 北京：清华大学出版社，2012.

[26] 李伟平，雷福民. 城市基本公共体育服务力模糊综合评价及实证研究 [J]. 价值工程，2020，39（7）：57 – 60.

[27] 宋子含，黄云德. 基于 AHP 的既有建筑改造方案评价方法研究 [J]. 西华大学学报（自然科学版），2017，36（1）：93 – 98.

[28] 李汉龙，隋英，韩婷. LINGO 基础培训教程 [M]. 北京：国防工业出版社，2021.

[29] 吴广谋. 系统原理与方法 [M]. 北京：北京师范大学出版社，2013.

[30] 牛映武，郭鹏. 运筹学 [M]. 西安：西安交通大学出版社，2013.

[31] 陶家渠. 系统工程原理与实践 [M]. 北京：中国宇航出版社，2013.

[32] 韩伯棠. 管理运筹学 [M]. 5 版. 北京：高等教育出版社，2020.